高职高专“十二五”规划教材

配套电子课件

互换性与技术测量（第二版）

余诚英 主编

化学工业出版社

·北京·

本教材是为了适应高等职业教育需要，并结合我国高等职业教育机械类专业的教学要求而编写。本书集作者多年来的教学与改革经验，力求满足广大读者的需要，适应对外开放与交流、合作的要求，贯彻了我国现行最新的国家标准。

全书共分十一章，主要内容包括极限与配合，测量技术基础，几何公差，表面粗糙度，圆锥连接的互换性，滚动轴承的互换性，键、花键连接的互换性，螺纹键连接的互换性，圆柱齿轮的互换性，尺寸链等。书中充实了尺寸和几何精度标注及检测的内容，以及针对性强的实例，每章末还配备了联系实际的思考题。

本书可作为高职高专院校机械类各专业的教学用书，也适合机械工程技术人员参考。

图书在版编目（CIP）数据

互换性与技术测量/余诚英主编．—2版．—北京：化学工业出版社，2013.12（2018.3重印）

高职高专“十二五”规划教材

ISBN 978-7-122-18619-5

Ⅰ.①互…　Ⅱ.①余…　Ⅲ.①零部件-互换性-高等职业教育-教材②零部件-测量技术-高等职业教育-教材
Ⅳ.①TG801

中国版本图书馆CIP数据核字（2013）第240430号

责任编辑：韩庆利　　　　装帧设计：张　辉
责任校对：宋　玮

出版发行：化学工业出版社（北京市东城区青年湖南街13号　邮政编码100011）
印　　装：三河市延风印装有限公司
787mm×1092mm　1/16　印张15¼　字数378千字　　2018年3月北京第2版第2次印刷

购书咨询：010-64518888（传真：010-64519686）　　售后服务：010-64518899
网　　址：http://www.cip.com.cn
凡购买本书，如有缺损质量问题，本社销售中心负责调换。

定　　价：30.00元

度扩散，扩散到木材的深层。因此，扩散法防腐处理木材须具备如下条件。

① 小材含水率足够高，通常为35%～40%以上，生材最好；

② 水载型药剂（扩散型），溶解度高，且固化慢；

③ 环境温度和湿度较高。按作业过程，扩散法可分为浆膏扩散法、浸渍或喷淋扩散法、绑带扩散法、钻孔扩散法（或点滴扩散法）和双剂扩散法。扩散法处理设备投资少，生产工艺简单，易在广大的农村应用和推广。与此法类似的还有树液置换法。

（3）热冷槽

利用热胀冷缩的原理，使木材内的气体热胀冷缩，产生压力差，以便克服液体的渗透阻力，即将木材在热的液体中加热。令木材中的空气膨胀，部分水分也蒸发，木材内部压力高于大气压，空气和水蒸气向外部溢出，此时，迅速将木材置于较冷的液体中，木材骤冷，木材内的空气因收缩产生负压，冷的液体渗入木材内。按处理方法及冷槽的配置，可分为双槽交替法、单槽热冷液交替法和单槽置冷法。由于处理效率较低（与加压法比），单位产品的能耗大，通用于小批量的木材防腐处理。

9.4.3 木材的阻燃

木材因含有较高的碳氢化合物而导致其燃烧等级低，易发生火灾，需采用物理或化学方法提高木材抗燃能力，阻缓木材燃烧，以预防火灾的发生，或争得时间，快速消灭已发生的火灾。木材阻燃的要求是降低木材燃烧速率，减少或阻滞火焰传播速度和加速燃烧表面的炭化过程，对建筑、造船、车辆制造等工业部门至为重要。

（1）木材燃烧和阻燃机理

当木材遇100℃高温时，木材中的水分开始蒸发；温度达180℃时，可燃气体如一氧化碳、甲烷、甲醇以及高燃点的焦油成分等开始分解产生；250℃以上时木材热解急剧进行，可燃气体大量放出，就能在空气中氧的作用下着火燃烧；400～500℃时，木材成分完全分解，燃烧更为炽烈。燃烧产生的温度最高可达900～1100℃。木材燃烧时，表层逐渐炭化形成导热性比木材低（约为木材导热系数的1/3～1/2）的炭化层。当炭化层达到足够的厚度并保持完整时，即成为绝热层，能有效地限制热量向内部传递的速度，使木材具有良好的耐燃烧性。利用木材这一特性，再采取适当的物理或化学措施，使之与燃烧源或氧气隔绝，就完全可能使木材不燃、难燃或阻滞火焰的传播，从而取得阻燃效果。

（2）阻燃方法

木材阻燃方法包括化学方法和物理方法。

① 化学方法　主要是用化学药剂，即阻燃剂处理木材。阻燃剂的作用机理是在木材表面形成保护层，隔绝或稀释氧气供给；或遇高温分解，放出大量不燃性气体或水蒸气，冲淡木材热解时释放出的可燃性气体；或阻燃木材温度升高，使其难以达到热解所需的温度；或提高木炭的形成能力，降低传热速度；或切断燃烧链，使火迅速熄灭。良好的阻燃

剂安全、有效、持久而又经济。

② 物理方法 从木材结构上采取措施的一种方法。主要是改进结构设计，或增大构件断面尺寸以提高其耐燃性；或加强隔热措施，使木材不直接暴露于高温或火焰下。如用不燃性材料包覆、围护构件，设置防火墙，或在木框结构中加设挡火隔板，利用交叉结构堵截热空气循环和防止火焰通过，以阻止或延缓木材温度的升高等。

(3) 阻燃的具体措施

结合上述阻燃的方法，最直接的阻燃措施即为应用阻燃剂。阻燃剂可分为以下两类。

① 阻燃浸注剂 用满细胞法注入木材。又可分为无机盐类和有机两大类。无机盐类阻燃剂（包括单剂和复剂）主要有磷酸氢二铵 $(NH_4)_2HPO_4$、磷酸二氢铵 $(NH_4H_2PO_4)$、氯化铵 (NH_4Cl)、硫酸铵 $(NH_4)_2SO_4$、磷酸 (H_3PO_4)、氯化锌 $(ZnCl_2)$、硼砂 $(Na_2BaO_7 \cdot 10H_2O)$、硼酸 (H_3BO_3)、硼酸铵 $(NH_4)_2B_4O_7 \cdot 4H_2O$ 以及液体聚磷酸铵等。有机阻燃剂（包括聚合物和树脂型）主要有用甲醛、三聚氰胺、双氰胺、磷酸等成分制得的 MDP 阻燃剂，用尿素、双氰胺、甲醛、磷酸等成分制得的 UDFP 氨基树脂型阻燃剂等。此外，有机卤代烃一类自熄性阻燃剂也在发展中。对于木材采用此法进行处理时，应首先了解该树种的木材浸注性的难易，选择合理的木材阻燃处理方法及工艺，达到规定的吸收量和透入深度，使木材达到规定的阻燃效果。

② 阻燃涂料 阻燃涂料喷涂在木材表面。也分为无机和有机两类。无机阻燃涂料主要有硅酸盐类和非硅酸盐类。有机阻燃涂料主要可分为膨胀型和非膨胀型。前者如四氯苯酐醇酸树脂防火漆及丙烯酸乳胶防火涂料等；后者如过氯乙烯及氯苯酐醇酸树脂等。

综上所述，木材保护可按其目的、技术要求和经济效益等因素来选择适当有效的保护技术措施。主要有化学的和物理的两个防护途径。

① 化学防护 即用各种化学药剂如木材防腐剂、杀虫剂、防霉剂或阻燃剂等以涂、喷、浸或加压浸注等方法将其浸入木材内，使木材增强抗菌虫或阻燃等性能。

② 物理防护 采用木材干燥、防水湿、保持高湿度或与光热等绝缘等技术措施，使木材有可能阻断生物的危害或减轻其他因子对木材的不利影响。此外，20 世纪 60 年代以来曾试用生物防治方法和生物工程技术来选育耐腐性强的树种，这些尚处在试验阶段。随着科学技术的发展，木材改性技术已见端倪。如木材的乙酰化、氰乙化或与其他材料的复合，如木塑复合材已开始生产，这将为木材保护开拓一个新途径。

小 结

本章主要介绍木材的分类及相关构造要求，重点介绍木材的物理力学性质。结合木材的自身性能特点介绍木材的防护处理。

复习思考题

9-1. 简述木材的分类情况。

9-2. 简述木材的主要性质。

9-3. 简述影响木材强度的因素。

9-4. 简述木材的阻燃及防护措施。

参 考 文 献

[1] 葛勇. 土木工程材料学 [M]. 北京：中国建材工业出版社，2007.
[2] 白宪臣. 土木工程材料试验 [M]. 北京：中国建筑工业出版社，2009.
[3] 李美娟. 土木工程材料试验 [M]. 北京：中国石化出版社，2012.
[4] 罗相杰，刘伟，张海龙，等. 土木工程材料试验 [M]. 北京：北京理工大学出版社，2012.
[5] 朋改非. 土木工程材料 [M]. 2 版. 武汉：华中科技大学出版社，2013.
[6] 王士坤. 土木工程材料问答实录 [M]. 北京：机械工业出版社，2007.
[7] 马铭彬. 土木工程材料试验与题解 [M]. 重庆：重庆大学出版社，2004.
[8] 张德里. 土木工程材料典型题解析及自测试题 [M]. 西安：西北工业大学出版社，2002.
[9] 施惠生. 土木工程材料：性能、应用与生态环境 [M]. 北京：中国电力出版社，2008.
[10] 吴芳. 新编土木工程材料教程 [M]. 北京：中国建材工业出版社，2007.
[11] 李迁. 土木工程材料 [M]. 北京：清华大学出版社，2015.
[12] 郑娟荣. 土木工程材料 [M]. 北京：化学工业出版社，2014.
[13] 陈海彬，徐国强. 土木工程材料 [M]. 北京：清华大学出版社，2014.
[14] 龙广成，马昆林. 土木工程材料试验 [M]. 武汉：武汉大学出版社，2015.
[15] 梁松. 土木工程材料（上册）[M]. 广州：华南理工大学出版社，2007.
[16] 宋少民，孙凌. 土木工程材料：精编本 [M]. 武汉：武汉理工大学出版社，2006.
[17] 张汉军，芦国超，王红霞. 土木工程材料综合实训 [M]. 北京：北京理工大学出版社，2015.
[18] 鄢朝勇. 土木工程材料习题与学习指导 [M]. 北京：北京大学出版社，2013.
[19] 吴芳. 土木工程材料：概要・习题・题解 [M]. 重庆：重庆大学出版社，1900.
[20] 伍勇华，高琼英. 土木工程材料 [M]. 武汉：武汉理工大学出版社，2016.
[21] 贾福根，宋高嵩. 土木工程材料 [M]. 北京：清华大学出版社，2016.
[22] 符芳. 土木工程材料 [M]. 3 版. 南京：东南大学出版社，2006.
[23] 杨医博，王绍怀，彭春元. 土木工程材料（下册）[M]. 广州：华南理工大学出版社，2007.
[24] 易斌. 土木工程材料与实训 [M]. 北京：中国铁道出版社，2015.
[25] 陈宝璠. 土木工程材料检测实训 [M]. 北京：中国建材工业出版社，2009.
[26] 彭艳周. 土木工程材料试验指导 [M]. 北京：中国水利水电出版社，2016.
[27] 杨崇豪，王志博. 土木工程材料试验教程 [M]. 北京：中国水利水电出版社，2015.
[28] 史才军，莫诒隆. 高性能土木工程材料：科学理论与应用 [M]. 重庆：重庆大学出版社，2012.
[29] 尹健. 土木工程材料 [M]. 北京：中国铁道出版社，2015.
[30] 林锦眉，赵新胜. 土木工程材料试验 [M]. 哈尔滨：哈尔滨工程大学出版社，2014.
[31] 马彦芹. 道路工程材料 [M]. 北京：机械工业出版社，2017.
[32] 李立寒. 道路工程材料 [M]. 6 版. 北京：人民交通出版社，2018.
[33] GB 51186—2016. 机制砂石骨料工厂设计规范.
[34] 冯春. 道路工程材料与检测 [M]. 哈尔滨：哈尔滨工业大学出版社，2016.
[35] 游江涛. 道路材料应用技术 [M]. 郑州：河南科学技术出版社，2018.
[36] 杨峰. 混凝土原材料性能检测 [M]. 上海：上海交通大学出版社，2016.
[37] 艾云龙. 工程材料及成形技术 [M]. 北京：机械工业出版社，2016
[38] 贾福根，宋高嵩. 土木工程材料 [M]. 北京：清华大学出版社，2016.
[39] 杜伟，邓想. 工程材料与热加工 [M]. 北京：化学工业出版社，2017.

[40] 陈桂萍. 建筑材料与检测 [M]. 大连：大连理工大学出版社，2019.
[41] 高红霞. 工程材料试验与创新 [M]. 北京：机械工业出版社，2018.
[42] 龙毅. 材料的物理性能 [M]. 北京：高等教育出版社，2019.
[43] 王美芬，梅杨. 建筑材料检测试验指导 [M]. 北京：北京大学出版社，2019.
[44] 易斌. 土木工程材料与实训 [M]. 北京：中国铁道出版社，2019.
[45] 徐志农. 工程材料及其应用 [M]. 武汉：华中科技大学出版社，2019.

前　言

《互换性与技术测量》自2009年首次印刷出版以来，得到了专家和广大读者的肯定与厚爱，为进一步搞好职业教育，与时俱进，一直以来我们以提高学生学习专业课程兴趣为动力，不断探索教育教学改革，完善教育教学资源，以本教材为蓝本制作完成了《互换性与技术测量》的教学资源课件。此次改版力求根据最新相关行业标准，对原版内容进行合理调整及修改，使之更能符合知识的更新。

本书是机械类各专业的一门专业基础课程，课程内容在生产实际中有着大量的运用，但在其他课程中鲜有介绍，学生普遍缺乏这方面知识。随着全球经济一体化的到来，我国各项标准进一步与国际接轨，掌握标准化知识已成为时代的需要，也更有利于开阔学生的眼界和知识面，对将来从事工程技术与管理工作非常有益，符合企业对人才知识结构的要求。同时它起着桥梁的作用，对学生学习其他专业课程影响极大。学习本课程，是为了获得机械工程技术人员必备的公差配合与检测方面的基本知识、基本技能。随着后续课程的学习和实践知识的丰富，将会加深对本课程的内容理解。这次改版在保留原版教材特色的基础上，主要做了以下调整：

（1）对全书的篇章结构做了适当调整，将原来的十二部分内容，调整为十一部分，并对部分内容进行了删减合并。

（2）更新了陈旧内容，将老国标所用符号、名称及图形，更新为现行新国标的新内容，并适当增补了知识拓展，更加增强了教材的可读性和适用性。

在保证内容反映国内外机械学科最新国家标准的基础上，满足高等院校的机械类专业教学要求。在编写本教材时，注重体现工程应用性，从学生的实际出发、从社会的需要出发，组织教材，明确学习内容、目的、要求和方法，层层递进，强调对知识的综合运用和能力培养，并将其贯穿于全书始终。

本书的编写过程中，得到了无锡机电高等职业技术学校的领导和有关部门的支持和帮助，参考了许多教授、专家的有关文献，对此我们表示衷心的感谢！

本书有配套电子课件，可送给用本书作为授课教材的院校和老师，如有需要，可发邮件到 hqlbook@126.com 索取。

限于各种主、客观因素，书中难免还会存在一些不足，恳请广大读者提出宝贵意见和建议，以便今后进一步改进。谨此深表感谢。

编者

第一版前言

伴随着世界科学技术的迅猛发展和我国的改革开放，我国的经济建设水平也迅速提高，人们的思想观念也在发生着巨大的变化，职业教育发展非常迅速，本教材正是为了适应这种需要，并结合我国高等职业教育机械类专业的教学要求而编写。

《互换性与技术测量》是机械类各专业的一门专业基础课程，课程内容在生产实际中有着大量的运用，但在其他课程中鲜有介绍，学生普遍缺乏这方面知识。随着经济全球化的到来，我国各项标准逐步与国际接轨，掌握标准化知识已成为时代的需要。这有利于开阔学生的眼界和知识面，对将来从事工程技术与管理工作非常有益，符合企业对人才知识结构的要求。同时它起着桥梁的作用，对学生学习其他专业课程影响极大。学习本课程，是为了获得机械工程技术人员必备的公差配合与检测方面的基本知识、基本技能。随着后续课程的学习和实践知识的丰富，将会加深对本课程的内容的理解。

本书集编者多年来的教学与改革经验，力求满足广大读者的需要，适应对外开放与交流、合作的需要。在编写本教材时，注重体现工程应用性，从学生的实际出发、从社会的需要出发，组织教材，明确学习内容、目的、要求和方法，层层递进，强调对知识的综合运用和能力培养，并将其贯穿于全书始终。

本书由余诚英任主编。参加本书编写的有余诚英（第 1 章、第 2 章、第 4 章、第 5 章、第 8 章、第 9 章、附录）、是丽云（第 3 章、第 6 章）、王军（第 7 章）、陈婷（第 10 章、第 11 章、第 12 章）。

在本书的编写过程中，得到了无锡机电高等职业技术学校的领导和有关部门的支持和帮助，参考了许多教授、专家的有关文献，对此我们表示衷心的感谢！

本书有配套电子教案，可赠送给用本书作为授课教材的院校和老师，如果有需要，可发邮件至 hqlbook@126.com 索取。

限于各种主、客观因素，书中难免还会存在一些不足，恳请广大读者提出宝贵意见和建议，以便今后进一步改进。谨此深表感谢。

编者

2009 年 11 月

目　录

第①章

绪　论

1.1　互换性概述

1.1.1　互换性的概念

零件的互换性是指规格相同的一批零、部件中，可以不经任何挑选、调整或附加修配，任取一件就能装配在机器上，并能达到规定的使用性能要求，零部件具有的这种性质称为互换性。这样，当某个产品设备上的某个零件损坏了，就不需使整个设备作废，而可取另一相同规格的备件装上继续使用。在日常生活中，使用的螺钉、电灯泡、钟表零件、自行车部件等等这些产品都是按一定标准生产制造的，都具有互换性。

零、部件的互换性通常包括几何参数（如尺寸、形状位置、表面质量）、力学性能（如强度、硬度、塑性、韧性）、理化性能（如磁性、化学成分）的互换，本课程仅讨论几何参数的互换。所谓几何参数，一般包括尺寸大小，几何形状（宏观、微观），以及相互的位置关系等。

1.1.2　互换性的意义

互换性生产对我国现代化建设具有非常重大的意义。现代化的机械工业，首先要求机械零件具有互换性，从而才有可能将一台机器中的各个零、部件，分散到不同的车间、工厂进行高效率的专业化生产，然后又集中到一个工厂进行装配。

（1）设计　可充分利用已有的经验，最大限度采用标准零部件，简化设计和绘图工作，便于 CAD 应用。零、部件在几何参数方面的互换性体现为公差标准，公差标准是机械设备制造业中的基础标准，为机器的标准化、系列化、通用化提供了技术条件，从而缩短了机器设计周期，促进新产品的高速发展。

（2）制造　当零件具有互换性，可以采用分散加工、集中装配，有利于组织专业化生产，采用先进工艺和高效率的专用设备，有利于 CAM，实现加工过程和装配过程机械化、自动化，可大大提高生产效率。装配时，不需辅助加工和修配，既减轻工人的劳动强度，又缩短装配周期，从而既保证了产品质量，又可以提高劳动生产率和降低成本。

（3）使用和维修　利用互换性可以在最短时间内及时更换损坏的零部件，减少机器的维修时间和费用，并提高设备的利用率和使用价值。

1.1.3　互换性的分类

（1）互换性按互换程度的不同　可分为完全互换和不完全互换。

① 完全互换性：指在同规格的零、部件中，任取其一，不需任何选择、修配或调整，就能装在机器上，并且满足产品的使用要求。

② 不完全互换性：将加工好的零件，根据实测尺寸的大小，把相配合的零件各分为若

干组，使每组内的尺寸差别比较小，然后再按相应组进行装配，以满足其使用要求。例如：

$\phi 50^{+0.039}_{0}$孔分为：50～50.013；50.013～50.026；50.026～50.039

$\phi 50^{-0.02}_{-0.05}$轴分为：49.95～49.96；49.96～49.97；49.97～49.98

然后将大孔与大轴，小孔与小轴配合，即零件的互换范围限制在同一分组内。这种仅是组内零件可以互换，组与组之间不可互换，叫分组互换法。分组互换既可保证装配精度与使用要求，又可降低成本。

在机器装配时，允许用补充机械加工或钳工修刮办法来获得所需的精度，称为修配法。如普通车床尾座部件中的垫板，其厚度需在装配时再进行修磨，以满足头尾座顶尖等高的要求。

在装配时，用调整的方法，改变某零件在机器中的尺寸和位置，以满足其功能要求，称为调整法。如机床导轨中的镶条，装配时可沿导轨移动方向调整其位置，以满足间隙要求。

分组互换法、修配法和调整法都属于不完全互换。一般大量生产和成批生产都采用完全互换法生产。精度要求很高，如轴承工业，常采用分组装配，即不完全互换法生产。而小批和单件生产，如矿山、冶金等重型机器业，则常采用修配法或调整法生产。

（2）对标准部件或机构来说　互换性又分为外互换与内互换。

① 外互换是指部件或机构与其装配件之间的互换性，例如，滚动轴承内圈内径与轴的配合，外圈外径与轴承孔的配合。

② 内互换是指部件或机构内部组成零件之间的互换性，例如，滚动轴承的外圈内滚道、内圈外滚道与滚动体的装配。

为使用方便起见，滚动轴承的外互换采用完全互换；而其内互换则因其组成零件的精度要求高，加工困难，故采用分组装配，为不完全互换。一般地说，不完全互换只用于部件或机构的制造厂内部的装配，至于厂外协作，即使产量不大，往往也要求完全互换。究竟采用哪种方式为宜，要由产品精度、产品复杂程度、生产规模、设备条件及技术水平等一系列因素决定。

1.2 标准及标准化

零件在加工过程中，由于机床的振动、刀具的逐渐磨损、进给运动的不准确、装夹及受热变形等等因素的影响，使制造所得的几何参数不可避免地会产生误差。要求具有互换性的零件，其几何参数是否必须制成绝对准确，完全一样呢？事实上这是不可能的，也没有必要。实际上，只要零、部件的几何参数保持一定的变动范围，就能达到互换的目的。

1.2.1 机械加工误差

（1）加工精度　指机器加工后，零件几何参数（尺寸、几何要素的形状和相互间的位置、轮廓的微观不平度等）的实际值与设计的理想值相一致的程度。

（2）加工误差　指实际几何参数对其设计理想值偏离程度。加工误差越小，加工精度越高。

1.2.2 公差的概念

为了控制加工误差，满足零件功能要求，设计者通过零件图样，提出相应的加工精度要求，这些要求是用公差的形式标注给出的。

（1）公差　零件实际几何参数值所允许的变动量。它包括尺寸公差、几何公差和表面粗糙度允许值等。换而言之，公差是允许的最大误差。

公差用来控制加工中的误差，以保证互换性的实现。零件的几何量误差过大，必然会影响零件的使用功能和互换性，但实践证明，只要将这些误差控制在一定的范围内，则零件的使用功能和互换性都能得到保证。要使零件具有互换性，就应按“公差”制造。因此研究零件几何量的误差及其控制范围——公差，是零部件设计与制造的一个重要内容。

（2）加工误差与公差的区别　误差在加工中产生，而公差是在设计中给定。

（3）公差标准　为零件的加工制造所制定的极限与配合等技术标准。

1.2.3　标准和标准化

（1）标准　标准是对重复性事物和概念所作的统一规定，它以科学、技术和实践经验的综合成果为基础，经有关方面协商一致，由主管机构批准，以特定形式发布，作为共同遵守的准则和依据。

标准的范围极广，种类繁多，涉及人类生活的各个方面。

本书标准一般是指技术标准，它是指对产品和工程的技术质量、规格及其检验方法等方面所作的技术规定，是从事生产、建设工作的一种共同技术依据。标准在一定范围内具有约束力。在世界范围，企业共同遵守的是国际标准（ISO）。我国的标准分为国家标准、行业标准、地方标准和企业标准。

对需要在全国范围内统一的技术要求，制定国家标准，代号为GB；对没有国家标准而又需要在全国某个行业内统一的技术要求，可制定行业标准，如机械标准（JB）；对没有国家标准和行业标准而又需要在某个范围内统一的技术要求，可制定地方标准（DB）和企业标准（QB）。

本课程所研究的标准，如极限与配合标准、几何公差标准、表面粗糙度标准等属于国家基础标准，具有最一般的共性，是通用性最广的标准。

（2）标准化　标准化是指标准的制定、发布和贯彻实施的全部活动过程，包括从调查标准化对象开始，经试验、分析和综合归纳，进而制定和贯彻标准，以后还要修订标准等等。标准化是以标准的形式体现的，也是一个不断循环、不断提高的过程。

标准化是组织现代化生产的重要手段，是实现互换性的必要前提，是国家现代化水平的重要标志之一。它对人类进步和科学技术发展起着巨大的推动作用。

为了和国际标准化组织ISO/TC 213的工作对口，我国也成立了“全国产品尺寸和几何技术规范标准化技术委员会”（SAC/TC 240），其工作范围包括：修订极限与配合、几何公差、粗糙度以及技术制图在内的技术标准，并制定检验这些几何量的技术规范。即称为“产品几何量技术规范与认证”，简称GPS。它有利于当代制造技术的发展，也有利于计算机辅助公差设计（CAT）和计算机辅助测量的进一步完善。

1.3　优先数和优先数系

1.3.1　数值标准化

制定公差标准以及设计零件的结构参数时，都需要通过数值表示。任何产品的参数值不仅与自身的技术特性有关，还直接、间接地影响与其配套系列产品的参数值。如：螺母直径数值，影响并决定螺钉直径数值以及丝锥、螺纹塞规、钻头等系列产品的直径数值。由参数值间的关联产生的扩散称为“数值扩散”，为满足不同的需求，产品必然出现不同的规格，形成系列产品。产品数值的杂乱无章会给组织生产、协作配套、使用维修带来困难。故需对数值进行标准化。

1.3.2 优先数系

(1) 优先数系是一种科学的数值制度　它是一种无量纲的分级数系，适用于各种量值的分级，它又是十进制的几何级数，它对于标准化对象的简化起着重要作用，是国际上一项统一的重要基础标准。我国标准 GB321—2005 与国际标准 ISO 推荐 R5、R10、R20、R40、R80 系列，其公比为：$\sqrt[5]{10}$、$\sqrt[10]{10}$、$\sqrt[20]{10}$、$\sqrt[40]{10}$、$\sqrt[80]{10}$的等比数列，$q_r=\sqrt[r]{10}$。其含义是在同一等比数列中，每隔 r 项的后项与前项的比值增大 10 倍。例如 $r=5$，设首项为 a

a　　aq_5　　$a(q_5)^2$　　$a(q_5)^3$　　$a(q_5)^4$　　$a(q_5)^5$

$a(q_5)^5/a=10$　　故 $q_5=\sqrt[5]{10}=1.5849\approx1.6$

R5 系列　　$q_5\approx1.60$

R10 系列　　$q_{10}\approx1.25$

R20 系列　　$q_{20}\approx1.12$

R40 系列　　$q_{40}\approx1.06$

R80 系列　　$q_{80}\approx1.03$

R5 系列　1.00　1.60　2.50　4.00　6.30　10.00

R10 系列 1.00　1.25　1.60　2.00　2.50　3.15　4.00　5.00　6.30　8.00　10.00

R5，R10，R20，R40 为基本系列，R80 为补充系列，仅在参数分级很细，基本系列不能适应实际情况时，才考虑采用。

19 世纪末，法国的雷诺（C・Renard）为了对气球上使用的绳索规格进行简化，做出这样的规定，为了纪念雷诺，故把优先数又取名 R 数系。

(2) 优先数系中的任一个项值称为优先数　根据 GB 321 的规定，优先数和优先数系适用于各种量值的分级，特别是在确定产品的参数或参数系列时，必须按该标准的规定最大限度地采用，这就是“优先”的含义。

各系列项值从 1 开始，可向两边延伸。(1～10，10～100，…，1～0.1，0.1～0.01，…)。大于 10 的优先数，均可用 10 的整数幂乘以表中的优先数求得。

10.0　16.0　25.0　40.0　63.0　100.0

0.10　0.16　0.25　0.40　0.63　1.00

优先数系中按公比计算得到的优先数的理论值，除 10 的整数幂外，都是无理数，工程技术上不能直接应用。实际应用的都是经过圆整后的近似值。根据圆整的精确程度，可分为：

① 计算值：取五位有效数字，供精确计算用。

② 常用值：即经常使用的通常所称的优先数，取三位有效数字。

国家标准规定的优先数系分档合理，疏密均匀，有广泛的适用性，简单易记，便于使用。常见的量值，如长度、直径、转速及功率等分级，基本上都是按一定的优先数系进行的。本课程所涉及的有关标准里，诸如尺寸分段、公差分级及表面粗糙度的参数系列等，基本上采用优先数系。

（3）派生系列　为了优先数系有更大的适应性，可以从 Rr 系列中，每逢 p 项选取一个优先数，组成新的系列——派生系列。在 R10 系列中从某一项开始，每后数 3 项取一项，假如从 1 开始，就可得到 1、2、4、8、…，假如从 1.25 开始，就可得到 1.25、2.5、5.0、10、…。以符号 Rr/p 表示，公比 $q_r/p = q_r^p = (\sqrt[r]{10})^p = 10^{p/r}$。如 R10/3 系列，公比 $q10/3 = (\sqrt[10]{10})^3 \approx 2$。

还有复合系列、移位系列等，如 R5 R20/3 R10(10、16、25、35.5、50.0、71.0、100、125、160）属于复合系列；移位系列也是一种派生系列，它的公比与某一基本系列相同，但项值与基本系列不同，如项值从 25.8 开始的 R80/8 系列，是项值从 25.0 开始的 R10 系列的移位系列。

（4）优先数系的代号表示方法　系列无限定范围时，用 R5、R10、R20、R40、R80 表示。系列有限定范围时，应注明限值。

如 R10（125……）——以 125 为下限的 R10 系列；

R20（……45）——以 45 为上限的 R20 系列；

R40（75……300）——以 75 为下限，300 为上限的 R40 系列；

R10/3（……80……）——含有项值 80，并向两端无限延伸。

1.3.3　优先数系的主要特征

① 从 R5～R80，前一数系的项值均包含在后一数系之中。

② Rr 系列中的项值均可按十进法向两端无限延伸。

③ 同一系列中任意相邻两优先数常用值的相对差近似不变（R5 系列约为 60%，R10 系列 25%，R20 系列 12%，R40 系列 6%，R80 系列 3%），$\frac{n_{j+1}-n_j}{n_j}=C$。

1.3.4　优先数系的优点

1. 经济合理的数值分级制度

产品的参数从小到大有很宽的数值范围，经验和统计表明，数值按等比数列分级，能在较宽的范围内，以较少的规格，经济合理地满足需求。这就要求用“相对差”反映同样“质”的差别，而不能像等差数列那样只考虑“绝对差”。例如，对轴颈分级，在 10mm 不符合需要时，如用 12mm，则两级之间绝对差为 2mm，相对差为 20%。但对 100mm 来说，加大 2mm 变成 102mm，相对差只有 2%，显然太小。而对直径为 1mm 的轴来说，加大 2mm 变成 3mm，相对差为 200%，显然太大。等比数列是一种相对差不变的数列，不会造成分级疏的过疏，密的过密的不合理现象，优先数系正是按等比数列制定的。因此，它提供了一种经济、合理的数值分级制度。

2. 统一、简化的基础

一种产品或零件往往同时在不同场合，由不同的人员分别进行设计和制造，而产品的参数又常常影响到与其有配套关系的一系列产品有关参数。如果没有一个共同遵守的选用数据的准则，势必造成同一产品的尺寸参数杂乱无章，品种规格过于繁多。优先数系是国际上统一的数值制度，为统一、简化产品参数提供了基础。

3. 广泛的适应性

优先数包含有各种不同公比的系列，因而可以满足较密和较疏的分级要求。由于较疏系列的项值包含在较密系列中，在必要时可以插入中间值，使较疏的系列变成较密的系列，而原来的项值保持不变，与其他产品间配套协调关系不受影响，这对发展产品品种是很方便的。

由于优先数的积或商仍为优先数，这就更进一步扩大了优先的适用范围。例如，当直径采用优先数，圆周速度、圆柱体的面积和体积，球的面积和体积等也都是优先数。优先数适用于能用数值表示的各种量值的分级，特别是产品的参数系列。如长度、直径、面积、体积、载荷、应力、速度、时间、功率、电流、电压、浓度等等，凡是在数值上具有一定自由度的参数系列，都应最大限度地选用优先数。

4. 简单易记、计算方便

优先数系是十进等比数列，其中包含10的整数幂。只要记住一个十进段内的数值，其他的十进段内数值可由小数点的位移得到。所以只要记住R10中的10个数值，就可解决一般用途。

1.4 本课程的任务及要求

本课程的研究对象就是几何参数的互换性。主要研究机械零件的几何精度，研究零件间的相互配合及机械零件的几何参数的测量技术。所要解决的主要问题是零部件的互换性生产问题及产品质量如何保证的问题。通过本课程的学习，学生应达到以下要求：

① 建立互换性的基本概念，掌握有关公差标准的基本内容、特点和表格的使用，能根据零件的使用要求，初步选用其公差等级、配合种类、几何公差及表面质量参数值等。并能在图样上进行正确的标注。

② 建立技术测量的基本概念，了解常用测量方法与测量器具的工作原理，通过实验，初步掌握测量操作技能，并分析测量误差与处理测量结果。会设计光滑极限量规。

总之，本课程的任务是使学生获得互换性与测量技术的基本理论、基本知识和基本技能，了解互换性和测量技术学科的现状和发展，具有继续自学并结合工程实践应用、扩展的能力。以便为顺利过渡到专业课程的学习打下一定的基础。

本课程的特点：理论推导少、术语定义多、符号代号多、图表多。要注意借助图表理解定义并记忆。

思考与练习

1. 什么叫互换性？为什么说互换性已成为现代机械制造业中一个普遍遵守原则？列举互换性应用实例。

2. 按互换程度来分，互换性可分为哪两类？它们有何区别？

3. 什么叫公差、标准和标准化？它们与互换性有何关系？

4. 为什么要制定《优先数和优先数系》的国家标准？优先数系是一种什么数列？它有何特点？有哪些优先数的基本系列？什么是优先数的派生系列？

5. 下面两列数据属于哪种系列？公比为多少？

(1) 机床主轴转速为 200，250，315，400，500，630，…，单位 r/min

(2) 表面粗糙度 R 的基本系列为 0.012，0.025，0.050，0.100，0.20，…，单位为 μm。

6. 试写出 R10 从 250 到 3150 的优先数系。

7. 试写出 R10/3 从 0.012 到 100 的优先数系的派生系列。

8. 试写出 R10/5 从 0.08 到 25 的优先数系的派生系列。

第②章

孔与轴的极限与配合

2.1 概述

为使零件具有互换性，必须保证零件的尺寸、几何形状和相互位置，以及表面特征技术要求的一致性。就尺寸而言，互换性要求尺寸的一致性，是指要求尺寸在某一合理的范围之内，在此范围内，既要保证相互结合的尺寸之间关系，以满足不同的使用要求，又要在制造上经济合理，由此形成“极限与配合”的概念。

在机器制造业中，“极限”用于协调机器零件使用要求与制造经济性之间的矛盾，而“配合”则反映零件组合时相互之间的关系。

圆柱体的结合（配合），是孔、轴最基本和普遍的形式。为了经济地满足使用要求保证互换性，应对尺寸公差与配合进行标准化。尺寸公差与配合的标准化是一项综合性的技术基础工作，是推行科学管理、推动企业技术进步和提高企业管理水平的重要手段。它不仅可防止产品尺寸设计中的混乱，有利于工艺过程的经济性、产品的使用和维修，还利于刀具、量具的标准化。机械基础国家标准已成为机械工程中应用最广、涉及面最大的主要基础标准。

随着我国科技的进步，为了满足国际技术交流和贸易的需要，并逐步与国际标准（ISO）接轨，国家技术监督局不断发布实施新标准，同时代替旧标准。我国目前已初步建立并形成与国际标准相适应的基础公差体系，可以基本满足经济发展和对外交流的需要。

新修订的尺寸公差与配合的主要国标由以下几个标准组成：

① GB/T 1800.1—2009《产品几何技术规范（GPS） 极限与配合 第1部分：公差、偏差和配合的基础》

② GB/T 1800.2—2009《产品几何技术规范（GPS） 极限与配合 第2部分：标准公差等级和孔、轴的极限偏差表》

③ GB/T 1801—2009《产品几何技术规范（GPS） 极限与配合 公差带和配合的选择》

④ GB/T 1803—2003《极限与配合 尺寸至18mm孔轴公差带》

⑤ GB/T 1804—2000《一般公差 线性和角度尺寸的未注公差》

2.2 极限与配合的基本术语及定义

为了正确理解和贯彻实施国家标准，必须深入、正确地理解以下各种术语含义以及它们之间的区别和联系。

2.2.1 要素的术语定义

几何要素（简称要素）：构成零件几何特征的点、线或面。

尺寸要素：由一定大小的线性尺寸或角度尺寸确定的几何形状。如圆柱面、两反向的平行平面、圆锥面等。

非尺寸要素，如直线、平面等。

2.2.2　有关“尺寸”的术语和定义

（1）尺寸　用特定单位表示线性尺寸值的数值。它由数字和长度单位（如 mm）组成。

在机械制造中一般常用毫米作为特定单位。如图 2-1：$\phi 20$ 、$\phi 30$、50 都是以 mm 为单位的尺寸。包括直径、长度、宽度、高度、厚度及中心距、圆角半径等。

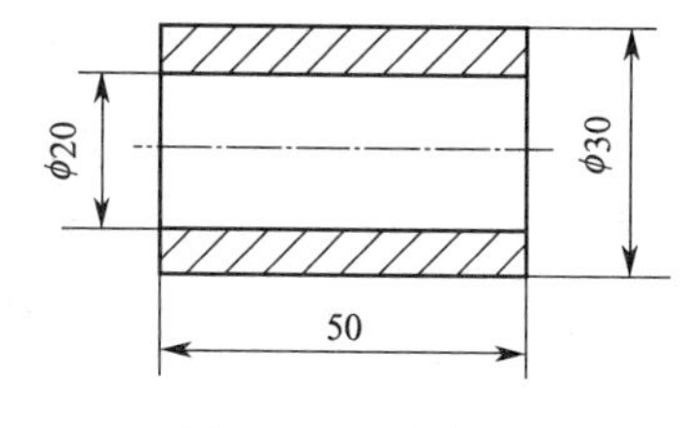

图 2-1　尺寸表示

（2）公称尺寸（D、d）　有图样规范确定的理想形状要素的尺寸。通过上下极限偏差可计算出极限尺寸的称公称尺寸。它是根据产品的使用要求，由刚度、强度计算或工艺结构等方面考虑，并按标准直径或标准长度圆整后所给定的尺寸。应该在优先数系中选择，以减少刀具、量具、夹具和型材等的规格和数量。孔的公称尺寸用 D 表示，轴的公称尺寸用 d 表示，公称尺寸可以是一个整数或一个小数值。

（3）实际尺寸（D_a、d_a）　通过测量所得的尺寸。由于存在测量误差，所以实际尺寸并非尺寸的真值。又由于被测工件形状误差的影响和测量误差的随机性，工件上同一表面不同部位的实际尺寸往往是不同的。

局部实际尺寸：任何两相对点之间测得的尺寸。

（4）极限尺寸　尺寸要素允许的尺寸的两个极端。它们是以公称尺寸为基数来确定的。提取组成要素的局部尺寸应位于其中，也可达到极限尺寸。尺寸要素允许的最大尺寸称为上极限尺寸（D_{max}、d_{max}），尺寸要素允许的最小尺寸称为下极限尺寸（D_{min}、d_{min}）。

在一般情况下，提取组成要素的局部尺寸应位于其中，也可以达到极限尺寸。如不考虑形状误差的影响，则合格零件应符合：

$$D_{max} > D_a > D_{min} \qquad d_{max} > d_a > d_{min}$$

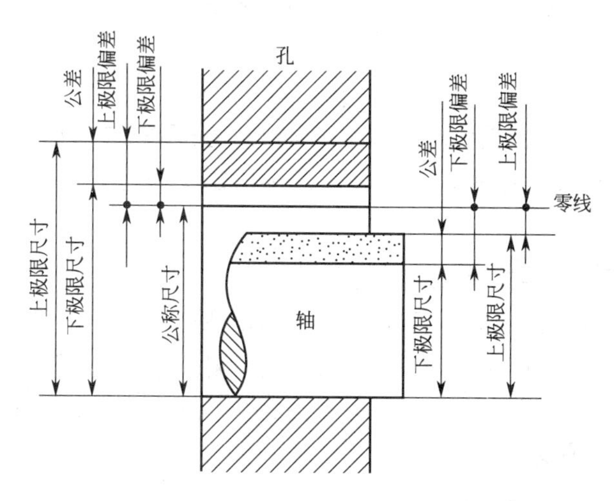

图 2-2　极限与偏差示意图

（5）最大实体状态（MMC，Maximum Material Condition）与最大实体尺寸（MMS，Maximum Material Size）　孔或轴在尺寸极限范围内，具有允许的材料量为最多时的状态称为最大实体状态，在最大实体状态下的极限尺寸称为最大实体尺寸。孔和轴的最大实体尺寸分别以 D_M 和 d_M 表示。如图 2-2 可见：D_{min}＝MMS，d_{max}＝MMS。

（6）最小实体状态（LMC，Least Material Condition）与最小实体尺寸（LMS，Least Material Size）　孔或轴在尺寸极限范围内，具有允许的材料量为最少时的状态称为最小实体状态，在最小实体状态下的极限尺寸称为最小实体尺寸。孔和轴的最小实体尺寸分别以 D_L 和 d_L 表示。如图 2-2 可见：D_{max}＝LMS，d_{min}＝LMS。

如：孔 $\phi50^{+0.039}_{0}$　　MMS＝ϕ50　　LMS＝ϕ50.039

　　轴 $\phi50^{0}_{-0.025}$　　MMS＝ϕ50　　LMS＝ϕ49.975

（7）作用尺寸　零件的实际尺寸与几何误差的综合状态下的尺寸。

孔的作用尺寸：在配合面的全长上，与实际孔内接的最大理想轴的尺寸称为孔的作用尺寸。以 D_f 表示。

轴的作用尺寸：在配合面的全长上，与实际轴外接的最小理想孔的尺寸称为轴的作用尺寸。以 d_f 表示。

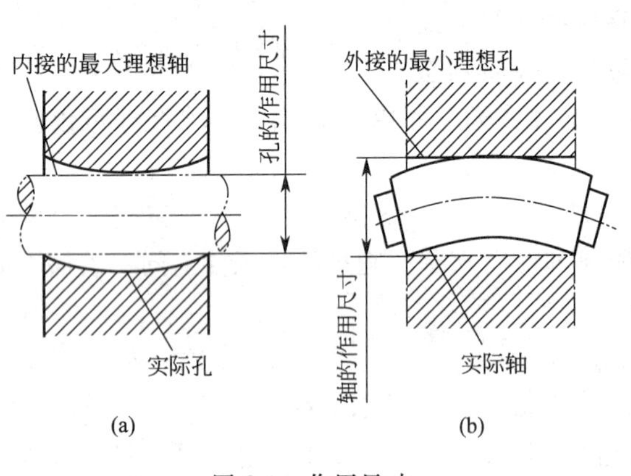

图 2-3　作用尺寸

如图 2-3 可见：$D_f < D_a$　　$d_f > d_a$

（8）极限尺寸判断原则（泰勒原则）　孔或轴的作用尺寸不允许超过其最大实体尺寸（MMS），在任何位置的实际尺寸不允许超过其最小实体尺寸（LMS）。

对泰勒原则的理解：

① 孔或轴的作用尺寸不允许超过最大实体尺寸。即对于孔，其作用尺寸应不小于下极限尺寸；对于轴，其作用尺寸应不大于上极限尺寸。

② 孔或轴在任何位置的实际尺寸不允许超过最小实体尺寸。即对于孔，其实际尺寸应不大于上极限尺寸；对于轴，其实际尺寸应不小于下极限尺寸。

即：孔：$D_f > D_{min}$　　$D_a < D_{max}$

　　轴：$d_f < d_{max}$　　$d_a > d_{min}$

极限尺寸判断原则告诉我们：对于存在几何误差的孔和轴配合时，如要求装配后达到要求的配合性质，除满足实际尺寸在极限尺寸范围内这个条件外，还必须对作用尺寸加以控制。

2.2.3　有关“偏差与公差”的术语和定义

制造零件时，为了使零件具有互换性，要求零件的尺寸在一个合理范围之内，由此就规定了极限尺寸。制成后的实际尺寸，应在规定的上极限尺寸和下极限尺寸范围内。允许尺寸的变动量称为尺寸公差，简称公差。尺寸公差是一个没有符号的绝对值。

1. 尺寸偏差（简称偏差）

某一尺寸减其公称尺寸所得的代数差。(deviation)

（1）极限偏差　极限尺寸减公称尺寸所得的代数差。

上极限尺寸减其公称尺寸所得的代数差称为上极限偏差（upper deviation）；下极限尺寸减其公称尺寸所得的代数差称为下极限偏差（lower deviation）。上极限偏差与下极限偏差统称为极限偏差。

（2）实际偏差　实际尺寸减公称尺寸所得的代数差。

孔：$ES=D_{max}-D$　　$EI=D_{min}-D$　　$Ea=D_a-D$

轴：$es=d_{max}-d$　　$ei=d_{min}-d$　　$ea=d_a-d$

零件标注尺寸时，上极限偏差 ES（es）标注在公称尺寸的右上方，下极限偏差 EI（ei）标注在公称尺寸的右下方。由于极限尺寸可大于、等于或小于公称尺寸，所以极限偏差可以是正、负或是零值，标注时要注意符号。例如：

$$\phi 10^{+0.008}_{-0.012} \qquad \phi 20^{+0.021}_{0} \qquad \phi 30 \pm 0.05$$

注意：由于上极限尺寸总是大于下极限尺寸，所以上极限偏差总是大于下极限偏差。

2. 尺寸公差

允许尺寸的变动量。(Tolerance)

公差等于上极限尺寸与下极限尺寸代数差的绝对值，也等于上、下极限偏差之代数差的绝对值。公差取绝对值，不存在负值，也不允许为零。

孔公差：$T_D=|D_{max}-D_{min}|=|ES-EI|$

轴公差：$T_d=|d_{max}-d_{min}|=|es-ei|$

三者之间的关系：

$$T_D=|D_{max}-D_{min}|=|(D+ES)-(D+EI)|=|ES-EI|$$

公差与偏差是两个不同的概念。公差表示制造精度的要求，反映加工的难易程度；而偏差表示与公称尺寸的远离程度，它表示公差带的位置，影响配合的松紧程度。

例 2-1　公称尺寸为 ϕ50mm，上极限尺寸为 ϕ50.008mm，下极限尺寸为 ϕ49.992mm，试计算极限偏差和公差。

解

$$\begin{aligned}上极限偏差&=上极限尺寸-公称尺寸\\&=\phi 50.008-\phi 50=+0.008\text{mm}\\下极限偏差&=下极限尺寸-公称尺寸\\&=\phi 49.992-\phi 50=-0.008\text{mm}\\公差&=上极限尺寸-下极限尺寸\\&=\phi 50.008-\phi 49.992=0.016\text{mm}\end{aligned}$$

或　　公差＝上极限偏差－下极限偏差＝＋0.008－(－0.008)＝0.016mm

3. 公差带图

由于公差或偏差的数值与公称尺寸相差太大，不便用同一比例表示；同时为了简化，在分析有关问题时，不画出孔轴的结构，只画出放大的孔轴公差区域和位置。采用这种表达方法的图形，称为公差带图，或称为公差与配合图解。

如图 2-4 所示：公差带图由零线与公差带组成。

零线：在公差带图中，表示公称尺寸的一条直线以其为基准确定偏差和公差，称为零偏差线，是尺寸的起始点。零线以水平方向绘制，正偏差位于零线的上方，负偏差位于零线的下方。

公差带：在公差带图中，由代表上极限偏差和下极限偏差或上极限尺寸与下极限尺寸的两条平行直线所限定的区域。

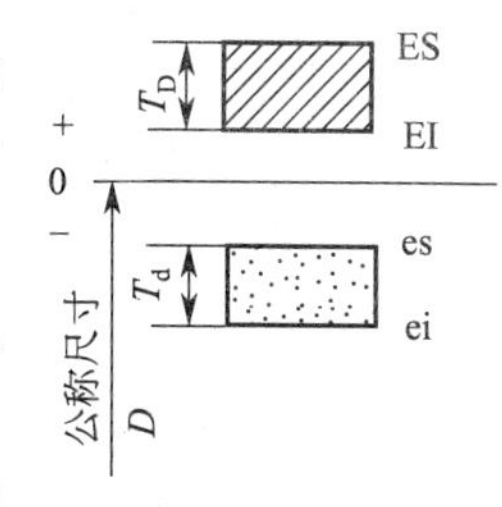

图 2-4　公差带图

例 2-2　$\phi 50^{+0.039}_{0}$ 的孔分别与 $\phi 50^{-0.025}_{-0.050}$，$\phi 50^{+0.018}_{+0.002}$，$\phi 50^{+0.059}_{+0.043}$ 轴配合，作出其公差带图。

解 如图 2-5：①画零线；

② 画出上下极限偏差位置；

③ 标注出上下极限偏差值；

④ 在孔公差带上画上斜线使之与轴公差带区别。

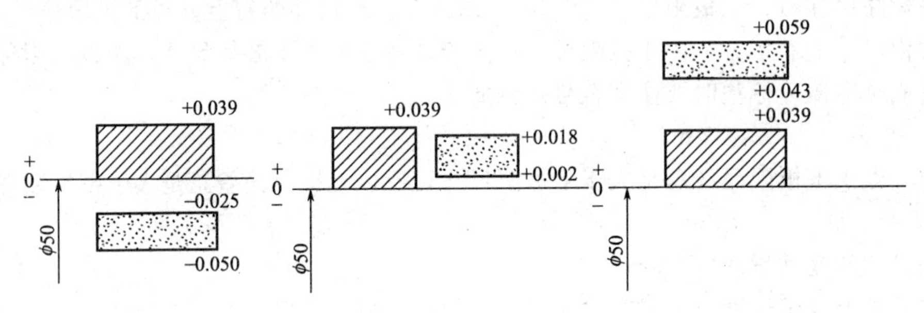

图 2-5 例 2-2 图

公差带图包含了“公差带大小”与“公差带位置”两个要素，前者由标准公差确定，后者由基本偏差确定。

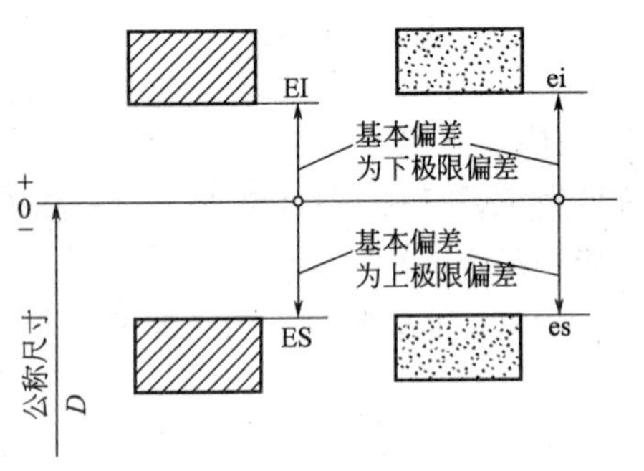

图 2-6 基本偏差示意图

4. 标准公差（IT）

国家标准表列的用以确定公差带大小的任一公差。

5. 基本偏差

国家标准规定的用以确定公差带相对于零线位置的上极限偏差或下极限偏差，一般为靠近零线的那个极限偏差。当公差带位于零线以上时，其基本偏差为下极限偏差；当公差带位于零线以下时，其基本偏差为上极限偏差。见图 2-6。

2.2.4 有关“配合”的术语和定义

1. 孔和轴

孔：通常指圆柱形的内表面，也包括非圆柱形内表面（由二平行平面或切面形成的包容面）。如图 2-7 所示。

轴：通常指圆柱形的外表面，也包括非圆柱形外表面（由二平行平面或切面形成的被包容面）。如图 2-7 所示。

从装配关系讲，孔为包容面，在它之内无材料，且越加工越大；轴为被包容面，在它之外无材料，且越加工越小。由此可见，孔、轴具有广泛的含义。不仅表示通常理解的概念，即圆柱形的内、外表面，也包括由二平行平面或切面形成的包容面和被包容面。

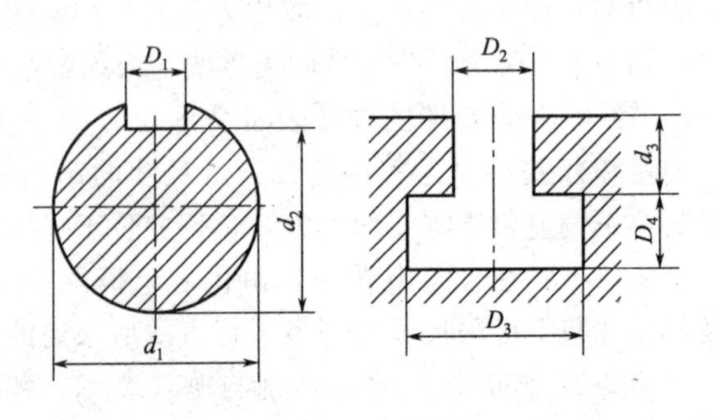

图 2-7 孔和轴

2. 配合

公称尺寸相同的、相互结合的孔和轴公差带之间的关系，称为配合。根据使用的要求不同，孔和轴之间的配合有松有紧，因而配合分为三类，即间隙配合、过盈配合和过渡配合。

3. 间隙与间隙配合

(1) 间隙　孔的尺寸减去相配合的轴尺寸所得差为正时称之为间隙。(X)

(2) 间隙配合　保证具有间隙（包括 $X_{min}=0$）的配合。如图 2-8 所示，孔的公差带在轴的公差带之上。

$$X_{max}=D_{max}-d_{min}=ES-ei$$
$$X_{min}=D_{min}-d_{max}=EI-es$$

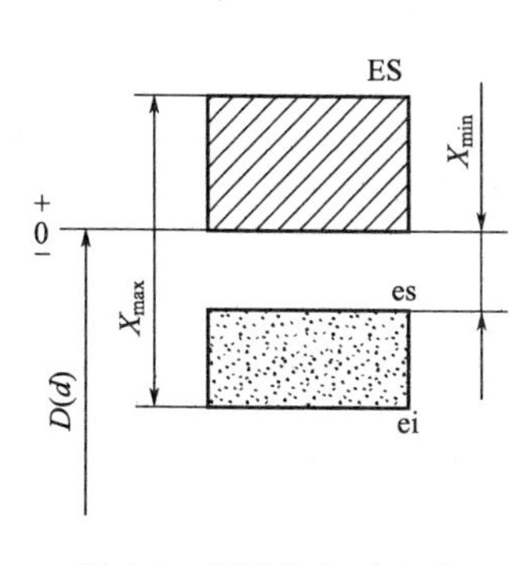

图 2-8　间隙与间隙配合

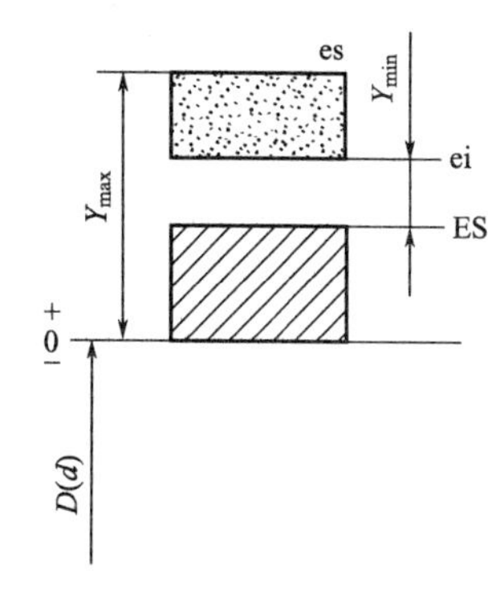

图 2-9　过盈与过盈配合

实际生产中，成批生产的零件其实际尺寸大部分为极限尺寸的平均值，所以形成的间隙大多数在平均尺寸形成的平均间隙附近，平均间隙以 X_{av} 表示。

$$X_{av}=(X_{max}+X_{min})/2$$

(3) 配合公差　组成配合的孔、轴公差之和，表示允许间隙或过盈的变动量，用 T_f 表示。

$$T_f=X_{max}-X_{min}=T_D+T_d$$

4. 过盈与过盈配合

(1) 过盈　孔的尺寸减相配合的轴的尺寸所得差为负时称之为过盈（Y）。

(2) 过盈配合　保证具有过盈（包括 $Y_{min}=0$）的配合。如图 2-9 所示，孔的公差带在轴的公差带之下。

$$Y_{max}=D_{min}-d_{max}=EI-es$$
$$Y_{min}=D_{max}-d_{min}=ES-ei$$
$$Y_{av}=(Y_{max}+Y_{min})/2$$
$$T_f=Y_{min}-Y_{max}=T_D+T_d$$

(3) 过盈配合的装配方法

① 过盈较小时，可用木锤或铜锤打入；

② 油压机压入（大批量）；

③ 利用热胀冷缩原理实现过盈装配。

5. 过渡配合

可能具有间隙也可能具有过盈的配合。如图 2-10 所示，此时孔的公差带与轴的公差带相互交叠。

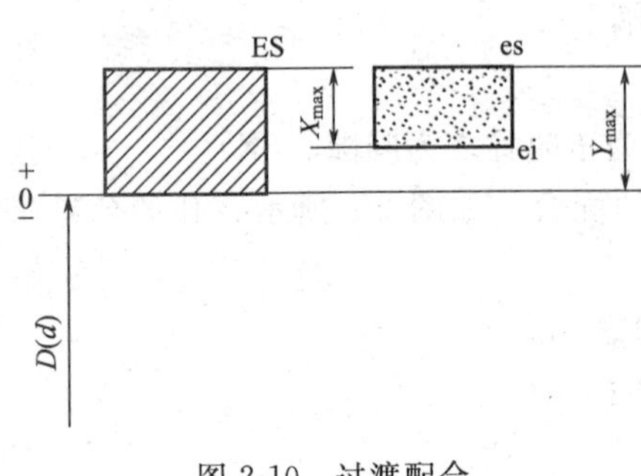

图 2-10 过渡配合

$$X_{max}=D_{max}-d_{min}=ES-ei$$
$$Y_{max}=D_{min}-d_{max}=EI-es$$
$$T_f=X_{max}-Y_{max}=T_D+T_d$$

配合精度取决于相互配合的孔和轴的尺寸精度。若要提高配合精度，则必须减少相配合孔、轴的尺寸公差，这将会使制造难度增加，成本提高。所以设计时要综合考虑使用要求和制造难易这两个方面，合理选取，从而提高综合技术经济效益。

6．配合公差带

由代表极限间隙或极限过盈的两条直线所限定的区域，称为配合公差带。如图 2-11 所示。

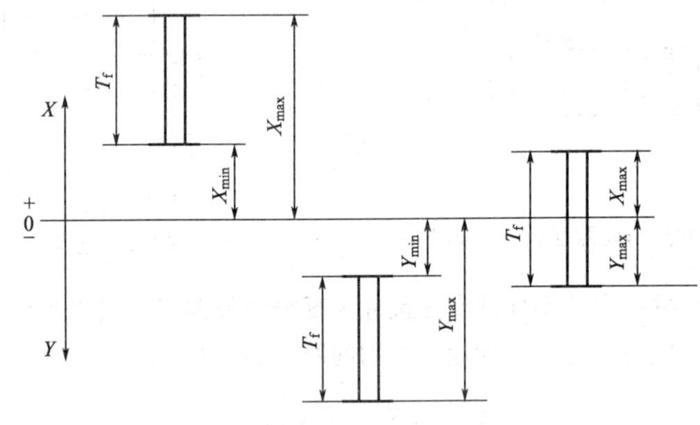

图 2-11 配合公差带图

配合公差带图就是以零间隙（或零过盈）为零线，用适当比例画出极限间隙或极限过盈的位置，以表示配合的松紧及松紧变动范围的图形。

在配合公差带图中，零线表示间隙或过盈值为零，零线以上为间隙，零线以下为过盈。配合公差带两端的坐标值代表极限间隙或极限过盈，它反映配合的松紧程度；上下两端间的距离为配合公差，它反映配合的松紧变化程度。

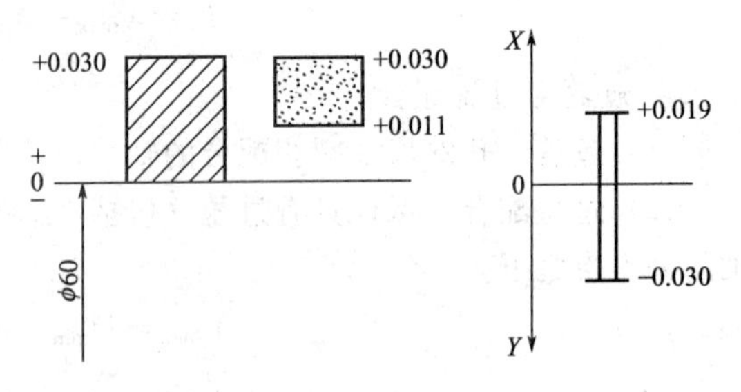

图 2-12 例 2-3 图

例 2-3 已知 $D=\phi60$mm，$T_f=49\mu$m，$X_{max}=+19\mu$m，$T_D=30\mu$m　$ei=+11\mu$m，求作尺寸公差带图与配合公差带图。

解

（1） 因为 $T_f=T_D+T_d$　　所以 $T_d=T_f-T_D=49-30=19\mu m$

因为 $T_d=es-ei$　　所以 $es=T_d+ei=19+11=+30\mu m$

因为 $X_{max}=ES-ei$　　所以 $ES=X_{max}+ei=19+11=+30\mu m$

因为 $T_D=ES-EI$　　所以 $EI=ES-T_D=30-30=0$

（2）作配合公差带图

已知　$X_{max}=+19\mu m$，$Y_{max}=EI-es=0-30=-30\mu m$，由此作图（图 2-12）。

2.3　极限与配合的国家标准

极限与配合的国家标准是光滑圆柱体零件或长度单一尺寸的公差与配合的依据，也适用于其他光滑表面和相应结合尺寸的公差以及由它们组成的配合。为了实现互换性和满足各种使用要求，国家标准对不同公称尺寸，按标准公差系列（公差带大小或公差数值）标准化和基本偏差系列（公差带位置）标准化的原则来制定。

2.3.1　标准公差系列

标准公差系列是国家标准制定出的一系列标准公差数值，标准公差取决于公差等级和基本尺寸两个因素。

1. 公差等级

公差等级确定尺寸精确程度的等级。

不同零件和零件上不同部位的尺寸，对精确程度的要求往往是不相同的，为此国标将标准公差分为 20 个等级，以满足各种不同精度的要求。各级标准公差的代号由字母 IT(ISO Tolerance) 及数字：01，0，1，2，3，…，18 表示，IT01 公差数值最小，精度最高；IT18 公差数值最大，精度最低。字母是“国际公差”的英语缩略语。

2. 标准公差值的确定

标准公差值的规定，必须符合生产实际中尺寸误差的客观规律，这就必须了解实际生产中尺寸误差、加工方法与公称尺寸间的相互关系。用不同加工方法，加工不同公称尺寸的零件，对实际尺寸进行统计分析的结果表明，它们间有如下关系，如图 2-13 所示。

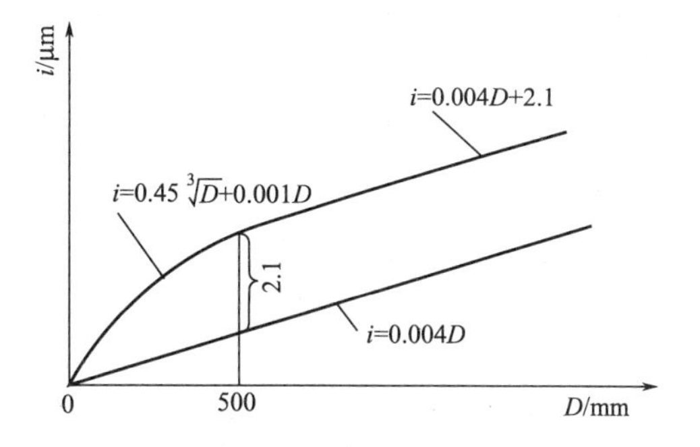

图 2-13　加工误差与公称尺寸关系

公称尺寸较小时，加工误差与公称尺寸呈立方抛物线的关系，在尺寸较大时，接近线性关系。由于公差是用来控制误差的，所以公差与公称尺寸之间也应符合这个规律。

(1) $i=0.45\sqrt[3]{D}+0.001D$　i 称为公差因子，它是计算标准公差的基本单位。式中 D 为公称尺寸的计算值（mm）。第一项主要反映加工误差的影响，第二项则主要用于补偿测量时温度不稳定和偏离标准温度以及量规的变形等引起的误差，它与直径成线性函数关系。

由此，标准公差的计算式为：IT$=ai$(a 为公差等级系数)。见表 2-1。

表 2-1　尺寸≤500mm 的标准公差计算式

公差等级	IT01			IT0			IT1		IT2		IT3		IT4	
公差值	$0.3+0.008D$			$0.5+0.012D$			$0.8+0.020D$		$\text{IT1}\left(\frac{\text{IT5}}{\text{IT1}}\right)^{\frac{1}{4}}$		$\text{IT1}\left(\frac{\text{IT5}}{\text{IT1}}\right)^{\frac{1}{2}}$		$\text{IT1}\left(\frac{\text{IT5}}{\text{IT1}}\right)^{\frac{3}{4}}$	
公差等级	IT5	IT6	IT7	IT8	IT9	IT10	IT11	IT12	IT13	IT14	IT15	IT16	IT17	IT18
公差值	$7i$	$10i$	$16i$	$25i$	$40i$	$64i$	$100i$	$160i$	$250i$	$400i$	$640i$	$1000i$	$1600i$	$2500i$

(2) 尺寸分段　根据标准公差计算公式，每个公称尺寸都对应有一个公差值，而实际生产中，公称尺寸数很多，这样对应的标准公差值就要有很多很多，它将使尺寸工具数增加，

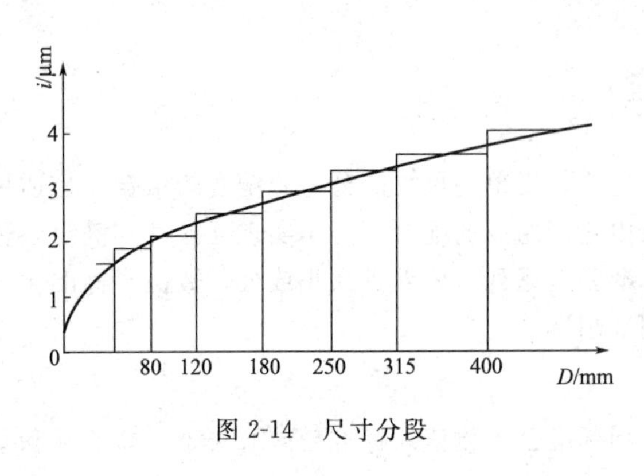

图 2-14　尺寸分段

生产成本提高。为减少标准公差数，简化表格，国标进行了尺寸分段。也就是用一折线来近似取代 i-D 曲线，如图 2-14 所示。

尺寸分段后，对同一尺寸分段内的所有公称尺寸，在相同公差等级的情况下，规定相同的标准公差。国家标准公称尺寸主段落和中间段落的分段见表 2-2。在公差表格中，一般使用主段落。对过盈或间隙比较敏感的配合，使用分段较密的一些中间段落。

表 2-2　公称尺寸≤500mm 的尺寸分段

主段落		中间段落	
大于	至	大于	至
—	3		
3	6		
6	10		
10	18	10	14
		14	18
18	30	18	24
		24	30

主段落		中间段落	
大于	至	大于	至
30	50	30	40
		40	50
50	80	50	65
		65	80
80	120	80	100
		100	120
120	180	120	140
		140	160
		160	180

主段落		中间段落	
大于	至	大于	至
180	250	180	200
		200	225
		225	250
250	315	250	280
		280	315
315	400	315	355
		355	400
400	500	400	450
		450	500

可见，同一尺寸分段内的所有公称尺寸，都规定了同样的公差单位。标准将≤500mm 的尺寸分成了 13 个尺寸段。

在公差单位的计算公式中的计算尺寸 D，是以所属尺寸段内，首尾两个尺寸的几何平均值来进行计算的。

如＞80～120 为一个尺寸分段，其计算直径为

$$D=\sqrt{80\times120}=97.98\text{mm}$$

属于这一尺寸分段的基本尺寸如 85、90、95、100 等，其标准公差一律以 97.98 代入公差单位的公式进行计算。

例 2-4　公称尺寸为 50mm，求 IT6 和 IT7。

解

$$D=\sqrt{30\times50}=38.73\text{mm}$$

$$i=0.45\sqrt[3]{38.73}+0.001\times38.73=1.56\mu\text{m}$$

由表 2-1 查得

$$\text{IT6}=10i=10\times1.56=16\mu\text{m}$$

$$\text{IT7}=16i=16\times1.56=25\mu\text{m}$$

附录附表 1-1 所列的标准公差数值，就是按上述方法计算圆整而得到的。大家可以查表核对一下（查表注意：尺寸段；单位）。从附表 1-1 可见，同一公差等级的不同尺寸段，其标准公差值虽不相等，但其精确程度和加工难易程度应理解为相等。另外，以公差值 27μm 为例，对大于 10～18mm 尺寸段为 IT8 级，而对大于 400～500mm 尺寸段，则为 IT5 级，

显然，后者比前者精度高，所以，不能单从零件公差值的大小来判断其精度的高低，必须同时考虑零件公称尺寸大小的因素。

2.3.2 基本偏差系列

在规定了标准公差以后，为了确定公差带的位置，只需要规定一个极限偏差就可以了，而基本偏差就是国标规定的用以确定公差带相对于零线位置的极限偏差。

1. 基本偏差代号及其特点

为了满足各种不同配合的需要，国标分别对孔轴规定了 28 种基本偏差，如图 2-15 所示，每种基本偏差都以一个或二个拉丁字母表示，大写为孔，小写为轴，并在 26 个字母中，去掉了 I(i)、L(l)、O(o)、Q(q) 和 W(w) 五个字母，又增加了由两个字母组成的 CD(cd)、EF(ef)、FG(fg)、JS(js)、ZA(za)、ZB(zb)、ZC(zc) 七个代号形成。

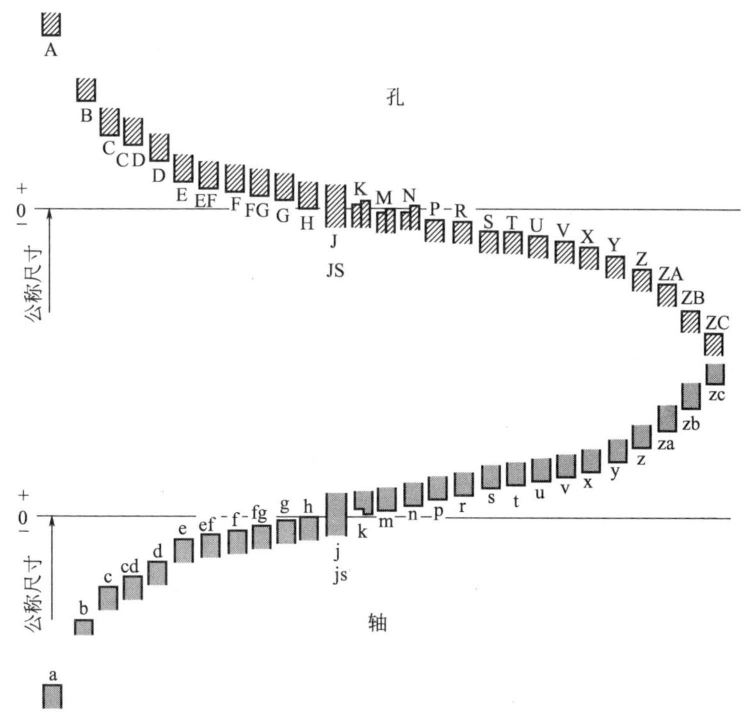

图 2-15　基本偏差系列

从图 2-16 可见，基本偏差系列具有以下特点：

① 对轴：a～h 基本偏差是 es，k～zc 基本偏差是 ei。

② 对孔：A～H 基本偏差是 EI，K～ZC 基本偏差是 ES。

③ JS 与 js 为双向偏差，其基本偏差可以认为是上极限偏差（+IT/2），也可以认为是下极限偏差（−IT/2）。

④ 从 A～H(a～h) 基本偏差的绝对值逐渐减小。从 K～ZC(k～zc) 基本偏差的绝对值逐渐增大。

⑤ 基本偏差只确定公差带靠近零线的一端，公差带的另一端取决于公差等级和这个基本偏差的组合。

2. 基本偏差的数值

(1) 轴的基本偏差数值　轴的基本偏差数值是以基孔制为基础，根据各种配合的要求，从生产实践和统计分析中整理出一系列经验公式计算而得到的。对 $d \leqslant 500$mm 时，轴的基本偏差计算公式如表 2-3 所列。

表 2-3 公称尺寸≤500mm 的轴的基本偏差计算公式 μm

代号	适用范围	基本偏差为上极限偏差(es)	代号	适用范围	基本偏差为下极限偏差(ei)
a	$d \leqslant 120$mm	$-(265+1.3D)$	j	IT5～IT8	经验数据
	$d>120$mm	$-3.5D$	k	≤IT3 及≥IT8	0
b	$d \leqslant 160$mm	$-(140+0.85D)$		IT4～IT7	$+0.6\sqrt[3]{D}$
	$d>160$mm	$-1.8D$	m		+IT7−IT6
c	$d \leqslant 40$mm	$-52D^{0.2}$	n		$+5D^{0.34}$
	$d>40$mm	$-(95+0.8D)$	p		+IT7+(0～5)
cd		$-\sqrt{cd}$	r		$+\sqrt{ps}$
d		$-16D^{0.44}$	s	$d \leqslant 500$mm	+IT8+(1～4)
e		$-11D^{0.41}$		$d>500$mm	+IT7+0.4D
ef		$-\sqrt{ef}$	t		+IT7+0.63D
f		$-5.5D^{0.41}$	u		+IT7+D
fg		$-\sqrt{fg}$	v		+IT7+1.25D
g		$-2.5D^{0.34}$	x		+IT7+1.6D
			y		+IT7+2D
h		0	z		+IT7+2.5D
			za		+IT8+3.15D
			zb		+IT9+4D
			zc		+IT10+5D
js=±IT/2					

轴的另一个偏差，根据轴的基本偏差和标准公差，按下列公式计算：

$$ei = es - IT$$

$$es = ei + IT$$

(2) 孔的基本偏差值　孔的基本偏差数值是由相应代号轴的基本偏差的数值按一定的规则换算得来的。换算的规则如下。

① 配合性质相同：因为轴的基本偏差是按基孔制考虑，而孔的基本偏差是按基轴制考虑的，故应保证同一字母表示的孔、轴基本偏差，按基轴制形成的配合与按基孔制形成的配合性质相同。如：

G7/h6 与 H7/g6，X_{max}、X_{min}应相等；

K7/h6 与 H7/k6，X_{max}、Y_{min}应相等。

② 孔与轴加工工艺等价：在常用尺寸段，公差等级小于或等于 8 级时，孔较难加工，故相配合的孔轴应取孔的公差等级比轴低一级的配合，如 H7/f6。在精度较低时，采用孔轴同级配合，如 H9/f9。IT8 级的孔可与同级的轴或高一级的轴相配合，如 H8/f8、H8/f7。

孔的基本偏差值的确定：

无论何类配合，基准制的不同只在于孔轴公差带相对于零线的位置的不同，在基孔制配合中，孔的基本偏差 EI=0，各配合轴的基本偏差可由表 2-3 的公式计算得到。要把基孔制的某一配合变为基轴制的相同配合时，只要把零线位移一下，使轴的基本偏差es=0 即可。

例 2-5　计算确定 $\phi25g7$，$\phi25m6$ 的极限偏差。

因为 $\phi25$ 属 18～30mm 尺寸段

所以　$D=\sqrt{18\times30}=23.24mm$

查表 2-3，计算基本偏差

$$g：\quad es=-2.5D^{0.34}=-2.5\times(23.24)^{0.34}=-7\mu m$$

$$m：\quad ei=+(IT7-IT6)=+(21-13)=+8\mu m$$

另一偏差：

$\phi25g7$　　$ei=es-IT7=-7-21=-28\mu m$

$\phi25m6$　　$es=ei+IT6=+8+13=21\mu m$

所以　$\phi25g7(^{-0.007}_{-0.028})$，$\phi25m6(^{+0.021}_{+0.008})$

2.3.3　公差带与配合

1. 配合制

在制造相互配合的零件时，使其中一种零件作为基准件，它的基本偏差固定，通过改变另一种基本偏差来获得各种不同性质配合的制度称为配合制。根据生产实际需要，国标规定了两种配合制。

（1）基孔制配合　基本偏差为一定的孔的公差带，与不同基本偏差的轴的公差带形成各种配合的一种制度，如图 2-16(a) 所示。基准孔的下极限偏差为零，上极限偏差为正值，即公差带单向偏置在零线的上方，用代号 H 表示，基本偏差为 EI=0。

（2）基轴制配合　基本偏差为一定的轴的公差带，与不同基本偏差的孔的公差带形成各种配合的一种制度，如图 2-16(b) 所示。基准轴的上极限偏差为零，公差带偏置在零线的下方，其基本偏差代号为 h，基本偏差为 es=0。

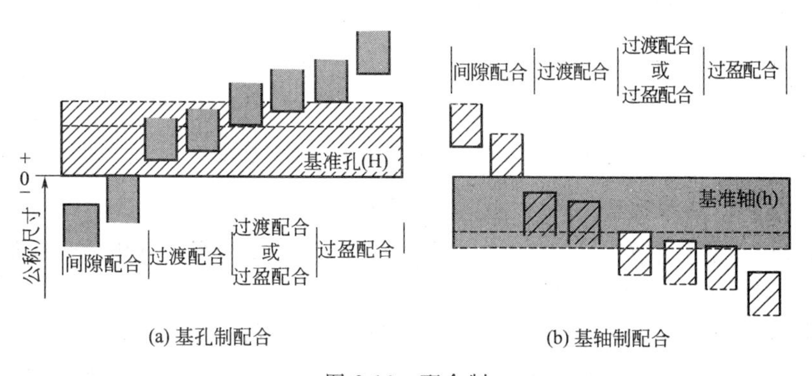

图 2-16　配合制

2. 公差带代号与配合代号

（1）公差带代号　由于公差带相对于零线的位置是由基本偏差确定，公差带的大小由公差等级确定，因此孔和轴的公差带代号由基本偏差代号与公差等级代号组成。例如：

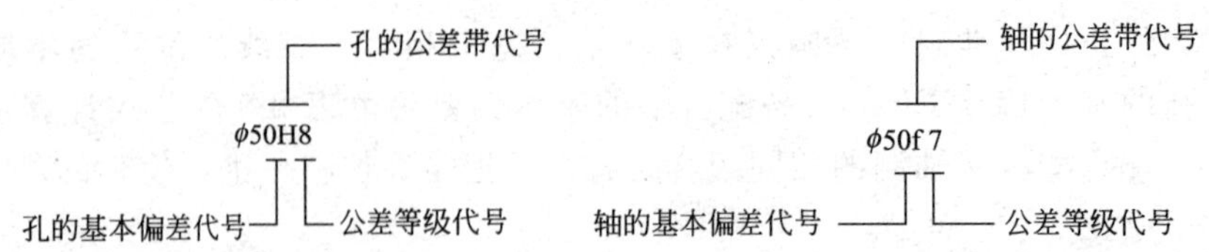

其中，公差等级数字确定公差带的大小，基本偏差代号确定公差带位置。在零件图上，一般标注公称尺寸与极限偏差值。

(2) 配合代号　标准规定，用孔和轴的公差带代号以分数形式组成配合的代号，其中，分子为孔的公差带代号，分母为轴的公差带代号。如：φ30H8/f7 表示基孔制间隙配合；φ50K7/h6 表示基轴制过渡配合。

显然，在基孔制配合中：

H/a～h 为间隙配合，H/j～n 为过渡配合，H/p～zc 为过盈配合。

在基轴制配合中：

A～H/h 为间隙配合，J～N/h 为过渡配合，P～ZC/h 为过盈配合。

3. 极限与配合的标注及查表

在装配图上标注极限与配合，采用组合式注法。它是在公称尺寸后面用一分数形式表示。通常分子中含 H 的为基孔制配合，分母中含 h 为基轴制配合，如图 2-17(a) 所示。

在零件图上标注公差的形式有三种：只注公差带代号，如图 2-17(b) 所示；只注极限偏差数值，如图 2-17(c) 所示；同时注公差带代号和极限偏差数值，如图 2-17(d) 所示。

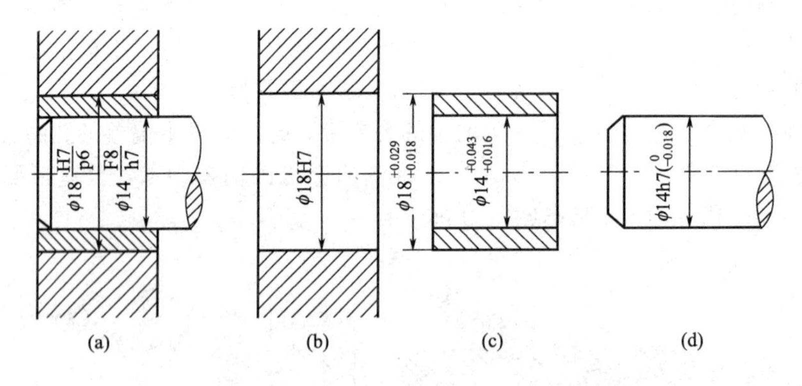

图 2-17　极限与配合在图样上的标注

例 2-6　查表写出 φ18(H8/F7) 的极限偏差数值。

解　对照基本偏差系列图 2-16 可知，H8/F7 是基孔制配合，其中 H8 是基准孔的公差带代号；f7 是配合轴的公差带代号。

(1) φ18H8 基准孔的极限偏差，可由附录附表 1-3 中查得。在表中由公称尺寸从大于 14 至 18 的行和公差带 H8 的列相交处查得$^{+27}_{0}$（即+0.027 和 0mm）这就是基准孔的上、下极限偏差，所以，φ18H8 可写成 $\phi18^{+0.027}_{0}$。

(2) φ18f7 配合轴的极限偏差，可由附录附表 1-2 中查得。在表中可由公称尺寸从大于 14 至 18 的行和公差带 f7 的列相交处查得$^{-16}_{-34}$(−0.016，−0.034mm)，它是配合轴的上极限偏差（es）和下极限偏差（ei），所以 φ18f7 可写成 $\phi18^{-0.016}_{-0.034}$。

2.4　公差与配合的选用

极限与配合标准的应用是机械制造与设计中重要的一环，极限与配合选择是否恰当，对机械的使用性能和制造成本都有很大的影响，因此必须给予足够的重视。

选用的原则，是应当保证产品性能优良，制造经济。公差与配合标准的选用，主要包含三个内容，即基准制的选择、公差等级的选择和配合种类的选择。

2.4.1　基准制的选择

国家标准规定有基孔制配合与基轴制配合两种配合制度，为了获得不同的配合性质，采用基孔制或基轴制都可满足要求，如：

ϕ20H7/f6 与 ϕ20F7/h6 的极限间隙相同，配合公差也相同。

ϕ20H7/k6 与 ϕ20K7/h6 的极限间隙与过盈相同，配合公差也相同。

ϕ20H7/p6 与 ϕ20P7/h6 的极限过盈相同，配合公差也相同。

但是，如果考虑制造与装配工艺等问题，则两种基准制的制造经济性有所不同。

1. 从加工制造经济性考虑，应优选基孔制配合

在基孔制配合中，当基本尺寸及孔与轴的公差等级确定后，如上面所举的三个基孔制配合为例，作为基准件的孔公差带仅有一个，而相配合的轴的公差带，因配合性质要求不同，却有三个。显然，对整个基孔制配合，为满足不同配合性能要求所规定的孔的公差带数目要比轴公差带数目少得多，而在基轴制配合中，情况则相反。对应用广泛的中小直径尺寸的孔的加工，通常要采用定尺寸刀具（如钻头、铰刀、拉刀等）加工，采用定尺寸量具（如塞规、心轴等）进行检验，而一种规格的定尺寸刀具和量具，一般只能满足一种孔公差带的要求。而对于轴的加工和检验，情况就有所不同，一种规格的车刀或外圆磨轮，能够完成多种轴公差带的加工，一种通用的外尺寸量具，也能方便地对多种轴的公差带进行检验。

综上所述，若采用基孔制配合，孔的公差带数量所需较少，从而可减少定尺寸孔用刀具、量具的规格数量，而制造轴用的工具规格和数量却不会增多，这在制造上是经济的，因此对中小尺寸的配合，应尽量采用基孔制配合。

至于尺寸较大的孔及低精度的孔，一般不采用定尺寸刀、量具进行加工或检验，此时采用基孔制或基轴制都一样，但为了统一起见和考虑习惯，一般也宜采用基孔制，因此在选择基准制时，应优先选用基孔制配合。

2. 下列情况应考虑采用基轴制

（1）某些冷拔型材，其尺寸精度可达 IT8～IT12 级　对农用机械、纺织机械和仪表中某些轴类零件的精度，已能满足使用性能的要求，此时采用基轴制较合适。这时轴可不必加工，只要按照配合性能的要求来加工孔就能满足使用要求，这在经济上也是合理的。

（2）由于结构上的原因不宜采用基孔制时　有的设计机构，是一根基本尺寸相同的轴与几个孔组成不同的配合，也往往需要采用基轴制配合。如图 2-18 所示。

活塞销与活塞要求配合得紧一些，而活塞销与连杆上的衬套配合又要松一些，前者为过渡配合，后者为间隙配合，这时若采用基孔制配合，则销轴要做成有阶梯形的，加工和装配都比较困难。而采用基轴制，则活塞销可做成无阶梯的光滑轴，其加工和装配

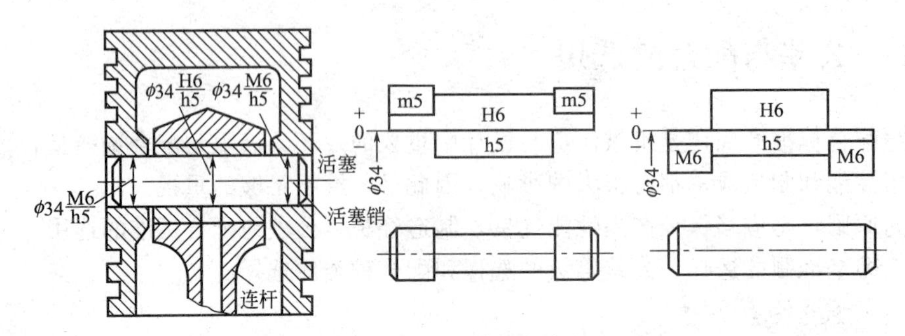

图 2-18　基轴制配合

都比较方便。

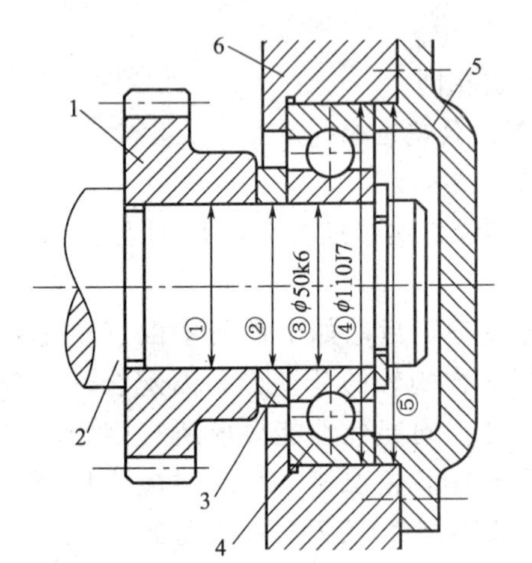

图 2-19　滚动轴承配合
1—齿轮；2—轴；3—挡环；4—滚动轴承；5—端盖；6—机座

3. 与标准件配合

标准件通常由专门工厂大量生产，其尺寸已经标准化了，故与标准件配合时，基准制的选择应依标准件而定。如图 2-19 所示。

与滚动轴承内圈配合的轴一定要按基孔制配合，(图中③处轴为 ϕ50k6) 而与滚动轴承外圈相配合的孔则一定要按基轴制选择孔的公差带，因轴承外圈为基准轴（图中④处，孔为 ϕ110J7)。

4. 多件配合

同一公称尺寸的轴与多孔有配合，或同一公称尺寸的孔与多轴有配合，而配合性质要求不同时，基准制应如何选择合理呢？如图 2-19 中，轴与齿轮孔的配合①处要求为过渡配合（以保证定心精度)，而轴与挡环的配合②处要求为间隙配合（以便于拆卸)，若不考虑其他段，则采用基孔制与基轴制均可达到配合要求，其公差带图如下：

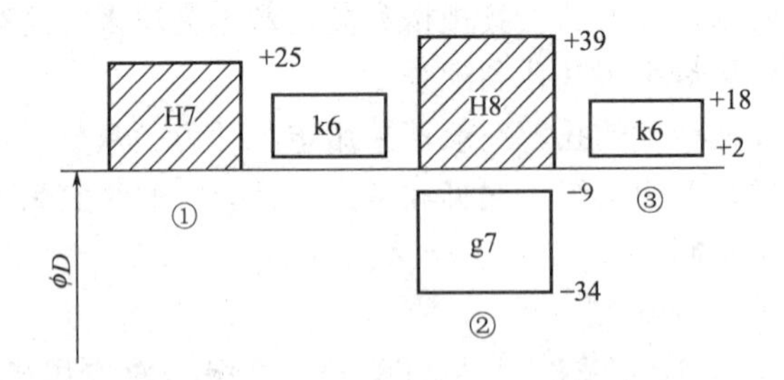

可见若采用基孔制，则轴有阶梯，若采用基轴制，则轴为光轴，再由图可见，轴还与滚动轴承的内圈相配合且较紧，按理轴同时与几个孔配合，且两边紧中间松，采用基轴制加工装配都较方便一些，但轴承是标准件，与之配合只能按基孔制选择配合。由于③处的轴公差带为 k6，此时为了加工装配方便可将挡环孔、轴公差带上移，由 H8 改为 F8，g7 改为 k6，即挡环与轴的配合为 ϕ50F8/k6，这样挡环孔与轴就都是非基准件了，即为不同基准制的配合，又称为混合配合。

同理对于④、⑤两处的配合，也可作类似处理，机座孔与轴承外圈的配合为基轴制过渡配合（J7)，而端盖止口与孔的配合为间隙配合，为避免机座孔制成阶梯形，可选配合为

ϕ110J7/f9。

因此可将基准制的选择原则归纳如下：一般应优选基孔制，以便减少定尺寸刀具与量具的制造和储备量；基轴制多用于冷拉标准轴或一轴多孔配合松紧程度要求不一的结构条件下；与标准件配合时，应以标准件的孔或轴作基准；多件配合时，要进行综合分析，必要时允许采用不同基准制的配合。

2.4.2　公差等级的选择

国家标准规定有 20 个公差等级，公差等级选择过高，则制造成本增高，公差等级过低，将不能满足使用性能的要求。因此选择的原则是在满足使用性能的前提下尽量选用较低的公差等级，即尽可能经济地满足使用性能的要求。公差等级的选择可采用计算法和类比法。

1. 计算法

一批要求完全互换的零件，可根据配合要求的极限间隙或极限过盈量确定配合公差及相配合零件的公差等级。

例 2-7　某配合的孔轴，公称尺寸为 ϕ80mm，要求配合的 $X_{max}=0.135$mm，$X_{min}=0.055$mm，试确定孔、轴的公差等级。

解　因为 $T_f=T_D+T_d=X_{max}-X_{min}=0.135-0.055=0.08$mm

查附录附表 1-1 知 IT8=0.046mm　IT7=0.03mm

取　　T_D=IT8　　T_d=IT7

则　　$T_f=0.046+0.03=0.076<0.08$mm

所以合适。

2. 类比法

多数情况下，主要采用类比法来确定公差等级，即参照类似机构的经验资料与所设计机构的工作条件、使用要求进行比较，并进行适当调整，从而选择公差等级的方法。选择时主要应考虑如下。

① 工艺等价（轴、孔加工难易程度相当）。

② 配合性质（过渡与过盈配合的公差等级不能太低，一般孔的标准公差≤IT8 级，轴的标准公差≤IT7 级）间隙配合不受此限。

③ 与标准件的精度相适应。

④ 慎用高精度等级。

⑤ 推荐选用的范围：

IT01、IT0、IT1 级用于高精度的量块和其他精密尺寸标准块。

IT1～IT7 级用于极限量规。

IT2～IT12 级用于各种配合尺寸，其中：

IT2～T5 用于特别重要的精密配合；

IT5～IT8 用于精密配合（应用最广）；

IT8～IT10 用于中等精度配合；

IT10～IT12 用于低精度配合；

IT12～IT18 级用于非配合尺寸。

机械制造中，IT5～IT12 级是常用的配合公差等级。见表 2-4。

表 2-4 常用公差等级应用示例

公差等级	应用
5 级	主要用在配合精度、形位精度要求较高的地方，一般在机床、发动机、仪表等重要部位应用。如：与P4 级滚动轴承配合的箱体孔；与 P5 级滚动轴承配合的机床主轴，机床尾架与套筒，精密机械及高速机械中的轴径，精密丝杆轴径等
6 级	用于配合性质均匀性要求较高的地方。如：与 P5 级滚动轴承配合的孔、轴颈；与齿轮、蜗轮、联轴器、带轮、凸轮等连接的轴径，机床丝杠轴径；摇臂钻立柱；机床夹具中导向件外径尺寸；6 级精度齿轮的基准孔，7、8 级精度齿轮的基准轴径
7 级	在一般机械制造中应用较为普遍。如：联轴器、带轮、凸轮等孔径；机床夹盘座孔；夹具中固定钻套、可换钻套；7、8 级齿轮基准孔，9、10 级齿轮基准轴
8 级	在机器制造中属于中等精度。如：轴承座衬套沿宽度方向尺寸，低精度齿轮基准孔与基准轴；通用机械中与滑动轴承配合的轴颈；也用于重型机械或农业机械中某些较重要的零件
9 级、10 级	精度要求一般。如机械制造中轴套外径与孔；操作件与轴；键与键槽等零件
11 级、12 级	精度较低，适用于基本上没有什么配合要求的场合。如：机床上法兰盘与止口；滑块与滑移齿轮；加工中工序间尺寸；冲压加工的配合件等

2.4.3 配合的选择

配合选择的主要任务是：对基孔制，选择轴的基本偏差代号；对基轴制，选择孔的基本偏差代号。配合选择的方法有计算法、试验法、类比法。

1. 计算法

根据配合部位使用性能的要求，通过理论分析计算出极限间隙或极限过盈量，然后从标准中选择合适的孔、轴公差带。

例 2-8 有一孔轴配合，$D=40$mm，要求配合的间隙为 0.02～0.07mm，试选择适当的配合。

解 （1）选择公差等级

配合公差：$T_f=X_{max}-X_{min}=0.07-0.02=0.05$mm

查附录附表 1-1：孔 IT7＝0.025mm，轴 IT6＝0.016mm，按工艺等价原则，孔取 IT7 级，轴取 IT6 级

$$T_f=T_D+T_d=0.025+0.016=0.041\text{mm}$$

接近 0.05mm，符合设计要求。

（2）确定基准制

因无特殊要求，故优选基孔制配合，则孔公差带为 H7，即孔为 $\phi 40\text{H7}(^{+0.025}_{0})$。

（3）确定轴公差带

要使 $X_{min}\geqslant 0.02$mm，应找基本偏差为 es 且偏差值接近－0.02mm 的轴。查附录附表 1-2，轴 f 的基本偏差为 es＝－0.025mm 与之接近。故取轴为 $\phi 40\text{f6}(^{-0.025}_{-0.041})$。

（4）验算配合代号 $\phi 40$H7/f6 是否合适

$$X_{max}=ES-ei=0.025-(-0.041)=+0.066\text{mm}<0.07\text{mm}$$

$$X_{min}=EI-es=0-(-0.025)=+0.025\text{mm}>0.02\text{mm}$$

显然符合设计要求。

2. 试验法

在新产品设计试制过程中，对某些特别重要的部位的配合，为了防止计算或类比不准确而影响产品的使用性能，可通过几种配合的实际试验结果，从中找出最佳的配合方案。显然用试验法选择配合最为可靠，但要付出较高的代价。故只用于重要的关键

性配合处。

3. 类比法

以经过生产实际验证的类似的机械、机构或零、部件为样板比照选取公差与配合，这是目前应用最多的选择公差与配合的主要方法。用类比法选择配合种类，应从以下几方面着手。

(1) 掌握标准中各种基本偏差的使用特征　基本偏差从 a～h(A～H) 与基准件组成间隙配合，由于配合间隙的存在，在生产上有两种用途：一是利用间隙允许相配件作相对运动的性能，广泛地应用在需要活动结合（即相对运动）部位上；二是利用间隙存在使相配件容易装卸的特点，应用在某些需要方便装卸的静止连接中（加紧固件）。其中：

a、b、c 用于大间隙或热动配合；如内燃机排气阀和导管的配合等。

d、e、f 用于一般工作温度下的各种转动配合；如齿轮箱、电动机泵等的转轴与滑动轴承的配合。

g、h 间隙较小，适用于精密滑动配合；如车床尾座顶尖与套筒的配合。

cd、ef、fg 三个基本偏差用得很少，其使用情况分别介于 c 与 d、e 与 f、f 与 g 之间。

基本偏差 j～n(J～N) 与基准件组成过渡配合。过渡配合装配时可能产生间隙，也可能产生过盈，且 X 或 Y 量都较小，由于 X 较小，虽不适用于有相对运动要求的配合部位，但能保证孔与轴准确地对中（即定心性能好）；由于 Y 较小，虽需加紧固件才能传递扭矩，但装卸又比较方便。因此过渡配合常用于相配合零件对中性要求较高而且又需要拆卸的静止结合部位。其中：

j、js 间隙出现的概率较大，用于易拆卸的配合；如联轴节、齿圈与轮毂的配合，滚动轴承外圈与座孔的配合。

k 平均间隙接近零的配合，用于较精密定位配合；如齿轮与轴、轴颈与轴承孔等的配合。

m、n 产生过盈的概率大，用于精密定位配合；如蜗轮的青铜轮缘与轮毂的配合、冲床上齿轮与轴的配合。

基本偏差 p～zc(P～ZC) 与基准件组成过盈配合。由于过盈的作用，使装配后孔的尺寸被胀大，而轴的尺寸被压小，若两者的变形未超出零件材料的弹性极限，则在结合面上产生一定的紧固力，可用来传递一定的扭矩和固定零件。其中：

p 过盈量小，要加紧固件才能传递一定的扭矩；如卷扬机的绳轮与齿圈的配合、合金钢制零件的小过盈配合。

r 靠过盈能承受中等的力和扭矩，传递大扭矩和冲击负荷时需加紧固件；如蜗轮与轴的配合。

s、t 靠过盈能传递较大的扭矩，用于钢和铸铁零件的永久性结合；如联轴节与轴的配合。

u、v 靠过盈能传递很大的扭矩，应用时应验算 Y_{max} 时会不会使材料因变形过大而损坏。如火车轮毂与轴的配合。

x～zc 过盈很大，目前很少使用。

(2) 分析零件的工作条件及使用要求　当待选部位和类比的典型实例在工作条件上有所变化时，应对配合的松紧作适当调整。因此必须充分分析零件的具体工作条件和使用要求，考虑工作时结合件的相对位置状态（如运动速度、运动方向、停歇时间、运动精度要求等）、承受负荷情况、润滑条件、温度变化、配合的重要性、装卸条件以及材料的物理机械性能等。见表 2-5。

表 2-5 不同工作条件影响配合间隙或过盈的趋势

具 体 情 况	过盈量	间隙量	具 体 情 况	过盈量	间隙量
材料强度小	减	—	装配时可能歪斜	减	增
经常拆卸	减	增	旋转速度增高	增	增
有冲击载荷	增	减	有轴向运动	—	增
工作时孔温高于轴温	增	减	润滑油黏度增大	—	增
工作时轴温高于孔温	减	增	表面趋向粗糙	增	减
配合长度增长	减	增	单件生产相对于成批生产	减	增
配合面形状和位置误差增大	减	增			

（3）按国家标准规定的使用顺序进行选择　标准对尺寸至 500mm 的孔和轴公差带规定：一般用途孔公差带 105 种（表 2-6），轴 116 种（表 2-7）；常用公差带（线框内）孔 44 种，轴 59 种；优先选用公差带（圆圈内）孔、轴各 13 种。

表 2-6 一般、常用和优先的孔的公差带（尺寸≤500mm）

							H1		JS1												
							H2		JS2												
							H3		JS3												
							H4		JS4	K4	M4										
						G5	H5		JS5	K5	M5	N5	P5	R5	S5						
					F6	G6	H6	J6	JS6	K6	M6	N6	P6	R6	S6	T6	U6	V6	X6	Y6	Z6
			D7	E7	F7	G7	H7	J7	JS7	K7	M7	N7	P7	R7	S7	T7	U7	V7	X7	Y7	Z7
		C8	D8	E8	F8	G8	H8	J8	JS8	K8	M8	N8	P8	R8	S8	T8	U8	V8	X8	Y8	Z8
A9	B9	C9	D9	E9	F9		H9		JS9			N9	P9								
A10	B10	C10	D10	E10			H10		JS10												
A11	B11	C11	D11				H11		JS11												
A12	B12	C12					H12		JS12												
							H13		JS13												

表 2-7 一般、常用和优先的轴的公差带（尺寸≤500mm）

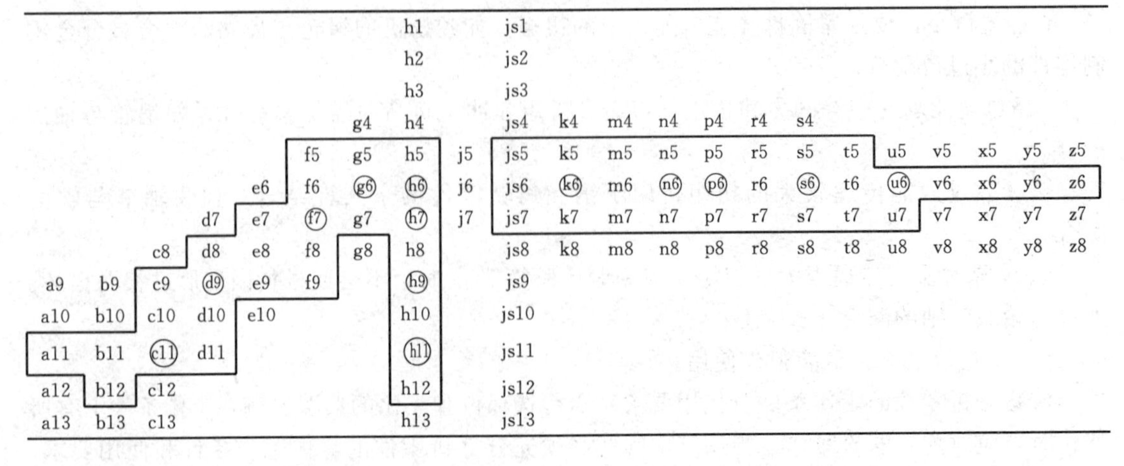

							h1		js1												
							h2		js2												
							h3		js3												
						g4	h4		js4	k4	m4	n4	p4	r4	s4						
					f5	g5	h5	j5	js5	k5	m5	n5	p5	r5	s5	t5	u5	v5	x5	y5	z5
				e6	f6	g6	h6	j6	js6	k6	m6	n6	p6	r6	s6	t6	u6	v6	x6	y6	z6
			d7	e7	f7	g7	h7	j7	js7	k7	m7	n7	p7	r7	s7	t7	u7	v7	x7	y7	z7
		c8	d8	e8	f8	g8	h8		js8	k8	m8	n8	p8	r8	s8	t8	u8	v8	x8	y8	z8
a9	b9	c9	d9	e9	f9		h9		js9												
a10	b10	c10	d10	e10			h10		js10												
a11	b11	c11	d11				h11		js11												
a12	b12	c12					h12		js12												
a13	b13	c13					h13		js13												

表 2-8　基孔制常用、优先配合

基准孔	轴																				
	a	b	c	d	e	f	g	h	js	k	m	n	p	r	s	t	u	v	x	y	z
	间隙配合								过渡配合			过盈配合									
H6						H6/f5	H6/g5	H6/h5	H6/js5	H6/k5	H6/m5	H6/n5	H6/p5	H6/r5	H6/s5	H6/t5					
H7						H7/f6	▼H7/g6	▼H7/h6	H7/js6	▼H7/k6	H7/m6	▼H7/n6	▼H7/p6	H7/r6	▼H7/s6	H7/t6	▼H7/u6	H7/v6	H7/x6	H7/y6	H7/z6
H8					H8/e7	▼H8/f7	H8/g7	▼H8/h7	H8/js7	H8/k7	H8/m7	H8/n7	H8/p7	H8/r7	H8/s7	H8/t7	H8/u7				
				H8/d8	H8/e8	H8/f8		H8/h8													
H9			H8/c9	▼H9/d9	H9/e9	H9/f9		▼H9/h9													
H10			H10/c10	H10/d10				H10/h10													
H11	H11/a11	H11/b11	▼H11/c11	H11/d11				▼H11/h11													
H12		H12/b12						H12/h12													

此外，标准还对尺寸至500mm的配合规定：基孔制常用配合59种，优先配合13种（表2-8）；基轴制常用配合47种，优先配合13种（表2-9）。

表 2-9　基轴制常用、优先配合

基准轴	孔																				
	A	B	C	D	E	F	G	H	JS	K	M	N	P	R	S	T	U	V	X	Y	Z
	间隙配合								过渡配合			过盈配合									
h5						F6/h5	G6/h5	H6/h5	JS6/h5	K6/h5	M6/h5	N6/h5	P6/h5	R6/h5	S6/h5	T6/h5					
h6						F7/h6	▼G7/h6	▼H7/h6	JS7/h6	▼K7/h6	M7/h6	▼N7/h6	▼P7/h6	R7/h6	▼S7/h6	T7/h6	▼U7/h6				
h7					E8/h7	▼F8/h7		▼H8/h7	JS8/h7	K8/h7	M8/h7	N8/h7									
h8				D8/h8	E8/h8	F8/h8		H8/h8													
h9				▼D9/h9	E9/h9	F9/h9		▼H9/h9													
h10				D10/h10				H10/h10													
h11	A11/h11	B11/h11	▼C11/h11	D11/h11				▼H11/h11													
h12		B12/h12						H12/h12													

（4）熟悉典型的配合实例供类比参考　表2-10是优先配合的配合特性和应用，可供选择配合时参考。

表 2-10 优先配合选用说明

优先配合		说明
基孔制	基轴制	
$\frac{H11}{c11}$	$\frac{C11}{h11}$	间隙非常大，用于很松的，转运很慢的动配合，要求大公差与大间隙的外露组件，要求装配方便的很松的配合
$\frac{H9}{d9}$	$\frac{D9}{h9}$	间隙很大的自由转运配合，用于精度非主要要求时，或有大的温度变动、高转速或大的轴颈压力时
$\frac{H8}{f7}$	$\frac{F8}{h7}$	间隙不大的转运配合，用于中等转速与中等轴颈压力的精确转动，也用于装配较易的中等定位配合
$\frac{H7}{g6}$	$\frac{G7}{h6}$	间隙很小的滑动配合，用于不希望自由转动，但可自由移动和滑动并精密定位时，也可用于要求明确的定位配合
$\frac{H7}{h6}$ $\frac{H8}{h7}$ $\frac{H9}{h9}$ $\frac{H11}{h11}$	$\frac{H7}{h6}$ $\frac{H8}{h7}$ $\frac{H9}{h9}$ $\frac{H11}{h11}$	均为间隙定位配合，零件可自由装拆，而工作时一般相对静止不动。在最大实体条件下的间隙为零，在最小实体条件下的间隙由公差等级决定
$\frac{H7}{k6}$	$\frac{K7}{h6}$	过渡配合，用于精密定位
$\frac{H7}{n6}$	$\frac{N7}{h6}$	过渡配合，允许有较大过盈的更精密定位
$\frac{H7}{p6}$	$\frac{P7}{h6}$	过盈定位配合，即小过盈配合，用于定位精度特别重要时，能以最好的定位精度达到部件的刚性及对中的性能要求，而对内孔承受压力无特殊要求，不依靠配合的紧固性传递摩擦载荷
$\frac{H7}{s6}$	$\frac{S7}{h6}$	中等压入配合，适用于一般钢件，或用于薄壁件的冷缩配合，用于铸铁件可得到最紧的配合
$\frac{H7}{u6}$	$\frac{U7}{h6}$	压入配合，适用于可以受高压力的零件或不宜承受大压入力的冷缩配合

2.5 线性尺寸的未注公差

2.5.1 线性尺寸一般公差的概念

一般公差是指在车间一般加工条件下可保证的公差，是机床设备在正常维护和操作情况下，能达到的经济加工精度。采用一般公差时，在该尺寸后不单独标注极限偏差或公差带代号，而是在图样上、技术文件或标准（企业标准或行业标准）中做出总的说明，所以也称未注公差。

一般公差主要用于零件上无特殊要求的尺寸、较低精度的非配合尺寸以及由工艺方法保证的尺寸。在正常情况下，一般公差可不必检验。这样，不仅有利于简化制图、节省设计时间和减少产品检验要求，而且突出了有公差要求的重要尺寸，以便在加工和检验时引起足够的重视。

一般公差适用于金属切削加工的尺寸和一般冲压加工的尺寸。对非金属材料和其他工艺方法加工的尺寸亦可参照采用。国标《一般公差　未注公差的线性和角度尺寸的公差》（GB/T 1804—2000）适用于图样上不注出上下偏差的尺寸。

2.5.2 有关国标规定

国标对线性尺寸的一般公差规定了四个公差等级，即 f（精密级）、m（中等级）、c（粗糙级）、v（最粗级）。各基本尺寸对应的各级一般公差值见表 2-11、表 2-12 所示。

表 2-11　线性尺寸的未注极限偏差的数值　　mm

<table>
<tr><th rowspan="2">公差等级</th><th colspan="8">尺　寸　分　段</th></tr>
<tr><th>0.5～3</th><th>>3～6</th><th>>6～30</th><th>>30～120</th><th>>120～400</th><th>>400～1000</th><th>>1000～2000</th><th>>2000～4000</th></tr>
<tr><td>f(精密级)</td><td>±0.05</td><td>±0.05</td><td>±0.1</td><td>±0.15</td><td>±0.2</td><td>±0.3</td><td>±0.5</td><td>—</td></tr>
<tr><td>m(中等级)</td><td>±0.1</td><td>±0.1</td><td>±0.2</td><td>±0.3</td><td>±0.5</td><td>±0.8</td><td>±1.2</td><td>±2</td></tr>
<tr><td>c(粗糙级)</td><td>±0.2</td><td>±0.3</td><td>±0.5</td><td>±0.8</td><td>±1.2</td><td>±2</td><td>±3</td><td>±4</td></tr>
<tr><td>v(最粗级)</td><td>—</td><td>±0.5</td><td>±1</td><td>±1.5</td><td>±2.5</td><td>±4</td><td>±6</td><td>±8</td></tr>
</table>

线性尺寸的一般公差主要用于较低精度的非配合尺寸，规定图样上的未注公差，应考虑车间的一般加工精度，选取本标准规定的公差等级，由相应的技术文件或标准作出具体规定，并用本标准号和公差等级符号表示。如选用中等级时，表示为：GB/T 1804—2000-m。

表 2-13 给出了角度尺寸的极限偏差数值，其值按角度短边长度确定，对圆锥角按圆锥素线长度确定。

表 2-12　倒圆半径与倒角高度尺寸的极限偏差的数值　　mm

<table>
<tr><th rowspan="2">公差等级</th><th colspan="4">尺　寸　分　段</th></tr>
<tr><th>0.5～3</th><th>>3～6</th><th>>6～30</th><th>>30</th></tr>
<tr><td>f(精密级)</td><td rowspan="2">±0.2</td><td rowspan="2">±0.5</td><td rowspan="2">±1</td><td rowspan="2">±2</td></tr>
<tr><td>m(中等级)</td></tr>
<tr><td>c(粗糙级)</td><td rowspan="2">±0.4</td><td rowspan="2">±1</td><td rowspan="2">±2</td><td rowspan="2">±4</td></tr>
<tr><td>v(最粗级)</td></tr>
</table>

表 2-13　角度尺寸的极限偏差的数值

<table>
<tr><th rowspan="2">公差等级</th><th colspan="5">长　度　分　段/mm</th></tr>
<tr><th>−10</th><th>>10～50</th><th>>50～120</th><th>>120～400</th><th>>400</th></tr>
<tr><td>f(精密级)</td><td rowspan="2">±1°</td><td rowspan="2">±30′</td><td rowspan="2">±20′</td><td rowspan="2">±10′</td><td rowspan="2">±5′</td></tr>
<tr><td>m(中等级)</td></tr>
<tr><td>c(粗糙级)</td><td>±1°30′</td><td>±1°</td><td>±30′</td><td>±15′</td><td>±10′</td></tr>
<tr><td>v(最粗级)</td><td>±3°</td><td>±2°</td><td>±1°</td><td>±30′</td><td>±20′</td></tr>
</table>

对于相互垂直的两要素，应该在技术文件中明确规定采用未注角度公差（未注 90°），还是未注垂直度公差。因为控制的要求是不相同的，前者是不控制形成该角度（90°）的两要素的形状误差（直线度或平面度误差），后者需指明基准（通常为长边），且以垂直度公差带控制被测要素的形状误差（直线度或平面度误差）。

2.6 尺寸公差的测量

2.6.1 轴径和孔径的测量方法

就结构特征而言，轴径测量属外尺寸测量，而孔径测量属内尺寸测量。在机械零件几何尺寸的测量中，轴径和孔径的测量占有很大的比例，其测量方法和器具较多。根据生产批量多少、被测尺寸的大小、精度高低等因素，可选择不同的测量器具和方法。孔径的测量方法见表2-14，轴的测量方法见表2-15。

表 2-14 孔径的测量方法

计量器具名称	测量方法	测量范围/mm	备注
游标卡尺	绝对测量	0～125，0～150 0～200，0～300 0～500，0～1000	用内测量爪
内测千分尺	绝对测量	5～30 25～50	测浅孔、盲孔
内径千分尺	绝对测量	50～5000	
三爪内径千分尺	绝对测量	6～100	
内径百分表	相对测量	6～450	
内径千分表	相对测量	10～400	
气动量仪器	相对测量	ϕ4～70	用气动塞规

表 2-15 轴的测量方法

序号	方法名称	使用的计量器具
1	卡钳法	卡钳、钢直尺
2	量具法	游标卡尺、千分尺等
3	测微仪法	机械式测微仪、光电测微仪等
4	测长仪法	立式测长仪、万能测长仪等
5	卧式测长法	卧式测长仪、卧式比较仪与量块组合等
6	影像法	大型工具显微镜、万能工具显微镜
7	轴切法	大型工具显微镜、万能工具显微镜及量测刀附件组合
8	仪器干涉法	在大型工具显微镜和万能工具显微镜上采用微小孔照明干涉法和斜射照明干涉法
9	平晶干涉法	平面平晶与量块组合
10	光隙法	样板直尺与量块组合

2.6.2 轴径和孔径测量的注意事项

（1）生产批量较大的产品，一般用光滑极限量规对外圆和内孔进行测量。光滑极限量规是一种无刻度的专用测量工具，用它测量零件时，只能确定零件是否在允许的极限尺寸范围内，不能测量出零件的实际尺寸。

使用量规的注意事项：

① 使用时一定要使量规标记上的公称尺寸公差代号与工件相同。

② 检验时，要保持量规工作部分轴线与工件同轴，保证量规与工件间均匀的接触力。

③ 保持量规与被检工件表面洁净，以免影响检验结果。

④ 量规使用时轻拿轻放，不要磕碰量规工作表面，使用后，应擦净、涂油，妥善保管。

(2) 一般精度的孔、轴，生产数量较少时，可用杠杆千分尺、外径千分尺、内径千分尺、游标卡尺等进行绝对测量，也可用千分表、百分表、内径百分表等进行相对测量。

(3) 对于较高精度的孔、轴，应采用机械式比较仪、光学比较仪、万能测长仪、电动测微仪、气动量仪、接触式干涉仪等精密仪器进行测量。

(4) 检验光滑圆柱件应按国家标准《光滑工件尺寸的检验》(GB/T 3177—2009) 进行。该标准明确规定：

该国家标准适用于用普通计量器具，如游标卡尺、千分尺及车间使用的比较仪等，以及对图样上注出的公差等级为 2～18 级 (1T6～IT18)、基本尺寸 3～500mm 的光滑工件尺寸的检验。

① 标准原则上也适用于检验无配合要求的尺寸。

② 由于计量器具和计量系统都存在着内在的误差，故任何测量都不能测出真值。另外，多数计量器具通常只用于测量尺寸，不测量工件上可能存在的形状误差。因此，工件的完善检验还应测量形状误差（如圆度和直线度等），并把这些形状误差的测量结果与尺寸的测量结果综合起来，以检查工件表面各部位是否超出最大实体尺寸。

③ 考虑到在车间实际情况下，工件的形状误差通常是依靠加工过程的精度来控制的。工件合格与否，只按一次测量来判断，对于温度、压陷效应，以及计量器具和标准器件的系统误差均不进行修正。为此，GB/T 3177—2009 标准规定验收极限是从规定的最大实体尺寸和最小实体尺寸分别向工件公差带内移动一个安全裕度 (A) 来确定。例如，测量孔径时，考虑到测量误差的存在，为保证不误收废品，应先根据被测孔径的公差大小，查表得到相应的安全裕度 A，然后确定其验收极限，若全部局部实际尺寸都在验收极限范围内，则可判此孔径合格。即

$$MML-A \geqslant L_a \geqslant LML+A$$

式中　MML——零件的最大极限尺寸；

LML——零件的最小极限尺寸；

L_a——零件的局部实际尺寸；

A——查表所得安全裕度。

④ 测量的标准温度为 20℃。如果工件与计量器具的线膨胀系数相同，测量时只要计量器具与工件保持相同的温度，即使温度不等于 20℃，也不影响测量结果。如果工件与计量器具的线膨胀系数有较大差异，测量时两者温度应该尽可能接近 20℃。

⑤ 当使用计量器具测量与使用光滑极限量规检验发生争议时，应使用符合 GB/T 1957—2006《光滑极限量规》规定的下述量规复核：

a. 通规应等于或接近工件的最大实体尺寸。

b. 止规应等于或接近工件的最小实体尺寸。

思考与练习

1. 什么是极限尺寸？什么是实际尺寸？二者关系如何？

2. 作用尺寸和实际尺寸的区别是什么？工件在什么情况下，其作用尺寸和实际尺寸相同？

3. 试述标准公差、基本偏差、误差及公差等级的区别和联系。

4. 已知一孔、轴配合，图样上标注为孔 $\phi30^{+0.033}_{0}$、轴 $\phi30^{+0.029}_{-0.008}$，试作出此配合的尺寸公差带图，并计算孔、轴极限尺寸及配合极限间隙或极限过盈，判断配合性质。

5. 已知一孔图样上标注为 $\phi50^{-0.003}_{-0.042}$，试给出此孔实际尺寸 D_a 的合格条件。

6. 什么是配合？当公称尺寸相同时，如何判断孔轴配合性质的异同？

7. 间隙配合、过渡配合、过盈配合各适用于什么场合？

8. 如何根据图样标注或其他条件确定尺寸公差带图？

9. 已知某配合的公称尺寸为 60，配合公差 $T_f=49\mu m$ 平均过盈 $Y_{av}=-35.5\mu m$，孔轴公差值之差 $\Delta=|Y_{min}|=+11\mu m$，轴的下偏差 $ei=+41\mu m$，试作出此配合的尺寸公差带图。

10. 已知两轴图样上标注分别为 $d_1=\phi30^{+0.054}_{+0.041}$，$d_2=\phi30^{-0.040}_{-0.061}$，试比较两轴的加工难易程度。

11. 什么是配合制？国标中规定了几种配合制？如何正确选择配合制及进行基准制转换？

12. 什么是基孔制配合与基轴制配合？为什么要规定基准制？广泛采用基孔制配合的原因何在？在什么情况下采用基轴制配合？

13. 有一孔，轴配合为过渡配合，孔尺寸为 $\phi80^{+0.046}_{0}$ mm，轴尺寸为 $\phi80\pm0.015$mm，求最大间隙和最大过盈；画出配合的孔，轴公带图。

14. 国标中规定了几种公差等级？同一公称尺寸的公差值的大小与公差等级高低有何关系？

15. 国标对孔、轴各规定了多少种基本偏差？孔、轴的基本偏差是如何确定的？

16. 选用标准公差等级的原则是什么？公差等级是否越高越好？

17. 在用类比法进行公差与配合的选择时，应注意哪些问题？

18. 为什么要规定优先、常用和一般孔、轴公差带以及优先常用配合？

19. 什么是线性尺寸的一般公差？它分为哪几个公差等级？如何确定其极限偏差？

20. 试验确定活塞与气缸壁之间在工作时的间隙为 0.04～0.097mm，假设在工作时活塞的温度为 $t_s=150℃$，气缸的温度为 $t_h=100℃$，装配温度为 20℃，活塞的线膨胀系数为 $\alpha_s=22\times10^{-6}/℃$，气缸的线膨胀系数为 $\alpha_s=12\times10^{-6}/℃$，活塞与气缸的基本尺寸为 95mm，试求活塞与气缸装配间隙试多少？根据装配间隙选择合适的配合及孔轴的极限偏差。

21. 试叙述轴的常用测量方法及其使用的计量器具。

22. 轴径和孔径测量的注意事项有哪些？

第3章

测量技术基础

3.1 测量的基本概念

测量就是把被测的量与具有计量单位的标准量进行比较，从而确定被测量是计量单位的倍数或分数的实验过程。在测量中假设 L 为被测量值，E 为所采用的计量单位，那么它们的比值为

$$q=\frac{L}{E}$$

这个公式的物理意义说明，在被测量值 L 一定的情况下，比值 q 的大小完全决定于所采用的计量单位 E，而且是成反比关系。同时它也说明计量单位的选择决定于被测量值所要求的精确程度，这样经比较而得的被测量值为

$$L=qE$$

由上可知，任何一个测量过程必须有被测的对象和所采用的计量单位。此外还有二者是怎样进行比较和比较以后它的精确程度如何的问题，即测量的方法和测量的精确度问题。这样，测量过程就包括：测量对象、计量单位、测量方法及测量精确度四个要素。

(1) 测量对象　这里主要指几何量，包括长度、角度、表面粗糙度以及几何误差等。

(2) 计量单位　用以度量同类量值的标准量。为了保证测量的正确性，必须在测量过程中保证单位的统一。我国国务院于 1977 年 5 月 27 日颁发的《中华人民共和国计量管理条例（试行）》第三条规定中重申："我国的基本计量制度是米制（即公制），逐步采用国际单位制"。1984 年 2 月 27 日正式公布中华人民共和国法定计量单位，确定米制为我国的基本计量制度。在长度计量中单位为米（m），其他常用单位有毫米（mm）和微米（μm）。其换算关系为 $1\text{mm}=10^{-3}\text{m}$，$1\mu\text{m}=10^{-3}\text{mm}$。在角度测量中以度（°）、分（′）、秒（″）为单位。度、分、秒的关系采用 60 进位制，即 $1°=60'$，$1'=60''$。

(3) 测量方法　是指在进行测量时所采用的测量原理、计量器具和测量条件的综合。根据被测对象的特点，如精度、大小、轻重、材质、数量等来确定所用的计量器具；分析研究被测参数的特点和它与其他参数的关系；确定最合适的测量方法以及测量的主客观条件（如环境、温度）等。

(4) 测量精度（即准确度）　是指测量结果与真值的一致程度。由于任何测量过程总不可避免地会出现测量误差，误差大说明测量结果离真值远，精确度低。因此精确度和误差是两个相对的概念。由于存在测量误差，任何测量结果都是以一近似值来表示。

3.2 尺寸传递

3.2.1 长度基准与长度量值传递系统

目前世界各国所使用的长度单位有米制和英制两种。国际上统一使用的公制长度基准以米作为长度基准。我国法定计量单位与国际单位制一致，长度单位是米（m）。机械制造中常用的单位是毫米（mm）；测量技术中常用的单位是微米（μm）。

最初，米的含义是经过巴黎的地球子午线长度的四千万分之一定义的。随着科学技术的进步，人类对“米”的定义也是在一个发展和完善的过程中。1983 年第 17 届国际计量大会通过米的定义为“光在真空中 1/299792458 秒时间间隔内行程的长度”。为了保证长度测量的精度，还需要建立准确的量值传递系统。鉴于激光稳频技术的发展，用激光波长作为长度基准具有很好的稳定性和复现性。我国采用碘吸收稳定的 0.633μm 氦氖激光辐射作为波长标准来复现“米”。

在机械制造中，自然基准不便于普遍直接应用，为了使生产中使用的计量器具和工件的量值统一，就需要一个统一的量值传递系统，即将米的定义长度一级一级地、准确地传递到生产中所使用的计量器具上，再用其测量工件尺寸，从而保证量值的统一。为此，需要在全国范围内从技术上和组织上建立起严密的长度量值传递系统。目前，线纹尺和量块是实际工作中常用的两种实体基准。

① 在技术上，长度量值传递系统一是由自然基准过渡到国家基准米尺、工作基准米尺，再传递到工程技术中应用的各种刻线线纹尺至工件尺寸；另一系统是由自然基准过渡到基准

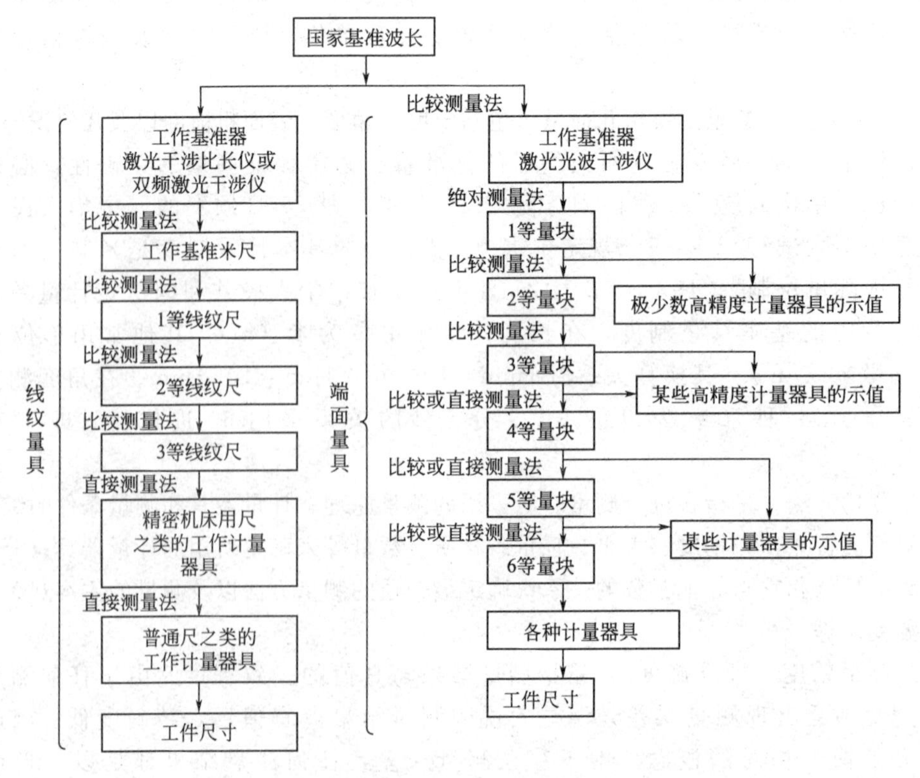

图 3-1 长度量值传递系统

组量块，再传递到工作量块及各种计量器具至工件尺寸。

② 在组织上，长度量值传递系统是由国家计量局、各地区计量中心，省、市计量机构，一直到各企业的计量机构所组成的计量网，负责其管辖范围内的计量工作和量值传递工作。图 3-1 是我国长度量值传递系统。

3.2.2 角度基准与传递系统

角度是机械制造中的重要的几何量之一，一个圆周定义为 360°。角度不需要像长度一样建立自然基准。但在计量部门实际应用中，为了常用特定角度的测量方便和便于对测角仪器进行检定，仍采用多面棱体（棱形块）作为角度量值的基准。机械制造中的角度标准一般是角度量块、测角仪或分度头等。

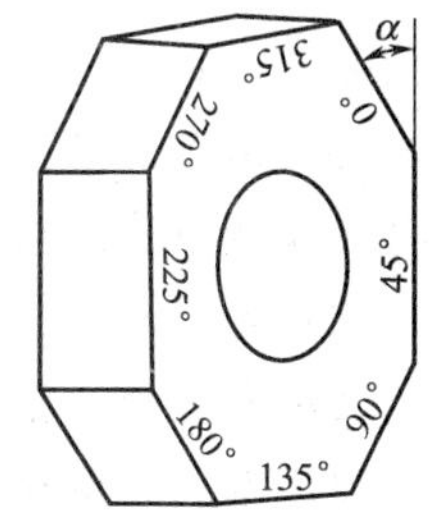

图 3-2 正八面棱体

目前生产的多面棱体是用特殊合金钢或石英玻璃精细加工而成的。多面棱体有 4 面、6 面、8 面、12 面、24 面、36 面以及 72 面等。以多面棱体作为角度基准的量值传递系统，如图 3-2 所示为 8 面棱体，在该棱体的同一横切面上，其相邻两面法线间的夹角为 45°，用它作基准可以测量 $n\times45°$的角度（$n=1,2,3,\cdots$）。图 3-3 所示为角度量值传递系统。

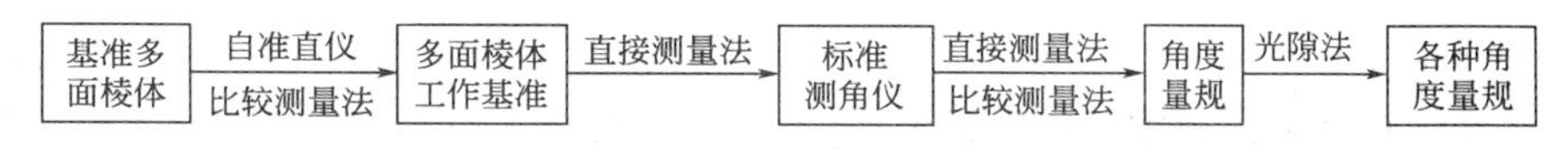

图 3-3 角度量值传递系统

3.3 测量器具与测量方法的分类

3.3.1 测量器具的分类

测量器具是测量仪器和测量工具的总称。通常把没有传动放大系统的测量器具称为量具，如游标卡尺、90 度角尺和量规等；把具有传动放大系统的测量器具称为量仪，如机械式比较仪、测长仪和投影仪。测量器具按结构特点可以分为以下 4 类。

1. 量具

以固定形式复现量值的测量器具称为量具，一般结构比较简单，没有传动放大系统。量具中有的可以单独使用，有的也可以与其他测量器具配合使用。量具又可分为单值量具和多值量具两种。单值量具是用来复现单一量值的量具，又称为标准量具，如量块、直角尺等。多值量具是用来复现一定范围内的一系列不同量值的量具，又称为通用量具。通用量具按其结构特点划分有以下几种：固定刻线量具，如钢尺、圈尺等；游标量具，如游标卡尺、万能角度尺等；螺旋测微量具，如内、外径千分尺和螺纹千分尺等。对于成套的量块又称为成套量具。

2. 量规

量规是指没有刻度的专用测量器具，用于检验零件要素的实际尺寸及几何要素的实际情况所形成的综合结果是否在规定的范围内，从而判断零件被测的几何量是否合格。量规检验不能获得被测几何量的具体数值。如用光滑极限量规检验光滑圆柱形工件的合格性，不能得到孔、轴的实际尺寸。

3. 量仪

量仪即计量仪器，是能将被测几何量的量值转换成可直接观察的指示值（示值）或等效信息的测量器具。量仪一般具有传动放大系统。量仪按原始信号转换原理的不同，量仪可分为4种。

（1）机械式量仪　机械式量仪是指用机械方法实现原始信号转换的量仪，如指示表、杠杆比较仪和扭簧比较仪等。这种量仪结构简单，性能稳定，使用方便，因而应用广泛。

（2）光学式量仪　光学式量仪是指用光学方法实现原始信号转换的量仪。如万能测长仪、工具显微镜、干涉仪等。这种量仪精度高，性能稳定。

（3）电动式量仪　电动式量仪是指将原始信号转换成电量形式信息的量仪。这种量仪具有放大和运算电路，可将测量结果用指示表或记录器显示出来。如电感式测微仪、电动轮廓仪、圆度仪等。这种量仪精度高，易于实现数据自动化处理和显示，还可实现计算机辅助测量和检测自动化。

（4）气动式量仪　气动式量仪是指以压缩空气为介质，通过其流量或压力的变化来实现原始信号转换的量仪。如水柱式气动量仪、浮标式气动量仪等。这种量仪结构简单，可进行远距离测量，也可对难以用其他测量器具测量的部位（如深孔部位）进行测量。但示值范围小，对不同的被测参数需要不同的测头。

4. 测量装置

测量装置是指为确定被测几何量值所必需的测量器具和辅助设备的总体。它能够测量较多几何量和较复杂的零件，有助于实现检测自动化或半自动化，一般用于大批量生产中，以提高检测效率和检测精度。如齿轮综合精度检查仪、发动机缸体孔的几何精度综合测量仪等。

3.3.2 测量器具的基本技术性能指标

测量器具的基本技术性能指标是合理选择和使用测量器具的重要依据。

1. 刻度间距（刻线间距）

刻度间距是指标尺或刻度盘上两相邻刻线中心的距离。刻度间隔太小，会影响估读精度，刻度间距太大，会影响加工读数装置的轮廓尺寸，一般刻度间距为1～2.5mm。

2. 分度值

分度值（刻度值或读数值）是测量器具标尺上每一刻度间距所代表的被测值。例如，游标卡尺的分度值分别是0.02mm、0.05mm和0.10mm，千分尺的分度值是0.01mm。分度值是一种测量器具所能读出的最小单位量值，它反映了读数精度的高低，从一个侧面说明了该测量器具的测量精度高低，通常，分度值越小，测量器具的精度越高。分度值通常取1、2、5的倍数。

3. 示值范围

示值范围是指由测量器具所显示或指示的最低值到最高值的范围。示值范围的“最低值”、“最高值”也称为“起始值”、“终止值”。机械比较仪（见图3-4）的示值范围为±0.015mm。

4. 测量范围

测量范围是测量器具所能测量的被测量最小值到最大值的范围。测量范围的最高、最低值称为测量范围的“上限值”、“下限值”。测量范围也包括仪器的悬臂或尾座等调节范围。

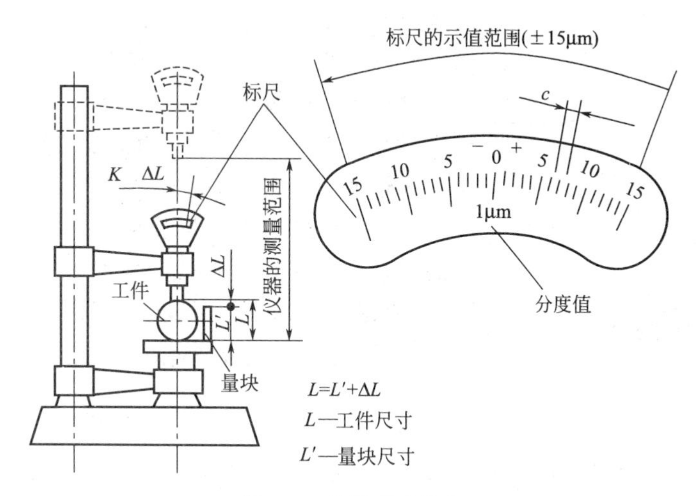

图 3-4　机械式比较仪

例如，千分尺的测量范围有 0～25mm、25～50mm 和 50～75mm 等多种。

5. 灵敏度（放大比）

灵敏度是测量器具对被测量变化的反应能力。对于一般长度测量器具，它等于刻度间距与分度值之比。例如，百分表的刻度间距为 1.5mm，分度值为 0.01mm，其放大比为 1.5/0.01＝150。

6. 灵敏阈（灵敏限）

能够引起计量器具示值变动的被测尺寸的最小变动量称为该测量器具的灵敏阈。灵敏阈的高低取决于测量器具自身的反应能力。灵敏阈又称为鉴别力。越是精密的仪器，灵敏阈越小。

7. 测量力

测量力是在接触测量过程中，测头与被测物体表面之间的接触压力。测量力的大小应适当，太大引起弹性变形，太小则影响接触的可靠性。因此，必须合理控制测量力的大小。

8. 示值误差

示值误差是测量器具的示值与被测量的真值之差。它主要由测量器具的原理误差、刻度误差和传动机构的制造与调整误差所产生。其大小可通过对测量器具的检定得到。

9. 示值稳定性

示值稳定性是在测量条件不做任何变动的情况下，对同一被测量进行多次重复测量时（一般 5～10 次），其示值的最大变化范围。

10. 校正值（修正值）

校正值是指为了消除或减少系统误差，用代数法加到未修正的测量结果上的数值，它的大小与示值误差的绝对值相等，而符号相反。

3.3.3　测量方法的分类

被测对象的结构特征和测量要求在很大程度上决定了测量方法。广义的测量方法是指测量时所采用的方法、测量器具和测量条件的综合。但在实际工作中，往往单纯从获得测量结果的方式来理解测量方法。按照不同的出发点，测量方法有各种不同的

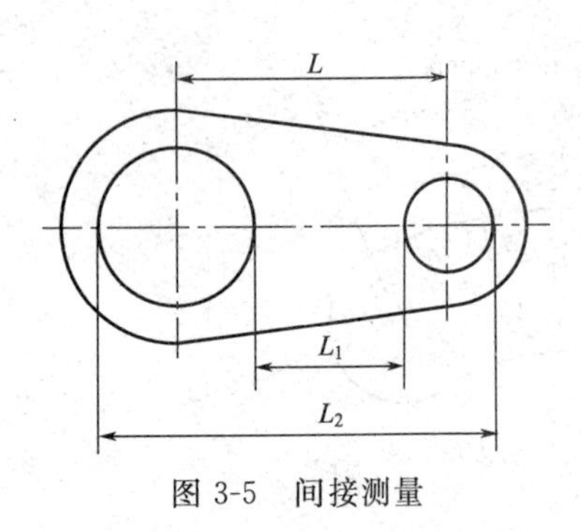

图 3-5 间接测量

分类。

1. 按所测的几何量是否为要求的被测几何量分类

(1) 直接测量　凡是被测的量，可直接由量具或计量仪器的读数装置上读得的测量方法称为直接测量。例如，用游标卡尺测量轴的直径。

(2) 间接测量　测量与被测的量有一定函数关系的其他参数，然后通过函数关系算出被测量值的测量方法。例如，欲测两孔的孔心距 L，如图 3-5 所示，可先测出 L_1 和 L_2，然后算出孔心距：$L=\dfrac{L_1+L_2}{2}$。

2. 按被测表面与测量器具是否有机械接触分类

(1) 接触测量　接触测量是指测量器具的测量头与工件被测表面以机械测量力接触。例如，用外径千分尺、游标卡尺测量轴颈。

(2) 非接触测量　非接触测量是指测量器具的测量头与工件被测表面不相接触，因而没有机械作用的测量力。例如，用光切显微镜测量表面粗糙度。

3. 按同时测量的参数多少分类

(1) 综合测量　综合测量是同时测量工件上的几个有关参数，从而综合地判断工件是否合格。其目的在于限制被测工件的轮廓应在规定的极限内，以保证互换性的要求。例如，用螺纹通规检验螺纹的作用中径是否合格。

(2) 单项测量　单项测量是指对被测工件每一个参数分别进行测量。例如，用工具显微镜分别测量螺纹的大径、中径、小径、螺距和牙型半角等。

4. 按测量技术在机械制造工艺过程中所起的作用分类

(1) 被动测量　被动测量是被测工件在加工完以后进行的测量，其测量结果主要用于发现并剔除废品。

(2) 主动测量　主动测量是被测工件在加工过程中所进行的测量，测量结果可直接用于控制加工过程，决定是否继续加工还是调整机床，因此，能及时防止废品的产生。

5. 按被测工件在测量过程中所处的状态分类

(1) 静态测量　静态测量是指在测量过程中，工件的被测表面与测量器具的测量头处于相对静止状态，例如用游标卡尺测量轴颈。

(2) 动态测量　动态测量是指在测量过程中，工件的被测表面与计量器具的测量头处于相对运动状态，例如用圆度仪测量圆度误差和用偏摆仪测量跳动误差等。

6. 按被测量值是直接由计量器具的计数装置获得，还是通过对某个标准值的偏差值计算得到分类

(1) 绝对测量　测量时，被测量的全值可以直接由计量器具的读数装置上获得。例如，用测长仪测量轴颈。

(2) 相对测量　测量时，先用标准器调整计量器具零位，然后再把被测件放进去测量，由测量仪器的读数装置上读出被测的量相对于标准器的偏差。例如，用图 3-4 所示的机械式比较仪量轴颈，测量时先用量块调整零位，再将轴颈放在工作台上测量，此时指示出的示值为被测轴颈相对于量块尺寸的偏差，即轴颈的尺寸等于量块的尺寸与偏差的代数和（偏差可以为正或负）。

3.4　常用测量器具及使用

3.4.1　量块

1. 量块的定义和用途

量块通常也叫块规，它是一种没有刻度的、截面为矩形的平行端面量具。一般用铬锰钢、铬钢和轴承钢制成，其材料与热处理工艺可以满足量块的尺寸稳定、硬度高、耐磨性好的要求，线胀系数与普通钢材相同，即为 $(11.5\pm1)\times10^{-6}/℃$，其稳定性约为年变化量不超过 $\pm(0.5\sim1.0)\mu m$。

量块除了作为长度基准进行尺寸传递外，还用于检定和校准其他量具、量仪，相对测量时调整量具和量仪的零位，以及用于精密机床的调整、精密划线和测量精密零件。

2. 量块的形状

图 3-6 所示量块有一对相互平行的测量端面和 4 个非工作面，两测量面间有精确尺寸。量块长度是指量块一个测量面上的一点至与此量块另一测量面相研合的辅助体表面之间的垂直距离。

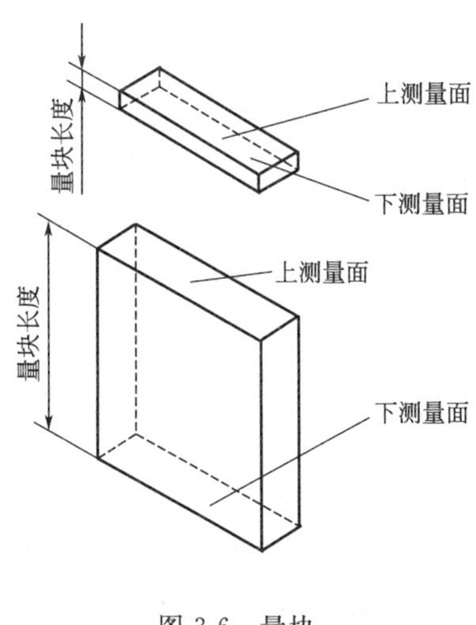

图 3-6　量块

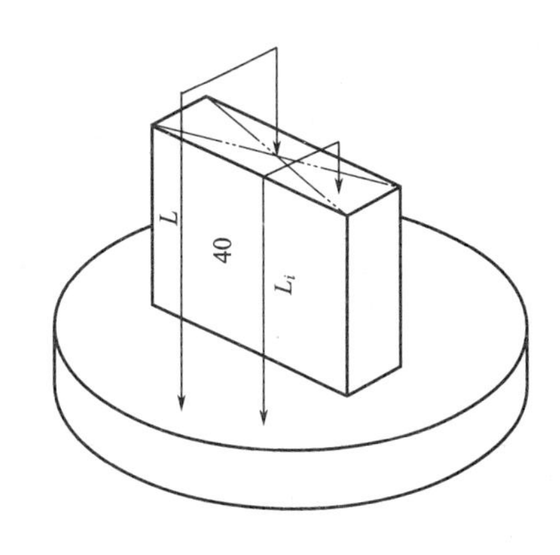

图 3-7　量块长度

量块两个测量面上任意一点的量块长度，定为量块的任意点长度，如图 3-7 所示的 L_i。量块两个测量面上中心点的量块长度，定为量块的中心长度，如图 3-7 所示的 L，它也是量块的标称长度。该尺寸具有很高的精度。

3. 量块的研合性

量块的研合性是指量块的一个测量面与另一量块的测量面通过分子吸力作用而粘合的性能。这是由于量块工作面的表面粗糙度数值很小，平整性好，如将一量块的工作面沿着另一量块工作面滑动时，稍加压力，两量块便能研合在一起。应用其研合性可以用不同尺寸的量块组合成所需的各种尺寸。

量块的尺寸系列及其组合量块是成套生产的，根据 GB/T 6093—2001 规定共有 17 种套别，其每套数目分别为 91、83、46、38、10、8 和 5 等。常用成套量块的级别、尺寸系列、间隔和块数如表 3-1 所示。

表 3-1 成套量块尺寸表

套 别	总块数	级 别	尺寸系列/mm	间隔/mm	块 数
1	91	00,0,1	0.5		1
			1		1
			1.001,1.002,…,1.009	0.001	9
			1.01,1.02,…,1.49	0.01	49
			1.5,1.6,…,1.9	0.1	5
			2.0,2.5,…,9.5	0.5	16
			10,20,…,100	10	10
2	83	00,0,1	0.5		1
		2,(3)	1		1
			1.005		1
			1.01,1.02,…,1.49	0.01	49
			1.5,1.6,…,1.9	0.1	5
			2.0,2.5,…,9.5	0.5	16
			10,20,…,100	10	10
3	46	0,1,2	1		1
			1.001,1.002,……1.009	0.001	9
			1.01,1.02,……1.09	0.01	9
			1.1,1.2,……1.9	0.1	9
			2,3,……9	1	8
			10,20,……100	10	10
4	38	0,1,2	1		1
		(3)	1.005		1
			1.01,1.02,…,1.09	0.01	9
			1.1,1.2,…,1.9	0.1	9
			2,3,…,9	1	8
			10,20,…,100	10	10

组合量块成一定尺寸时，为了迅速选择量块，应从所给尺寸的最后一位数字考虑，每选一块应使尺寸的位数减小一位，其余依次类推。为减少量块组合的累积误差，应尽量用最少数量的量块组成所需的尺寸，通常不应多于4～5块。

例 3-1 要组成38.935mm的尺寸，若采用91块一套的量块，其选取方法为

38.935——需要的量块尺寸

− 1.005——第一块量块尺寸

37.93

− 1.43 ——第二块量块尺寸

36.5

− 6.5 ——第三块量块尺寸

30 ——第四块量块尺寸

例 3-2 要组成51.995mm的尺寸，若采用83块一套的量块和38块一套的量块，其选取方法分别如何？

(1) 采用83块一套的量块

51.995——需要的量块尺寸

− 1.005——第一块量块尺寸

50.99

− 1.49 ——第二块量块尺寸

49.5

− 9.5 ——第三块量块尺寸

40 ——第四块量块尺寸

（2）采用 38 块一套的量块

51.995——需要的量块尺寸

− 1.005——第一块量块尺寸

50.99

− 1.09 ——第二块量块尺寸

49.9

− 1.9 ——第三块量块尺寸

48

− 8 ——第四块量块尺寸

40 ——第五块量块尺寸

由上例可以看出，用 83 块套别的要比用 38 块套别的量块好。

4. 量块的精度

为了满足不同应用场合对量块精度的要求，根据量块长度的极限偏差和长度变动量（见图 3-8），量块按制造精度分为 5 个等级，即 00、0、1、2、3 级，其中 00 级精度最高。分级的主要依据是量块长度的极限偏差、量块长度的变动允许值、测量面的平行度精度、量块的研合性及测量面粗糙度等。

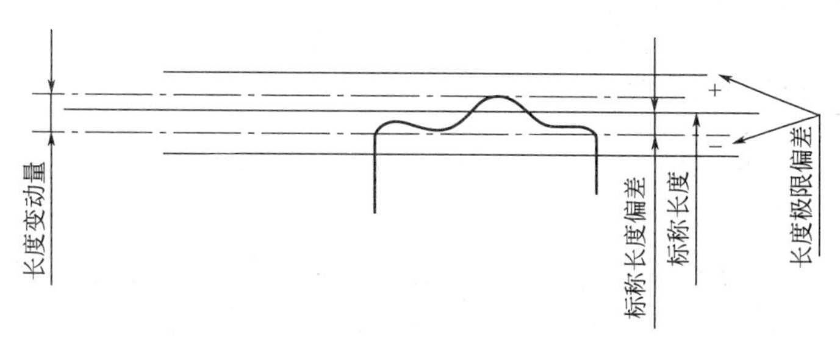

图 3-8　量块的长度极限偏差和长度变动量

量块按检定精度分为 6 等，即 1、2、3、4、5、6 等，其中 1 等精度最高。分等的主要依据是量块中心长度测量的极限误差和平面平行性极限误差。

为了扩大量块应用范围，可采用量块附件，量块附件中主要是夹持器和各种量爪，如图 3-9 所示。量块及其附件装配后，可用于测量外径、内径或作精密划线等，如图 3-10 所示。

5. 量块的使用方法

量块的使用方法可分为按“级”使用和按“等”使用两种。

（1）按“级”使用　是以量块的标称尺寸为工作尺寸，不计量块的制造误差和磨损误差，精度不高，但使用方便。各级量块的允许误差和极限误差见表 3-2。

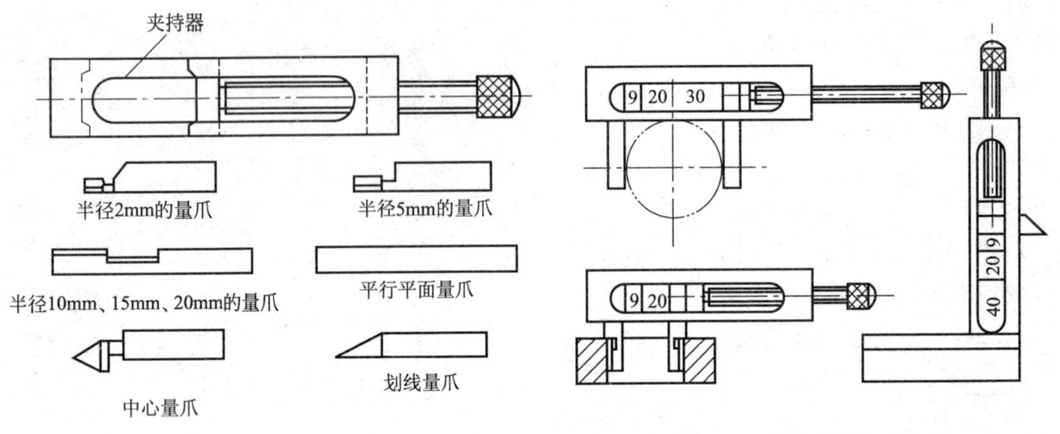

图 3-9 量块附件

图 3-10 量块附件及其应用

表 3-2 各级量块的允许误差和极限误差

名义尺寸/mm		级的要求									
		0		1		2		3		4	
		中心长度允许偏差近似公式/±μm									
		(0.10+2l)		(0.20+3.5l)		(0.5+5l)		(1.0+10l)		(2.0+20l)	
		中心长度允许偏差(±)	平面平行性允许偏差	中心长度允许偏差(±)	平面平行性允许偏差	中心长度允许偏差(±)	平面平行性允许偏差	中心长度允许偏差(±)	平面平行性允许偏差	中心长度允许偏差(±)	平面平行性允许偏差
大于	到	偏差/μm									
—	10	0.10	0.10	0.20	0.20	0.5	0.20	1.0	0.4	2.0	0.4
10	18	0.15	0.10	0.25	0.20	0.6	0.20	1.0	0.4	2.0	0.4
18	30	0.15	0.10	0.30	0.20	0.6	0.20	1.0	0.4	2.0	0.4
30	50	0.20	0.12	0.35	0.25	0.7	0.25	1.5	0.5	3.0	0.5
50	80	0.25	0.12	0.45	0.25	0.8	0.25	1.5	0.5	3.0	0.5
80	120	0.30	0.15	0.6	0.30	1.0	0.30	2.0	0.6	4.0	0.6
120	180	0.4	0.15	0.75	0.30	1.2	0.30	2.5	0.6	5.0	0.6
180	250	0.5	0.20	1.0	0.4	1.6	0.40	3.5	0.8	7.0	0.8

注：1. 上表 l 为量块的名义尺寸，以 m 为单位。

2. 上表所列偏差为保证值。

3. 新制量块最低只能 3 级。

(2) 按“等”使用　是用经检定后的量块的实测值作为工作尺寸，它不包含量块的制造误差，因此提高了测量精度，但使用不够方便。各级量块的允许误差和极限误差见表 3-3。

量块是一种精密量具，在使用时一定要十分注意，不能划伤和碰伤表面，特别是测量面。量块使用注意事项：量块在组合前应先用航空汽油或苯洗净表面的防锈油，并用鹿皮或软绸擦干，然后将选好的量块以推压的方法逐块研合。研合时要保持动作平稳，避免量块的棱角划伤测量面。使用时不能用手接触量块的测量面，防止生锈影响组合精度。使用完后，一定拆开组合的量块，再用航空汽油或苯洗净擦干，并涂上防锈油，然后装在盒子中。

表 3-3 各级量块的允许误差和极限误差

名义尺寸/mm		等的要求											
		1		2		3		4		5		6	
		中心长度测量的极限误差近似公式/±μm											
		(0.05+0.5l)		(0.07+1l)		(0.10+2l)		(0.20+3.5l)		(0.5+5l)		(1.0+10l)	
		中心长度测量的极限误差(±)	平面平行性允许偏差	中心长度测量的极限误差(±)	平面平行性允许偏差	中心长度测量的极限误差(±)	平面平行性允许偏差	中心长度测量的极限误差(±)	平面平行性允许偏差	中心长度测量的极限误差(±)	平面平行性允许偏差	中心长度测量的极限误差(±)	平面平行性允许偏差
大于	到	误差与偏差/μm											
—	10	0.05	0.10	0.07	0.10	0.10	0.20	0.20	0.20	0.5	0.4	1.0	0.4
10	18	0.06	0.10	0.08	0.10	0.15	0.20	0.25	0.20	0.6	0.4	1.0	0.4
18	30	0.06	0.10	0.09	0.10	0.15	0.20	0.30	0.20	0.6	0.4	1.0	0.4
30	50	0.07	0.12	0.10	0.12	0.20	0.25	0.35	0.25	0.7	0.5	1.5	0.5
50	80	0.08	0.12	0.12	0.12	0.25	0.25	0.45	0.25	0.8	0.5	1.5	0.5
80	120	0.10	0.15	0.15	0.15	0.30	0.30	0.6	0.30	1.0	0.6	2.0	0.6
120	180	0.12	0.15	0.20	0.15	0.4	0.30	0.75	0.30	1.2	0.6	2.5	0.6
180	250	0.15	0.20	0.30	0.20	0.50	0.40	1.0	0.40	1.6	0.8	3.5	0.8

注：上表中 l 为量块的名义尺寸，以 m 为单位。

3.4.2 游标类量具

1. 游标类的种类及结构

游标类量具是利用游标读数原理制成的一种常用量具，主要用于机械加工中测量工件内外尺寸、宽度、厚度和孔距等。它具有结构简单、使用方便、测量范围大等特点。常用的游标量具有游标卡尺、游标齿厚尺、游标深度尺、游标高度尺、游标角度规等。

游标量具在结构上的共同特征是都有主尺、游标尺以及测量基准面。主尺上有 mm 刻度，游标尺上的分度值有 0.1mm、0.05mm、0.02mm 3 种。游标卡尺的主尺是一个刻有刻度的尺身，其上有固定量爪。有刻度的部分称为尺身，沿着尺身可移动的部分称为尺框。尺框上有活动量爪，并装有游标和紧固螺钉。有的游标卡尺上为调节方便还装有微动装置。在尺身上的滑动尺框，可使两量爪的距离改变，以完成不同尺寸的测量工作。游标卡尺通常用来测量内外径尺寸、孔距、壁厚、沟槽及深度等。

2. 游标卡尺

(1) 游标卡尺的结构形式和用途 游标卡尺简称卡尺，最常见的 3 种卡尺如表 3-4 所示。

表 3-4 常用的游标卡尺

种类	结构图	量测范围/mm	游标读数值/mm
三用卡尺(Ⅰ)型	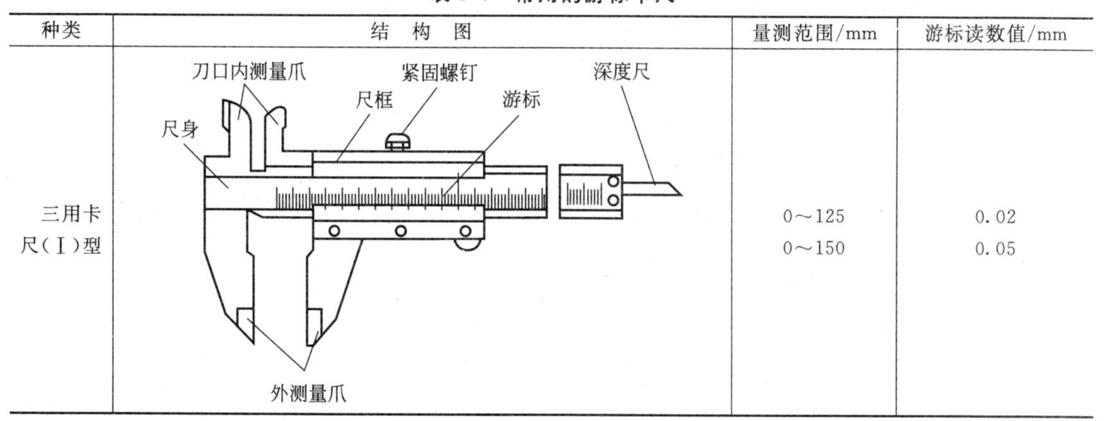	0～125 0～150	0.02 0.05

续表

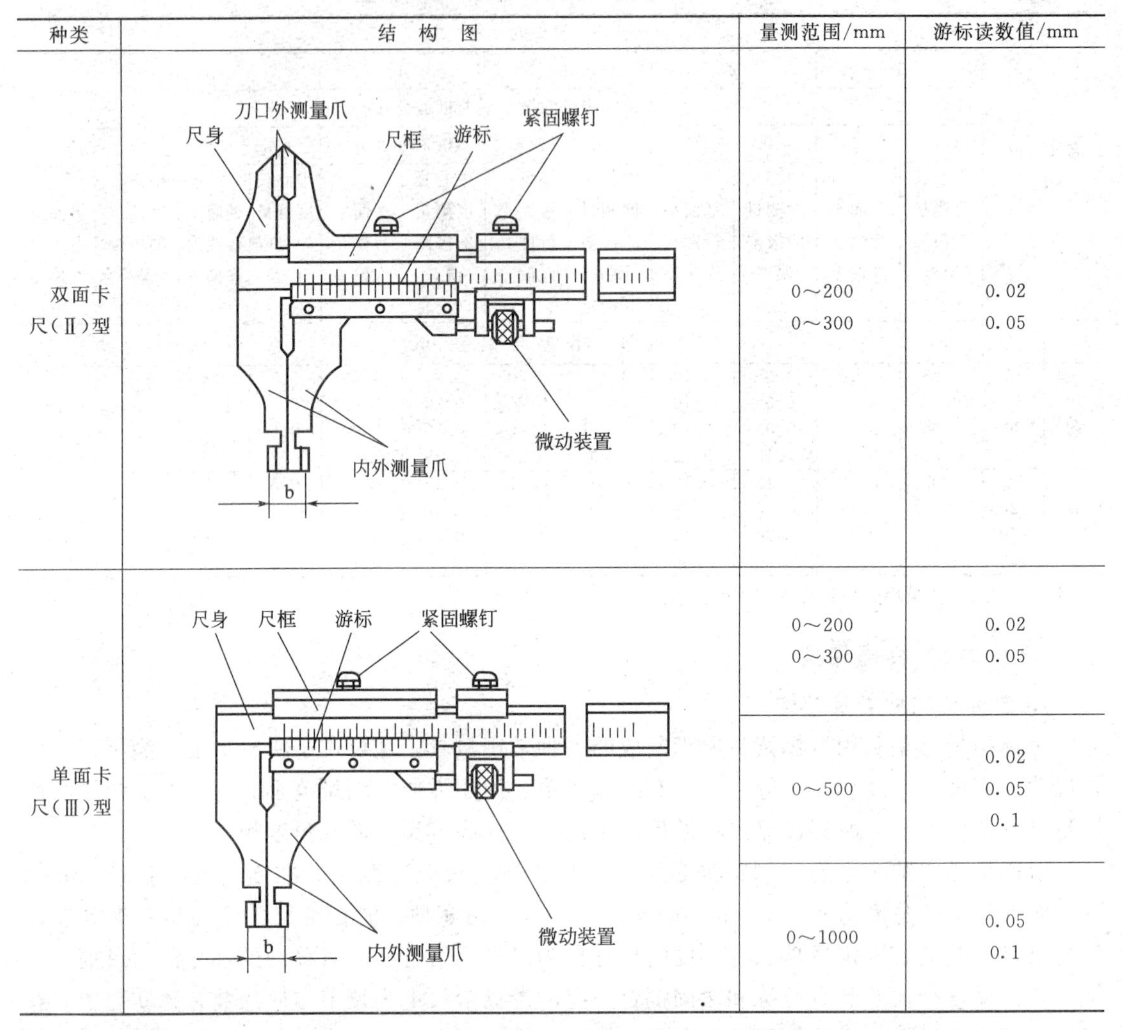

种类	结　构　图	量测范围/mm	游标读数值/mm
双面卡尺(Ⅱ)型		0～200 0～300	0.02 0.05
单面卡尺(Ⅲ)型		0～200 0～300	0.02 0.05
		0～500	0.02 0.05 0.1
		0～1000	0.05 0.1

(2) 游标卡尺的刻线原理　游标卡尺的读数部分由尺身和游标组成。其原理是利用尺身刻度间距与游标刻度间距之差来进行小数读数。通常尺身刻度间距 a 为 1mm，尺身 $(n-1)$ 格的长度等于游标 n 格的长度，如图 3-11 所示，则相应的游标刻度间距 $b=(n-1)\times a/n$，常用的有 $n=10$、$n=20$ 和 $n=30$ 三种，故 b 分别为 0.90mm、0.95mm 和 0.98mm。而尺身刻度间距与游标刻度间距之差即游标读数值（游标卡尺的分度值）$i=a-b$，此时 i 分别为 0.10mm、0.05mm 和 0.02mm。

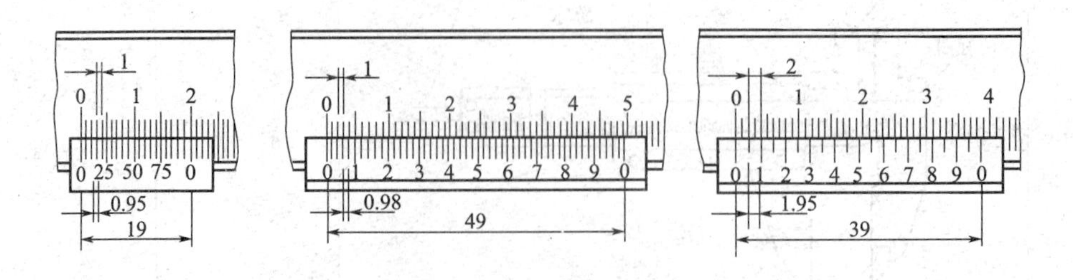

图 3-11　游标读数原理

(3) 游标卡尺的读数方法

① 先读整数部分：游标零刻线是读数基准。游标零刻线所指示的尺身上左边刻线的数值，即为读数的整数部分，如表 3-5 所示。

② 再读小数部分：判断游标零刻线右边是哪一条刻线与尺身刻线重合，将该线的序号乘游标读数值之后所得的积，即为读数的小数部分。

③ 求和：将读数的整数部分和小数部分相加，即为所求的读数。各种游标卡尺的读数示例如表 3-5 所示。

表 3-5　游标读数示例

游标读数值	图　例	读数值
0.10	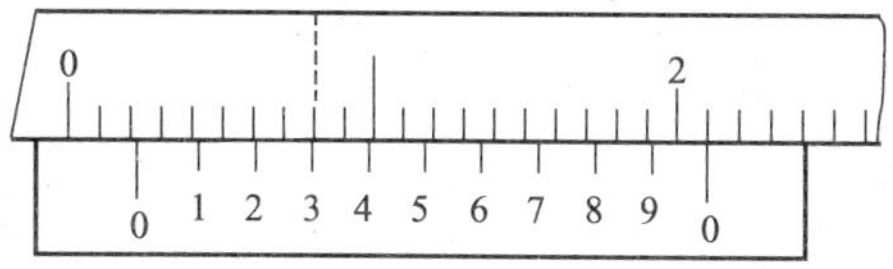 0　2 0 1 2 3 4 5 6 7 8 9 0	2.30
0.05	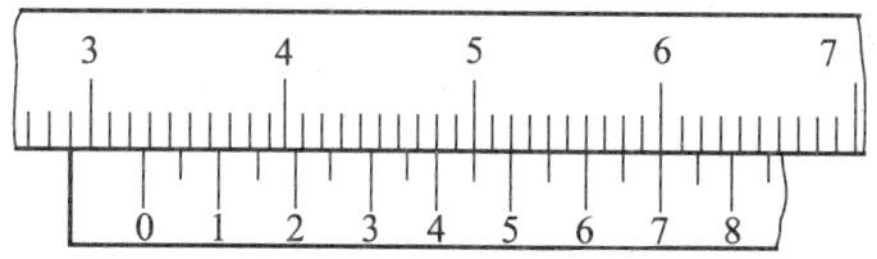 3 4 5 6 7 0 1 2 3 4 5 6 7 8	32.55
0.02	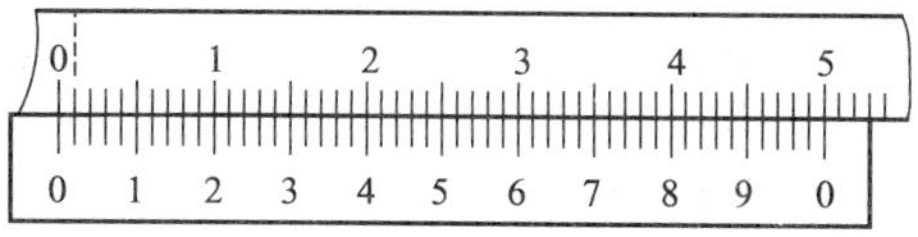 0 1 2 3 4 5 0 1 2 3 4 5 6 7 8 9 0	0.02

(4) 游标卡尺的使用注意事项

① 使用前先把量爪和被测工件表面擦净，以免影响测量精度。

② 检查各部件的相互作用，如尺框和微动装置移动是否灵活，紧固螺钉能否起作用。

③ 校对零位。使卡尺两量爪合拢后，游标的零刻线与尺身零刻线是否对齐。如果没有对齐，一般应送计量部门检修，若仍要使用，需加校正值。

④ 测量时要掌握好量爪与被测表面的接触压力，既不能太大，也不能太小。刚好使测量面与工件接触，同时量爪还能沿着工件表面自由滑动。有微动装置的游标卡尺，应使用微动装置。

⑤ 测量时要使量爪与被测表面处于正确位置。

⑥ 读数时，卡尺应朝着光亮的方向，使视线尽可能垂直尺面，以免由于视线的歪斜而引起读数误差（即视差）。

⑦ 测量外尺寸读数后，切不可从被测工件上用猛力抽下游标卡尺，否则会使量爪的测量面加速磨损。测量内尺寸读数后，要使量爪沿着孔的中心线滑出，防止歪斜，否则将使量爪扭伤、变形或使尺框走动，影响测量精度。

⑧ 游标卡尺不要放在强磁场附近（如磨床的工件台上），以免使游标卡尺感应磁性，影

响使用。

⑨ 使用后，就使游标卡尺平放，尤其是大尺寸的游标卡尺，否则会使主尺弯曲变形。

⑩ 使用完毕后，擦净并涂油，放置在专用盒内，防止弄脏或生锈。

(5) 其他游标量具　表 3-6 所示的为深度游标卡尺、高度游标卡尺和齿厚游标卡尺，其刻线原理基本同游标卡尺。

表 3-6　其他游标量具

名　称	结　构　图	简 要 说 明
深度游标卡尺	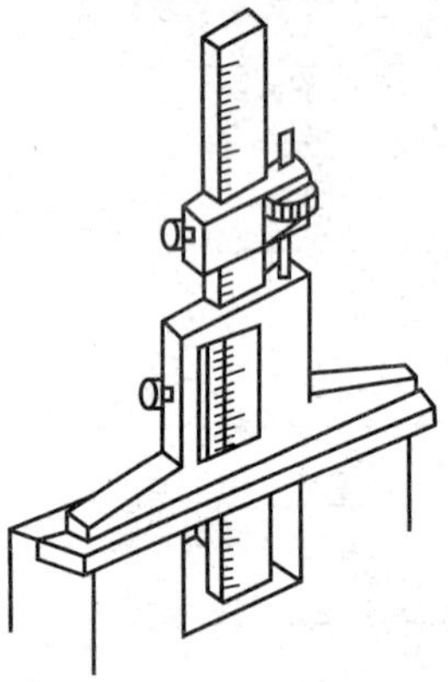	用于测量孔、槽的深度，台阶的高度。使用时，将尺架贴紧工件的平面，再把尺身插到底部，即可从游标上读出测量尺寸
高度游标卡尺	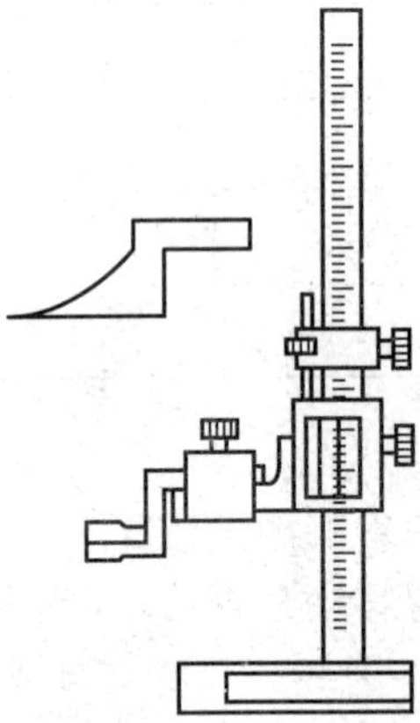	用于测量工件的高度和进行划线，更换不同的卡脚，可适应其需要。使用时，必须注意：在测量顶面到底面的距离时，应加上卡脚的尺寸 A
尺厚游标卡尺	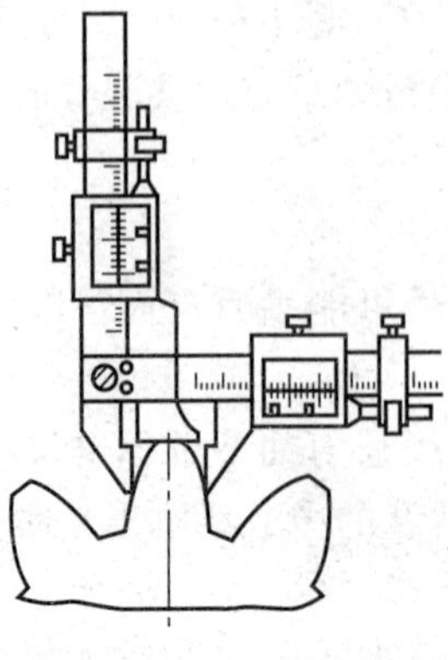	用于测量直齿、斜齿圆柱齿轮的固定弦尺厚。它由两把互相垂直的游标卡尺所组成。使用时，先把垂直尺调到 h_x 处的高度，然后使端面靠在齿顶上，移动水平卡尺游标，使卡脚轻轻与尺侧表面接触。这时水平尺上的读数就是固定尺厚 S

为了减小测量误差，提高测量的准确度，有的卡尺还装有百分表和数显装置，成为带表卡尺和数显卡尺，如图 3-12 和图 3-13 所示。

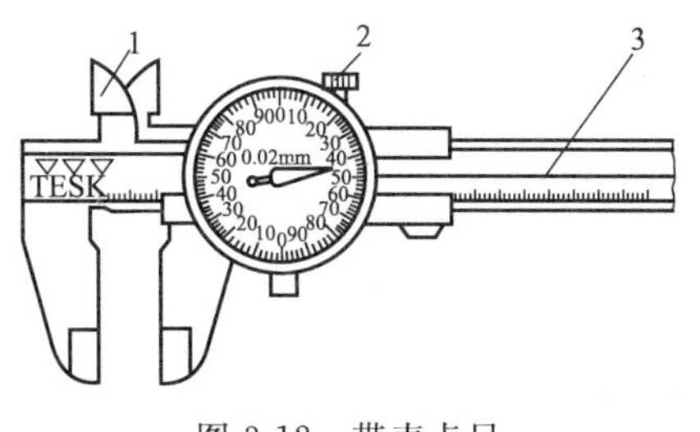

图 3-12　带表卡尺

1—量爪；2—百分表；3—毫米标尺

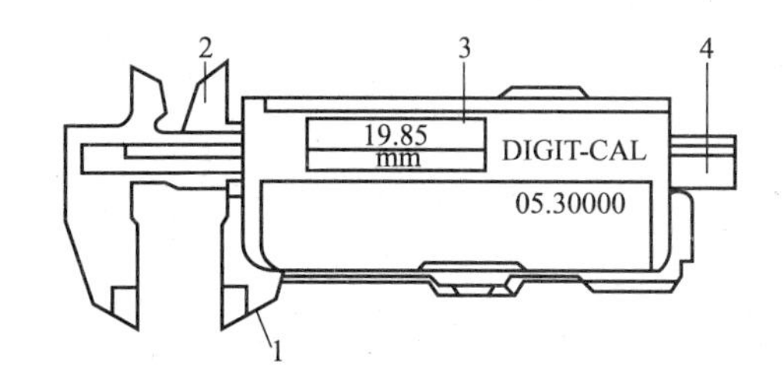

图 3-13　数显卡尺

1—下量爪；2—上量爪；3—游框显示机构；4—尺身

3.4.3　千分尺类量具

千分尺类量具又称为测微螺旋量具，它是利用螺旋副的运动原理来进行测量和读数的一种装置，它比游标量具测量精度高，使用方便，主要用于测量中等精度的零件。

1. 千分尺类量具的读数原理

通过螺旋传动，将被测尺寸转换成丝杆的轴向位移和微分筒的圆周位移，并以微分筒上的刻度对圆周位移进行计量，从而实现对螺距的放大细分。最后从固定套筒和微分筒组成的读数机构上，读出长度尺寸。

千分尺的传动方程式为

$$L=p\times\varphi/2\pi$$

式中　p——丝杆螺距；

φ——微分筒转角。

一般 p=0.5mm，而微分套筒的圆周刻度数为 50 等分，故每一等分所对应的分度值为 0.01mm。

读数的整数部分由固定套筒上的刻度给出，其分度值为 1mm，读数的小数部分由微分筒上的刻度给出。

读数方法：在千分尺的固定套管上刻有轴向中线，作为微分筒读数的基准线。在中线的两侧，刻有两排刻线，每排刻线间距为 1mm，上下两排相互错开 0.5mm。测微螺杆的螺距为 0.5mm，微分筒的外圆周上刻有 50 等分的刻度。当微分筒转一周时，螺杆轴向移动 0.5mm。如微分筒只转动一格时，则螺杆的轴向移动为 0.5/50=0.01mm，因而千分尺分度值就是 0.01mm。

读数时，从微分筒的边缘向左看固定套管上距微分筒边缘最近的刻线，从固定套管中线上侧的刻度读出整数，从中线下侧的刻度读出 0.5mm 小数，再从微分筒上找到与固定套管中线对齐的刻线，将此刻线数乘以 0.01mm 就是小于 0.5mm 的小数部分的读数，最后把以上几部分相加即为测量值。

例 3-3　如图 3-14 所示，读出图中千分尺所示读数。

解　在图 (a) 中，距微分筒最近的刻线为中线下侧的刻线，表示 0.5mm 的小数，中线上侧距微分筒最近的为 7mm 的刻线，表示整数，微分筒上的 35 刻线对准中线，所以外径千分尺的读数为 7+0.5+0.01×35=7.85mm。

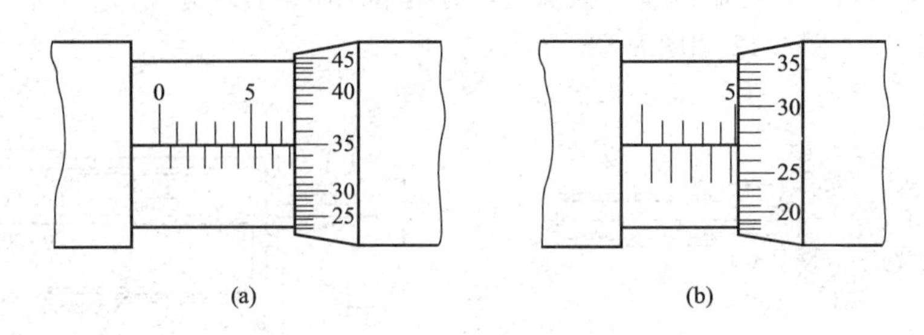

(a) (b)

图 3-14 千分尺读数示例

在图（b）中，距微分筒最近的刻线为 5mm 的刻线，而微分筒上数值为 27 的刻线对准中线，所以外径千分尺的读数为 5＋0.01×27＝5.27mm。

2. 外径千分尺（千分尺）

(1) 千分尺的结构 千分尺的结构如图 3-15 所示，它由尺架、测微装置、测力装置和锁紧装置等组成。

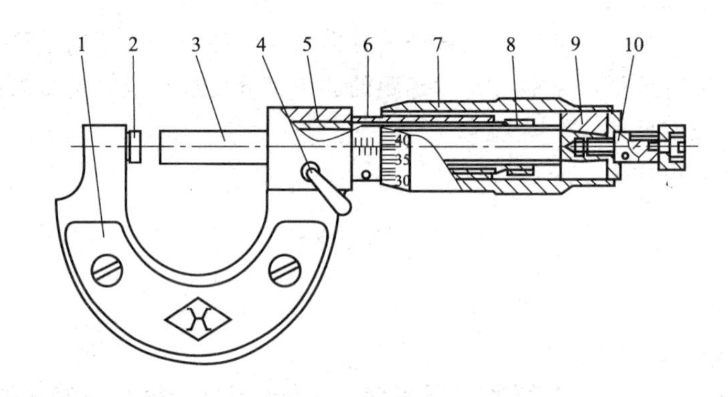

图 3-15 外径千分尺

1—尺架；2—测砧；3—测微螺杆；4—锁紧装置；5—螺纹轴套；6—固定套筒；7—微分筒；8—螺母；9—接头；10—测力装置

尺架的两侧面上覆盖着绝热板，以防止使用时手的温度影响千分尺的测量精度。测微装置由固定套筒用螺钉固定在螺纹轴套上，并与尺架紧配结合成一体。测微螺杆的一端为测量杆，它的中部外螺纹与螺纹轴套上的内螺纹精密配合，并可通过螺母调节其配合间隙；另一端的外圆锥与接头的内圆锥相配，并通过顶端的内螺纹与测力装置连接。当螺纹旋紧时，测力装置通过垫片紧压接头，而接头上开有轴向槽，能沿着测微螺杆上的外圆锥胀大，使微分筒与测微螺杆和测力装置结合在一起。当旋转测力装置时，就带动测微螺杆和微分筒一起旋转，并沿着精密螺纹的轴线方向运动，使两个测量面之间的距离发生变化。测力装置可控制测量力。锁紧装置用于固定测得的尺寸或需要的尺寸。

千分尺测微螺杆的移动量一般为 25mm，少数大型千分尺也有制成 50mm 的。

(2) 千分尺的测量范围和精度 外径千分尺使用方便，读数准确，其测量精度比游标卡尺高，在生产中使用广泛；但千分尺的螺纹传动间隙和传动副的磨损会影响测量精度，因此主要用于测量中等精度的零件。常用千分尺的测量范围有 0～25mm、25～50mm 和 50～

75mm 等多种，最大可达 3000mm。

千分尺的制造精度主要由它的示值误差（主要取决于螺纹精度和刻线精度）和测量面的平行度误差决定。按制造精度的不同，千分尺分 0 级和 1 级两种，0 级精度较高。

(3) 千分尺的使用注意事项

① 测量不同精度等级的工件，应选用不同精度的千分尺。

② 测量前应校对零位。对于测量范围为 0～25mm 的千分尺，校对零位时使两测量面接触，看微分筒上的零刻线是否与固定套筒的中线对齐；对于测量范围为 25～50mm 的千分尺，应在两测量面之间正确安放校对棒来校对零位。

③ 使用时，应手握隔热装置，如果手直接握住尺架，会使外径千分尺和工件温度不一致，而增加测量误差。

④ 测量时先用手转动微分筒，待测微螺杆的测量面接近被测表面时，再转动测力装置，使测微螺杆的测量面接触工件表面，听到 2～3 声"咔、咔"响声即停止转动，此时已得到合适的测量力，可进行读数，使用测力装置时应平稳地转动，用力不可过猛，以防测力急剧加大而影响精度，严重时还会损坏螺纹传动副。

⑤ 测量时，千分尺测量轴的中心线应与被测长度方向一致，不要歪斜。

⑥ 不能将千分尺当卡规使用，以防止划坏千分尺的测量面。

⑦ 读数时，当心错读 0.5mm 的小数。

⑧ 使用千分尺时不可测量粗糙工件表面，也不能测量正在旋转的工件。

⑨ 千分尺要轻拿轻放，不得摔碰。如受到撞击，要立即进行检查，必要时应送计量部门检修。

⑩ 不允许用砂布和金刚石擦拭测微螺杆上的污垢。

⑪ 不能在千分尺的微分筒和固定套筒之间加酒精、煤油、柴油、凡士林和普通机油等，也不允许将千分尺浸泡在上述油类及酒精中。如发现有上述物质浸入，要用汽油清洗，再涂上特种轻质润滑油。

⑫ 千分尺要保持清洁。测量完后，用软布或棉纱等擦干净，放入盒中。长期不用的应涂防锈油。此时要注意勿使两测量面贴合在一起，以免锈蚀。

3. 内径千分尺

内径千分尺又称为接杆千分尺，如图 3-16(a) 所示为内径千分尺的结构样式。内径千分尺可以用来测量 50mm 以上的实体内部尺寸，其读数范围为 50～63mm；也可用来测量槽宽和两个内端面之间的距离。内径千分尺附有成套接长杆，如图 3-16(b) 所示，必要时可以通过连接接长杆，以扩大其量程。连接时去掉保护螺帽，把接长杆右端与内径千分尺左端旋合，可以通过连接多个接长杆，直到满足需要。

使用时的注意事项包括以下几个方面：

① 使用前，应用调整量具（校对卡规）校对微分头零位，若不正确，则应进行调整。

② 选取接长杆时，应尽可能选取数量最少的接长杆来组成所需的尺寸，以减少累积误差。

③ 连接接长杆时，应按尺寸大小排列。尺寸最大的接长杆应与微分头连接，依次减小，这样可以减少弯曲，减少测量误差。

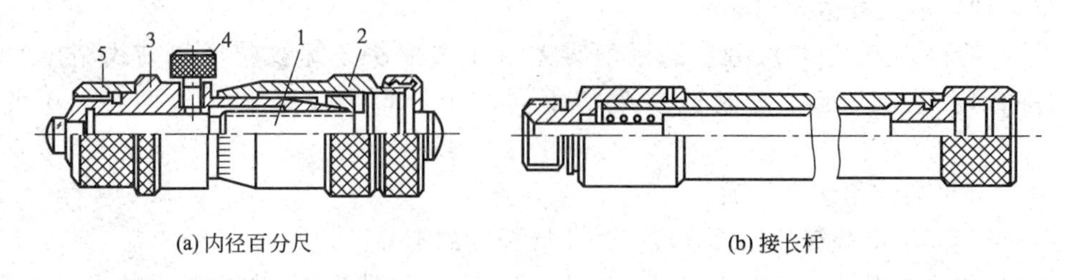

图 3-16 内径千分尺

1—测微螺杆；2—微分筒；3—固定套筒；4—制动螺钉；5—保护螺帽

④ 接长后的大尺寸内径千分尺，测量时应支撑在距两端距离为全长的 0.211 处，使其变形量为最小。

⑤ 当使用测量下限为 75（或 150）mm 的内径千分尺时，被测量面的曲率半径不得小于 25（或 60）mm，否则可能产生内径千分尺的测头球面边缘接触被测件，造成测量误差。

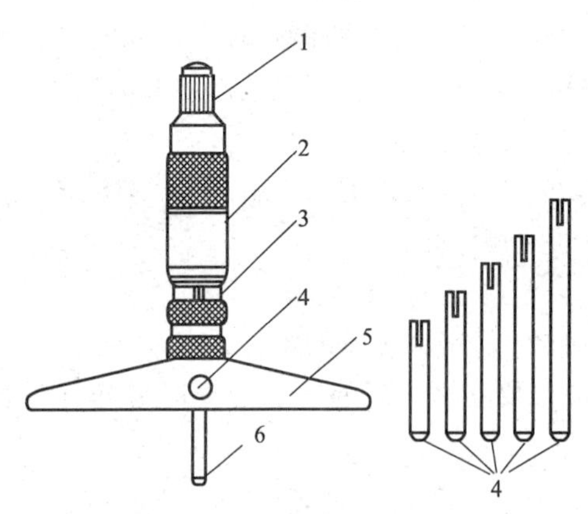

图 3-17 深度千分尺

1—测力装置；2—微分筒；3—固定套筒；4—锁紧装置；5—底板；6—测量杆

⑥ 测量孔径时，应在轴向截面内取最小值，在横向截面内取最大值，作为孔径的测量结果。

⑦ 测量两平行面之间的距离时，应沿各方向摆动内径千分尺，并取最小值作为测量结果。

4. 深度千分尺

深度千分尺又称为测深千分尺。深度千分尺如图 3-17 所示，其主要结构读数原理和读数方法与外径千分尺基本相同，只是用底板代替了尺架和固定测砧。深度千分尺主要用来测量通孔、盲孔、阶梯孔和沟槽的深度，也可以测量台阶高度和平面的距离等。在测微螺杆的下面连接着可换测量杆，以增加量程。测量杆有 4 种尺寸规格，加测量杆后的测量范围分别为 0～25mm，25～50mm，50～75mm，75～100mm。深度千分尺测量工件的最高公差等级为 IT10。

深度百分尺测量孔深时，应把基座 5 的测量面紧贴在被测孔的端面上。零件的这一端面应与孔的中心线垂直，且应当光洁平整，使深度百分尺的测量杆与被测孔的中心线平行，保证测量精度。此时，测量杆端面到基座端面的距离，就是孔的深度。

使用时的注意事项包括以下几个方面：

① 测量前，应将底板的测量面和工件被测面擦干净，并去除毛刺，被测表面应具有较小的表面粗糙度。

② 应经常校对零位是否正确。

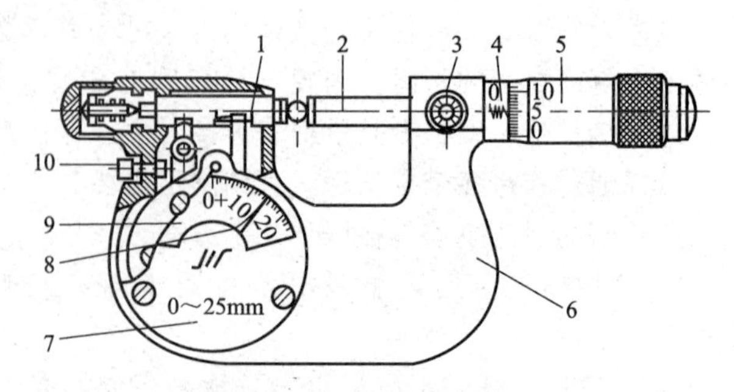

图 3-18 杠杆千分尺

1—测砧；2—测微螺杆；3—锁紧装置；4—固定轴套；5—微分筒；6—尺架；7—盖板；8—指针；9—刻度盘；10—按钮

③ 在每次更换测杆后，必须用调整量具校正其示值，如无调整量具，可用量块校正。

④ 测量时，应使测量底板与被测工件表面保持紧密接触。测量杆中心轴线与被测工件的测量面保持垂直。

⑤ 用完之后，放在专用盒内保存。

5. 杠杆千分尺

(1) 杠杆千分尺的结构　杠杆千分尺是一种带有精密杠杆齿轮传动机构的指示式测微量具（如图3-18所示）。它的用途与外径千分尺相同，只是尺架的刚性比外径千分尺好，可以较好地保证测量精度和测量的稳定性。其测砧可以微动调节，并与一套杠杆测微机构相连。被测尺寸的微小变化，可引起测砧的微小位移，此微小位移带动与之相连的杠杆偏转，从而在刻度盘中将微小位移显示出来。一般用于测量工件的外径尺寸和形位误差，但比千分尺测量精度高。

(2) 杠杆千分尺的特点　杠杆千分尺的量程有0～25mm，25～50mm，50～75mm，75～100mm4种。其螺旋读数装置的分度值是0.01mm，而杠杆齿轮机构的表盘分度值有0.001mm和0.002mm两种，指示表的示值范围为±0.02mm。若使用标准量块辅助作相对测量，还可进一步提高其测量的精度。分度值为0.001mm的杠杆千分尺，可测量的尺寸公差等级为6级；分度值为0.002mm的杠杆千分尺可测公差等级为7级。

(3) 杠杆千分尺使用时的注意事项

① 使用前应校对杠杆千分尺的零位。首先校对微分筒零位和杠杆指示表零位。0～25mm杠杆千分尺可使两测量面接触，直接进行校对；25mm以上的杠杆千分尺用0级调整量棒或用1级量块来校对零位。对于刻度盘为可调整式杠杆千分尺，调整零位时，先使微分筒对准零位，此时若杠杆指示表上的指针不对准零位，只需转动刻度盘到对准零刻度线即可。刻度盘固定式杠杆千分尺零位的调整，须先调整指示表指针零位，此时若微分筒上零位不准，应按通常千分尺调整零位的方法进行调整。即将微分筒后盖打开，紧固止动器，松开微分筒后，将微分筒对准零刻线，再紧固后盖，直至零位稳定。在上述零位调整时，均应多次拨动拨叉，示值必须稳定。

② 直接测量时将工件正确置于两测量面之间，调节微分筒使指针有适当示值，并应拨动拨叉几次，示值必须稳定。此时，微分筒的读数加上表盘上的读数，即为工件的实测尺寸。

③ 相对测量时可用量块做标准，调整杠杆千分尺，使指针位于零位，然后紧固微分筒，然后把被测件放在两测量面之间，按拨叉一两次并在指示表上读数，比较测量可提高测量精度。

④ 成批测量时，应采用比较测量，应按工件被测尺寸，用量块组调整杠杆千分尺示值，然后根据工件公差，转动公差带指标调节螺钉，调节公差带。

测量时只需观察指针是否在公差带范围内，即可确定工件是否合格，这种测量方法不但精度高且检验效率亦高。

⑤ 使用后，放在专用盒内保存。

3.4.4 机械量仪

游标卡尺和千分尺虽然结构简单，使用方便，但由于其示值范围较大及机械加工精度的限制，故其测量准确度不易提高。

机械式量仪是借助杠杆、齿轮、齿条或扭簧的传动，将测量杆的微小直线位移经传动和放大机构转变为表盘上指针的角位移，从而指示出相应的数值，所以机械式量仪又称指示式量仪。

机械式量仪主要用于相对测量，可单独使用，也可将它安装在其他仪器中做测微表头使用。这类量仪的示值范围较小，示值范围最大的（如百分表）不超出10mm，最小的（如扭簧比较仪）只有±0.015mm，其示值误差在±0.01～0.0001mm之间。此外，机械式量仪都有体积小、重量轻、结构简单、造价低等特点，不需附加电源、光源、气源等，也比较坚固耐用。因此，应用十分广泛。

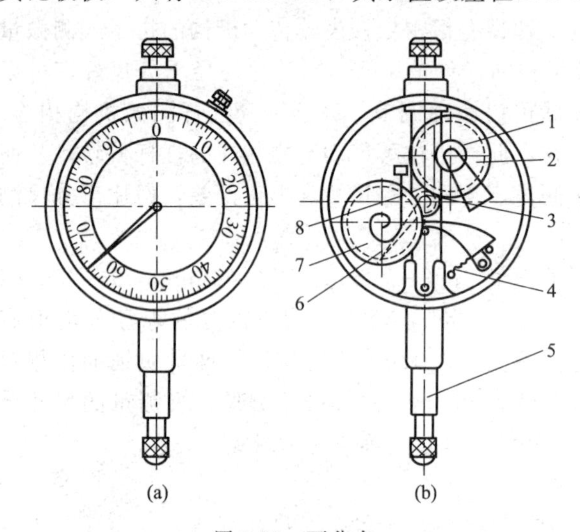

图3-19 百分表

1—小齿轮；2,7—大齿轮；3—中间齿轮；4—弹簧；5—量测杆；6—指针；8—游丝

机械式量仪按其传动方式的不同，可以分为以下4类。

① 杠杆式传动量仪：刀口式测微仪。

② 齿轮式传动量仪：百分表。

③ 扭簧式传动量仪：扭簧比较仪。

④ 杠杆式齿轮传动量仪：杠杆齿轮式比较仪、杠杆式千分尺、杠杆百分表和内径百分表。

1. 百分表

（1）百分表的结构　百分表是一种应用最广的机械量仪，其外形及传动如图3-19所示。从图3-19可以看到，当有齿条的测量杆5上下移动时，带动与齿条相啮合的小齿轮1转动，此时与小齿轮固定在同一轴的大齿轮也跟着转动。通过大齿轮即可带动中间齿轮3及与中间齿轮固定在同一轴上的指针6。这样通过齿轮传动系统就可将测量杆的微小位移放大变为指针的偏转，并由指针在刻度盘上指出相应的数值。大齿轮7的轴上装有小指针，以显示大指针的转数。

百分表体积小、结构紧凑、读数方便、测量范围大、用途广，但齿轮的传动间隙和齿轮的磨损及齿轮本身的误差会产生测量误差，影响测量精度。百分表的示值范围通常有0～3mm，0～5mm和0～10mm 3种。百分表不仅能用作比较测量，也能用作绝对测量。它一般用于测量工件的长度尺寸和形位误差，也可以用于检验机床设备的几何精度或调整工件的装夹位置，以及作为某些测量装置的测量元件。

百分表的测量杆移动1mm，通过齿轮传动系统，使大指针沿着刻度盘转过一圈。刻度盘沿圆周刻有100个刻度，当指针转过一格时，表示所测量的尺寸变化为1mm/100mm＝0.01mm，所以百分表的分度值为0.01mm。

（2）百分表的使用　测量前应该检查表盘玻璃是否破裂或脱落，测量头、测量杆、套筒等是否有碰伤或锈蚀，指针有无松动现象，指针的转动是否平稳等。

测量时应使测量杆与零件被测表面垂直。测量圆柱面的直径时，测量杆的中心线要通过被测量圆柱面的轴线。测量头开始与被测量表面接触时，为保持一定的初始测量力，应该使测量杆压缩0.3～1mm，以免当偏差为负时，得不到测量数据。

测量时应轻提测量杆，移动工件至测量头下面（或将测量头移至工件上），再缓慢放下与被测表面接触。不能急于放下测量杆，否则易造成测量误差。不准将工件强行推至测量头下，以免损坏量仪。

使用百分表座及专用夹具，可对长度尺寸进行相对测量。测量前先用标准件或量块校对百分表和转动表圈，使表盘的零刻度线对准指针，然后再测量工件，从表中读出工件尺寸相对标准件或量块的偏差，从而确定工件尺寸。

使用百分表及相应附件还可用来测量工件的直线度、平面度及平行度等误差，以及在机床上或者其他专用装置上测量工件的各种跳动误差等。

（3）使用百分表的注意事项

① 测头移动要轻缓，距离不要太大，测量杆与被测表面的相对位置要正确，提压测量杆的次数不要过多，距离不要过大，以免损坏机件及加剧零件磨损。

② 测量时不能超量程使用，以免损坏百分表内部零件。

③ 应避免剧烈震动和碰撞，不要使测量头突然撞击在被测表面上，以防测量杆弯曲变形，更不能敲打表的任何部位。

④ 表架要放稳，以免百分表落地摔坏。使用磁性表座时要注意表座的旋钮位置。

⑤ 表体不得猛烈震动，被测表面不能太粗糙，以免齿轮等运动部件损坏。

⑥ 严防水、油、灰尘等进入表内，不要随便拆卸表的后盖。百分表使用完毕，要擦净放回盒内，使测量杆处于自由状态。

2. 内径百分表

内径百分表由百分表和专用表架组成，用于测量孔的直径和孔的形状误差，特别适宜于深孔的测量。

内径百分表的构造如图 3-20 所示，百分表的测量杆与传动杆始终接触，弹簧是控制测量力的，并经过传动杆、杠杆向外顶住活动测头。测量时，活动测头的移动使杠杆回转，通过传动杆推动百分表的测量杆，使百分表指针回转。由于杠杆是等臂的，百分表测量杆、传动杆及活动测头三者的移动量是相同的，所以，活动测头的移动量可以在百分表上读出来。

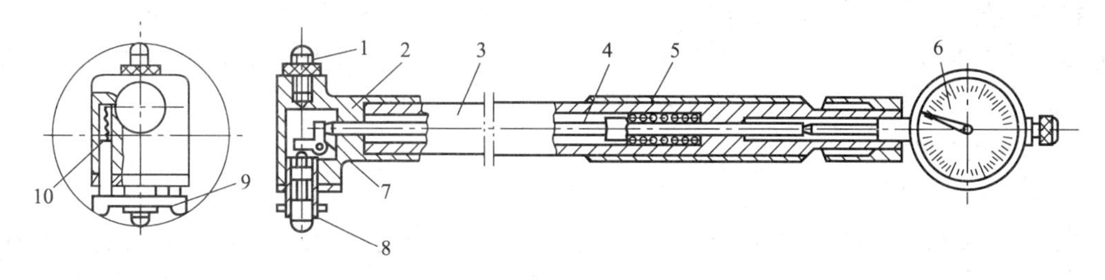

图 3-20　内径百分表

1—可换测量头；2—测量套；3—测杆；4—传动杆；5,10—弹簧；6—指示表；7—杠杆；8—活动测量头；9—定位装置

使用时的注意事项包括以下几个方面：

① 测量前必须根据被测工件尺寸，选用相应尺寸的测头，安装在内径百分表上。

② 使用前应调整百分表的零位。根据工件被测尺寸，选择相应精度标准环规或用量块及量块附件的组合体来调整内径百分表的零位。调整时表针应压缩 1mm 左右，表针指向正上方为宜。

③ 调整及测量中，内径百分表的测头应与环规及被测孔径轴线垂直，即在径向找最大值，在轴向找最小值。

④ 测量槽宽时，在径向及轴向均找其最小值。

⑤ 具有定心器的内径百分表，在测量内孔时，只要将其按孔的轴线方向来回摆动，其最小值，即为孔的直径。

3. 杠杆百分表

杠杆百分表又称靠表，是利用杠杆一齿轮传动机构或杠杆一螺旋传动机构，将尺寸变化变为指针角位移，并指示出长度尺寸数值的计量器具。杠杆百分表表盘圆周上有均匀的刻度，分度值为 0.01mm，示值范围一般为±0.4mm。杠杆百分表用于测量形位误差，也可用比较测量的方法测量实际尺寸，还可以测量小孔、凹槽、孔距、坐标尺寸等。

杠杆百分表的外形和传动原理如图 3-21 所示。它是由杠杆和齿轮传动机构组成。杠杆测头位移时，带动扇形齿轮绕其轴摆动，使与其啮合的齿轮转动，从而带动与齿轮同轴的指针偏转。当杠杆测头的位移为 0.01mm 时，杠杆齿轮传动机构使指针正好偏转一格。

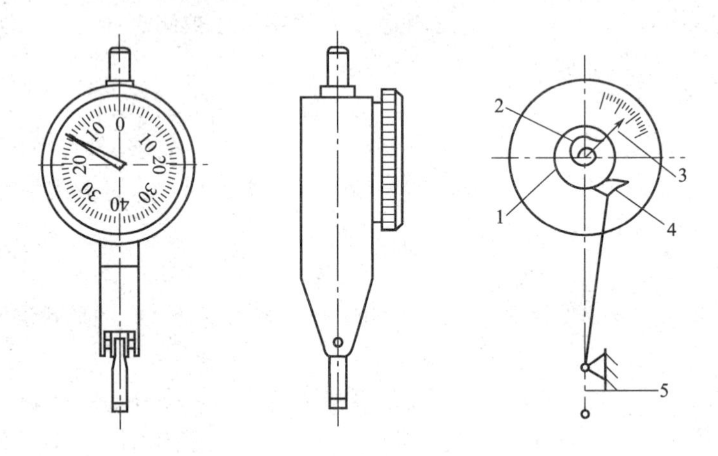

图 3-21 杠杆百分表

1—齿轮；2—游丝；3—指针；4—扇形齿轮；5—杠杆测头

杠杆百分表体积较小，杠杆测头的位移方向可以改变，因而在校正工件和测量工件时都很方便。尤其是对小孔的测量和在机床上校正零件时，由于空间限制，百分表放不进去或测量杆无法垂直于工件被测表面，使用杠杆百分表则十分方便。

4. 杠杆齿轮比较仪

杠杆齿轮比较仪的分度值为 0.005、0.001 和 0.002(mm)。示值范围为±0.05 和±0.1(mm)。用于测量工件的尺寸及形位误差，也可作为测量装置的读数元件。它是将测量杆的直线位移，通过杠杆齿轮传动系统变为指针在表盘上的角位移。表盘上有不满一周的均匀刻度。图 3-22 所示为杠杆齿轮比较仪的外形和传动示意图。

当测量杆移动时，使杠杆绕轴转动，并通过杠杆短臂 R_4 和长臂 R_3 将位移放大，同时扇形齿轮带动与其啮合的小齿轮转动，这时小齿轮分度圆半径 R_2 与指针长度 R_1 又起放大作用，使指针在标尺上指示出相应测量杆的位移值。

5. 扭簧比较仪

扭簧比较仪是利用扭簧作为传动放大机构，将测量杆的直线位移转变为指针的角位移。图 3-23 所示为它的外形与传动原理示意图。

灵敏弹簧片 2 是截面为长方形的扭曲金属带，一半向左，一半向右，扭曲成麻花状，其一端被固定在可调整的弓形架上，另一端则固定在弹性杠杆 3 上。当测量杆 4 有微小升降位移时，使弹性杠杆 3 动作而拉动灵敏弹簧片 2，从而使固定在灵敏弹簧片中部的指针 1 偏转

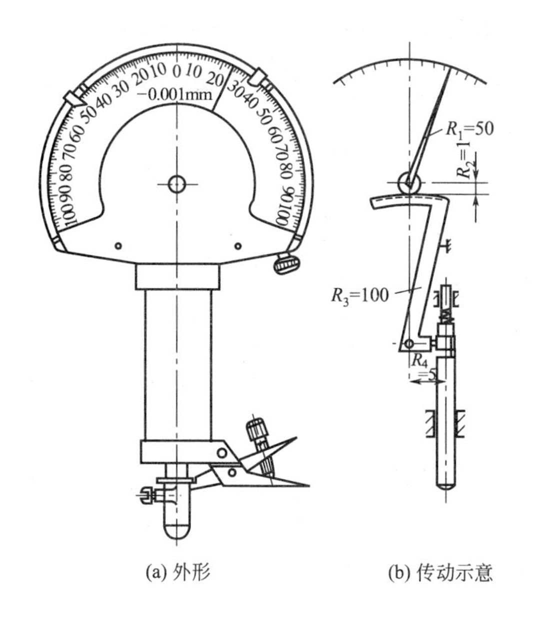

(a) 外形　　(b) 传动示意

图 3-22　杠杆齿轮比较仪

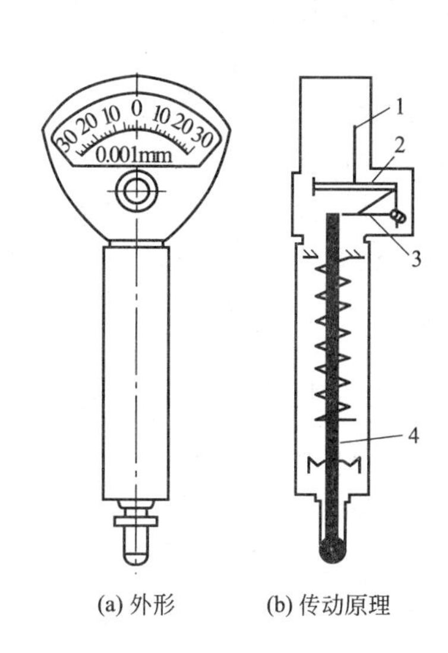

(a) 外形　　(b) 传动原理

图 3-23　扭簧比较仪

1—指针；2—灵敏弹簧片；3—弹性杠杆；4—量测杆

一个角度，其大小与弹簧片伸长成比例，在标尺上指示出相应的测量杆位移值。

扭簧比较仪的结构简单，它的内部没有相互摩擦的零件，由此灵敏度极高，可用于以比较法测量高精度工件的尺寸和形位误差，也可用作测量装置的指示器。

3.4.5 角度量具

1. 万能角度尺

万能角度尺是用来测量工件 0°～320°内外角度的量具。按最小刻度（即分度值）可分为 2′和 5′两种，按尺身的形状可分为圆形和扇形两种。本节以最小刻度为 2′的扇形万能角度尺为例介绍万能角尺的结构、刻线原理、读数方法和测量范围。

（1）结构　万能角度尺的结构如图 3-24 所示，万能角度尺由尺身、角尺、游标、制动器、扇形板、基尺、直尺、夹块、捏手、小齿轮和扇形齿轮等组成。游标固定在扇形板上，

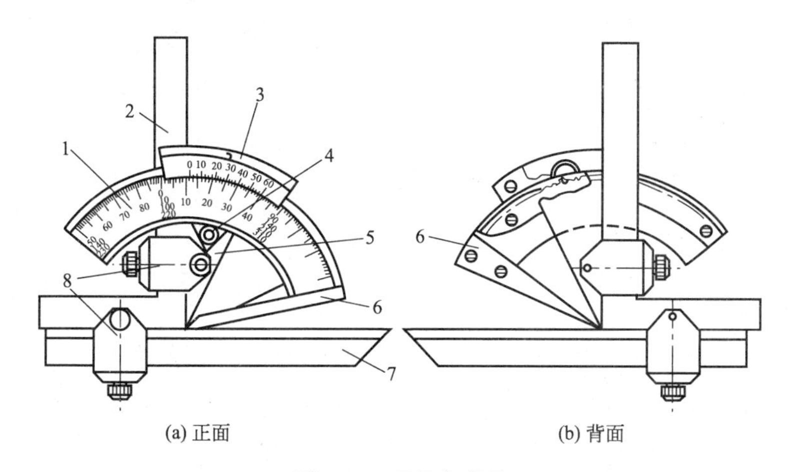

(a) 正面　　(b) 背面

图 3-24　万能角度尺

1—尺身；2—角尺；3—游标；4—制动器；5—扇形板；6—基尺；7—直尺；8—夹块

基尺和尺身连成一体。扇形板可以与尺身作相对回转运动，形成和游标卡尺相似的读数机构。角尺用夹块固定在扇形板上，直尺又用夹块固定在角尺上。根据所测角度的需要，也可拆下角尺，将直尺直接固定在扇形板上。制动器可将扇形板和尺身锁紧，便于读数。

(2) 读数原理　其读数原理与其他游标量具相同，也是利用主尺刻线间距与游标间距之差进行小数部分的读数。

万能角度尺尺座上的刻度线每格 1°。由于游标上刻有 30 格，所占的总角度为 29°，因此，两者每格刻线的度数差是

$$1^\circ-\frac{29^\circ}{30}=\frac{1^\circ}{30}=2'$$

即万能角度尺的分度值为 2′。

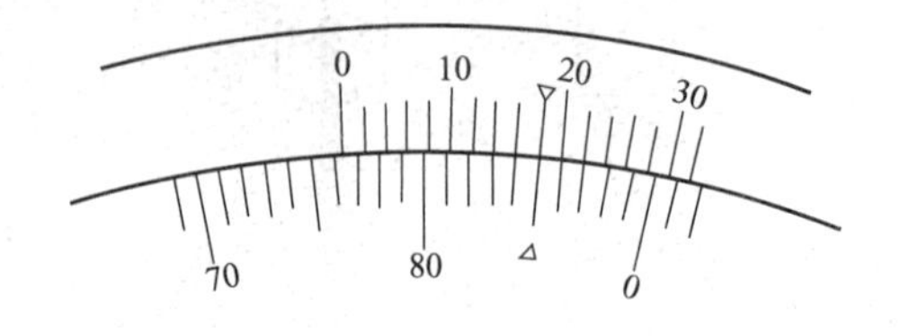

图 3-25　万能角度尺的读数

(3) 万能角度尺的读数　万能角度尺的读数方法，和游标卡尺相同，先读出游标零线前的角度是几度，再从游标上读出角度“分”的数值，两者相加就是被测零件的角度数值。如图 3-25 所示，读数值为 76°18′。

(4) 使用方法

① 使用前，将万能角度尺的各测量面擦干净之后，应先检查零位是否正确。

② 根据被测量角度选用万能角度尺的测量尺：

测量 0°～50°之间的角度，如图 3-26 所示，就装上直角尺和直尺；

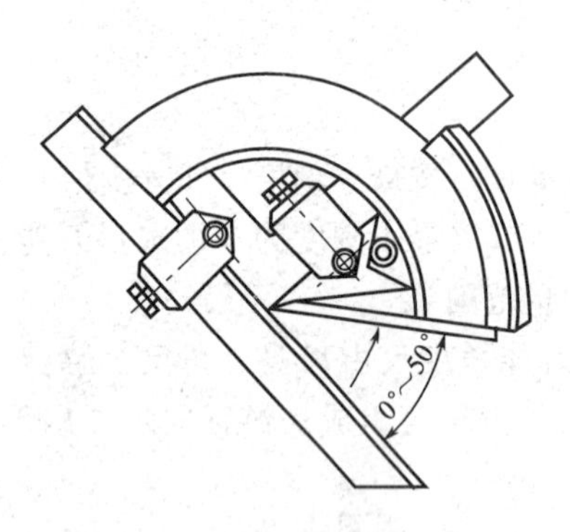

图 3-26　测量 0°～50°之间的角度

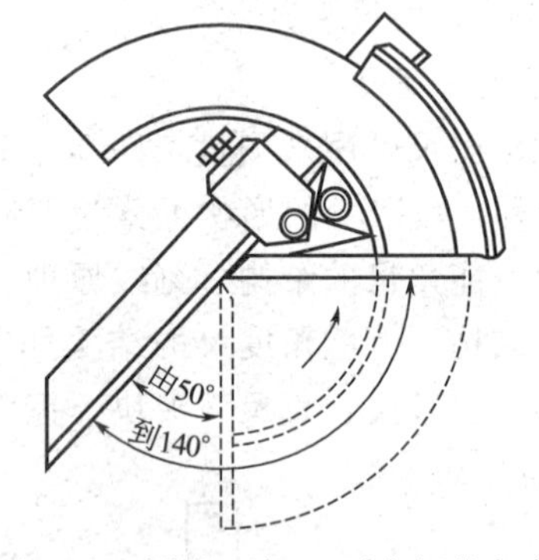

图 3-27　测量 50°～140°之间的角度

测量 50°～140°之间的角度，如图 3-27 所示，只需装上直尺；

测量 140°～230°之间的角度，如图 3-28 所示，只需装上直角尺；装直角尺时，应注意使直角尺短边与长边的交点与基尺尖端对齐；

测量 230°～320°之间的角度，如图 3-29 所示，不装直角尺和直尺，只使用基尺和扇形板的测量面进行测量。

③ 根据被测角度选择并装好测量尺，调整角度规的角度稍大于被测角度，将工件放在基尺与测量尺测量面之间，使工件的一个被测量面与基尺测量面接触，利用捏手(微动装置)，使测量尺与工件另一被测量面充分接触好，紧固制动器之后即可进行读数。

④ 用完角度规之后，应擦干净，涂上防锈油，然后装入盒内。

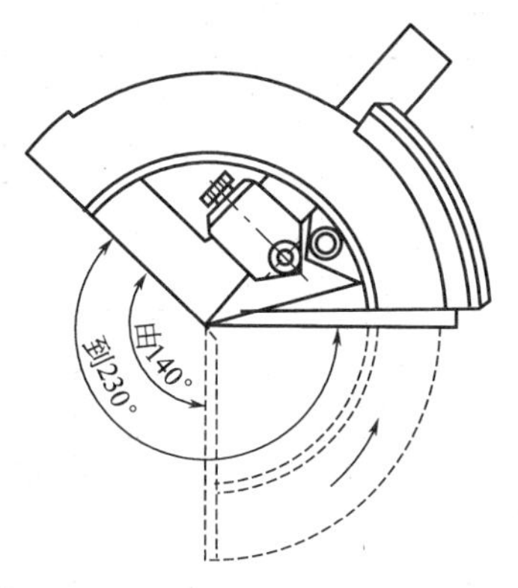

图 3-28　测量 140°～230°之间的角度

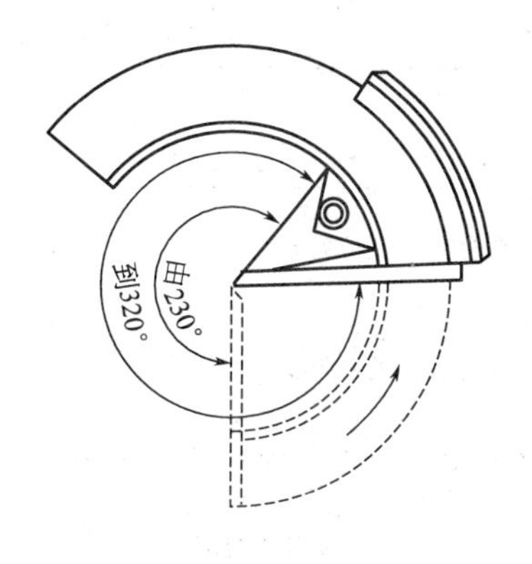

图 3-29　测量 230°～320°之间的角度

2. 正弦规

正弦规是利用正弦原理，测量锥度的常用量具，它具有结构简单、使用方便、测量精度高的特点。

(1) 正弦规的结构　正弦规分为宽型和窄型两种。图 3-30 为窄型正弦规，图 3-31 为宽型正弦规。

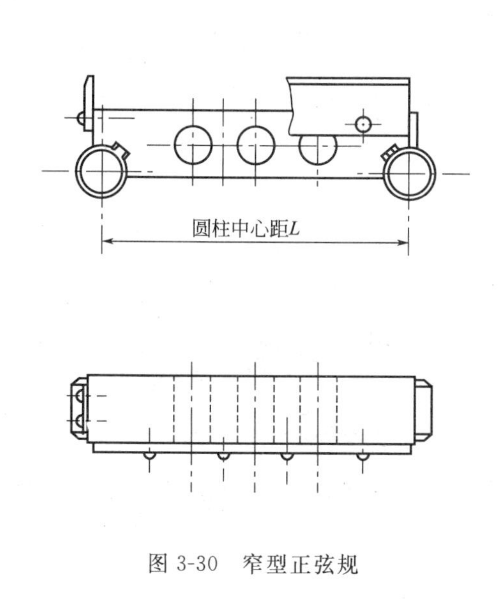

图 3-30　窄型正弦规

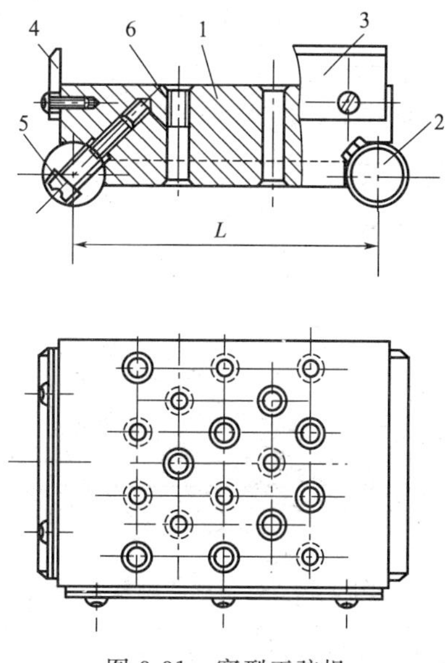

图 3-31　宽型正弦规

1—主体；2—圆柱；3—侧挡板；4—前挡板；
5—螺钉；6—工作面

正弦规的结构简单，主要是由主体工作平板和两个直径相同的圆柱组成，为了便于被检工件在平板表面上定位和定向，装有侧挡板和前挡板。

正弦规两圆柱轴线之间的距离 L，分别为 100mm 和 200mm。正弦规的主要技术要求见表 3-7。

(2) 正弦规的测量原理　如图 3-32 所示，正弦规的两个圆柱平行且直径相等，若在正弦规工作面上放置一圆锥工件，其圆锥角为 α，并使圆锥轴线与正弦规两圆柱的轴线垂直。通过调整量块尺寸 H，使圆锥上素线与平板平行。

表 3-7 正弦规的主要技术要求

序号	项目			L=100mm		L=200mm		备注
				0 级	1 级	0 级	1 级	
1	两圆柱中心距的偏差	窄型	μm	±1	±2	±1.5	±3	
		宽型		±2	±3	±2	±4	
2	两圆柱轴线的平行度	窄型		1	1	1.5	2	全长上
		宽型		2	3	2	4	
3	主体工作面上各孔中心线间距离的偏差	宽型		±150	±200	±150	±200	
4	同一正弦规的两圆柱直径差	窄型		1	1.5	1.5	2	
		宽型		1.5	3	2	3	
5	圆柱工作面的圆柱度	窄型		1	1.5	1.5	2	
		宽型		1.5	2	1.5	2	
6	正弦规主体工作面平面度			1	2	1.5	2	中凹
7	正弦规主体工作面与两圆柱下部母线公切面的平行度			1	2	1.5	3	
8	侧挡板工作面与圆柱轴线的垂直度			22	35	30	45	全长上
9	前挡板工作面与圆柱轴线的平行度	窄型		5	10	10	20	全长上
		宽型		20	40	30	60	
10	正弦规装置或 30°时的综合误差	窄型		±5″	±8″	±5″	±8″	
		宽型		±8″	±16″	±8″	±16″	

注：1. 表中数值是温度为 20℃时的数值。
2. 表中所列误差在工作边缘 1mm 范围上不计。

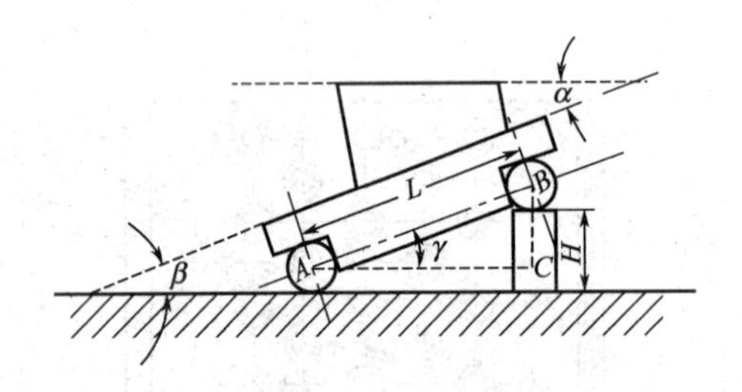

图 3-32 正弦规的测量原理

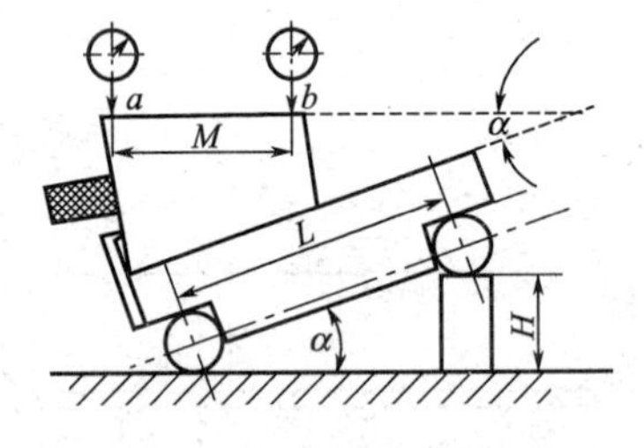

图 3-33 正弦规的使用方法

由于直角三角形 ABC 中

$$\sin\gamma=\frac{BC}{AB}=\frac{H}{L}$$

而

$$\beta=\gamma$$

$$\alpha=\beta$$

所以

$$\sin\alpha=\frac{H}{L}$$

这样，被测圆锥角 α，就可以根据已知的正弦规两圆柱之间距离 L 和所垫量块尺寸 H 计算出来。

(3) 正弦规的使用方法 使用正弦规检测外锥体圆锥角 α 时，如图 3-33 所示，将外锥体装夹在正弦工作台上，并注意使锥体的轴心线垂直于正弦规两圆柱的轴线。根据被测工件

的理论锥角 α，计算出应垫量块的尺寸数值 H，即 $H=L\times\sin\alpha$，在距离锥体边缘 2～5mm 处，用百分表或杠杆千分表测量出 a、b 两点的读数差 ΔN（ΔN 的单位为 μm）和 a、b 两点之间的距离 M（M 的单位为 mm）之比即为锥度偏差 Δc。

$$\Delta c=\frac{\Delta N\times10^{-3}}{M}$$

锥度偏差乘以弧度对秒的换算关系后，即可求得圆锥角偏差，即

$$\Delta\alpha=2\Delta c\times10^{5}$$

式中 $\Delta\alpha$ 的单位为（″）。

当指示表在锥体大端 a 点测得的读数 N_1，大于在小端 b 点测得的读数 N_2 时，$\Delta\alpha$ 取正号，反之取负号。

被测锥体实际圆锥角

$$\alpha_{实}=\alpha_{理}+\Delta\alpha$$

式中　$\alpha_{理}$——被测工件的理论锥角；

$\alpha_{实}$——被测锥体实际圆锥角。

3. 水平仪

（1）水平仪的用途　水平仪是测量被测平面相对水平面微小倾角的一种测量器具，在机械制造中，常用来检测工件表面或设备安装的水平情况。如检测机床、仪器的底座、工作台面及机床导轨等的水平情况，还可以用水平仪检测导轨、平尺、平板等的直线度和平面度误差，以及测量两工作面的平行度和工作面相对于水平面的垂直度误差等。

（2）水平仪的分类　水平仪按其工作原理可分为水准式水平仪和电子式水平仪两类。水准式水平仪又有条式水平仪、框式水平仪和合像水平仪三种结构形式。水准式水平仪目前使用最为广泛，以下仅介绍水准式水平仪。

（3）水准式水平仪　水准式水平仪的主要工作部分是管状水准器，它是一个密封的玻璃管，其内表面的纵剖面是一曲率半径很大的圆弧面。管内装有精馏乙醚或精馏乙醇，但未注满，形成一个气泡。玻璃管的外表面刻有刻度，不管水准器的位置处于何种状态，气泡总是趋向于玻璃管圆弧面的最高位置。当水准器处于水平位置时，气泡位于中央。即处于零位，水准器相对于水平面倾斜时，气泡就偏向高的一侧，倾斜程度可以从玻璃管外表面上的刻度读出（图 3-34），经过简单换算，就可得到被测表面相对水平面的倾斜度和倾斜角。

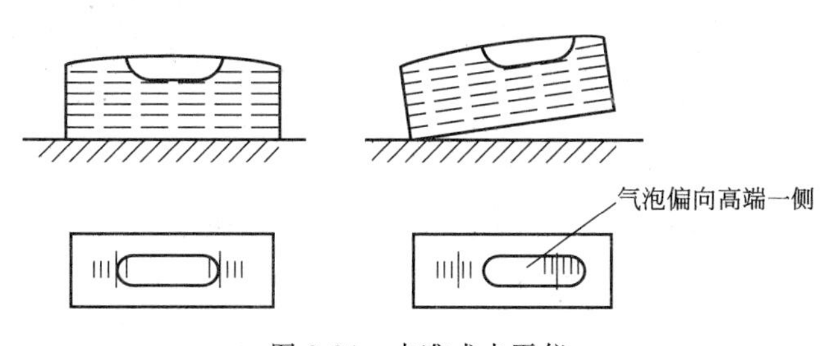

图 3-34　水准式水平仪

（4）水准式水平仪的结构和规格

① 条式水平仪。条式水平仪的外形如图 3-35 所示。它由主体、盖板、水准器和调零装置组成。在测量面上刻有 V 形槽，以便放在圆柱形的被测表面上测量。图 3-35(a) 中的水平仪的调零装置在一端，而图 3-35(b) 中的调零装置在水平仪的上表面，因而使用更为方便。条式水平仪工作面的长度有 200mm 和 300mm 两种。

② 框式水平仪。框式水平仪的外形如图 3-36 所示。它由横水准器、主体把手、主水准器、盖板和调零装置组成。它与条式水平仪的不同之处在于：条式水平仪的主体为一条形，而框式水平仪的主体为一框形。框式水平仪除有安装水准器的下测量面外，还有一个与下测量面垂直的侧测量面，因此框式水平仪不仅能测量工件的水平表面，还可用它的侧测量面与工件的被测表面相靠，检测其对水平面的垂直度。框式水平仪的框架规格有 150mm × 150mm，200mm × 200mm，250mm × 250mm，300mm × 300mm 4 种，其中 200mm × 200mm 最为常用。

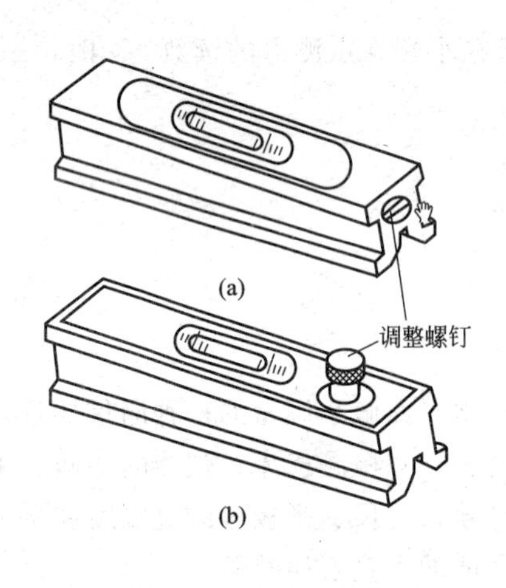

图 3-35 条式水平仪

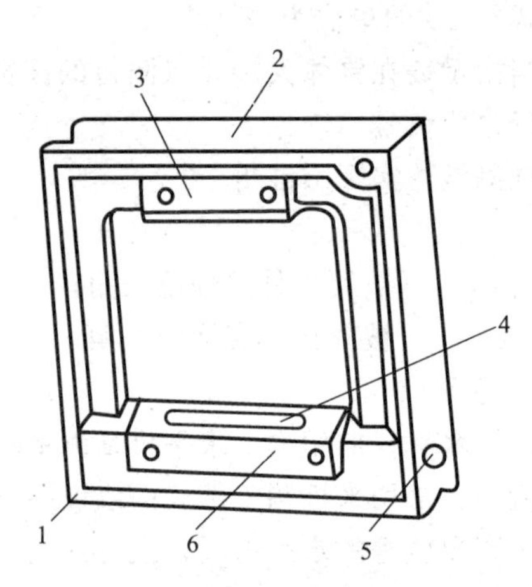

图 3-36 框式水平仪

1—横向水准器；2—主体；3—绝热板；4—主水准器；5—零位调节旋钮；6—盖板

③ 合像水平仪。合像水平仪主要由水准器、放大杠杆、测微螺杆和光学合像棱镜等组成，如图 3-37 所示，合像水平仪主要应用于测量平面和圆柱面对水平的倾斜度，以及机床与光学机械仪器的导轨或机座等的平面度、直线度和设备安装位置的正确度等。其工作原理是利用棱镜将水准器中的气泡影像经过放大，来提高读数的瞄准精度，利用杠杆、微动螺杆等传动机构进行读数。

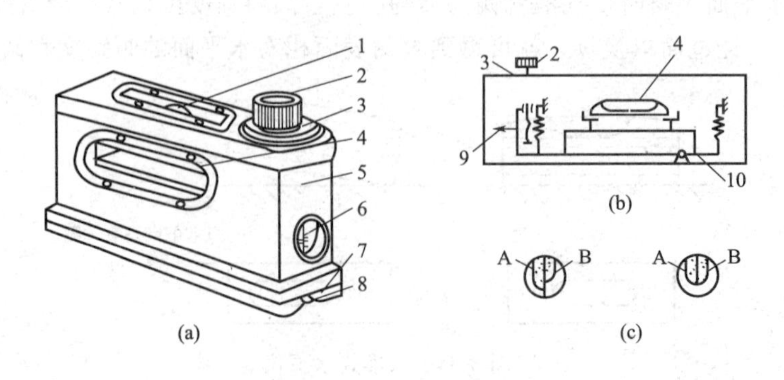

图 3-37 合像水平仪结构

1—观察窗；2—微动旋钮；3—微分盘；4—主水准器；5—壳体；6—毫米/米刻度；7—底面工作面；8—V 形工用面；9—指针；10—杠杆

使用方法：合像水平仪结构如图 3-37 所示，合像水平仪的水准器安装在杠杆架的底板上，它的位置可用微动旋钮通过测微螺杆与杠杆系统进行调整。水准器内的气泡，经两个不同位置的棱镜反射至观察窗放大观察（分成两半合像）。当水准器不在水平位置时，气泡 A、B 两半不对齐，当水准器在水平位置时，气泡 A、B 两半就对齐，如图 3-37(c) 所示。

使用读数值为 0.01mm/1000mm 的光学合像水平仪时，先将水平仪放在工件被测表面上，此时气泡 A、B 一般不对齐，用手转动微分盘的旋钮，直到两半气泡完全对齐为止。此时表示水准器平行水平面，而被测表面相对水平面的倾斜程度就等于水平仪底面对水准器的倾斜程度，这个数值可从水平仪的读数装置中读出。读数时，先从刻度窗口读出 mm 数，此 1 格表示 1000mm 长度上的高度差为 1mm，再看微分盘刻度上的格数，每 1 格表示 1000mm 长度上的高度差为 0.01mm，将两者相加就得所需的数值。例如窗口刻度中的示值为 1mm，微分盘刻度的格数是 16 格，其读数就是 1.16mm，即在 1000mm 长度上的高度差为 1.16mm。

如果工件和长度不是 1000mm，而是 $l$mm，则在 $l$mm 长度上的高度差为

$$1000\text{mm 长度上的高度差}\times\frac{l}{1000}$$

合像水平仪主要用于精密机械制造中，其最大特点是使用范围广、测量精度较高、读数方便、准确。

（5）水准式水平仪的使用注意事项

① 使用前工作面要清洗干净。

② 湿度变化对仪器中的水准器位置影响很大，必须隔离热源。

③ 测量时旋转度盘要平稳，必须等两气泡像完全符合后方可读数。

思考与练习

1. 什么叫测量？一个完整的测量过程主要包括哪 4 个主要要素？
2. 长度基准与长度量值传递系统的定义是什么？
3. 试举例说明角度量值传递系统。
4. 什么叫测量器具？按照结构特点的不同，测量器具可分为哪几类？
5. 量仪可分为哪几种？每种的特点各是什么？
6. 请以机械式比较仪为例说明测量器具的基本技术性能指标包括哪些？
7. 分别按所测几何量是否为要求的被测几何量、被测表面与测量器具是否有机械接触、同时测量的参数多少来阐述测量方法的分类。
8. 什么叫量块？其用途是什么？按“级”使用和按“等”使用有何区别？
9. 试简述游标卡尺的读数方法及使用注意事项。
10. 举例说明千分尺的读数方法，并说明其使用注意事项。
11. 试举例说明内径千分尺和深度千分尺的应用场合。
12. 简述百分表的使用方法及使用注意事项。
13. 万能角度尺的读数原理和使用方法是什么？
14. 简述水平仪的用途及分类。

第4章

几 何 公 差

4.1 概述

在零件加工过程中，由于机床、夹具和刀具系统存在几何误差，以及切削中出现受力变形、热变形、振动和磨损等影响，不可避免会产生尺寸误差，也会出现形状和相对位置的误差。零件的几何误差对机器或仪器的工作精度、连接强度、密封性、运动平稳性、噪声、耐磨性及寿命等性能均有较大的影响，因此，为满足零件装配后的功能要求，保证零件的互换性和经济性，必须对零件的几何误差加以限制，即对零件的几何要素规定必要的几何公差。

我国几何公差国家标准，近年随着科学技术和工业及经济发展，按照与国际标准接轨的原则，进行了多次修改，现行的几何公差标准为：

① GB/T 1182—2008 《产品几何技术规范（GPS） 几何公差形状、方向、位置和跳动公差标注》

② GB/T 1958—2004《形状和位置公差 检测规则》

③ GB/T 4249—2009《公差原则》

④ GB/T 16671—2009《几何公差 最大实体要求、最小实体要求和可逆要求》

⑤ GB/T 13319—2003《产品几何量技术规范（GPS） 几何公差、位置度公差注法》

⑥ GB/T 1184—1996 《形状和位置公差 未注公差值》

4.1.1 几何公差的研究对象

几何公差的研究对象是零件的几何要素，构成零件几何特征的点、线、面均称要素（图4-1）。要素可从不同角度来分类。

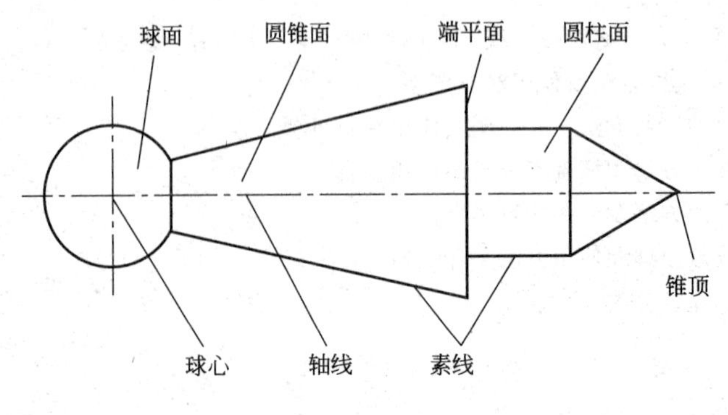

图 4-1 要素

（1）按结构特征分 构成零件内、外表面外形的要素称为组成要素。组成要素对称中心所表示的要素称为导出要素。

(2) 按存在状态分　零件上实际存在的要素称为实际要素，测量时由提取要素代替。由于存在测量误差，提取要素并非该实际要素的真实状况。具有几何学意义的要素称为拟合要素，机械图样所表示的要素均为拟合要素。

(3) 按所处地位分　图样上给出了几何公差要求的要素称为被测要素。用来确定被测要素方向或（和）位置的要素称为基准要素，理想基准要素简称基准。

(4) 按功能要求分　仅对其本身给出形状公差要求，或仅涉及其形状公差要求的要素称为单一要素。相对其他要素有功能要求而给出方向、位置和跳动公差的要素称为关联要素。

4.1.2 要素的术语定义

(1) 组成要素（轮廓要素）：面或面上的线。

公称组成要素：由技术制图或其他方法确定的理论正确组成要素。

实际组成要素：实际存在并将整个工件与周围介质分隔的要素。

提取组成要素：按规定的方法，由实际（组成）要素提取有限数目的点所形成的实际（组成）要素的近似替代。

拟合组成要素：按规定的方法，由提取组成要素形成的并具有理想形状的组成要素。

(2) 导出要素（中心要素）：由一个或几个组成要素（轮廓要素）得到的中心点、中心线或中心面。如：圆柱的轴线是由圆柱面得到的导出要素，该圆柱面为组成要素，球心是由球面得到的导出要素。

公称导出要素：由一个或几个公称组成要素导出的中心点、轴线或中心平面。

提取导出要素：由一个或几个提取组成要素导出的中心点、轴线或中心平面。

拟合导出要素：由一个或几个拟合组成要素导出的中心点、轴线或中心平面。

(3) 各几何要素定义间的关系，如图 4-2 所示。

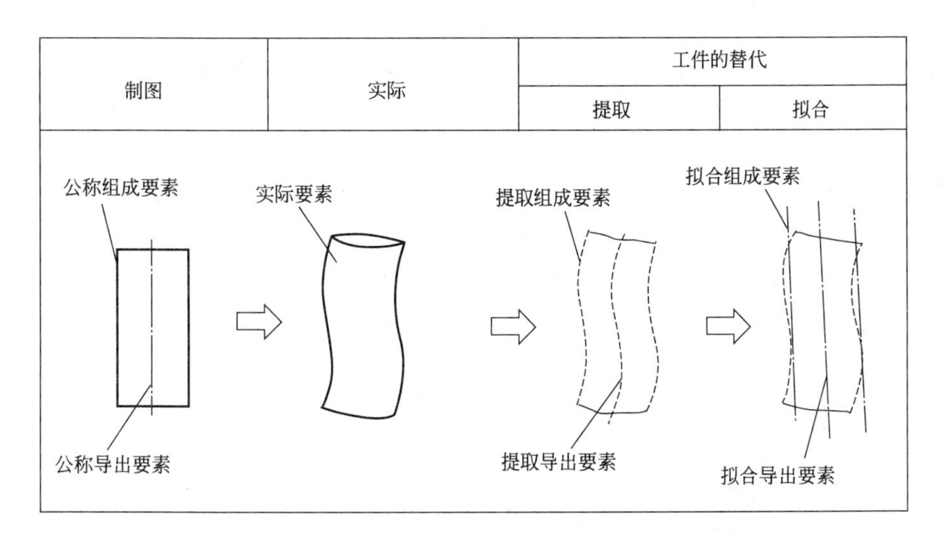

图 4-2　各几何要素定义间的关系

4.1.3 几何公差项目及符号

国家标准将几何公差共分为 19 个项目，其名称、符号以及分类见表 4-1。

表 4-1　几何公差的项目及其符号

公差类型	特征项目	符号	公差类型	特征项目	符号
形状公差	直线度	—	位置公差	同心度	◎
	平面度	▱		同轴度	◎
	圆度	○		对称度	⌯
	圆柱度	⌭		位置度	⌖
	线轮廓度	⌒		线轮廓度	⌒
	面轮廓度	⌓		面轮廓度	⌓
方向公差	平行度	//	跳动公差	圆跳动	↗
	垂直度	⊥		全跳动	⌰
	倾斜度	∠			
	线轮廓度	⌒			
	面轮廓度	⌓			

4.1.4　几何公差的意义和特征

几何公差是指被测实际要素的允许变动全量。随着使用场合的不同，几何公差通常具有两个意义。其最基本的意义是：几何公差是一个以拟合要素为边界的平面或空间区域，要求实际要素处处不得超出该区域。任何区域都具有四方面特征：形状、大小、方向和位置。在这个意义上，几何公差即几何公差带。其另一个常用意义是：几何公差是一个长度值，要求实际要素的误差不超出该值。在这个意义上，几何公差是对几何公差带四特征之一大小的描述。

（1）公差带的形状主要有 11 种，见图 4-3。

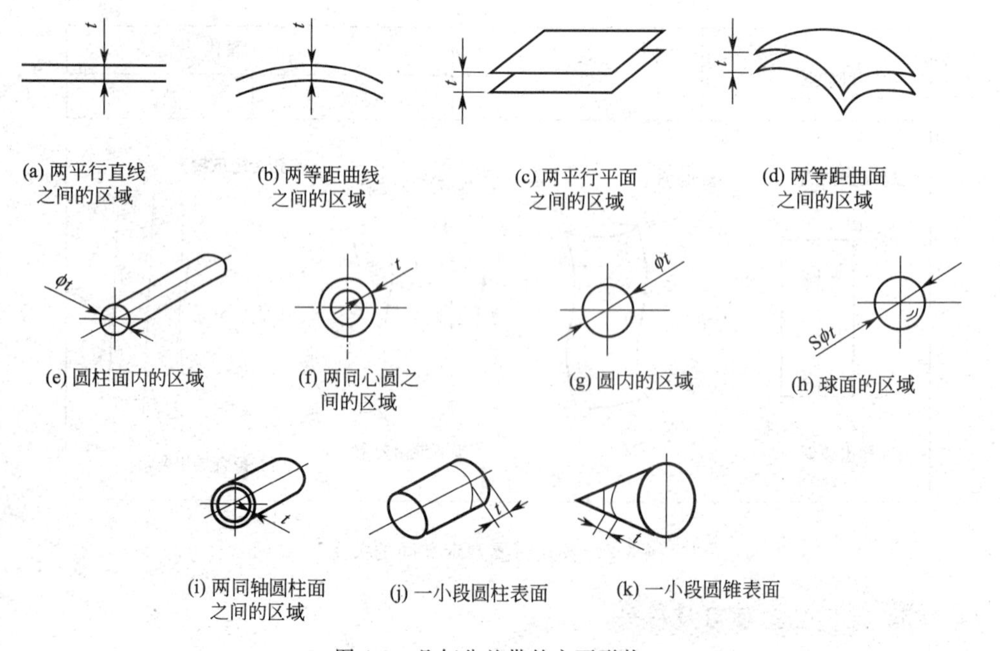

(a) 两平行直线之间的区域　(b) 两等距曲线之间的区域　(c) 两平行平面之间的区域　(d) 两等距曲面之间的区域

(e) 圆柱面内的区域　(f) 两同心圆之间的区域　(g) 圆内的区域　(h) 球面的区域

(i) 两同轴圆柱面之间的区域　(j) 一小段圆柱表面　(k) 一小段圆锥表面

图 4-3　几何公差带的主要形状

(2) 公差带的大小指公差带的宽度 t 或直径 ϕt，如图 4-3 所示，t 即公差值。

(3) 公差带的方向即评定被测要素误差的方向。对于位置公差带，其方向由设计给出，应与基准保持设计给定的关系。对于形状公差带，设计不作出规定，其方向应遵守评定形状误差的基本原则——最小条件原则。

(4) 公差带的位置，对于位置公差，以及多数跳动公差，一般由设计确定，与被测要素的实际状况无关，可称为位置固定的公差带；对于形状公差、方向公差和少数跳动公差，项目本身并不规定公差带位置，其位置随被测实际要素的形状和有关尺寸的大小而改变，可以称为位置浮动的公差带。

4.2　几何公差的标注

4.2.1　几何公差的代号

在技术图样中，几何公差一般采用代号（公差框格）标注。只有在无法采用代号标注，或者采用代号标注过于复杂时，才允许用文字说明几何公差要求。

几何公差代号包括：几何公差的各项目的符号（见表 4-1），几何公差框格及指引线，几何公差值和其他有关符号，以及基准代号等。这些内容可参阅图 4-4 及图中说明。框格内字体的高度 h 与图样中的尺寸数字等高。

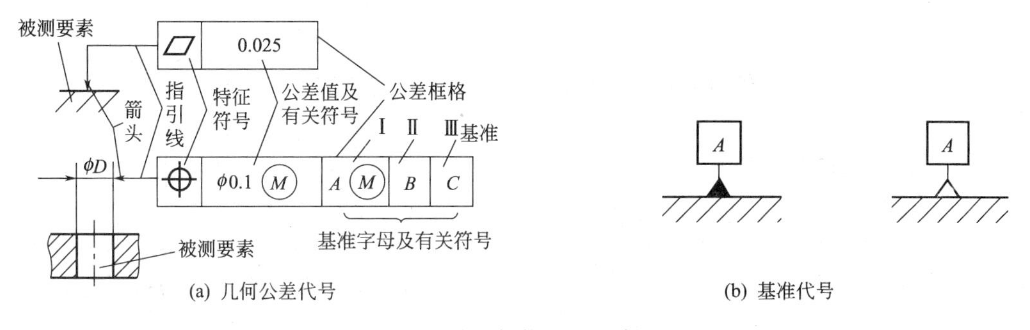

(a) 几何公差代号　　(b) 基准代号

图 4-4　公差框格及基准代号

4.2.2　几何公差的标注

1. 公差框格

几何公差框格按需要分为两格或多格，它一般水平放置，必要时也允许垂直放置。框格自左至右依次填写公差项目符号、公差数值（单位为 mm）、基准代号字母。第 2 格及其后各格中还可能填写其他有关符号。

2. 被测要素表示法

被测要素用带箭头的指引线与框格连接。指引线可从框格的任一端引出，引出段必须垂直于框格；引向被测要素时允许弯折，但不得多于两次。指引线箭头所指应是公差带的宽度或直径方向。

(1) 当被测要素是组成要素时，指引线箭头应指向轮廓线或其引出线，见图 4-5(a)，且必须明显地与尺寸线错开。

(2) 当被测要素为导出要素时，指引线箭头要与该要素的尺寸线对齐，见图 4-5(b)。指引线的箭头也可兼作一尺寸箭头。

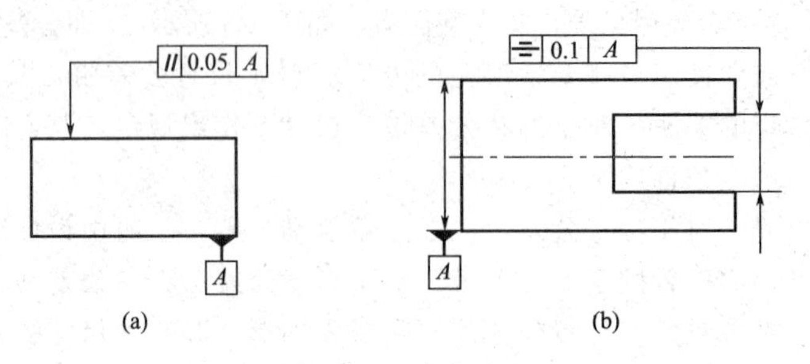

图 4-5　要素表示法

3. 基准要素的表示法

基准要素的标注用基准符号表示。见图 4-4(b)。

(1) 当基准要素为组成要素时，基准符号应靠近该要素的轮廓线或其引出线标注，见图 4-5(a)，并应明显地与尺寸线错开。

(2) 当基准要素为导出要素时，基准符号应与该要素的轮廓要素尺寸线对齐，见图 4-5(b)。基准符号也可兼作一尺寸箭头。

(3) 当基准为两要素组成的公共基准时，由横线隔开的两大写字母表示，且标在框格第 3 格内。基准为三基面体系时，用大写字母按优先次序标在框格第 3 格至第 5 格内。见图 4-6。

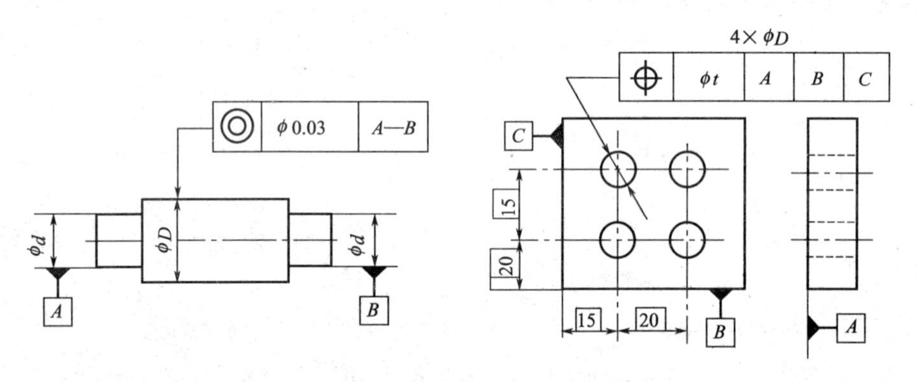

图 4-6　基准要素

4.2.3　几何公差的简化标注

为了减少图样上公差框格的数量，简化绘图，在保证读图方便和不引起误解的前提下，可以简化标注方法。

(1) 同一要素有多项几何公差要求时，可将公差框格重叠绘出，只用一条指引线引向被测要素［图 4-7(a)］。

(2) 不同要素有相同几何公差要求时，可用一个公差框格，在由框格的一端引出的指引线上绘制多个箭头分别与各被测要素相连［图 4-7(b)］。

(3) 结构相同的几个要素有相同几何公差要求时，可以只对其中的一个要素标注出公差框格，而在该公差框格的上方说明要素的个数（图 4-8）。

4.2.4　几何公差标注示例

图 4-9 所示是一根气门阀杆，从图中可以看到，当被测定的要素为线或表面时，从框格引出的指引线箭头，应指在该要素的轮廓线或其延长线上。当被测要素是轴线时，应将箭头

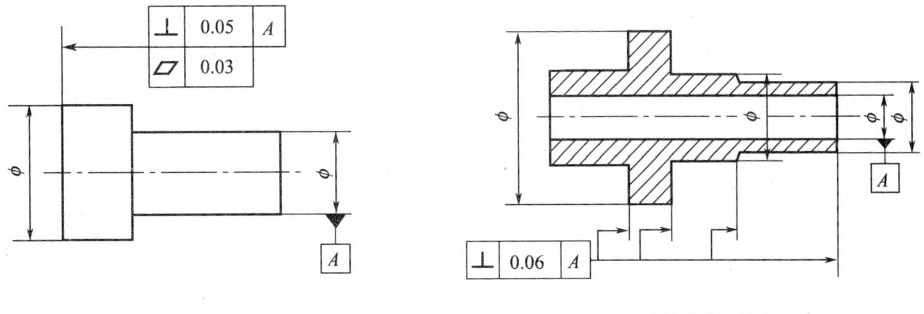

(a) 同一要素有多项要求　　(b) 不同要素有相同要求

图 4-7　简化标注

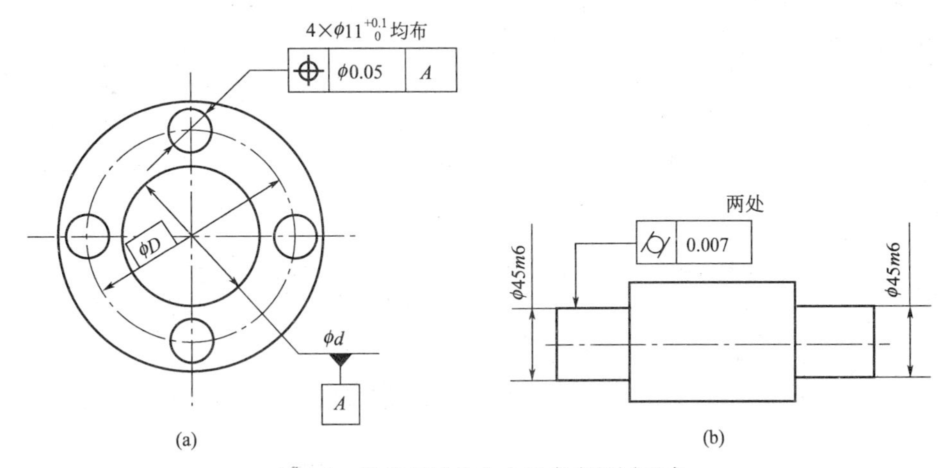

(a)　　(b)

图 4-8　结构相同的几个要素有相同要求

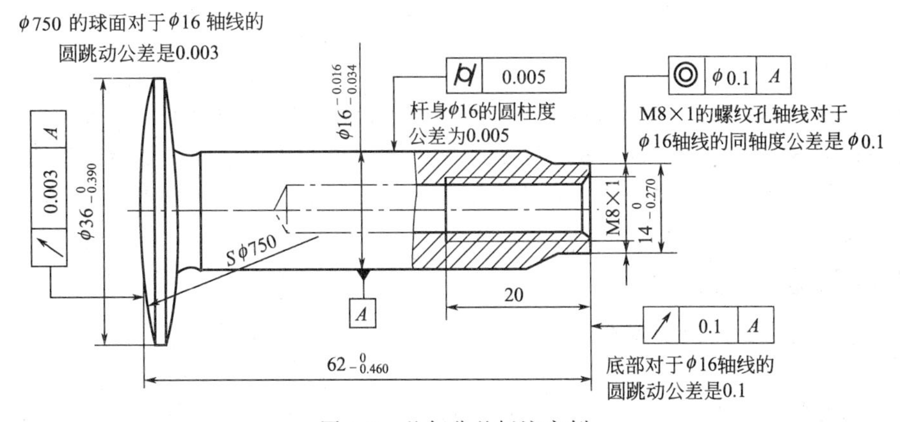

图 4-9　几何公差标注实例

与该要素的尺寸线对齐，如 M8×1 轴线的同轴度注法。当基准要素是轴线时，应将基准符号与该要素的尺寸线对齐，如基准 A。

4.3　形状公差及公差带

4.3.1　形状误差和形状公差

（1）形状误差　被测实际要素对理想要素的变动量。

（2）形状公差　单一实际要素的形状所允许的变动全量。形状公差（包括没有基准要求的线、面轮廓度）共有6项。随被测要素的结构特征和对被测要素的要求不同，直线度、线轮廓度、面轮廓度都有多种类型。

（3）形状误差的评定

① 形状误差的评定准则——最小条件

所谓最小条件，是指被测实际要素相对于理想要素的最大变动量为最小，此时，对被测实际要素评定的误差值为最小。

② 形状误差值的评定

评定形状误差时，形状误差数值的大小可用最小包容区域（简称最小区域）的宽度或直径表示。最小包容区域是指包容被测要素时，具有最小宽度 f 或直径 ϕf 的包容区域，如图4-10所示。显然，各项公差带和相应误差的最小区域，除宽度或直径（即大小）分别由设计给定和由被测实际要素本身决定外，其他三特征应对应相同，只有这样，误差值和公差值才具有可比性。因此，最小区域的形状应与公差带的形状一致（即应服从设计要求）；公差带的方向和位置则应与最小区域一致（设计本身无要求的前提下应服从误差评定的需要）。

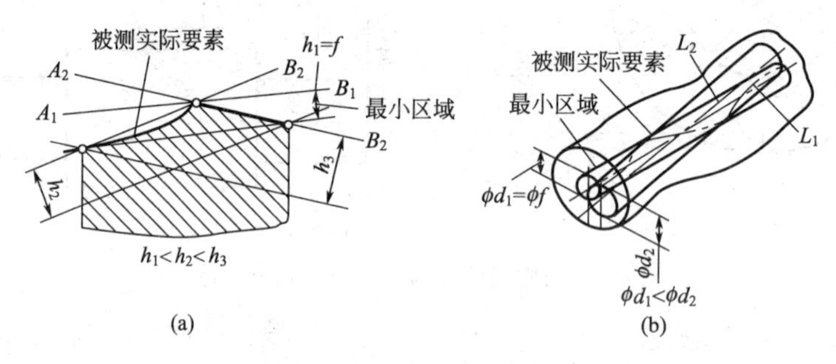

图4-10　最小条件与最小区域

遵守最小条件原则，可以最大限度地通过合格件。但在许多情况下，又可能使检测和数据处理复杂化。因此，允许在满足零件功能要求的前提下，用近似最小区域的方法来评定形状误差值。近似方法得到的误差值，只要小于公差值，零件在使用中会更趋可靠；但若大于公差值，则在仲裁时应按最小条件原则。

4.3.2　形状公差带

形状公差带特点：只对要素有形状要求，无方向、位置约束。

1. 直线度

用以限制被测实际直线对其理想直线变动量的一项指标。被限制的直线有平面内的直线，回转体的素线，平面与平面交线和轴线等。

（1）在给定平面内，公差带是距离为公差值 t 的两平行直线之间的区域，如图4-11所示，框格中标注的0.1的意义是：被测表面的素线必须位于平行于图样所示投影面内，而且距离为公差值0.1mm的两平行直线内。

（2）在给定方向上，公差带是距离为公差值 t 的两平行平面之间的区域，如图4-12所示，框格中标注的0.2的意义是：被测圆柱面的任一素线必须位于距离为公差值0.2mm的两平行平面之内。

（3）在任意方向上，公差带是直径为公差值 t 的圆柱面内的区域，此时在公差值前加注

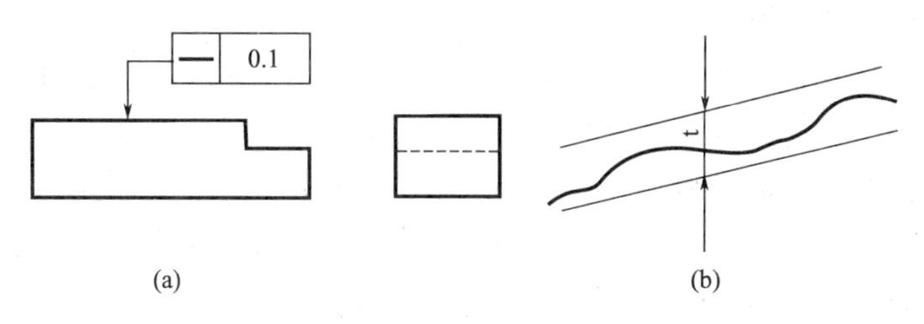

图 4-11　给定平面内的直线度公差带

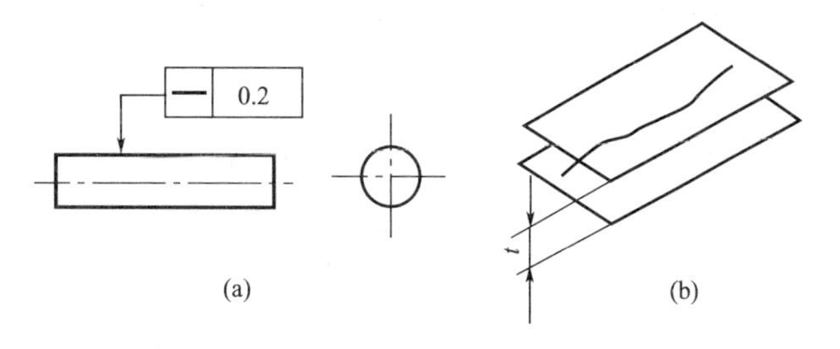

图 4-12　给定方向上的直线度公差带

ϕ，如图 4-13 所示，框格中标注的 ϕ0.03 的意义是：被测圆柱面的轴线必须位于直径为公差值 ϕ0.03mm 的圆柱面内。

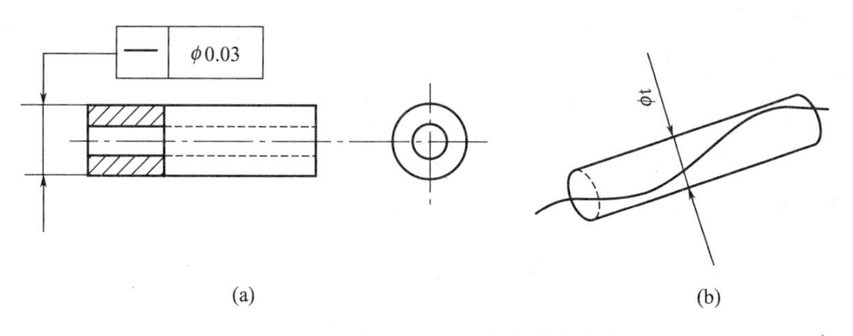

图 4-13　任意方向上的直线度公差带

2. 平面度

用以限制实际表面对其理想平面变动量的一项指标。

公差带：是距离为公差值 t 的两平行平面之间的区域。如图 4-14 所示，框格中标注的 0.1 的意义是：被测表面必须位于距离为公差值 0.1mm 的两平行平面内。

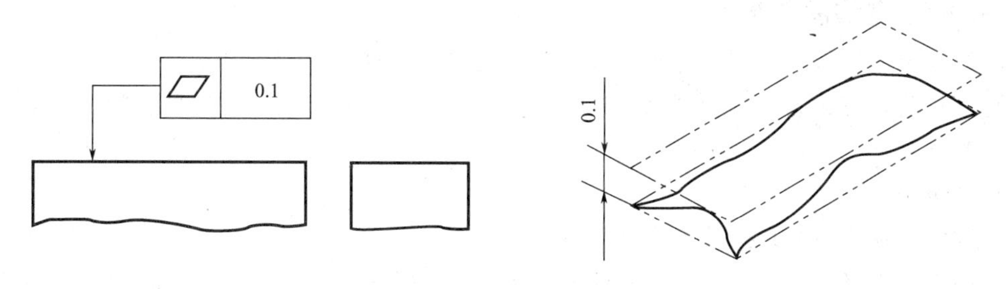

图 4-14　平面度公差带

3. 圆度

用以限制实际圆对其理想圆变动量的一项指标。这是对圆柱面（圆锥面）的正截面和球体上通过球心的任一截面上提出的形状精度要求。

公差带：是指在同一正截面上，半径差为公差值 t 的两同心圆之间的区域。如图 4-15(c) 所示。图 4-15(a) 框格中标注的 0.03 的意义是：被测圆柱面任一正截面的圆周必须位于半径差为公差值 0.03mm 的两同心圆之间；图 4-15(b) 框格中标注的 0.1 的意义是：被测圆锥面任一正截面上的圆周必须位于半径为公差值 0.1mm 的两同心圆之间。

注意：标注圆度时指引线箭头应明显地与尺寸线箭头错开；标注圆锥面的圆度时，指引线箭头应与轴线垂直，而不该指向圆锥轮廓线的垂直方向。

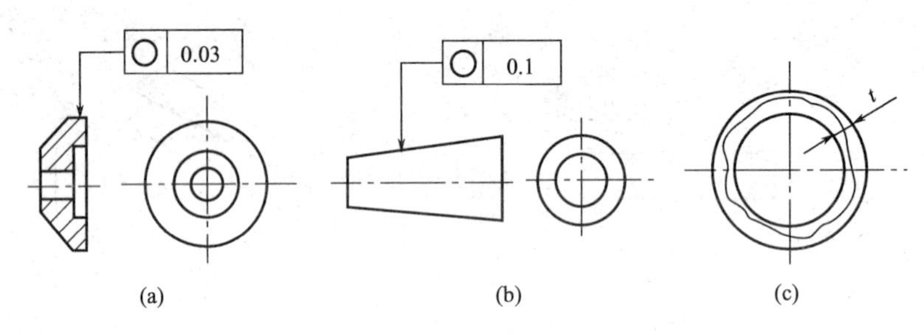

图 4-15 圆度公差带

4. 圆柱度

限制实际圆柱面对其理想圆柱面变动量的一项指标。它是对圆柱面所有正截面和纵向截面方向提出的综合性形状精度要求。圆柱度公差可以同时控制圆度、素线直线度和两素线平行度等项目的误差。

公差带：是指半径为 t 的两同轴圆柱面之间的区域。如图 4-16 所示。框格中标注的 0.1 的意义是：被测圆柱面必须位于公差值 0.1mm 的两同轴圆柱面之间。圆柱度能对圆柱面纵、横截面各种形状误差进行综合控制。

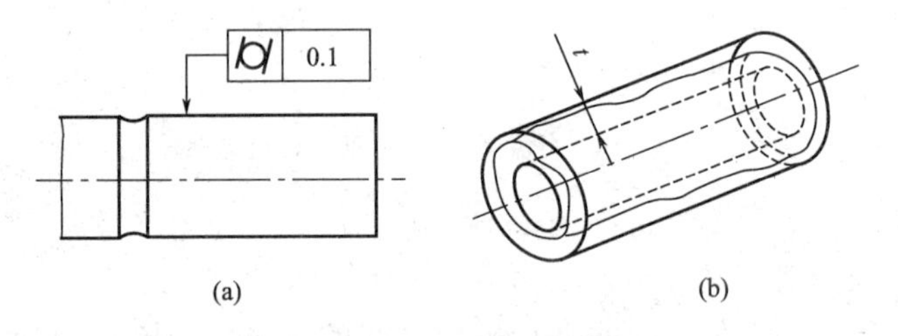

图 4-16 圆柱度公差带

4.3.3 轮廓度公差

轮廓度公差的特点是它可能有基准，也可能没有基准，当它无基准时，它呈现形状公差的特性，其公差带无方向位置限制；当它有基准时，它呈现方向和位置公差特性，其公差带位置受基准和理论正确尺寸限制。

1. 线轮廓度

限制实际曲线对其理想曲线变动量的一项指标。

公差带：包络一系列直径为公差值 t 的圆的两包络线之间的区域，诸圆的圆心应位于具有理论正确几何形状曲线上，如图 4-17(c) 所示。

图 4-17(a) 为无基准要求的线轮廓公差，图 4-17(b) 为有基准要求的线轮廓度公差。图 4-17(a)、(b) 框格中标注的 0.04 的意义是：在平行于图样所示投影面的任一截面上，被

测轮廓线必须位于包络一系列直径为公差值 0.04mm 且圆心位于具有理论正确几何形状的线上的两包络线之间。

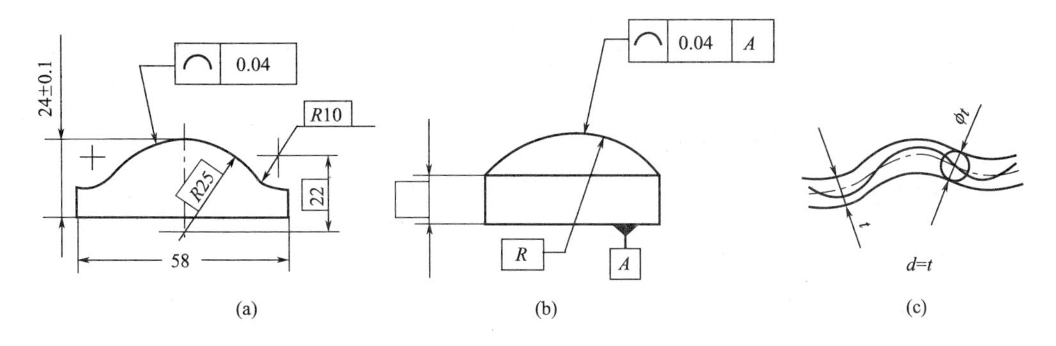

图 4-17　线轮廓度公差带

无基准要求的理想轮廓线用尺寸并且加注公差来控制，这时理想轮廓线的位置是不定的。有基准要求的理想轮廓线用理论正确尺寸加注基准来控制，这时理想轮廓线的理想位置是唯一确定的，不能移动。

2. 面轮廓度

限制实际曲面对其理想曲面变动量的一项指标。

公差带：包络一系列直径为公差值 t 的球的两包络面之间的区域，诸球的球心位于理想轮廓面上，如图 4-18(c) 所示。

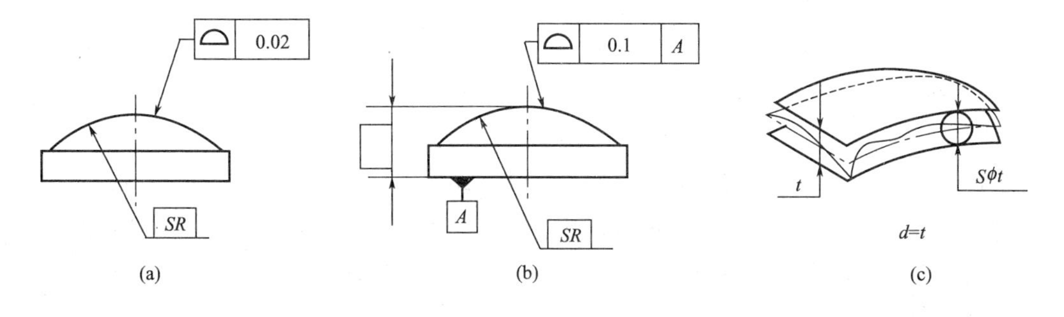

图 4-18　面轮廓度公差带

图 4-18(a) 为无基准要求的面轮廓度公差，图 4-18(b) 为有基准要求的面轮廓度公差。图 4-18(a)、(b) 框格中标注的 0.02、0.1 的意义是：被测轮廓面必须位于包络一系列球的两包络面之间，诸球的直径分别为公差值 0.02mm、0.1mm，且球心位于具有理论正确几何形状的面上的两包络面区域。

4.4　方向公差及公差带

4.4.1　方向误差和方向公差

(1) 方向误差　关联被测实际要素对其理想要素在方向上的变动量。

(2) 方向公差　关联实际要素的位置对基准在方向上所允许的变动全量。具有确定方向的功能，即确定被测实际要素相对基准要素的方向精度。

（3）方向误差的评定　方向误差是被测实际要素对一具有确定方向的理想要素的变动量，该理想要素方向由基准确定。

方向误差值用定向最小包容区域（简称定向最小区域）的宽度或直径表示，见图4-19。定向最小区域是指按理想要素的方向包容被测实际要素时，具有最小宽度或直径的包容区域。

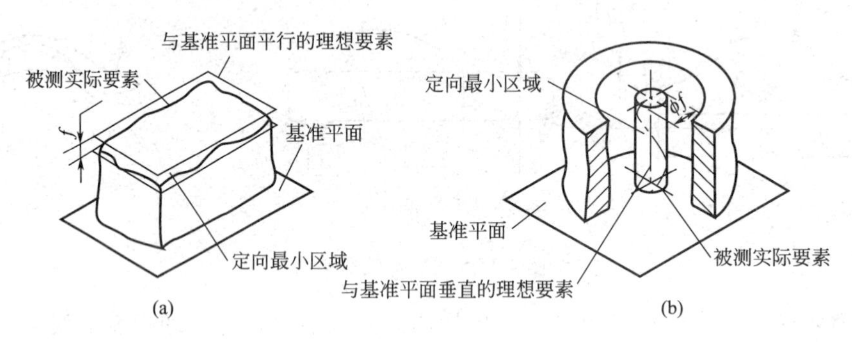

图4-19　方向误差

4.4.2　基准

基准是具有正确形状的理想要素，在实际运用时，则由基准实际要素来确定。由于实际要素存在几何误差，因此，由实际要素建立基准时，应以该基准实际要素的拟合要素为基准，拟合要素的位置应符合最小条件。

三基面体系：确定被测要素在空间的理想位置所采用的基准由三个互相垂直的基准平面组成，这三个互相垂直的基准平面组成的基准体系称为三基面体系。

三基面体系（含三个基准平面）：第一基准平面；第二基准平面；第三基准平面

零件的基准数量和顺序的确定：根据零件的功能要求来确定，一般零件上面积大、定位稳的表面作为第一基准；面积较小的表面作为第二基准；面积最小的表面作为第三基准。

注意：在加工或检测时，设计时所确定的基准表面和顺序不可随意更改，以保证设计时提出的功能要求。

4.4.3　方向公差带

方向公差是关联被测要素对基准要素在规定方向上所允许的变动量，方向公差与其他几何公差相比有其明显的特点：方向公差带相对于基准有确定的方向，并且公差带的位置可以浮动；方向公差带还具有综合控制被测要素的方向和形状的职能。

根据两要素给定方向不同，方向公差分为平行度、垂直度、倾斜度、线轮廓度、面轮廓度5个项目。

1. 平行度（//）

平行度公差用于限制被测要素对基准要素平行的误差。

（1）给定一个方向的平行度要求时，公差带是距离为公差值 t 且平行于基准线（或平面）、位于给定方向上的两平行平面之间的区域，如图4-20、图4-21所示。

图4-20(a)、(b) 框格中标注0.1、0.2的意义是：被测轴线必须位于距离为公差值0.1mm、0.2mm且在给定方向上平行于基准轴线的两平行平面之间。

图 4-21(a) 框格中标注的 0.01 的意义是：被测表面必须位于距离为公差值 0.01mm 且平行于基准表面 *D*（基准平面）的两平行平面之间。

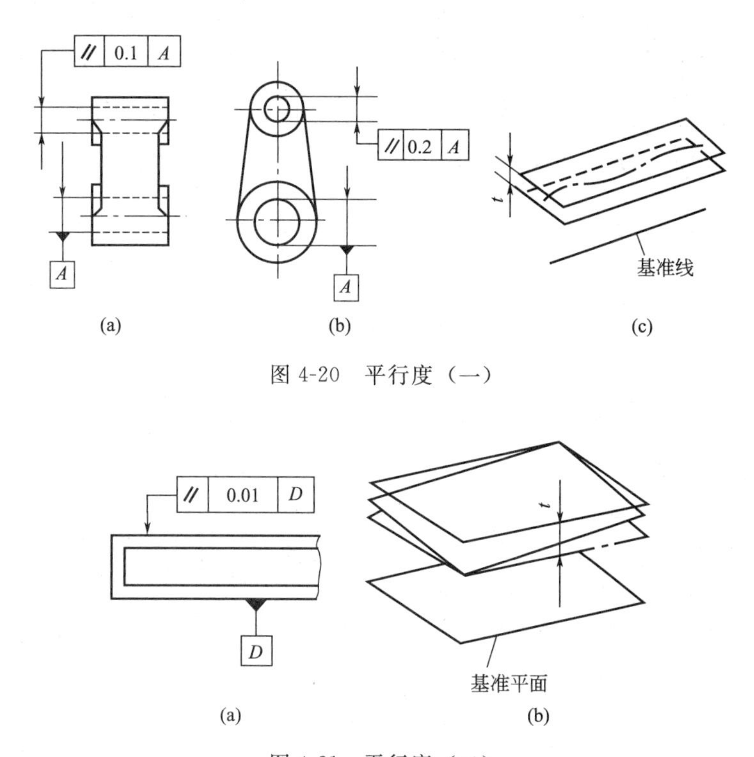

图 4-20　平行度（一）

图 4-21　平行度（二）

(2) 给定相互垂直的两个方向的平行度要求时，公差带是两对互相垂直的距离分别为 t_1 和 t_2，且平行于基准线的两平行平面之间的区域，如图 4-22 所示。

图 4-22(a)、(c) 所示的零件公差带形状相同，公差框格标注的 0.2、0.1 的意义是：被测轴线必须位于距离分别为公差值 0.2mm 和 0.1mm，在给定的互相垂直方向上且平行于基准轴线的两组平行平面之间。

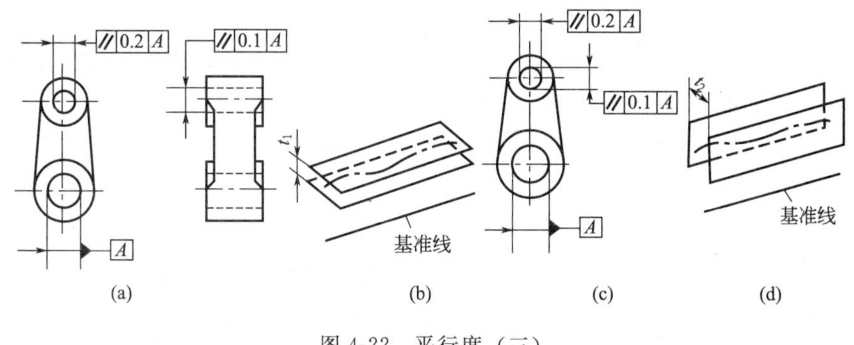

图 4-22　平行度（三）

(3) 给定任意方向的平行度要求时，在公差值前加注 ϕ，公差带是直径为公差值 t 且平行于基准线的圆柱面内的区域，如图 4-23 所示。

图 4-23(a) 框格中标注的 ϕ0.03 的意义是：被测轴线必须位于直径为公差值 0.03mm 且平行于基准轴线的圆柱面内。

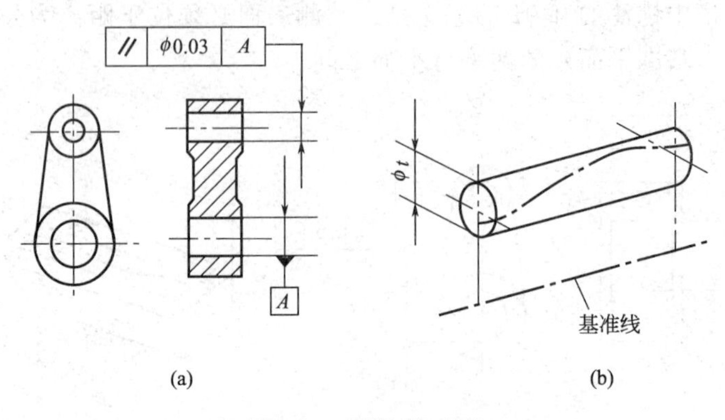

图 4-23 平行度（四）

2. 垂直度（⊥）

垂直度公差用于限制被测要素对基准要素垂直的误差。

（1）给定一个方向的垂直度要求时，（在给定方向上）公差带是距离为公差值 t，且垂直于基准面（或直线、轴线）的两平行平面之间的区域，如图 4-24 所示。

图 4-24(a) 框格中标注 0.1 的意义是：在给定方向上，被测轴线必须位于距离为公差值 0.1mm 且垂直于基准表面 A 的两平行平面之间。

图 4-24(b) 框格中标注 0.08 的意义是：被测面必须位于距离为公差值 0.08mm 且垂直于基准线 A（基准轴线）的两平行平面之间。

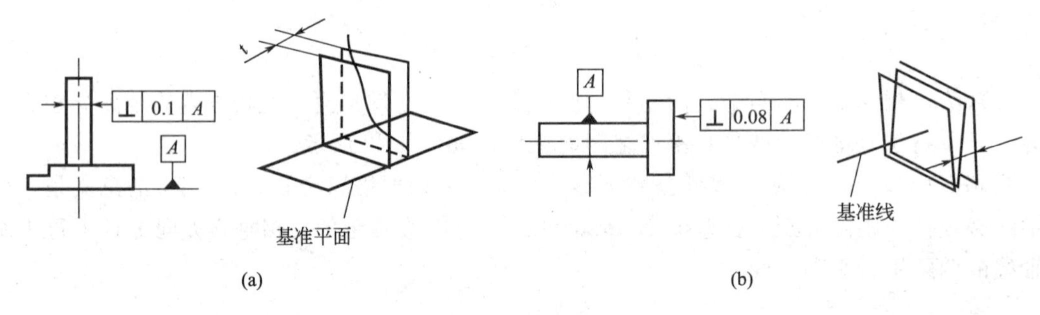

图 4-24 垂直度（一）

（2）给定相互垂直的两个方向的垂直度要求时，公差带是互相垂直的距离分别为 t 和 t_2，且垂直于基准面的两对平行平面之间的区域，如图 4-25 所示。

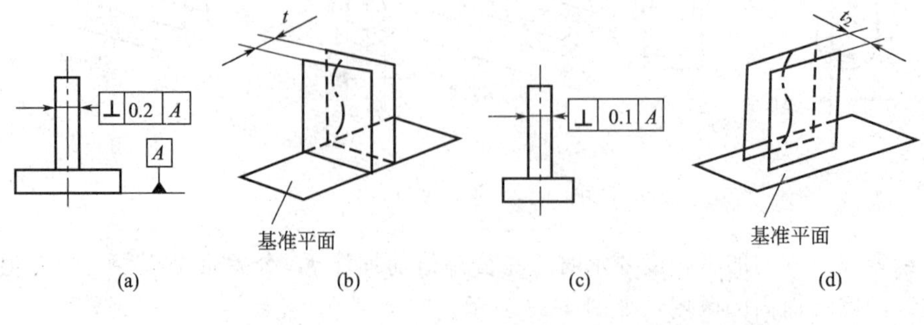

图 4-25 垂直度（二）

图 4-25(a)、(c) 所示零件其公差带形状相同，公差框格标注的 0.2、0.1 的意义是：被

测轴线必须位于距离分别为公差值 0.2mm 和 0.1mm 的互相垂直且垂直于基准平面的两对平行平面之间。

（3）给定任意方向的垂直度要求时，在公差值前加注 ϕ，公差带是直径为公差值 t 且垂直于基准面的圆柱面内的区域，如图 4-26 所示。

图 4-26(a) 框格中标注的 ϕ0.01 的意义是：被测轴线必须位于直径为公差值 ϕ0.01mm 且垂直于基准面 A（基准平面）的圆柱面内。

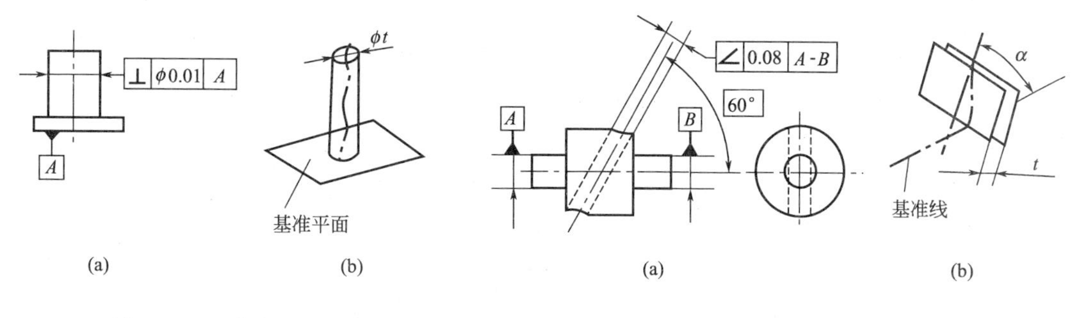

图 4-26　垂直度（三）

图 4-27　倾斜度（一）

3. 倾斜度（∠）

倾斜度公差用于限制被测要素对基准要素成一般角度的误差。给定一个方向的倾斜度要求时，有两种情况：

（1）被测线和基准线在同一平面内，其公差带是距离为公差值 t 且与基准线成一给定角度的两平行平面之间的区域，如图 4-27 所示。

图 4-27(a) 框格中标注的 0.08 的意义是：被测轴线必须位于距离为公差值 0.08mm 且与 $A-B$ 公共基准成一理论正确角度的两平行平面之间。

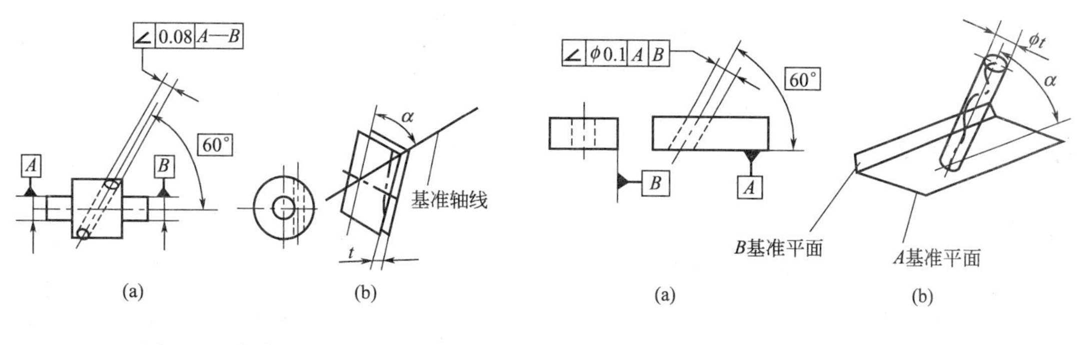

图 4-28　倾斜度（二）

图 4-29　倾斜度（三）

（2）被测线与基准线不在同一平面内，其公差带是距离为公差值 t 且与基准成一给定角度的两平行平面之间的区域。如被测线与基准不在同一平面内，则被测线应投影到包含基准轴线并平行于被测轴线的平面上，公差带是相对于投影到该平面的线而言，如图 4-28 所示。

图 4-28(a) 框格中标注的 0.08 的意义是：被测轴线投影到包含基准轴线的平面上，它必须位于距离为公差值 0.08mm 并与 $A—B$ 公共基准线成理论正确角度 60°的两平行平面之间。

给定任意方向的倾斜度要求时，在公差值前加注 ϕ，公差带是直径为公差值 t 的圆柱面内的区域，该圆柱面的轴线应与基准平面成一给定的角度并平行于另一基准平面，如图4-29 所示。

图 4-29(a) 框格中标注的 ϕ0.1 的意义是：被测轴线必须位于直径为公差值 ϕ0.1mm 的圆柱面公差带内，该公差带的轴线应与基准表面 A（基准平面）成理论正确角度 60°并平行于基准平面 B。

4.5 位置公差及公差带

4.5.1 位置误差和位置公差

（1）位置误差　关联被测实际要素对其理想要素在位置上的变动量。

（2）位置公差　关联实际要素的位置对基准在位置上所允许的变动全量。具有确定位置功能，即确定被测实际要素相对基准要素的位置精度。

（3）位置误差的评定　位置误差是被测实际要素对一具有确定位置的理想要素的变动量。该理想要素的位置由基准和理论正确尺寸确定。

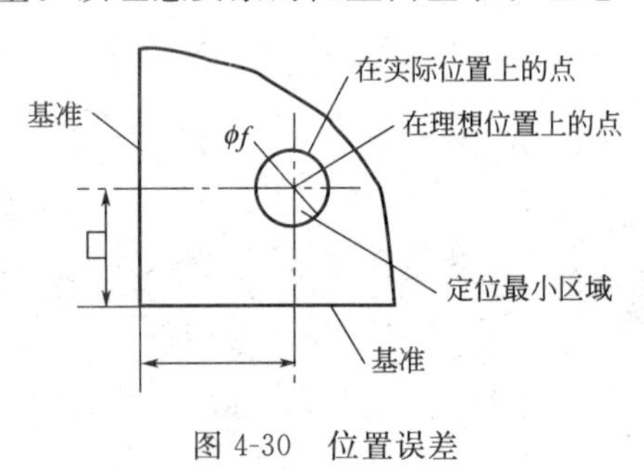

图 4-30　位置误差

所谓“理论正确尺寸”是用来确定被测要素的理想形状、方向和位置的尺寸。它只表达设计时对被测要素的理想要求，故不附带公差，而该要素的形状、方向和位置误差则由给定的几何公差来控制。

位置误差用定位最小包容区域（简称定位最小区域）的宽度或直径表示，见图 4-30。定位最小区域是指以理想要素定位来包容被测实际要素时，具有最小宽度或直径的包容区域。

4.5.2 位置公差带

位置公差：位置公差是关联实际被测要素对基准在位置上所允许的变动量。位置公差带与其他几何公差带比较有以下特点：位置公差带具有确定的位置，相对于基准的尺寸为理论正确尺寸；位置公差带具有综合，控制被测要素位置、方向和形状的功能。

根据被测要素和基准要素之间的功能关系，位置公差分为位置度、同轴度和对称度、线轮廓度、面轮廓度。

1. 位置度（⊕）

位置度：限制被测要素实际位置对其理想位置变动量的一项指标。被测要素的理想位置由理论正确尺寸和基准所确定。

（1）点的位置度　公差值前加注 ϕ，公差带是直径为公差值 t 的圆内的区域。圆公差带的中心点的位置由相对于基准 A 和 B 的理论正确尺寸确定，如图 4-31 所示。

图 4-31(a) 框格中标注的 ϕ0.3 的意义是：两个中心线的交点必须位于直径为公差值 0.3mm 的圆内，该圆的圆心位于由相对基准 A 和 B（基准直线）的理论正确尺寸所确定的点的理想位置上。

（2）线位置度　公差带是距离为公差值 t 且以线的理想位置为中心线对称配置的两平行直线之间的区域。中心线的位置由相对于基准 A 的理论正确尺寸确定，此位置度公差仅给定一个方向，如图 4-32 所示。

图 4-32(a) 框格中标注的 0.05 的意义是：每根刻线的中心线必须位于距离为公差值 0.05mm 且由相对于基准 A 的理论正确尺寸所确定的理想位置对称的诸两平行直线之间。

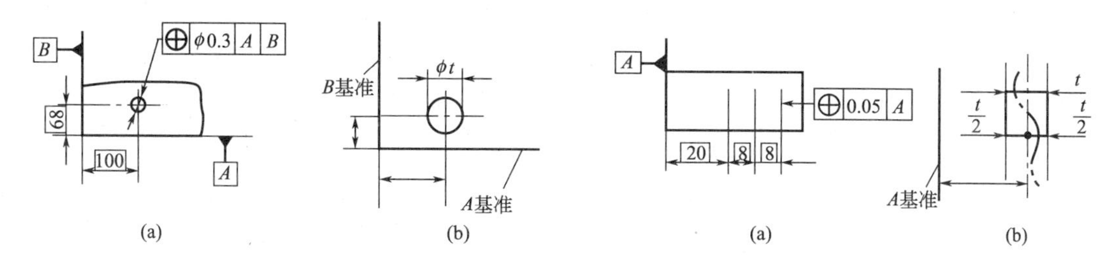

图 4-31　点位置度

图 4-32　线位置度（一）

图 4-33(a) 所示的零件，公差带是两对互相垂直的距离为 t_1 和 t_2 且以轴线的理想位置为中心对称配置的两平行平面之间的区域。轴线的理想位置是由相对于三基面体系的理论正确尺寸确定的，此位置度公差相对于基准给定互相垂直的两个方向，如图 4-33(b)、(c) 所示。

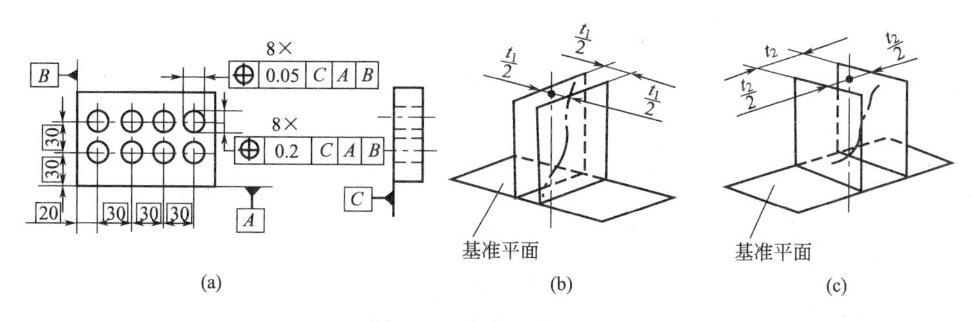

图 4-33　线位置度（二）

图 4-33(a) 框格中标注的 0.05、0.2 的意义是：各个被测孔的轴线必须分别位于两对互相垂直的距离为公差值 0.05mm 和 0.2mm，由相对于 C、A、B 基准表面（基准平面）理论正确尺寸所确定的理想位置对称配置的两平行平面之间。

如在公差值前加注 ϕ，则公差带是直径为 t 的圆柱面内的区域。公差带的轴线的位置由相对于三基面体系的理论正确尺寸确定，如图 4-34 所示。

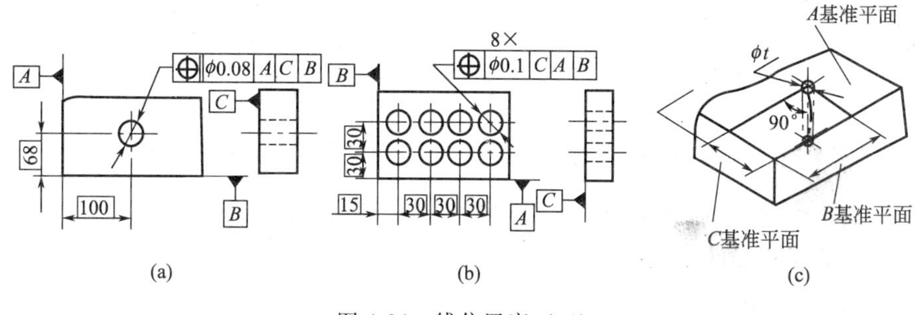

图 4-34　线位置度（三）

图 4-34(a) 框格标注的 ϕ0.08 的意义是：被测轴线必须位于直径为公差值 ϕ0.08mm 且以相对于 C、A、B 基准表面（基准平面）的理论正确尺寸所确定的理想位置为轴线的圆柱面内。

图 4-34(b) 框格中标注的 ϕ0.1 意义是：每个被测轴线必须位于直径为公差值 ϕ0.1mm，

且以相对于 C、A、B 基准表面（基准平面）理论正确尺寸所确定的理想位置为轴线的圆柱面内。

（3）平面或中心平面的位置度　公差带是距离为公差值 t 且以面的理想位置为中心对称配置的两平行平面之间的区域。面的理想位置是由相对于三基面体系的理论正确尺寸确定，如图 4-35 所示。

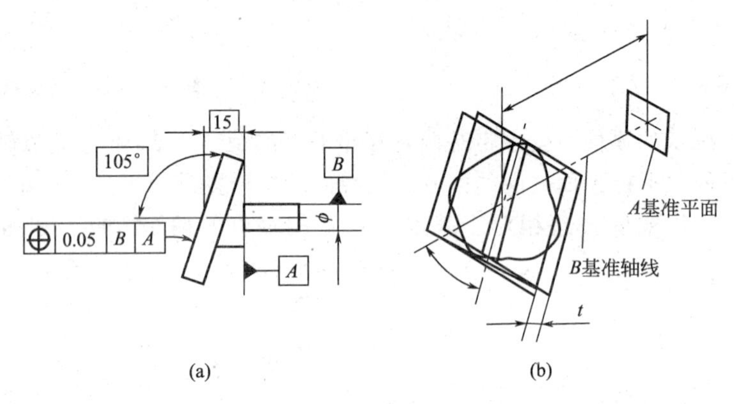

图 4-35　平面的位置度

图 4-35(a) 框格中标注的 0.05 的意义是：被测表面必须分别距离为公差值 0.05mm，且以相对于基准线 B（基准轴线）和基准表面 A（基准平面）的理论正确尺寸所确定的理想位置对称配置的两平行平面之间。

2. 同轴度（◎）

同轴度：限制被测轴线偏离基准轴线的一项指标。公差带是直径为公差值 t 且与基准轴线同轴的圆柱面内区域。

（1）点的同心度　公差带是直径为公差值 ϕt 且与基准圆心同心的圆内的区域，如图 4-36所示。

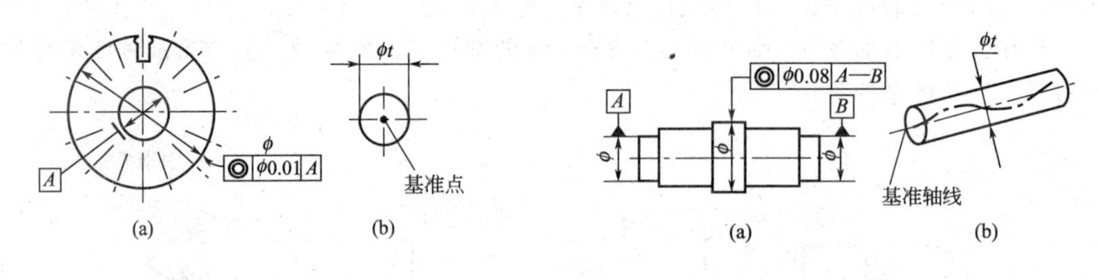

图 4-36　点的同心度　　图 4-37　轴线的同轴度

图 4-36(a) 框格中标注的 ϕ0.01 的意义是：外圆的圆心必须位于直径为公差值 ϕ0.01mm 且与基准圆心同心的圆内。

（2）轴线的同轴度　公差带是直径为公差值 ϕt 的圆柱面内的区域，该圆柱面的轴线与基准轴线同轴，如图 4-37 所示。

图 4-37(a) 框格中标注的 ϕ0.08 的意义是：大圆柱面的轴线必须位于直径为公差值 ϕ0.08mm 且与公共基准线 A—B（公共基准轴线）同轴的圆柱面内。

3. 对称度（⌯）

对称度：限制被测线、面偏离基准直线、平面的一项指标。中心平面对称度公差，其公差带是距离为公差值 t 且相对基准的中心平面对称配置的两平行平面之间的区域，如图 4-38 所示。

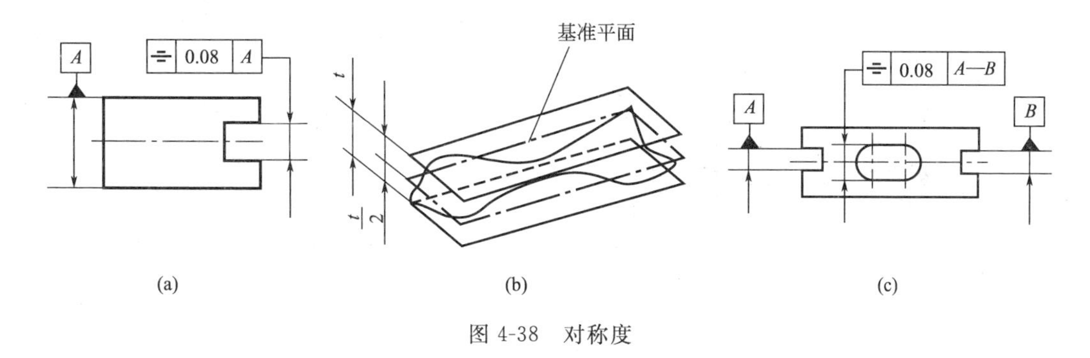

图 4-38　对称度

图 4-38(a) 框格中标注的 0.08 的意义是：被测中心平面必须位于距离距离为公差值 0.08mm 且相对于基准中心平面 A 对称配置的两平行平面之间。

图 4-38(c) 框格中标注的 0.08 的意义是：被测中心平面必须位于距离距离为公差值 0.08mm 且相对于公共基准中心平面 A—B 对称配置的两平行平面之间。

4.6　跳动公差及公差带

4.6.1　跳动误差和跳动公差

(1) 跳动误差　关联被测实际要素对其理想要素的变动量。

(2) 跳动公差　关联实际要素的位置对基准所允许的变动全量。具有综合控制的能力，即确定被测实际要素的形状和位置两方面的综合精度。

(3) 跳动误差的评定　跳动是当被测要素绕基准轴线旋转时，以指示器测量被测实际要素表面来反映其几何误差，它与测量方法有关，是被测要素形状误差和位置误差的综合反映。

跳动的大小由指示器示值的变化确定，例如圆跳动即被测实际要素绕基准轴线作无轴向移动回转一周时，由位置固定的指示器在给定方向上测得的最大与最小示值之差。

4.6.2　跳动公差带

跳动公差：关联实际要素绕基准轴线回转一周或连续回转时所允许的最大跳动公差。跳动公差与其他几何公差比较有以下特点：跳动公差带相对于基准轴线有确定的位置；是以检测方式定出的公差项目，具有综合控制形状误差和位置误差的功能。跳动公差分为圆跳动和全跳动。

1. 圆跳动（↗）

关联实际要素绕基准轴线回转一周时，为圆跳动公差。跳动量是指示器在绕着基准轴线回转的被测表面上测得的。按跳动的检测方向与基准轴线之间的位置关系不同圆跳动可分为三种类型。

(1) 径向圆跳动　检测方向垂直于基准轴线。公差带是垂直于基准轴线的任一测量平面内，半径差为公差值 t 且圆心在基准轴线上的两个同心圆之间的区域，如图 4-39 所示。

图 4-39(a) 框格中标注的 0.05 意义是：当被测要素围绕公共基准线 A—B（基准轴线）

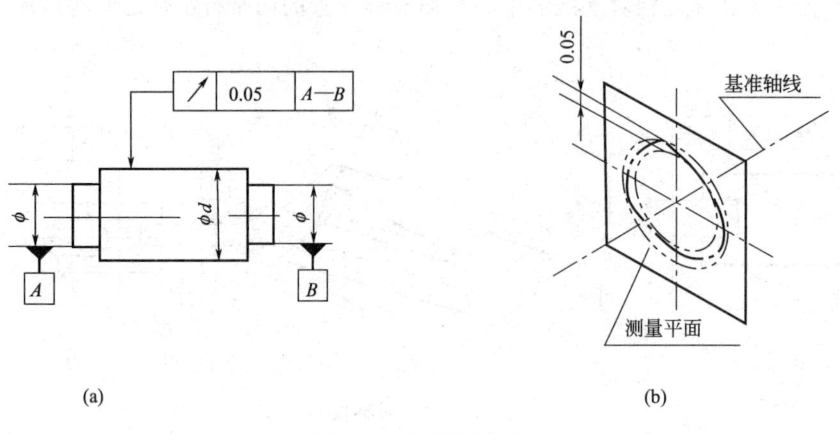

图 4-39　径向圆跳动

旋转一周时，在任一测量平面内的径向圆跳动量均不得大于 0.05mm。

（2）端面圆跳动　检测方向平行于基准轴线。公差带是在与基准轴线同轴的任一直径位置的测量圆柱面上，沿母线方向宽度为 t 的圆柱面区域，如图 4-40 所示。

图 4-40(a) 框格中标注的 0.05 意义是：当被测要素围绕基准轴线 A 旋转一周时，在任一直径位置上的测量圆柱面上的端面圆跳动量均不得大于 0.05mm。

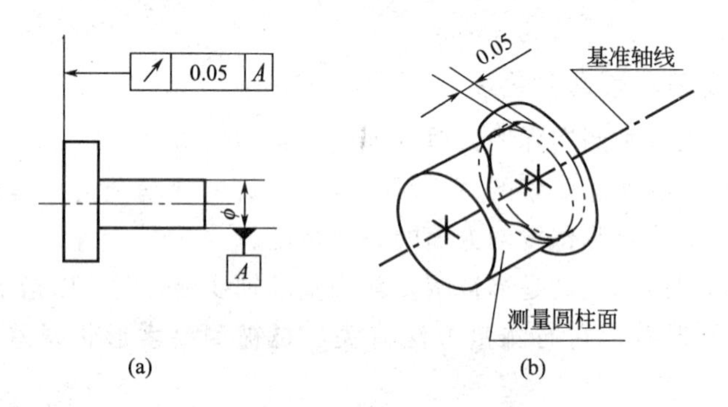

图 4-40　端面圆跳动

（3）斜向圆跳动　检测方向既不平行也不垂直于基准轴线，但一般应为被测表面的法线方向。公差带是在与基准轴线同轴的任一测量圆锥面上，沿母线方向宽度为 t 的圆锥面区域，如图 4-41 所示。

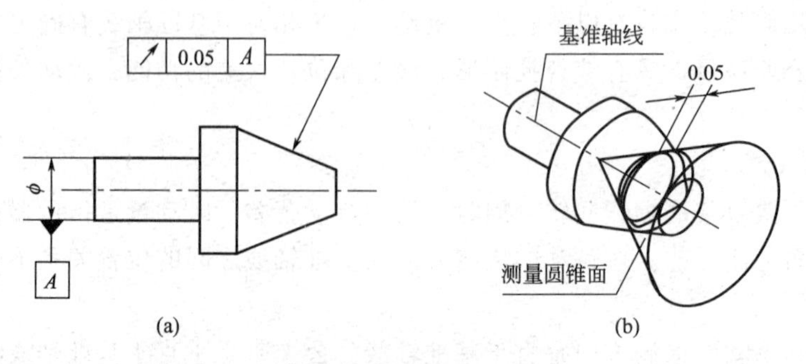

图 4-41　斜向圆跳动

图 4-41(a) 框格中标注的 0.05 意义是：当被测要素围绕基准轴线 A 旋转一周时，在任

一直径位置上的测量圆锥面上的斜向圆跳动量均不得大于 0.05mm。

2. 全跳动公差

（1）径向全跳动　运动方向与基准轴线平行。公差带是半径为公差值 t 且与基准轴线同轴的两圆柱面之间的区域，如图 4-42 所示。

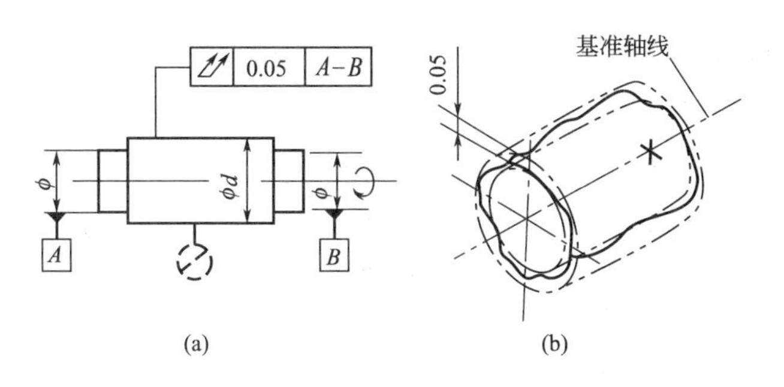

图 4-42　径向全跳动

注意：径向全跳动公差带与圆柱度公差带的异同。

相同点：形状相同。

不同点：前者公差带轴线的位置固定，后者公差带轴线的位置是浮动的；径向全跳动包括了圆柱度误差和同轴度误差。图样上应优先标注径向全跳动公差，而尽量不标注圆柱度项目。

（2）端面全跳动　运动方向与基准轴线垂直。公差带是距离为公差值 t 且与基准轴线垂直的两平行平面之间的区域，如图 4-43 所示。

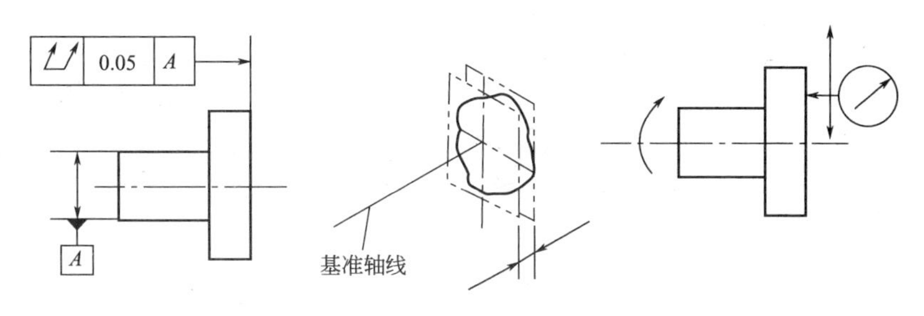

图 4-43　端面全跳动

注意：端面全跳动公差带与端面对轴线垂直度公差带之间的异同。

相同点：形状相同，均为垂直于基准轴线的平行平面，用该两项目控制被测要素的结果也完全相同。在满足功能要求的前提下，应优先选用端面全跳动公差。

3. 跳动公差带的特点

（1）跳动公差带与基准轴线保持确定的关系，如径向圆跳动和径向全跳动公差带的中心（或轴线）均与基准轴线同轴；端面圆跳动公差带与基准轴线同轴，而端面全跳动公差带（两平行平面）则垂直于基准轴线。但是跳动公差带的具体位置（如径向圆跳动两同心圆的直径大小）随实际要素浮动。

（2）跳动公差带可以综合控制被测要素的位置和形状，如端面全跳动既控制了端面对基准轴线垂直度，又控制了端面本身的平面度；径向全跳动既控制了实际轴线对基准轴线的同轴度，又控制了被测要素的圆柱度等。

4.7 公差原则

要素的实际状态是由要素的尺寸和几何误差综合作用的结果，因此在设计和检测时需要明确几何公差与尺寸公差之间的关系。

公差原则：处理几何公差与尺寸公差之间关系而确立的原则。公差原则有独立原则，相关要求。

4.7.1 有关公差原则的基本概念

1. 作用尺寸和关联作用尺寸

作用尺寸：单一要素的作用尺寸简称作用尺寸 MS。是实际尺寸和形状误差的综合结果。

（1）在被测要素的给定长度上，与实际内表面（孔）体外相接的最大理想面，或与实际外表面（轴）体外相接的最小理想面的直径或宽度，称为体外作用尺寸，即通常所称作用尺寸。对于单一被测要素，内表面（孔）的（单一）体外作用尺寸以 D_{fe} 表示；外表面（轴）的（单一）体外作用尺寸以 d_{fe} 表示。如图 4-44(a) 所示。

（2）在被测要素的给定长度上，与实际内表面（孔）体内相接的最小理想面，或与实际外表面（轴）体内相接的最大理想面的直径或宽度，称为体内作用尺寸。对于单一被测要素，内表面（孔）的（单一）体内作用尺寸以 D_{fi} 表示，外表面（轴）的（单一）体内作用尺寸以 d_{fi} 表示，如图 4-44(b) 所示。

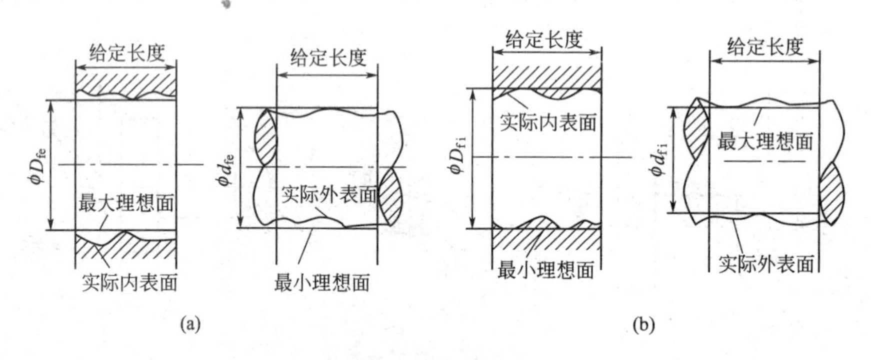

图 4-44 作用尺寸

关联作用尺寸：关联要素的作用尺寸简称关联作用尺寸，是实际尺寸和位置误差的综合结果。它是指假想在结合面的全长上与实际孔内接（或与实际轴外接）的最大（或最小）理想轴（或理想孔）的尺寸，且该理想轴（或理想孔）必须与基准 A 保持图样上给定的几何关系，如图 4-45 所示。

2. 最大、最小实体状态和最大、最小实体实效状态

（1）最大和最小实体状态

最大实体状态 MMC：含有材料量最多的状态。孔为最小极限尺寸；轴为最大极限尺寸。

最小实体状态 LMC：含有材料量最小的状态。孔为最大极限尺寸；轴为最小极限尺寸。

（2）最大、最小实体实效状态

最大实体实效状态 MMVC：是指实际尺寸达到最大实体尺寸且几何误差达到给定几何

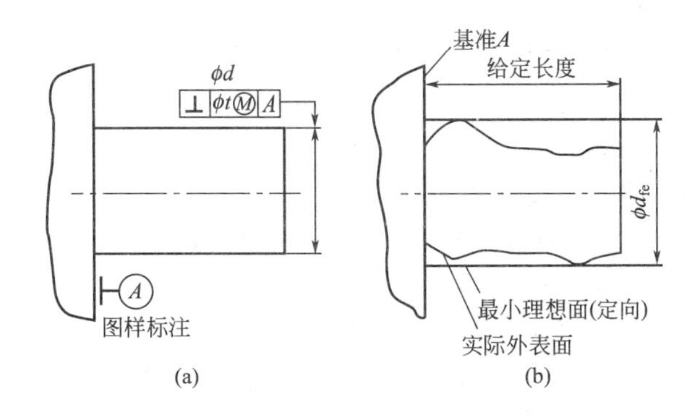

图 4-45　关联作用尺寸

公差值时的极限状态。

最小实体实效状态 LMVC：在给定长度上，实际尺寸要素处于最小实体状态，且其中心要素的形状或位置误差等于给出公差值时的综合极限状态，称为最小实体实效状态。对于给出定向公差的关联要素，称为定向最小实体实效状态；对于给出定位公差的关联要素，称为定位最小实体实效状态。

(3) 最大实体实效尺寸（D_{MV}，d_{MV}）　在最大实体实效状态时的边界尺寸。内表面（孔）的最大实体实效尺寸以 D_{MV} 表示，外表面（轴）的最大实体实效尺寸以 d_{MV} 表示，有：

① 单一要素的最大实体实效尺寸是最大实体尺寸与形状公差的代数和。

对于孔：最大实体实效尺寸 D_{MV}＝最小极限尺寸－形状公差

对于轴：最大实体实效尺寸 d_{MV}＝最大极限尺寸＋形状公差

② 关联要素的最大实体实效尺寸是最大实体尺寸与位置公差的代数和。

对于孔：最大实体实效尺寸 D_{MV}＝最小极限尺寸－位置公差

对于轴：最大实体实效尺寸 d_{MV}＝最大极限尺寸＋ 位置公差

(4) 最小实体实效尺寸（D_{LV}，d_{LV}）　最小实体实效状态下的体内作用尺寸，称为最小实体实效尺寸。内表面（孔）的最小实体实效尺寸以 D_{LV}表示，外表面（轴）的最小实体实效尺寸以 d_{LV}表示，有：

对于内表面（孔）：$D_{LV}=D_L+t=D_{max}+t$

对于外表面（轴）：$d_{LV}=d_L-t=d_{min}-t$

3. 理想边界

理想边界是设计时给定的，具有理想形状的极限边界。是指具有一定尺寸大小和正确几何形状的理想包容面，用于综合控制实际要素的尺寸偏差和几何误差。理想边界相当于一个与被测要素相偶合的理想几何要素。

对于关联要素，其理想边界除具有一定的尺寸大小和正确几何形状外，还必须与基准保持图标上给定的几何关系。

理想边界分为下列四种：

(1) 最大实体边界（MMC 边界）

当理想边界的尺寸等于最大实体尺寸，且具有正确几何形状的理想包容面，称为最大实体边界。

（2）最大实体实效边界（MMVC边界）

当理想边界尺寸等于最大实体实效尺寸，且具有正确几何形状的理想包容面，称为最大实体实效边界。单一要素的实效边界没有方向或位置的约束；关联要素的实效边界应与图样上给定的基准保持正确几何关系。

（3）最小实体边界（LMC边界）

当理想边界的尺寸等于最小实体尺寸，且具有正确几何形状的理想包容面，称为最小实体边界。

（4）最小实体实效边界（LMVC边界）

当理想边界尺寸等于最小实体实效尺寸，且具有正确几何形状的理想包容面，称为最小实体实效边界。

4.7.2 独立原则

1. 定义

图样上的几何公差与尺寸公差不仅分别给定且相互无关，被测要素应分别满足各自公差要求。即极限尺寸只控制实际尺寸，不控制要素本身的几何误差；不论要素的实际尺寸大小如何，被测要素均应在给定的几何公差带内，并且其几何误差允许达到最大值。

应用独立原则时，实际尺寸一般用两点法测量，几何误差的数值用通用量具测量。

2. 独立原则的识别

凡是对给出的尺寸公差和几何公差未用特定符号或文字说明它们有联系者，就表示它们遵守独立原则。

3. 独立原则的应用

尺寸公差和几何公差按独立原则给出，总是可以满足零件的功能要求，故独立原则的应用十分广泛，是确定尺寸公差和几何公差关系的基本原则。

（1）影响要素使用性能的主要是几何误差或主要是尺寸误差，这时采用独立原则能经济合理地满足要求。如小轴（图4-46）的圆柱度误差与其直径的尺寸误差、测量平板的平面度误差与其厚度的尺寸误差，都是前者有决定性影响；油道或气道孔轴线的直线度误差与其直径的尺寸误差，一般前者的影响较小。

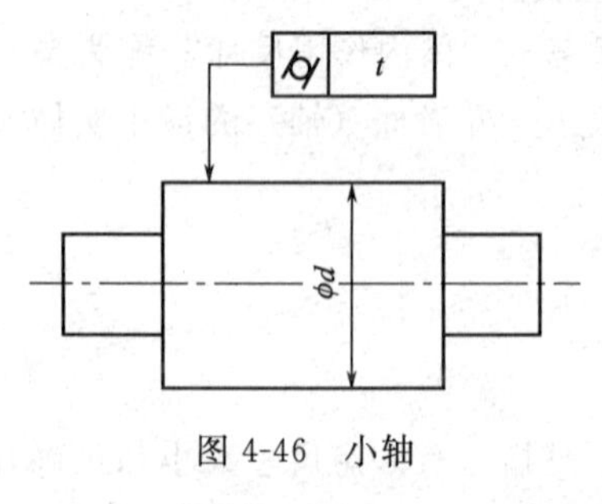

图4-46 小轴

（2）要素的尺寸公差和其某方面的几何公差直接满足的功能不同，需要分别满足要求。如齿轮箱上孔的尺寸公差（满足与轴承的配合要求）和相对其他孔的位置公差（满足齿轮的啮合要求，如合适的侧隙、齿面接触精度等）就应遵守独立原则。

（3）在制造过程中需要对要素的尺寸作精确度量以进行选配或分组装配时，要素的尺寸公差和几何公差之间应遵守独立原则。

4.7.3 相关要求

定义：指图样上给定的几何公差与尺寸公差相互有关的公差原则。根据要素实际状态所应遵守的边界不同，相关要求分：包容要求；最大实体要求；最小实体要求；可逆要求。

1. 包容要求（遵守MMC边界）

（1）定义 要求被测实际要素的任意一点，都必须在具有理想形状的包容面内，该理想形状的尺寸为最大实体尺寸。即当被测要素的局部实际尺寸处处加工到最大实体尺寸时，几何误差为零，具有理想形状。

（2）包容要求的特点　要素的作用尺寸不得超越最大实体尺寸 MMS。按照此要求，如果实际要素达到最大实体状态，就不得有任何几何误差；只有在实际要素偏离最大实体状态时，才允许存在与偏离量相关的几何误差。很自然，实际尺寸不得超越最小实体尺寸 LMS，如图 4-47 所示。

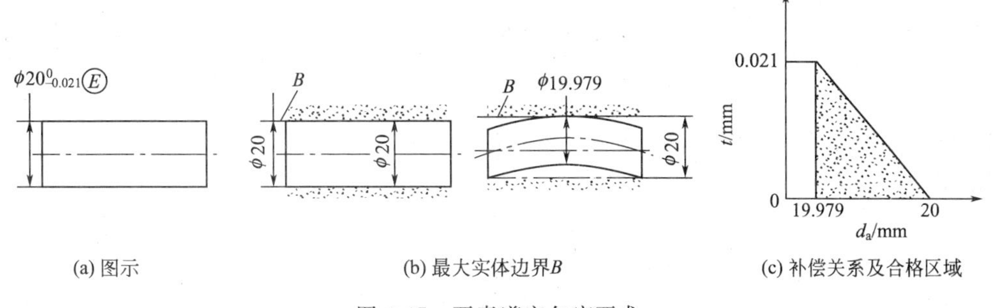

(a) 图示　(b) 最大实体边界B　(c) 补偿关系及合格区域

图 4-47　要素遵守包容要求

按包容原则要求，图样上只给出尺寸公差，但这种公差具有双重职能，即综合控制被测要素的实际尺寸变动量和几何误差的职能。形状误差点用尺寸公差的百分比小一些，则允许实际尺寸的变动范围大一些。若实际尺寸处处皆为 MMS，则形状误差必须是零，即被测要素应为理想形状。因此，采用包容原则时的尺寸公差，总是一部分被实际尺寸占用，余下部分可被形状误差占用。

（3）包容要求的识别与标注　按包容要求给出公差时，需在尺寸的上、下偏差后面或尺寸公差带代号后面加注符号Ⓔ，如图 4-47 所示；遵守包容要求而对形位公差需要进一步要求时，需另用框格注出几何公差，当然，几何公差值一定小于尺寸公差，如图 4-48 所示。

（4）包容要求的应用　包容要求适用于单一要素如圆柱表面或两平行表面；也常常用于有配合要求且其极限间隙或过盈必须严格得到保证的场合。例如，轴的间隙配合中，所需要的间隙是通过孔和轴各自遵守最大实体边界来保证的，这样才不会因孔和轴的形状误差在装配时产生过盈。

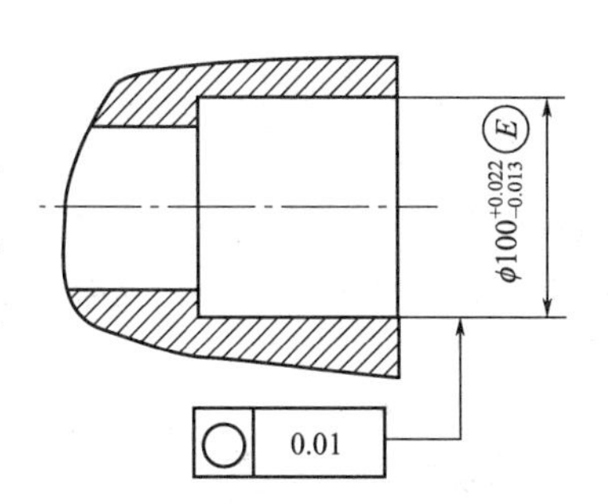

图 4-48　遵守包容要求且对几何公差有进一步要求

要素遵守包容要求时，应该用光滑极限量规检验。

2. 最大实体要求

最大实体要求是要求实际要素处处不得超越实效边界的一种公差原则，即实际组成要素应遵守实效边界，作用尺寸不超出（对孔不小于，对轴不大于）实效尺寸。最大实体要求不仅可以用于被测要素，也可以用于基准要素。

（1）最大实体要求用于被测要素时，被测要素的几何公差值是在该要素处于最大实体状态时给定的。即：体外作用尺寸不得超出最大实体实效尺寸，其局部实际尺寸不得超出最大实体尺寸和最小实体尺寸。

如被测要素偏离最大实体状态，即其实际尺寸偏离最大实体尺寸时，几何公差值允许增大，其最大增大量为该要素的尺寸公差，如图 4-49 所示。

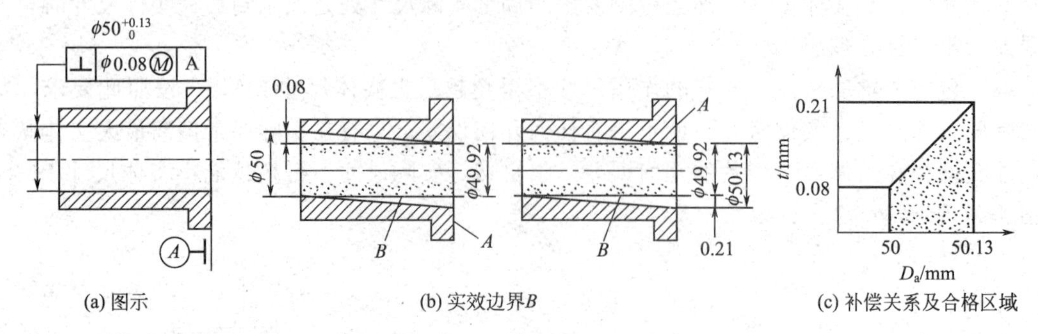

图 4-49 最大实体要求用于被测要素

例 4-1 如图 4-50 所示，该轴应满足下列要求：

■ 实际尺寸在 φ19.7～20mm 之内；

■ 实际轮廓不超出最大实体实效边界，即其体外作用尺寸不大于最大实体实效尺寸 $d_{MV}=d_M+t=\phi20+\phi0.1=\phi20.1$mm；

■ 当该轴处于最小实体状态时，其轴线直线度误差允许达到最大值，即等于图样给出的直线度公差值（φ0.1mm）与轴的尺寸公差（0.3mm）之和 φ0.4mm。

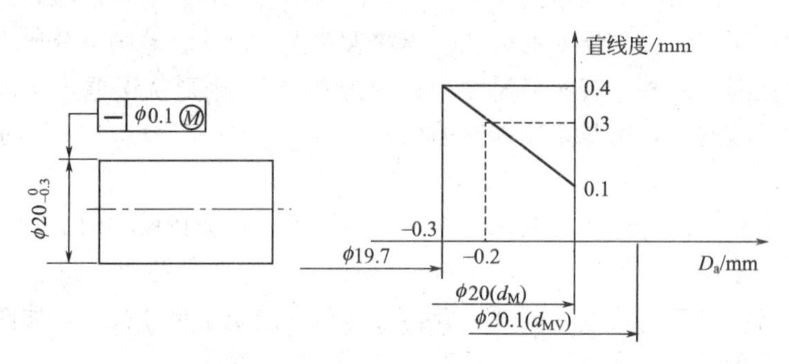

图 4-50 例 4-1 图

（2）最大实体要求用于基准要素而基准要素本身不采用最大实体要求时，被测要素的位置公差值是在该基准要素处于最大实体状态时给定的。如基准要素偏离最大实体状态，即基准要素的作用尺寸偏离最大实体尺寸时，被测要素的方向或位置公差值允许增大。

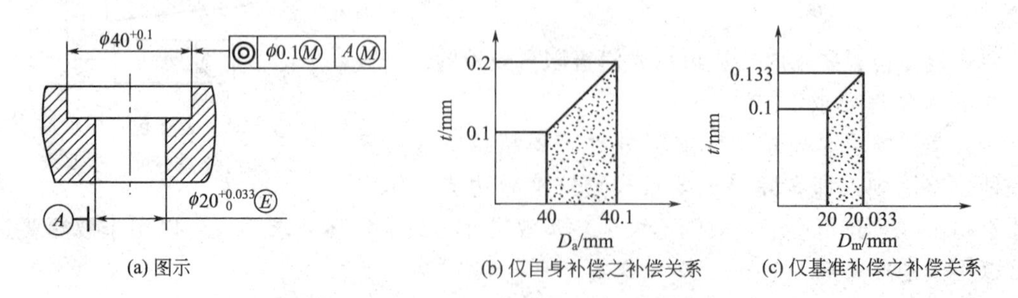

图 4-51 最大实体要求用于被测要素和基准要素

最大实体要求用于基准要素而基准要素本身也采用最大实体要求时，被测要素的位置公差值是在基准要素处于实效状态时给定的。如基准要素偏离实效状态，即基准要素的作用尺寸偏离实效尺寸时，被测要素的方向或位置公差值允许增大。此时，该基准要素的代号标注在使它遵守最大实体要求的几何公差框格的下面，如图 4-51 所示。

若被测部位是成组要素，则基准要素偏离最大实体状态或实效状态所获得的增加量只能补偿给整组要素，不能使各要素间的位置公差值扩大。

例 4-2　如图 4-52 所示，被测轴应满足下列要求：

■ 实际尺寸在 $\phi 11.95 \sim 12$mm 之内；

■ 实际轮廓不得超出关联最大实体实效边界，即关联体外作用尺寸不大于关联最大实体实效尺寸 $d_{MV} = d_M + t = \phi 12 + \phi 0.04 = \phi 12.04$mm；

■ 当被测轴处在最小实体状态时，其轴线对 A 基准轴线的同轴度误差允许达到最大值，即等于图样给出的同轴度公差（$\phi 0.04$）与轴的尺寸公差（0.05）之和（$\phi 0.09$）。

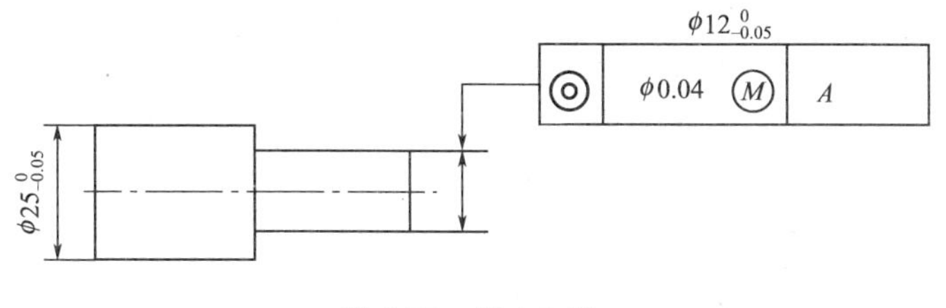

图 4-52　例 4-2 图

例 4-3　如图 4-53(a) 所示为一阶梯轴，其被测轴与基准轴均应用最大实体要求。

■ 当被测轴与基准轴均为 d_M 时，其同轴度公差为 $\phi 0.04$mm，见图 4-53(b)；

■ 当基准轴为 d_M，而被测轴为 d_{1L} 时，此时被测轴实际尺寸偏离 d_{1M}，其偏离量为 $\phi 0.05(\phi 12 - \phi 11.95)$，该偏离量可补偿给同轴度，此时同轴度允许误差可达 $\phi 0.09$mm $(\phi 0.04 + \phi 0.05)$，见图 4-53(c)；

■ 当被测轴与基准轴均为 d_L 时，由于基准实际尺寸偏离了 d_M，因而基准线轴线可有一浮动量。它等于 $\phi 0.03$mm$(\phi 25 - \phi 24.97)$，即基准线轴线可在 $\phi 0.03$mm 范围内浮动，见图 4-53(d)。

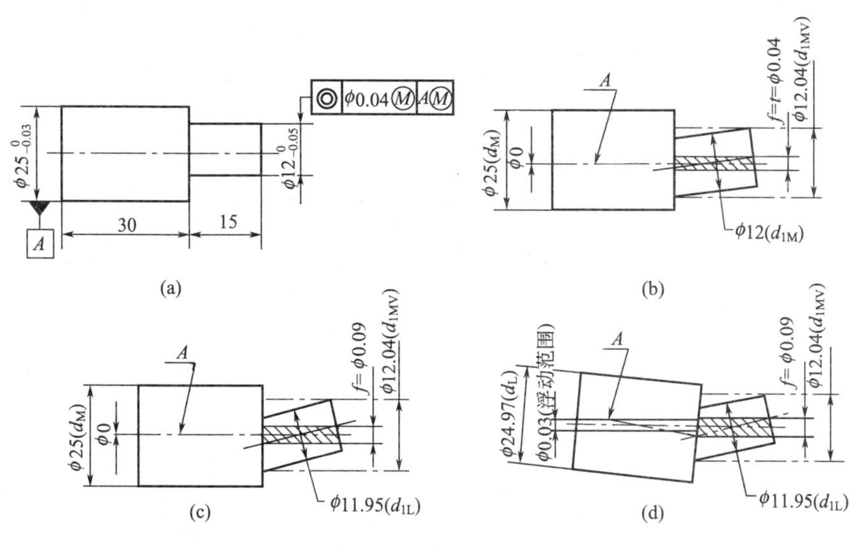

图 4-53　例 4-3 图

(3) 最大实体要求之下关联要素的几何公差值亦可为零，称之为零几何公差。此时，被测要素的实效边界同于最大实体边界，实效尺寸等于最大实体尺寸，如图 4-54 所示。

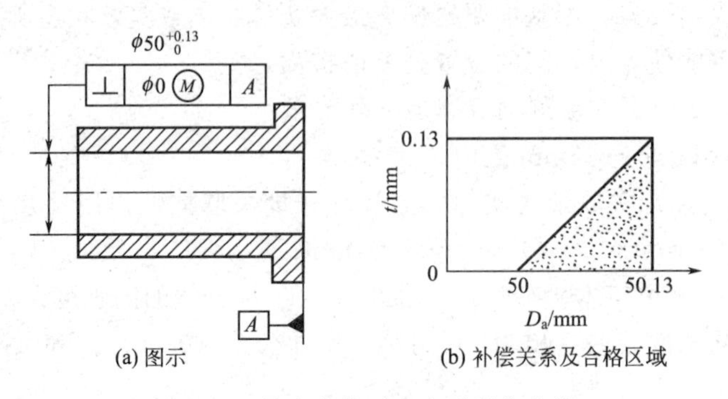

(a) 图示　　(b) 补偿关系及合格区域

图 4-54　最大实体要求之零形位公差

关联要素采用最大实体要求的零形位公差时，要求实际要素遵守最大实体边界，即要求其实际轮廓处处不得超越最大实体边界，且该边界应与基准保持图样上给定的几何关系，而实际要素的局部实际尺寸不得超越最小实体尺寸。

例 4-4　如图 4-55 所示孔的轴线对 A 的垂直度公差，采用最大实体要求的零形位公差。该孔应满足下列要求：

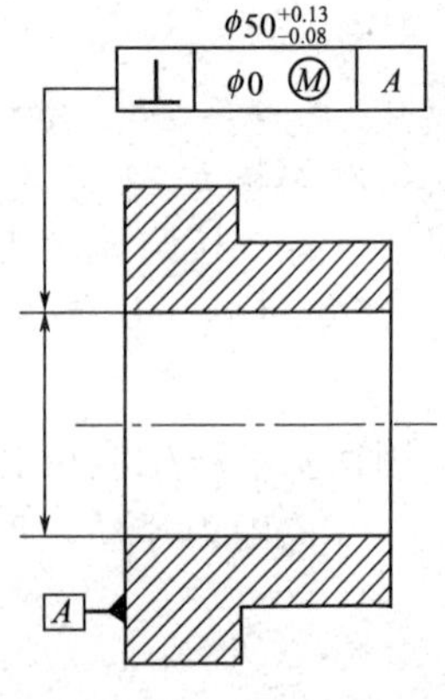

图 4-55　例 4-4 图

■ 实际尺寸在 φ49.92～50.13mm 内。

■ 实际轮廓不超出关联最大实体边界，即其关联体外作用尺寸不小于最大实体尺寸 D=49.92mm。

■ 当该孔处在最大实体状态时，其轴应与基准 A 垂直；当该孔尺寸偏离最大实体尺寸时，垂直度公差可获得补偿。当孔处于最小实体尺寸时，垂直度公差可获得最大补偿值 0.21mm。

要素遵守最大实体要求时，其局部实际尺寸是否在极限尺寸之间，用两点法测量；实体是否超越实效边界，用位置量规检验。

(4) 最大实体要求的标注　按最大实体要求给出几何公差值时，在公差框格中几何公差值（包括零值）后面加注符号Ⓜ；最大实体要求用于基准要素时，在公差框格中的基准字母后面加注符号Ⓜ。如图 4-53(a) 所示。

(5) 最大实体要求的应用　最大实体要求常用于只要求可装配性的场合，如轴承盖上用于穿过螺钉的通孔等，能充分利用图样上给出的公差，提高零件的合格率。如图 4-56 所示。

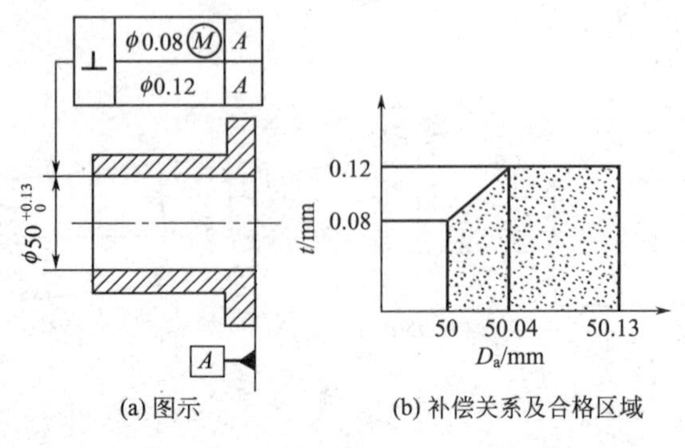

(a) 图示　　(b) 补偿关系及合格区域

图 4-56　限制最大形位误差示例

3. 最小实体要求

零件要素应用最小实体要求时，要求实际要素遵守最小实体实效边界，即要求被测要素的实际轮廓处处不得超出该边界，其体内作用尺寸不应超出最小实体实效尺寸（d_{LV}）。当其实际尺寸偏离最小实体尺寸时，允许其形位误差超出图样上给定的公差值，而其局部实际尺寸必须在最大实体尺寸与最小实体尺寸之间。

最小实体要求可应用于被测要素（在几何公差框格中的公差值后标注符号Ⓛ），也可应用于基准要素（在几何公差框格内的基准字母代号后标注符号Ⓛ），也可两者同时应用最小实体要求。

图 4-57 所示零件为了保证侧面与孔缘之间的最小壁厚，孔的轴线相对于零件侧面的位置度公差采用了最小实体要求。

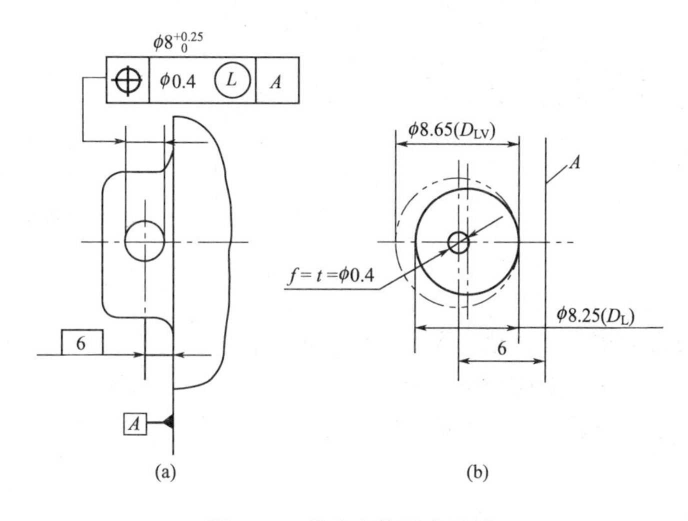

图 4-57　最小实体要求示例

孔实际尺寸在 ϕ8～8.25mm 之内。

① 当孔径为 ϕ8.25mm（D_L），允许的位置度误差为 ϕ0.4mm，最小实体实效边界是 $D_{LV}=D_L+t=\phi8.25+\phi0.4=\phi8.65$mm 的理想圆。

② 当实际孔径偏离 D_L 时，孔的实际轮廓与控制边界之间会产生一间隙量，从而允许位置度公差增大。当实际孔径为 ϕ8mm，等于图样中给出的位置度公差（ϕ0.4 ）与孔尺寸公差（0.25 ）之和 ϕ0.65mm。

最小实体要求仅用于中心要素，应用最小实体要求的目的是保证零件的最小壁厚和设计强度。

4. 可逆要求

可逆要求是一种反补偿要求。上述最大实体要求和最小实体要求均是实际尺寸偏离最大实体尺寸或最小实体尺寸时，允许其几何误差值增大，即可获得一定的补偿值，而实际尺寸受其极限尺寸控制，不得超出。而可逆要求则表示，当几何误差值小于其给定公差值时，允许其实际尺寸超出极限尺寸。但两者综合所形成实际轮廓，仍然不允许超出其相应的控制边界。

可逆要求可用于最大实体要求，也可用于最小实体要求。前者在符号Ⓜ后加注符号Ⓡ，后者在符号Ⓛ后加注符号Ⓡ。

可逆要求的含义是：当导出要素的几何误差值小于给出的几何公差值时，允许在满足零件功能要求的前提下扩大该导出要素的组成要素的尺寸公差。主要应用于对尺寸公差及配合无严格要求，仅要求保证装配互换的场合。

不存在单独使用可逆要求的情况。当它叠用于最大实体要求时，保留了最大实体要求时由于实际尺寸对最大实体尺寸的偏离而对几何公差的补偿，增加了由于几何误差值小于几何公差值而对尺寸公差的补偿（俗称反补偿），允许实际尺寸有条件地超出最大实体尺寸（以实效尺寸为限）。如图 4-58 所示，并与图 4-49 相比较。

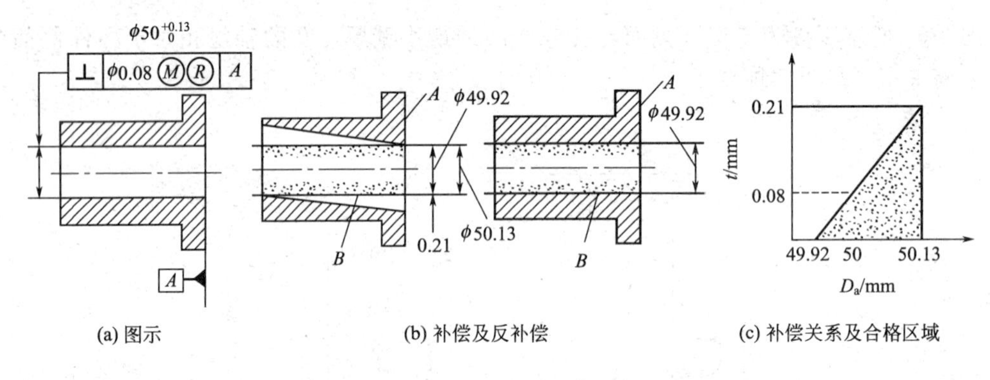

图 4-58 可逆要求

此时，被测要素的实体是否超越实效边界，仍用位置量规检验；而其局部实际尺寸不能超出（对孔不能大于，对轴不能小于）最小实体尺寸，用两点法测量。

在保证功能要求的前提下，力求最大限度地提高工艺性和经济性，是正确运用公差原则的关键所在。

4.8 几何公差的选用

几何公差的选用包括几何公差项目的确定、基准要素的选择、几何公差值的确定及采用何种公差原则四方面。

4.8.1 几何公差项目的确定

根据零件在机器中所处的地位和作用确定该零件必须控制的几何误差项目。特别对装配后在机器中起传动、导向或定位等重要作用的或对机器的各种动态性能如噪声、振动有重要影响的，在设计时必须逐一分析认真确定其几何公差项目。

总原则：在保证零件功能要求的前提下，应尽量使几何公差项目减少，检测方法简便，以获得较好的经济效益。

① 考虑零件的几何特征。

② 考虑零件的使用要求。

③ 考虑几何公差的控制功能。各项几何公差的控制功能不尽相同，选择时应尽量发挥能综合控制的公差项目的职能，以减少几何公差项目。

④ 考虑检测的方便性。确定公差项目必须与检测条件相结合，考虑现有条件检测的可能性与经济性。当同样满足零件的使用要求时，应选用检测简便的项目。

4.8.2　基准要素的选择

基准要素的选择包括基准部位、基准数量和基准顺序的选择，力求使设计、工艺和检测三者基准一致。合理地选择基准能提高零件的精度。

1. 基准部位的选择

选择基准部位时，主要应根据设计和使用要求，零件的结构特征，并兼顾基准统一等原则进行。

2. 基准数量的确定

一般来说，应根据公差项目的方向、位置几何功能要求来确定基准的数量。

3. 基准顺序的安排

当选用两个或三个基准要素时，就要明确基准要素的次序，并按顺序填入公差框格中。

4.8.3　几何公差值的确定

设计产品时，应按国家标准提供的统一数系选择几何公差值。国家标准对圆度、圆柱度、直线度、平面度、平行度、垂直度、倾斜度、同轴度、对称度、圆跳动、全跳动，都划分为 12 个等级，1 级为最高级，12 级为最低级，其中 6、7 级为基本级，使用普遍。数值见表 4-2～表 4-5。

表 4-2　直线度、平面度

主参数 L/mm	公差等级											
	1	2	3	4	5	6	7	8	9	10	11	12
	公差值/μm											
≤10	0.2	0.4	0.8	1.2	2	3	5	8	12	20	30	60
>10～16	0.25	0.5	1	1.5	2.5	1	6	10	15	25	40	80
>16～25	0.3	0.6	1.2	2	3	5	8	12	20	30	50	100
>25～40	0.4	0.8	1.5	2.5	4	6	10	15	25	40	60	120
>40～63	0.5	1	2	3	5	8	12	20	30	50	80	150
>63～100	0.6	1.2	2.5	4	6	10	15	25	40	60	100	200
>100～160	0.8	1.5	3	5	8	12	20	30	50	80	120	250
>160～250	1	2	4	6	10	15	25	40	60	100	150	300

注：L 为被测要素的长度。

表 4-3　圆度、圆柱度

主参数 d(D)/mm	公差等级												
	0	1	2	3	4	5	6	7	8	9	10	11	12
	公差值/μm												
>6～10	0.12	0.25	0.4	0.6	1	1.5	2.5	4	6	9	15	22	36
>10～18	0.15	0.25	0.5	0.8	1.2	2	3	5	8	11	18	27	43
>18～30	0.2	0.3	0.6	1	1.5	2.5	4	6	9	13	21	33	52
>30～50	0.25	0.4	0.6	1	1.5	2.5	4	7	11	16	25	39	62
>50～80	0.3	0.5	0.8	1.2	2	3	5	8	13	19	30	46	74
>80～120	0.4	0.6	1	1.5	2.5	4	6	10	15	22	35	54	87
>120～180	0.6	1	1.2	2	3.5	5	8	12	18	25	40	63	100
>180～250	0.8	1.2	2	3	4.5	7	10	14	20	29	46	72	115

注：$d(D)$为被测要素的直径。

表 4-4　平行度、垂直度、倾斜度

主参数 L/mm	公差等级											
	1	2	3	4	5	6	7	8	9	10	11	12
	公差值/μm											
≤10	0.4	0.8	1.5	3	5	8	12	20	30	50	80	120
>10～16	0.5	1	2	4	6	10	15	25	40	60	100	150
>16～25	0.6	1.2	2.5	5	8	12	20	30	50	80	120	200
>25～40	0.8	1.5	3	6	10	15	25	40	20	100	150	250
>40～63	1	2	4	8	12	20	30	50	80	120	200	300
>63～100	1.2	2.5	5	10	15	25	40	60	100	150	250	400
>100～160	1.5	3	6	12	20	30	50	80	120	200	300	500
>160～250	2	4	6	15	25	40	60	100	150	250	400	600

注：L 为被测要素的长度。

表 4-5　同轴度、对称度、圆跳动、全跳动

主参数 $d(D)$,B/mm	公差等级											
	1	2	3	4	5	6	7	8	9	10	11	12
	公差值/μm											
>6～10	0.6	1	1.5	2.5	4	6	10	15	30	60	100	200
>10～18	0.8	1.2	2	3	5	8	12	20	40	80	120	250
>18～30	1	1.5	2.5	4	6	10	15	25	50	100	150	300
>30～50	1.2	2	3	5	8	12	20	30	60	120	200	400
>50～120	1.5	2.5	4	6	10	15	25	40	80	150	250	500
>120～250	2	3	5	8	12	20	30	50	100	200	300	600

注：$d(D)$、B 为被测要素的直径、宽度。

1. 几何公差等级的选用原则

在满足零件功能要求的前提下，尽量选用较低的公差等级。

2. 公差值的选用原则

(1) 要协调好几何公差、尺寸公差与表面粗糙度之间的关系。

① 同一要素上，几何公差和尺寸公差的关系一般满足关系式：$T_{形状}<T_{位置}<T_{尺寸}$。

② 有配合要求时几何公差与尺寸公差的关系 $T_{形状}=KT_{尺寸}$，在常用尺寸公差等级IT5～IT8的范围内，通常取 $K=25\%\sim65\%$。

③ 几何公差与表面粗糙度的关系：一般情况下，表面粗糙度的 Ra 值约占形状公差值的20%～25%。

(2) 在满足功能要求的前提下，考虑到零件结构特点、加工难易程度及经济性等，有时可适当调整几何公差等级。如孔与轴、线对线和线对面及面对面的平行度或垂直度、距离较大的孔或轴、具有较大细长比的孔或轴等均可适当降低1～2级。

对位置度没有划分等级，只提供了位置度数系，见表4-6。没有对线轮廓度和面轮廓度规定公差值。

表 4-6　位置度系数　　μm

1	1.2	1.5	2	2.5	3	4	5	6	8
1×10^n	1.2×10^n	1.5×10^n	2×10^n	2.5×10^n	3×10^n	4×10^n	5×10^n	6×10^n	8×10^n

注：n 为正整数。

应根据零件的功能要求选择公差值，通过类比或计算，并考虑加工的经济性和零件的结构、刚性等情况。

位置度公差通常需要计算后确定。对于用螺栓或螺钉连接两个或两个以上的零件，被连接零件的位置度公差按下列方法计算。

用螺栓连接时，被连接零件上的孔均为光孔，孔径大于螺栓的直径，位置度公差的计算公式为：$t=X_{\min}$；用螺钉连接时，有一个零件上的孔是螺孔，其余零件上的孔都是光孔，且孔径大于螺钉直径，位置度公差的计算公式均为：$t=X_{\min}$。（式中，t——位置度公差计算值；$X_{\min}$——通孔与螺栓（钉）间的最小间隙）。

对计算值经圆整后按表 4-6 选择标准公差值。若被连接零件之间需要调整，位置度公差应适当减小。

4.8.4　公差原则的选择

应根据被测要素的功能要求，充分发挥公差的职能和采取该公差原则的可行性、经济性。独立原则用于尺寸精度与形位精度精度要求相差较大，需分别满足要求，或两者无联系，保证运动精度、密封性，未注公差等场合。

包容要求主要用于需要严格保证配合性质的场合。

最大实体要求用于中心要素，一般用于相配件要求为可装配性（无配合性质要求）的场合。最小实体要求主要用于需要保证零件强度和最小壁厚等场合。

可逆要求与最大（最小）实体要求联用，能充分利用公差带，扩大被测要素实际尺寸的范围，提高了效益。在不影响使用性能的前提下可以选用。

4.9　未注几何公差的规定

图样上的要素都应有几何公差要求，对高于 9 级的几何公差值应在图样上进行标注。而几何公差值在 9～12 级之间的可不在图样上进行标注，称为未注公差。

为了获得简化制图以及其他好处，对一般机床加工能够保证的形位精度，不必将几何公差一一在图样上注出。实际要素的误差，由未注几何公差控制。国家标准对直线度与平面度、垂直度、对称度、圆跳动分别规定了未注公差值表，都分为 H、K、L 三种公差等级。对其他项目的未注公差说明如下：

圆度未注公差值等于其尺寸公差值，但不能大于径向圆跳动的未注公差值。圆柱度的未注公差未做规定。实际圆柱面的质量由其构成要素（截面圆、轴线、素线）的注出公差或未注公差控制。

平行度的未注公差值等于给出的尺寸公差值或是直线度（平面度）未注公差值中取较大者。同轴度的未注公差未做规定，可考虑与径向圆跳动的未注公差相等。

其他项目（线轮廓度、面轮廓度、倾斜度、位置度、全跳动）由各要素的注出或未注几何公差、线性尺寸公差或角度公差控制。

若采用标准规定的未注公差值，如采用 K 级，应在标题栏附近或在技术要求、技术文件（如企业标准）中注出标准号及公差等级代号，如：GB/T 1184—1996-K。

4.10　几何公差的测量

几何误差的项目很多，为了能正确合理地选择测量方案，国家标准规定了几何误差的 5 个测量原则，并附有一些测量方法。本节仅介绍这 5 个测量原则。

4.10.1 几何公差的评定

在测量被测实际要素的几何误差值时，首先应确定理想要素对被测实际要素的具体方位，因为不同方位的理想要素与被测实际要素上各点的距离是不相同的，因而测量所得形位误差值也不相同。确定理想要素方位的常用方法为最小包容区域法。

最小包容区域法是用两个等距的理想要素包容实际要素，并使两理想要素之间的距离为最小。应用最小包容区域法评定形位误差是完全满足“最小条件”的。所谓“最小条件”，即被测实际要素对其理想要素的最大变动量为最小。

如图 4-59 所示，理想直线（或平面）的方位可取 $l-l$、l_1-l_1、l_2-l_2 等，其中 $l-l$ 之间的距离（误差）Δ 为最小，即 $\Delta<\Delta_1<\Delta_2$。故理想直线应取 $l-l$，以此来评定直线度误差。

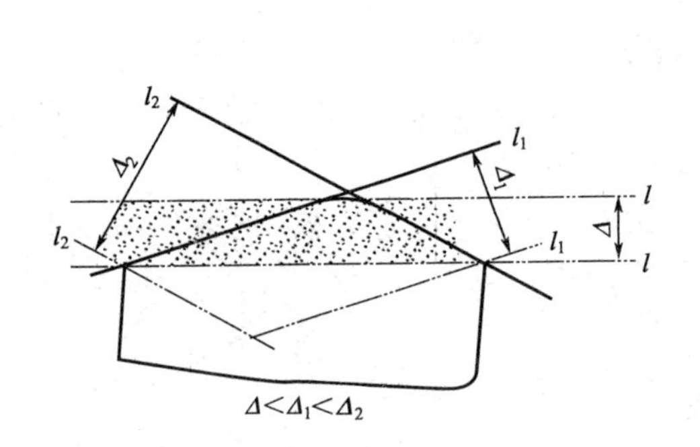

图 4-59 按最小包容区域法评定直线度误差

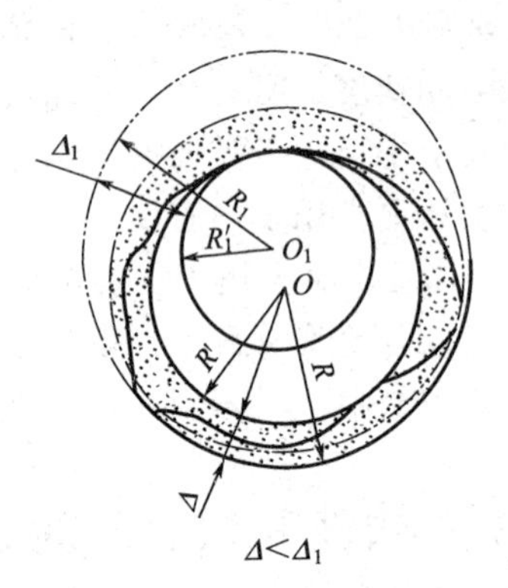

图 4-60 按最小包容区域法评定圆度误差

对于圆形轮廓，用两同心圆去包容被测实际轮廓，半径差为最小的两同心圆，即为符合最小包容区域的理想轮廓。此时圆度误差值为两同心圆的半径差 Δ，如图 4-60 所示。

评定方向误差时，理想要素的方向由基准确定；评定位置误差时，理想要素的位置由基准和理论正确尺寸确定。对于同轴度和对称度，理论正确尺寸为零。如图 4-61 所示，包容被测实际要素的理想要素应与基准成理论正确的角度。

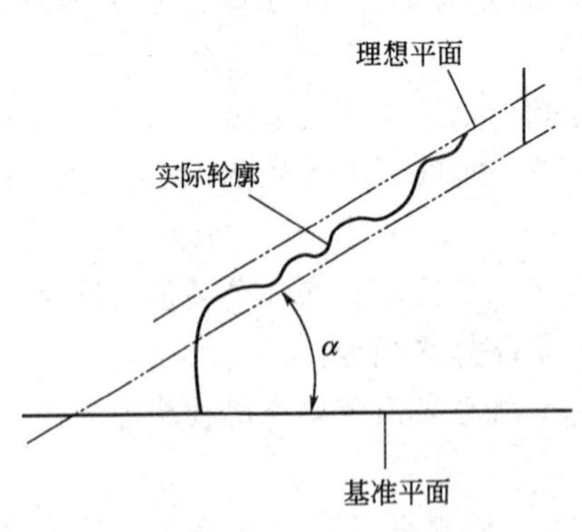

图 4-61 按最小包容区域法评定方向误差

确定理想要素方位的评定方法还有最小二乘法、贴切法和简易法等。

4.10.2 几何公差的测量原则

国标规定的几何误差 5 个测量原则及说明包括如下几个方面。

（1）与理想要素比较原则。将被测实际要素与理想要素相比较，量值由直接法和间接法获得，理想要素用模拟法获得。模拟理想要素的形状，必须有足够的精度。

（2）测量坐标值原则。测量被测实际要素的坐标值（如直角坐标值、极坐标值、圆柱面坐标值），并经数据处理获得几何误差值。

（3）测量特征参数原则。测量被测实际要素上具有代表性的参数（即特征参数）来表示几何误差值。按特征参数的变动量来确定几何误差是近似的。

(4) 测量跳动原则。被测实际要素绕基准轴线回转过程中，沿给定方向或线的变动量。变动量是指示器最大与最小读数之差。

(5) 控制实效边界原则。检验被测实际要素是否超过实效边界，以判断被测实际要素合格与否。

4.10.3 形状误差的测量

1. 直线度误差的测量

(1) 贴切法　贴切法是采用将被测要素与理想要素比较的原理来测量。在这里，理想要素用实物（刀口尺、平尺、平板等）来体现。例如，用刀口尺测量，测量时把刀口作为理想要素将其与被测表面贴切，使两者之间的最大间隙为最小，此最大间隙，就是被测要素的直线度误差。当光隙较小时，可按标准光隙估读间隙大小，如图 4-62(a) 所示；当光隙较大时（>20μm）则用厚薄规（塞规测量）。

标准光隙由量块、刀口尺和平晶（或精密平板）组合而成，如图 4-62(b) 所示。标准光隙的大小借助于光线通过狭缝时呈现各种不同颜色的光来鉴别，见表 4-7。

表 4-7　标准光隙颜色与间隙的关系

颜色	间隙/μm	颜色	间隙/μm
不透光	<0.5	红色	1.25～1.75
蓝色	≈0.8	白色	>2.5

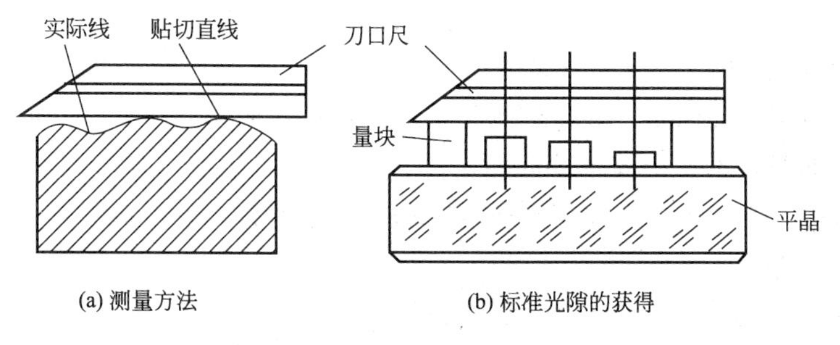

图 4-62　用贴切法测量直线度误差

(2) 测微法　测微法用于测量圆柱体素线或轴线的直线度。

测量示意图如图 4-63 所示。沿圆柱体的两条素线，分别在铅垂轴截面上，按图 4-63 所示进行测量，记录两指示表在各自测点的读数 M_1、M_2，取各截面上的 $(M_1-M_2)/2$ 中最大值的差值作为该轴截面轴线的直线度误差。

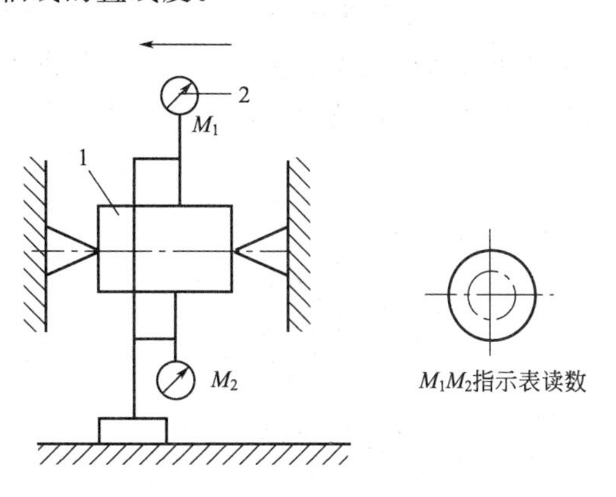

图 4-63　用测微法测量直线度误差
1—工件；2—指示表

(3) 节距法　节距法适用于长零件的测量。将被测量长度分成若干小段，用仪器（如水平仪、自准直仪等）测出每一段的相对读数，最后通过数据处理求出直线度误差。

数据处理见表 4-8 和图 4-64。表 4-8 中的相对高度 a_i 是由原始读数经换算而得出的。假设

仪器的分度值为 c（如 0.005/1000），测量时的节距为 l，从仪器读取的相对刻度数为 n_i（以格为单位），则

$$a_i = c \times l \times n_i \tag{4-1}$$

根据表 4-8 作出误差曲线（如图 4-64 所示），按最小包容区域法求得直线度误差 $f=5\mu m$。

表 4-8 数据处理

节距序号		1	2	3	4	5	6	7
相对高度 $a_i/\mu m$		−3	0	−4	−4	+2	0	−4
依次累积值 $\sum a_i/\mu m$	0	−3	−3	−7	−11	−9	−9	−13

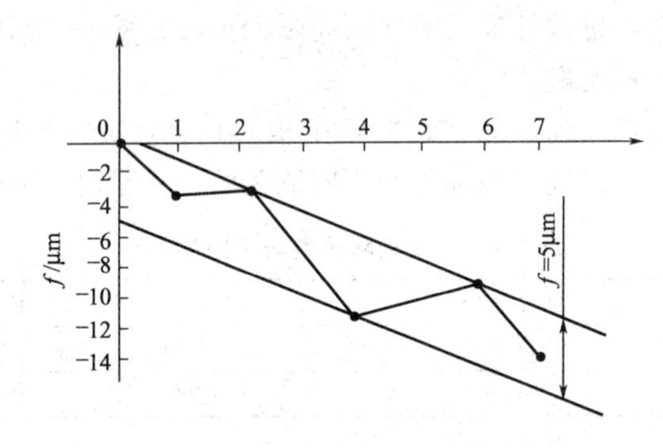

图 4-64 直线度误差曲线

2. 平面度误差的测量

(1) 平晶测量法 此法是以平晶的工作面体现理想平面。如图 4-65(a) 所示，当被测面亦为理想几何平面时，干涉条纹互相平行，如图 4-65(b) 所示；当平晶与被测面之间形成封闭的干涉条纹时，平面度误差为干涉条纹数乘以光波波长一半，如图 4-65(c) 所示，其平面度误差 f 可表示为：

$$f = n\frac{\lambda}{2} \approx 2 \times \frac{0.6}{2}\mu m = 0.6\mu m \tag{4-2}$$

式中 f——干涉条纹数；

λ——光波波长，使用自然光线时取值为 0.54μm，近似取值为 0.6μm。

若干涉条纹为不封闭的弯曲状，如图 4-65(d) 所示，其平面度误差 f 为干涉条纹的弯曲度 a 与相邻两条纹间距 b 之比再乘以光波波长一半，即

$$f = (a\lambda)/(2b) \approx (0.5 \times 0.6)/(1 \times 2)\mu m = 0.15\mu m \tag{4-3}$$

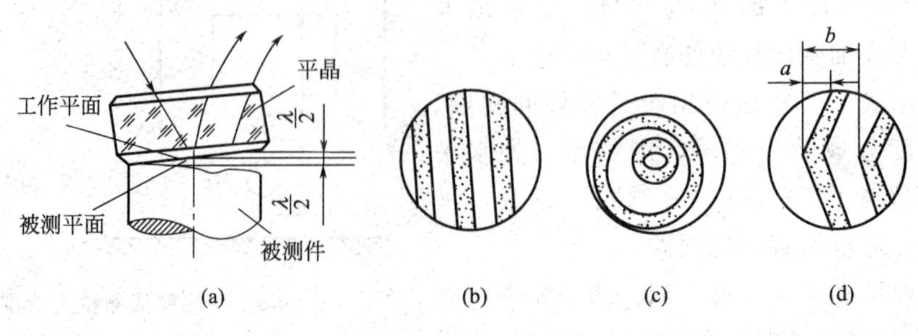

图 4-65 平晶法

(2) 打表法　测量示意如图 4-66 所示。调整被测表面最远的 3 点，使它们与平板 5 等高，然后移动表架，用指示表 6 按一定的布点在整个被测表面上测量，最后按最小条件对测量数据进行处理，可提出平面度误差。

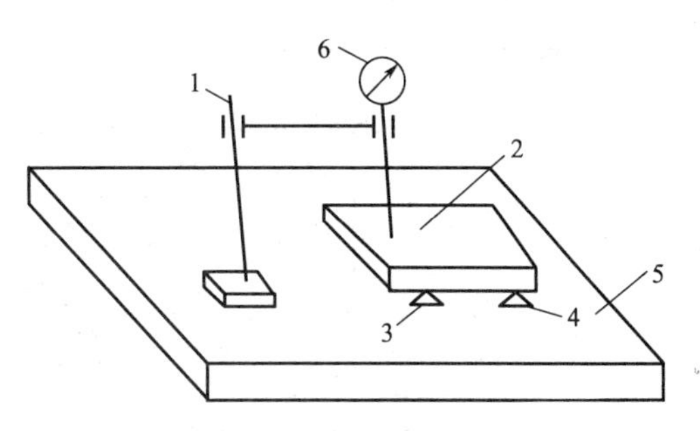

图 4-66　打表法测量平面度误差

1—表架；2—被测平面；3—固定支承；4—可调支承；5—平板；6—指示表

平面度误差用两理想平行平面包容实际表面的最小包容区域的宽度表示。按最小包容区域求平面度误差的方法是：经过数据处理后，各测量点（一般设 9 点）取符合以下三个准则之一者，其最大、最小值之差为平面度误差。

① 三角形准则。在平面度误差示意图中，各测量点中有 3 个等值最高点（或最低点）拼成三角形，且在三角形中，至少有一个最低点（或最高点）出现（见表 4-9）。

② 交叉准则。在平面度误差示意图中，各测量点有两个等值最高点（或最低点）分布在两等值最低点（或最高点）的两侧，或有一点在另外两等高点的连线上（见表 4-9）。

③ 直线准则。在平面度误差示意图中，有一最高点（或最低点）位于两等值最低点（或最高点）的连线上（见表 4-9）。

表 4-9　按最小条件判断平面度误差的三个准则

平面度判别准则	三角形准则		交叉准则	直线准则
平面度误差示意图		三高一低		
		三低一高		
	0 -10 -3 -2 ◎ -4 -10 -3 -10	符合三低一高准则	2 13 0 6 4 8 0 10 13	-1 -15 -18 -3 0 -5 -18 -1 -2

设测得平面上均匀分布 9 个点，其数值如表 4-10 中（a）图所示，其数据处理见表 4-10 中（b）、(c)、(d) 图。

表 4-10　数据处理

图　序	平面度误差示意图	说　　明
(a)	0　+50　+10 -30　+80　+5 +10　-40　0	根据原始数据建立上包容面测量 9 点的原始数值 各点减去最大值(80)，使最高点为 0，得到各点数据见(b)图

续表

图　序	平面度误差示意图	说　　明
(b)	O_1 −80　−30　−70　−20 −110　0　−75　−10 −70　−120　−80 +20　+10　O_1	旋移上包容面之一。以 O_1O_1 为旋转轴，各点按比例减去（或加上）相应的数值不能出现正值，得到各点数值见(b)图
(c)	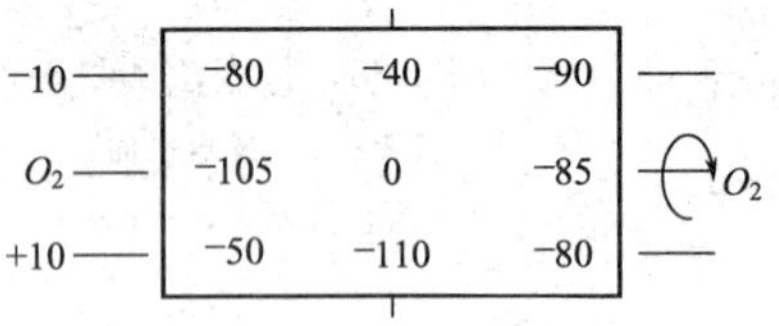 −10　−80　−40　−90 O_2　−105　0　−85　O_2 +10　−50　−110　−80	旋移上包容面之二。以 O_2O_2 为旋转轴，各点按比例减去（或加上）相应的数值不能出现正值，得到各点数据见(d)图
(d)	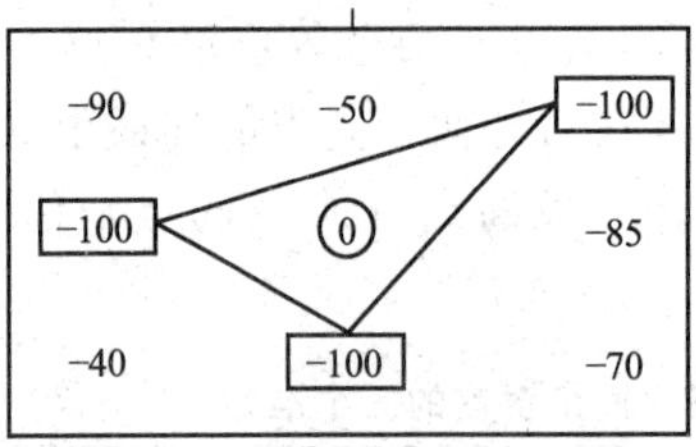 −90　−50　−100 −100　0　−85 −40　−100　−70	符合三角形准则（三低一高），故 $f=100\mu m$

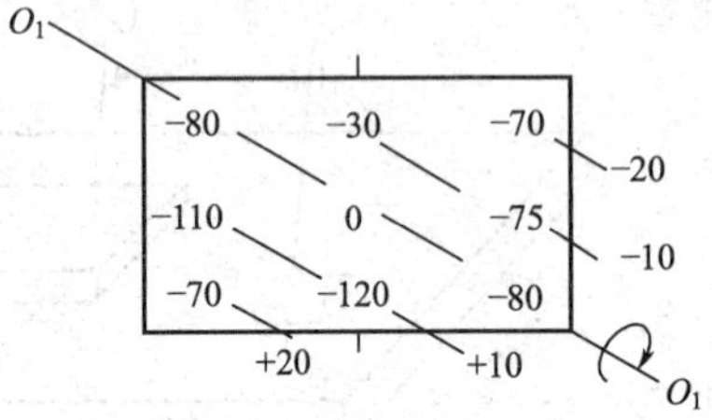

3. 圆度误差的测量

最理想的测量方法是用圆度仪测量。可通过记录装置将被测表面的实际轮廓形象地描绘在坐标纸上，然后按最小包容区域法求出圆度误差。实际测量中也可采用近似测量方法，如两点法、三点法、两点三点组合法等。

(1) 两点法　两点法测量是用游标卡尺、千分尺等通用量具测出同一径向截面中的最大直径差，此差之半 $(d_{\max}-d_{\min})/2$ 就是该截面的圆度误差。测量多个径向截面，取其中最大值作为被测零件的圆度误差。

(2) 三点法　对于奇数棱形截面的圆度误差可用三点法测量，其测量装置如图 4-67 所示。被测件放在 V 形块上回转一周，指示表的最大与最小读数之差 $(M_{\max}-M_{\min})$ 反映了该测量截面的圆度误差 f，其关系式为

$$f=\frac{M_{\max}-M_{\min}}{K} \tag{4-4}$$

式中 K 为反映系数，它是被测件的棱边数及所用 V 形块夹角的函数，其关系比较复杂。在不知棱数的情况下，可采用夹角 $\alpha=90°$、$120°$或 $72°$、$108°$的两个 V 形块分别测量（各测若干个径向截面），取其中读数差最大者作为测量结果，此时可近似地取反映系数 $K=2$，按式(4-4) 计算出被测件的圆度误差。

一般情况下，椭圆（偶数棱形圆）出现在用顶针夹持工件车、磨外圆的加工过程中，奇数棱形圆出现在无心磨削圆的加工过程中，且大多为三棱圆形状。因此在生产中可根据工艺特点进行分析，选取合适的测量方法。

在被测件的棱数无法估计的情况下，可采用两点三点组合法进行测量。此法由一个两点法和两个三点法组成。

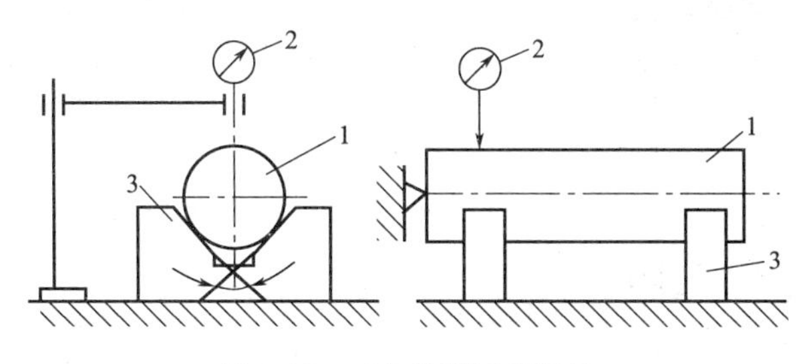

图 4-67　三点法测圆度误差

1—被测件；2—指示表；3—V 形块

4.10.4　几何误差的测量

1. 平行度误差的测量

测量面对面的平行度误差如图 4-68 所示。测量时以平板体现基准，指示表在整个被测表面上的最大、最小读数之差即是平行度误差。

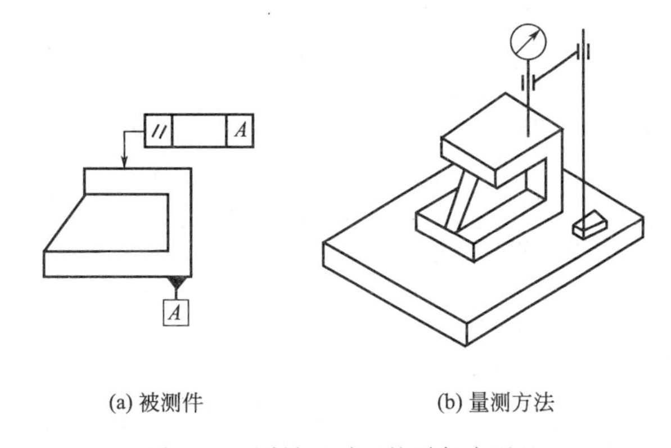

(a) 被测件　　(b) 量测方法

图 4-68　测量面对面的平行度误差

测量线对面的平行度误差，如图 4-69 所示，测量时以心轴模拟被测孔轴线，在长度 L_1 两端用指示表测量。设测得的最大、最小读数之差为 a，则在给定长度 L_1 内的平行度误差 f 为

$$f=La/L_1 \tag{4-5}$$

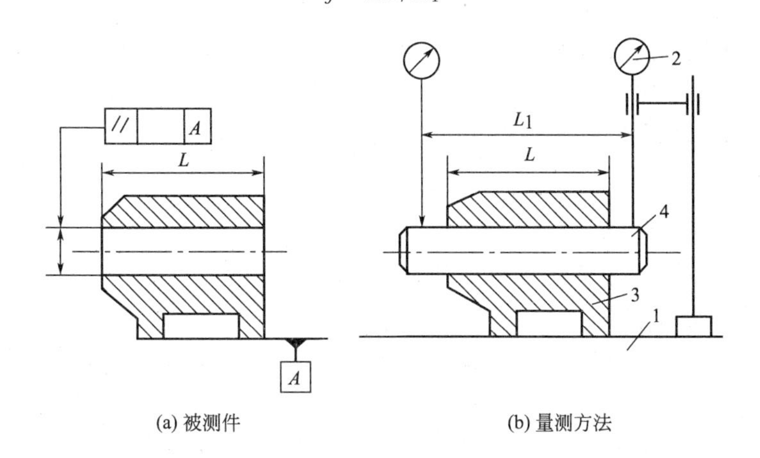

(a) 被测件　　(b) 量测方法

图 4-69　测量线对面的平行度误差

1—平板；2—指示表；3—被测件；4—心轴

测量线对线的平行度误差如图 4-70 所示，测量时以心轴模拟被测轴线与基准轴线，测量两个互相垂直方向上的平行度误差 f_1、f_2，则任意方向上的平行度 f 为：

$$f=\sqrt{f_1^2+f_2^2} \tag{4-6}$$

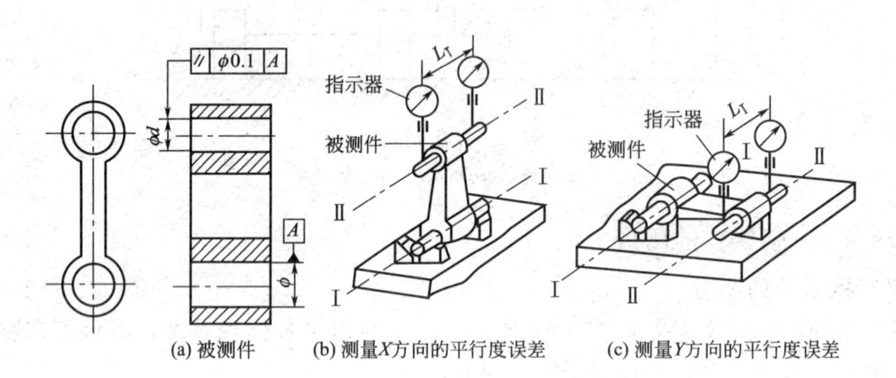

图 4-70　测量线对线的平行度误差

2. 同轴度误差的测量

测量轴对轴的同轴度误差如图 4-71 所示。同轴度误差为各径向截面测得的最大读数差中的最大值。

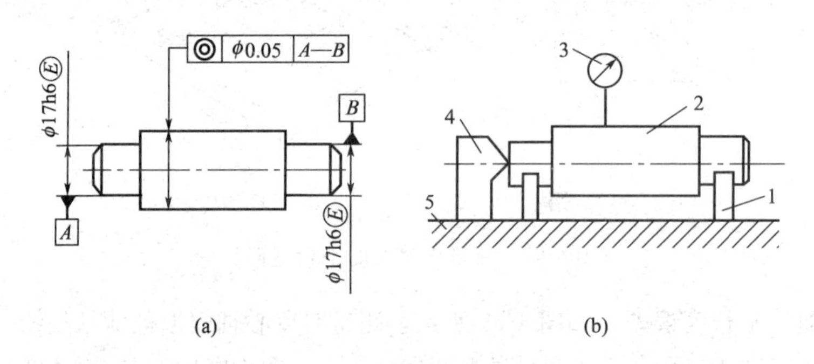

图 4-71　测量轴对轴的同轴度误差

1—V 形块；2—被测轴；3—指示表；4—定位器；5—平板

测量孔对孔的同轴度误差如图 4-72 所示。心轴与两孔为无间隙配合，调整基准孔心轴与平板平行，在靠近被测孔心轴 A、B 两点测量，求出两点与高度 $L+(d_2/2)$ 的差值 f_{AX}、f_{BX}；然后将被测件旋转 90°，再测出 f_{AX}、f_{BX}，则：

A 处同轴度　　$$f_A=2\sqrt{f_{AX}^2+f_{AY}^2} \tag{4-7}$$

B 处同轴度　　$$f_B=2\sqrt{f_{BX}^2+f_{BY}^2} \tag{4-8}$$

取 f_{AX}、f_{BX} 中较大者作为孔对孔的同轴度误差。

3. 对称度误差的测量

测量轴键槽［图 4-73(a)］的对称度误差如图 4-73(b) 所示，测量时基准线由 V 形块模拟，被测中心平面由定位块模拟，测量分如下两步：

(1) 截面测量　调整定位块 2，使其沿径向与平板 1 平行，测出定位块到平板的距离；再将被测轴旋转 180°重复测量，得到该截面上、下两对应点的读数差 a，则该截面的对称度误差，$f_{截}$ 为

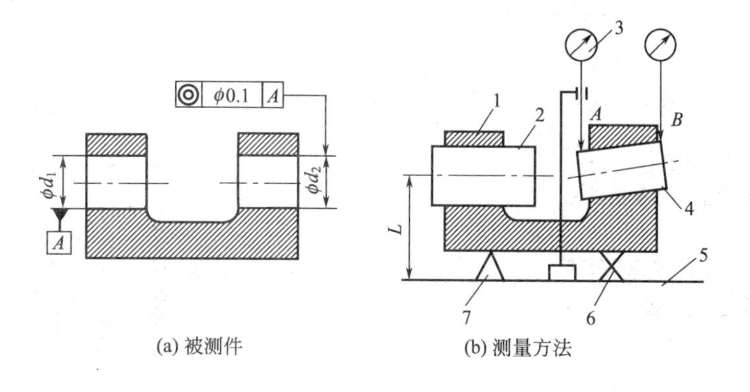

(a) 被测件　(b) 测量方法

图 4-72　测量孔对孔的同轴度误差

1—被测件；2—基准孔心轴；3—指示表；4—被测孔心轴；5—平板；6—可调支承；7—固定支承

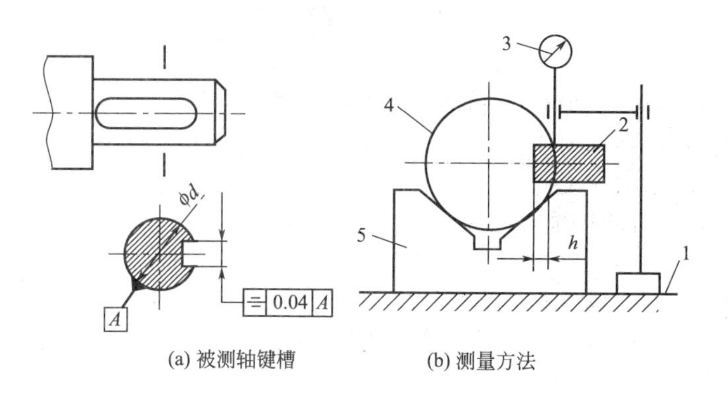

(a) 被测轴键槽　(b) 测量方法

图 4-73　测量键槽的对称度误差

1—平板；2—定位块；3—指示表；4—被测件；5—V 形块

$$f_{截}=ha/(d-H) \tag{4-9}$$

(2) 长度测量　沿键槽长度方向测量，取长度方向两点的最大读数差为长度方向的对称误差 $f_{长}$，即

$$f_{长}=a_{高}-a_{低} \tag{4-10}$$

取 $f_{截}$ 和 $f_{长}$ 两者之中较大的一个作为键槽的对称度误差。

4. 跳动的测量

(1) 圆跳动的测量　被测件绕基准轴线作无轴向移动的旋转，在回转一周过程中，指示表的最大和最小读数之差，即为该测量截面上的径向圆跳动或测量圆柱面上的端面圆跳动。分别将在圆柱各截面（如Ⅰ—Ⅰ、Ⅱ—Ⅱ、……）上测出的跳动量中的最大值作为径向圆跳动；分别将在端面各直径上测出的跳动量中的最大值作为端面圆跳动，如图 4-74 所示。

(2) 全跳动的测量　被测零件在绕基准轴线作无轴向移动的连续回转过程中，指示表缓慢地沿基准轴线方向平移，测量整个圆柱面，其最大读数差为径向全跳动，如图 4-74 所示；若指示表沿着与基准轴线的垂直方向缓慢移动时，测量整个端面，则最大读数差为端面全跳动，如图 4-75 所示。

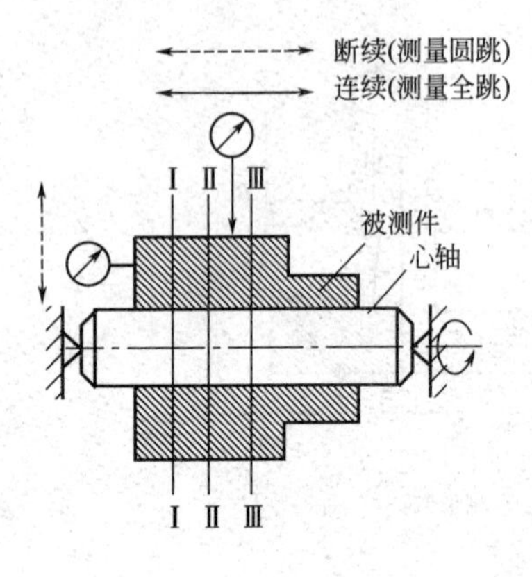

图 4-74 圆跳动和径向全跳动的测量

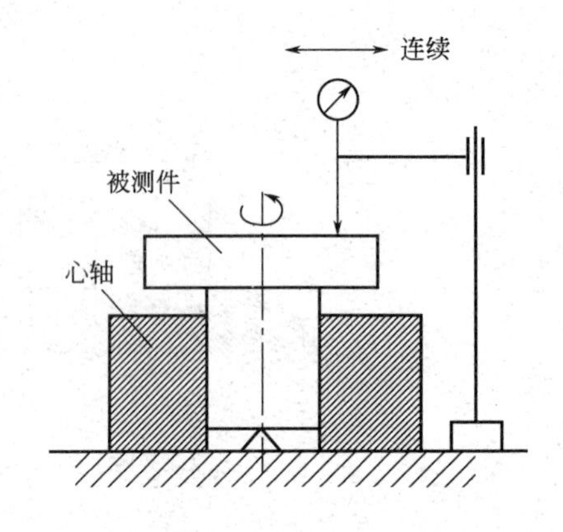

图 4-75 端面全跳动的测量

思考与练习

一、简答题

1. 几何公差各规定了哪些项目？它们的符号是什么？
2. 几何公差的公差带有哪几种主要形式？几何公差带由什么组成？
3. 评定几何误差的最小条件是什么？
4. 基准的形式通常有几种？何为三基面体系？
5. 何为理论正确尺寸？其在几何公差中的作用是什么？
6. 什么是体内作用尺寸、体外作用尺寸，它们与实际尺寸的关系如何？
7. 什么是最大实体尺寸、最小实体尺寸，二者有何异同？
8. 公差原则有哪几种？其使用情况有何差异？
9. 当被测要素遵守包容原则时，其实际尺寸的合格性如何判断？
10. 几何公差值的选择原则是什么？具体选择时应考虑哪些情况？

二、综合题

1. 说明下图中几何公差代号标注的含义（按形状公差读法及公差带含义分别说明）。

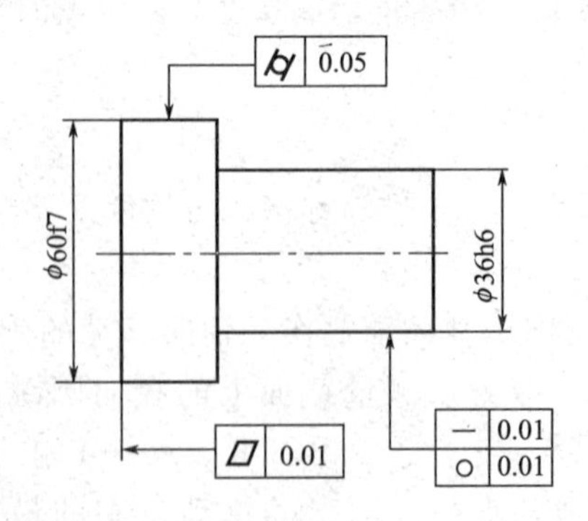

2. 将下列技术要求标注在下图上。

(1) ϕ100h6 圆柱表面的圆度公差为 0.005mm。

(2) ϕ100h6 轴线对 ϕ40P7 孔轴线的同轴度公差为 ϕ0.015mm。

(3) ϕ40P7 孔的圆柱度公差为 0.005mm。

(4) 左端的凸台平面对 ϕ40P7 孔轴线的垂直度公差为 0.01mm。

(5) 右凸台端面对左凸台端面的平行度公差为 0.02mm。

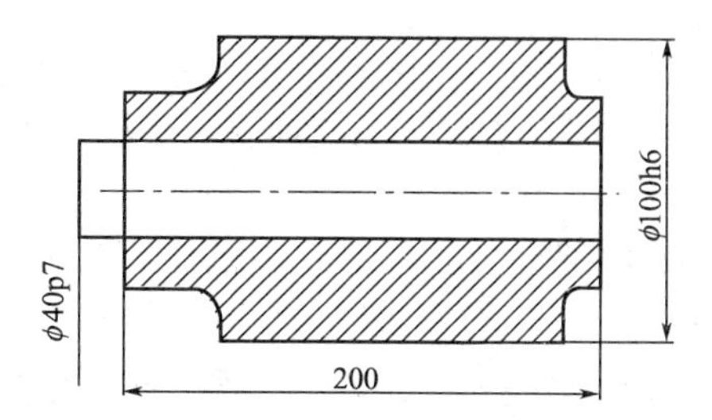

3. 将下列几何公差要求标注在下图中，并阐述各几何公差项目的公差带：

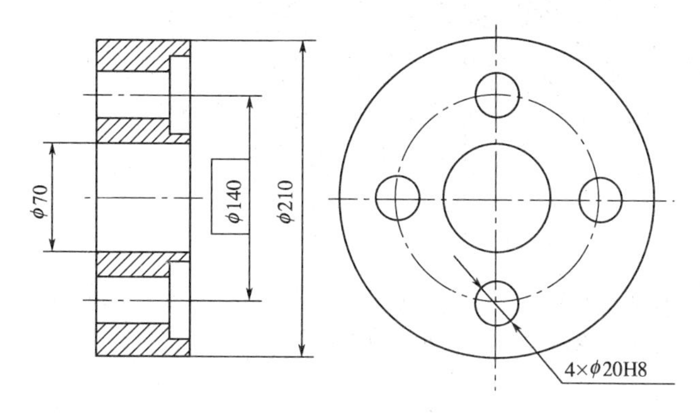

① 左端面的平面度公差值为 0.01mm。

② 右端面对左端面的平行度公差值为 0.04mm。

③ 70H7 孔遵守包容要求，其轴线对左端面的垂直度公差值为 ϕ0.02mm。

④ ϕ210h7 圆柱面对 ϕ70H7 孔的同轴度公差值为 ϕ0.03mm。

⑤ 4×ϕ20H8 孔的轴线对左端面（第一基准）和 ϕ70H7 孔的轴线的位置度公差值为 ϕ0.15mm，要求均布在理论正确尺寸 ϕ140mm 的圆周上。

4. 比较下图中的四种垂直度公差标注方法区别。

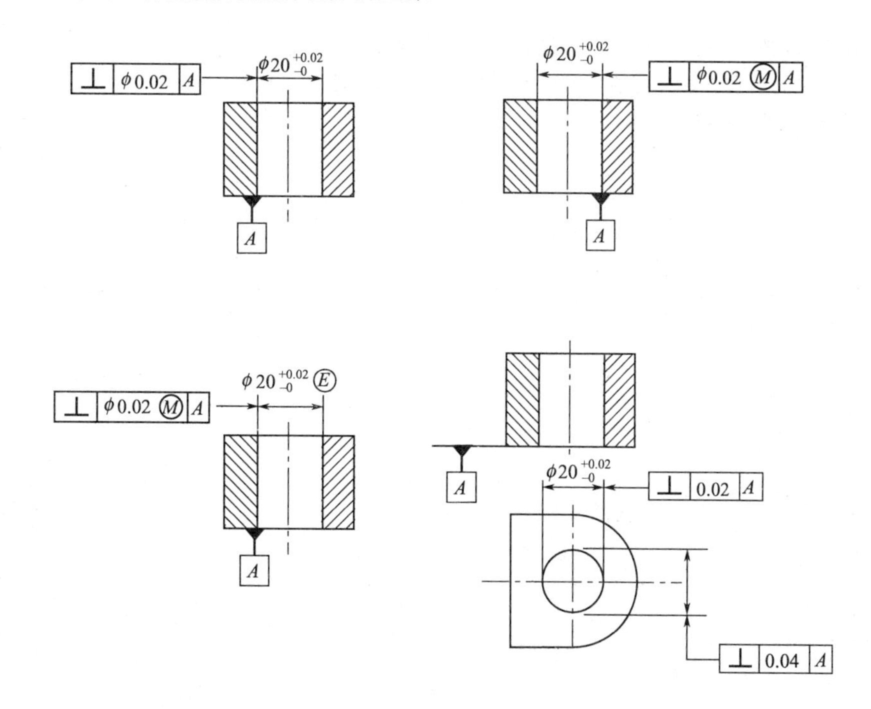

5. 如下图所示，若被测孔的形状正确。

(1) 测得其实际尺寸为ϕ30.01mm，而同轴度误差为ϕ0.04mm，求该零件的实效尺寸、作用尺寸。

(2) 若测得实际尺寸为的ϕ30.01mm、ϕ20.01mm，同轴度误差为ϕ0.05mm，问该零件是否合格？为什么？

(3) 可允许的最大同轴度误差值是多少？

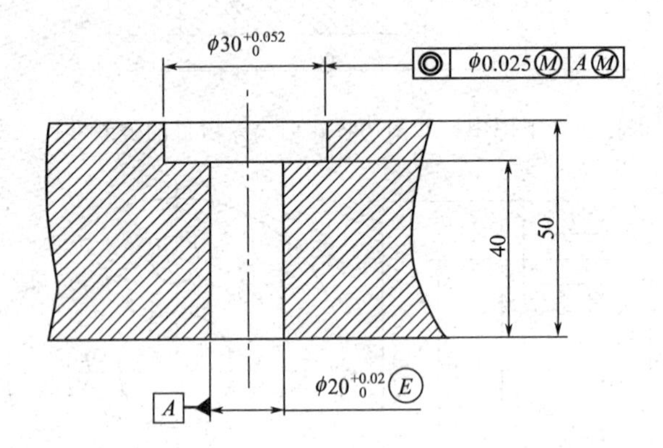

6. 若某零件的同轴度要求如下图所示，今测得实际轴线与基准轴线的最大距离为＋0.04mm，最小距离为－0.01mm，求该零件的同轴度误差值，并判断是否合格。

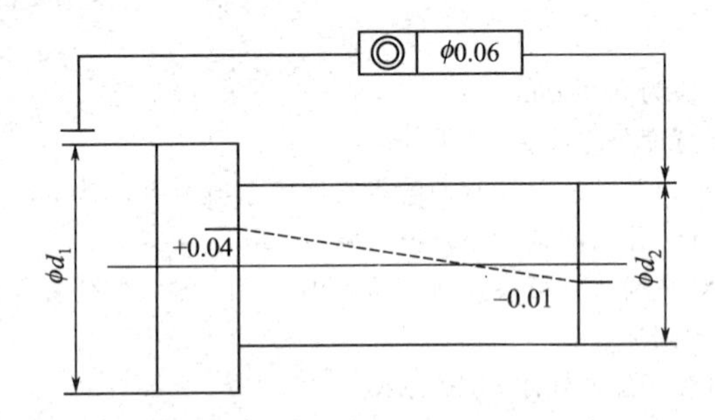

7. 国标规定的几何误差5个测量原则的名称和具体含义是什么？

8. 直线度误差的测量方法有哪些？平面度和圆度的测量方法各是什么？

9. 几何误差的测量包括哪几项？

第5章

表面粗糙度

5.1 概述

在机械加工过程中，由于切削会留下切痕，切削过程中切屑分离时的塑性变形，工艺系统中的高频振动，刀具和已加工表面的摩擦等等原因，会使被加工零件的表面产生许多微小的峰谷，这种表面上具有较小间距的峰谷所组成的微观几何形状特性，称为表面粗糙度。机器设备对零件各个表面的要求不一样，如配合性质、耐磨性、抗腐蚀性、密封性、外观要求、工作准确度等，因此，对零件表面粗糙度的要求也各有不同。一般说来，凡零件上有配合要求或有相对运动的表面，表面粗糙度参数值小。表面粗糙度直接影响到机器或仪器的可靠性和使用寿命。

随着科学技术和生产的发展，我国对粗糙度方面的国家标准已进行过多次修改，现在实施的标准包括：《产品几何技术规范　表面结构　轮廓法　术语、定义及表面结构参数》(GB/T 3505—2009)；《表面粗糙度参数及其数值》(GB/T 1031—2009)；《产品几何技术规范　技术产品文件中表面结构的表示法》(GB/T 131—2006) 等。

5.1.1 表面粗糙度的实质

1. 表面结构

为了保证零件的使用性能，在机械图样中需要对零件的表面结构给出要求，表面结构就是由粗糙度轮廓、波纹度轮廓和原始轮廓构成的零件表面特征。

2. 表面粗糙度含义

表面粗糙是一种微观的几何形状误差，通常按波距的大小分为：波距≤1mm 的属表面粗糙度；波距在 1～10mm 间的属表面波度；波距>10mm 的属于形状误差，如图 5-1 所示。

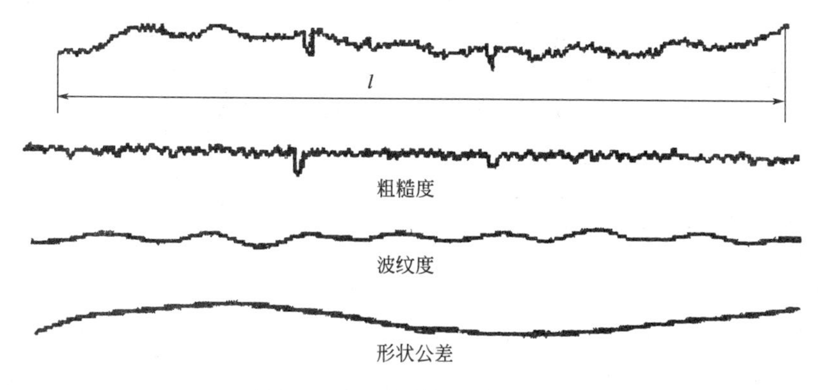

图 5-1　表面微观几何形状误差

表面粗糙度是指零件表面具有的较小间距和微小峰谷所组成的微观几何特征，也称微观不平度。

5.1.2　表面粗糙度对零件使用性能的影响

（1）对摩擦和磨损的影响　一般地，表面越粗糙，则摩擦阻力越大，零件的磨损也越快。

（2）对配合性能的影响　表面越粗糙，配合性能越容易改变，稳定性越差。

（3）对疲劳强度的影响　当零件承受交变载荷时，由于应力集中的影响，疲劳强度就会降低，表面越粗糙，越容易产生疲劳裂纹和破坏。

（4）对接触刚度的影响　表面越粗糙，实际承载面积越小，接触刚度越低。

（5）对耐腐蚀性的影响　表面越粗糙，越容易腐蚀生锈。

此外，表面粗糙度还影响结合的密封性，产品的外观，表面涂层的质量，表面的反射能力等，在机械加工时要给予充分的重视。

5.2　表面粗糙度的评定

5.2.1　表面粗糙度的基本术语

（1）轮廓滤波器　把轮廓分成长波和短波成分的滤波器。

（2）λ_c 滤波器　确定粗糙度与波纹度成分之间相交界限的滤波器。滤波器是除去某些波长成分而保留所需表面的处理方法。当测量信号通过 λ_c 滤波器后将抑制波纹度的影响。

（3）粗糙度轮廓　粗糙度轮廓是对原始轮廓采用 λ_c 滤波器抑制长波成分以后形成的轮廓。

（4）取样长度　用以判别具有表面粗糙度特征的一段基准线长度。

规定和选取取样长度的目的是为了限制和削弱表面波纹度对表面粗糙度测量结果的影响。推荐的取样长度值见表 5-1。用于判别被评定轮廓的不规则特征的 x 轴向上的长度，取样长度在数值上与轮廓滤波器的标志波长相等。（是测量或评定表面粗糙度时所规定的一段基准线长度，至少包含 5 个以上轮廓峰和谷 ）。

表 5-1　取样长度

参数及数值/μm		l_r	l_n
Ra	Rz,Ry	/mm	($l_n=5l_r$)/mm
≥0.008～0.02	≥0.025～0.10	0.08	0.4
>0.02～0.1	>0.10～0.50	0.25	1.25
>0.1～2.0	>0.50～10.0	0.8	4.0
>2.0～10.0	>10.0～50.0	2.5	12.5
>10.0～80.0	>50～320	8.0	40.0
		25	

注：1. 对于微观不平度间距较大的端铣、滚铣及其他大进给走刀量的加工表面，应按标准中规定的取样长度系列选取较大的取样长度值。

2. 如被测表面均匀性较好，测量时也可选用小于 $5l_r$ 的评定长度值；均匀性较差的表面可选用大于 $5l_r$ 的评定长度值。

（5）评定长度　评定表面粗糙度时所必须的一段基准线长度。为了充分合理地反映表面的特性，一般取 $l_n=5l_r$。见图 5-2。常用的评定长度与粗糙度高度参数数值的关系见表 5-1 所示。

（6）轮廓中线 m　用以评定表面粗糙度值的基准线。

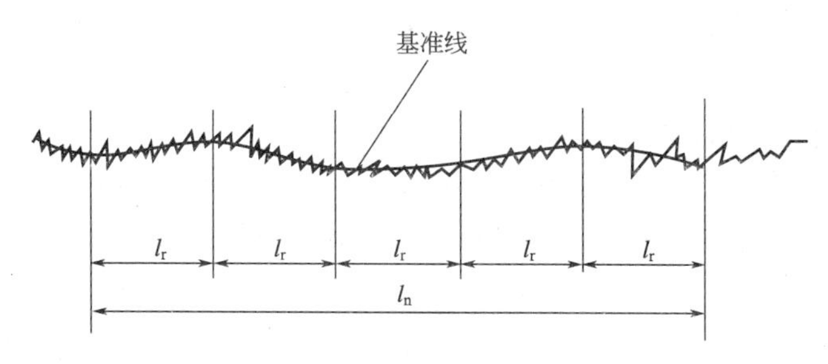

图 5-2　评定长度

① 轮廓的最小二乘中线：具有几何轮廓形状并划分轮廓的基准线。在取样长度范围内，使被测轮廓线上的各点至该线的偏距的平方和为最小。即：

$$\int_0^{l_r} Z_i^2 \mathrm{d}x = \min$$

② 轮廓的算术平均中线：在取样长度内，将实际轮廓划分为上、下两部分，并使上、下两部分的面积相等的基准线。如图 5-3，即：

$$F_1 + F_3 + \cdots + F_{2n-1} = F_2 + F_4 + \cdots + F_{2n}$$

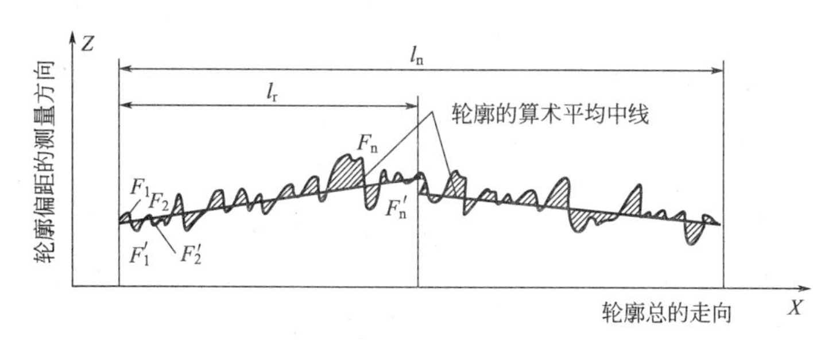

图 5-3　轮廓的算术平均中线

用标称形式的线，穿过原始轮廓，按最小二乘法拟合所确定的中线，称为原始轮廓中线。用 λ_c 滤波器抑制了长波成分以后相对应的轮廓中线，称为粗糙度轮廓中线。

5.2.2　表面粗糙度主要评定参数

国家标准规定表面粗糙度的参数由高度参数、间距参数和综合参数所组成。

1. 与高度特性有关的参数

（1）轮廓的算术平均偏差 Ra　在取样长度内，被测轮廓上各点至轮廓中线距离绝对值的算术平均值。如图 5-4 所示，即：

$$Ra = \frac{1}{l_r}\int_0^{l_r} |Z(x)| \mathrm{d}x \qquad \text{或近似为：} Ra = \frac{1}{n}\sum_{i=1}^{n} |Z_i|$$

Ra 参数能充分反映表面微观几何形状高度方面的特性，并且所用仪器（电动轮廓仪）的

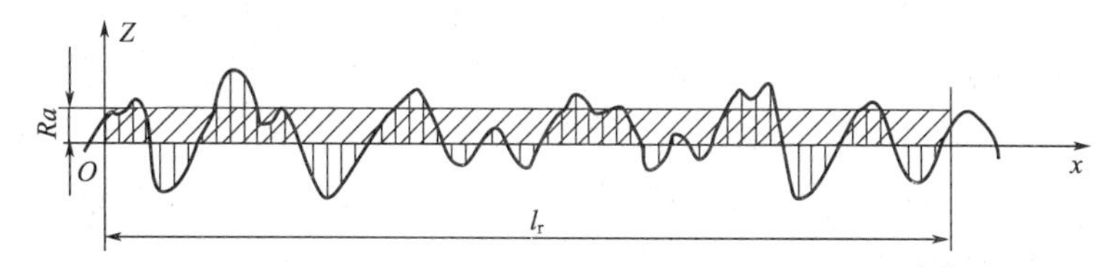

图 5-4　轮廓的算术平均偏差

测量比较简便，因此是国标推荐的首选评定参数。图样上标注的参数多为 Ra。如 $\sqrt{Ra\ 1.6}$ 表示 $Ra \leqslant 1.6\mu m$。

Ra 参数的测量：用精密粗糙度仪（针描原理）。

（2）轮廓的最大高度 Rz　在取样长度内，轮廓峰顶线和谷底线间的距离。峰顶线和谷底线，分别指在取样长度内平行于中线且通过轮廓最高点和最低点的线，如图 5-5 所示。

$$Rz = Z_p + Z_v$$

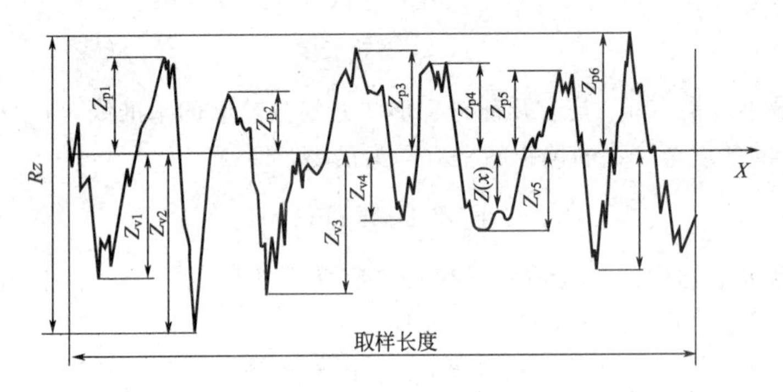

图 5-5　轮廓的最大高度

Rz 参数对某些小表面上不允许出现较深的加工痕迹和小零件的表面有实用意义。$\sqrt{Rz\ 3.2}$ 表示 $Rz \leqslant 3.2\mu m$。

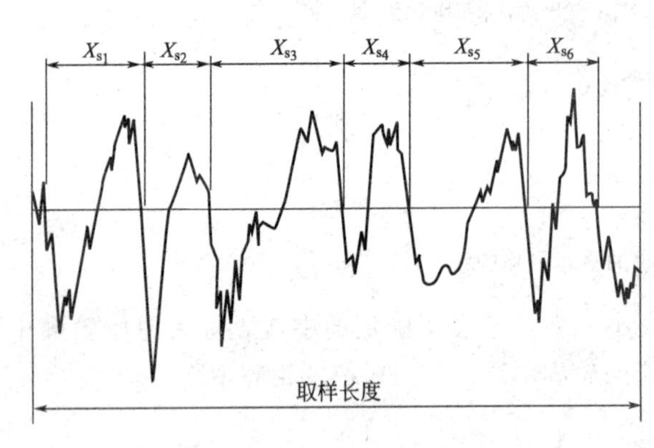

图 5-6　轮廓单元的平均宽度

2. 与间距特性有关的参数

轮廓单元的平均宽度 RSm：在一个取样长度内轮廓单元宽度 X_s 的平均值，用 RSm 表示。如图 5-6 所示，即：

$$RSm = \frac{1}{m}\sum_{i=1}^{m} X_{si}$$

轮廓单元的平均宽度 RSm 是指轮廓峰和相邻的轮廓谷在中线上的一段中线长度。它影响表面的耐磨程度。

3. 与形状特性有关的参数

轮廓的支承长度率 Rmr：在取样长度内，一平行于中线的线从峰顶线向下移动一段截距 c 到某一水平位置时，与轮廓相截所得的各段截线长度 b_i 之和与评定长度的比值，如图 5-7 所示。

$$Rmr(c) = \frac{Ml(c)}{l_n} \qquad Ml(c) = b_1 + b_2 + \cdots + b_i + \cdots + b_n = \sum_{i=1}^{n} b_i$$

显然，从峰顶线向下所取的水平截距 c 不同，其支承长度率也不同，因此 Rmr 值应是对应于水平截距 c 值而给出的。在标准中，Rmr 值是以百分率来表示的，当 c 值一定时，Rmr 值越大，表示轮廓凸起的实体部分越多，故起支承作用的长度长，表面接触刚度高，耐磨性好。如图 5-8 所示，图 5-8(a) 承载能力强，图 5-8(b) 承载能力差。

5.2.3　评定参数的数值

国标规定当 Ra 为 0.025～6.3μm 或 Rz 为 0.100～25μm 范围时，应优先选用 Ra 参数。

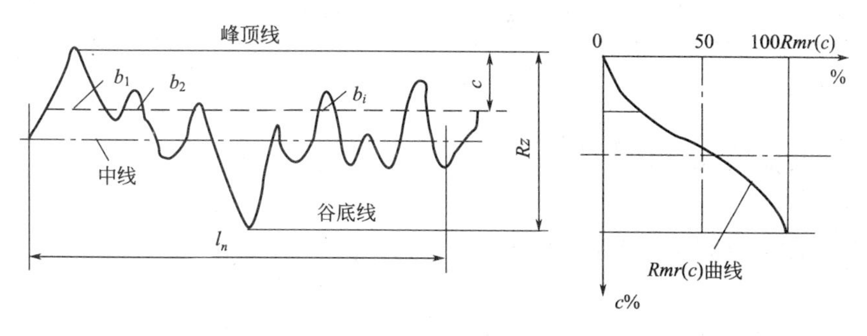

图 5-7　轮廓的支承长度率

图 5-8　承载能力

Rz 的选用适用于现有工厂的仪器，因这些工厂多数只能测 *Rz* 参数。另外，当 $Ra<0.025\mu m$，$Ra>6.3\mu m$ 时，用光学仪器测量比较适合，因而也选用 *Rz*。

（1）轮廓的算术平均偏差 *Ra* 的值国家标准作了规定，见表 5-2。一般应优先选用第一系列。

表 5-2　轮廓算术平均偏差 *Ra* 的数值（GB/T 131—2006）　μm

第 1 系列	第 2 系列	第 1 系列	第 2 系列	第 1 系列	第 2 系列	第 1 系列	第 2 系列
	0.08						
	0.010						
0.012			0.125		1.25	12.5	
	0.016		0.160	1.60			16
	0.020	0.20			2.0		20
0.025							
			0.25		2.5	25	
	0.032		0.32	3.2			32
	0.040	0.40			4.0		40
0.050							
			0.50		5.0	50	
	0.063		0.63	6.3			63
	0.080				8.0		80
0.100		0.80	1.00		10.1	100	

（2）轮廓的最大高度 *Rz* 的值是由数系 R10/3（0.025～1600μm）所组成，见表 5-3。

表 5-3　轮廓的最大高度 *Rz* 值　μm

Rz	0.025	0.4	6.3	100	1600
	0.05	0.8	12.5	200	
	0.1	1.6	25	400	
	0.2	3.2	50	800	

（3）轮廓单元的平均宽度 *RSm* 的值是由数系 R10/3（0.006～12.5μm）所组成。

（4）轮廓支撑长度率 *Rmr* 的值见表 5-4。

表 5-4 轮廓支撑长度率 *Rmr* 值

Rmr/%	10	15	20	25	30	40	50	60	70	80	90

5.3 表面粗糙度要求标注的内容及其注法

5.3.1 表面粗糙度要求标注的内容

（1）表面粗糙度单一要求　不可省略。

（2）补充要求　传输带、取样长度、加工工艺、加工余量等。

5.3.2 表面粗糙度符号、代号及其注法

（1）国标规定了表面粗糙度的符号、代号及其注法。表面粗糙度符号上注写所要求的表面特征参数后，即构成表面粗糙度代号。

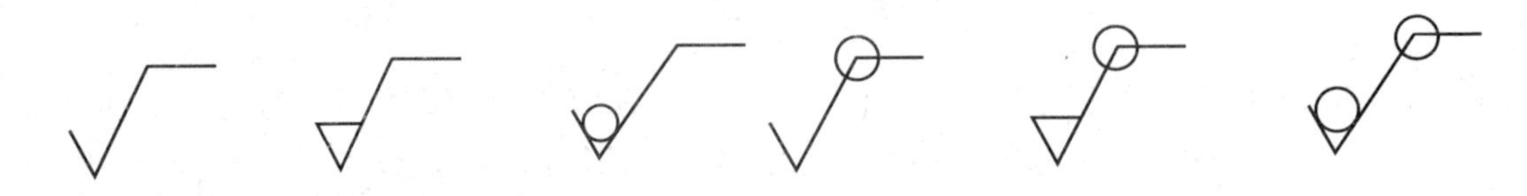

图 5-9　表面粗糙度的符号

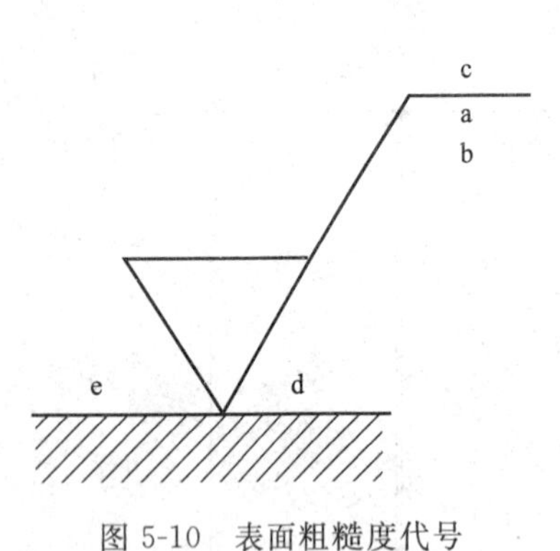

图 5-10　表面粗糙度代号

如图 5-9 所示，在上述三个符号的长边上均可加一横线，用于标注有关参数和说明。在上述三个符号上均可加一小圆，表示所有表面具有相同的表面粗糙度要求。

如图 5-10：a——第一个表面粗糙度（单一）要求（μm）；

b——第二个表面粗糙度（单一）要求（μm）；

c——加工方法（车、铣）；

d——表面纹理和纹理方向；

e——加工余量（mm）。

（2）表面粗糙度要求在图中注法。

① 上限或下限的标注：表示双向极限时应标注上限符号“U”和下限符号“L”。如果同一参数具有双向极限要求，在不引起歧义时，可省略“U”和“L”的标注。若为单向下限值，则必须加注“L”。

② 传输带和取样长度的标注：传输带是指两个滤波器的截止波长值之间的波长范围。长波滤波器的截止波长值就是取样长度 l_n。传输带的标注时，短波在前，长波在后，并用连号“-”隔开。在某些情况下，传输带的标注中，只标一个滤波器，也应保留连字号“-”，来区别是短波还是长波。

③ 参数代号的标注：参数代号标注在传输带或取样长度后，它们之间用“/”隔开。

④ 评定长度的标注：如果默认的评定长度时，可省略标注。如果不等于 5/*r* 时，则应注出取样长度的个数。

⑤ 极限值判断规则和极限值得标注：极限值判断规则的标注如图 5-11 所示上限为“16%规则”，下限为“最大规则”。为了避免误解，在参数代号和极限值之间插入一个空格。

（3）表面结构符号及其意义，见表 5-5。

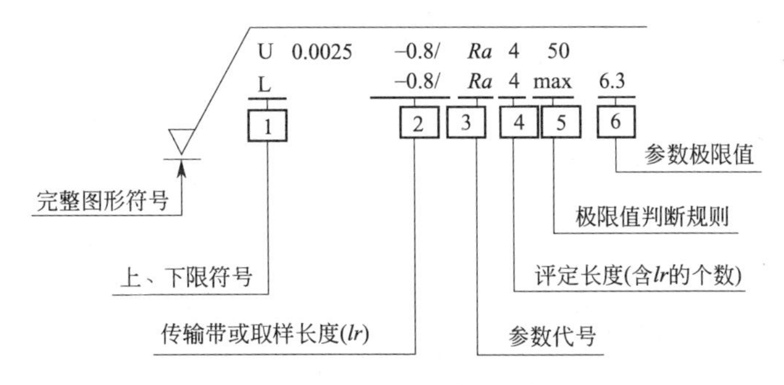

图 5-11　表面粗糙度单一要求标注

表 5-5　表面粗糙度的标注示例

序号	代　号	意　　义
1	Rz 0.4	表示不允许去除材料，单向上限值，默认传输带，轮廓的最大高度 0.4μm，评定长度为 5 个取样长度（默认），“16%规则”（默认）
2	Rz_{max} 0.2	表示去除材料，单向上限值，默认传输带，轮廓最大高度的最大值 0.2μm，评定长度为 5 个取样长度（默认），“最大规则”
3	U Ra_{max} 3.2 L Ra 0.8	表示不允许去除材料，双向极限值，两极限值均使用默认传输带，上限值：算术平均偏差 3.2μm，评定长度为 5 个取样长度（默认），“最大规则”；下限值：算术平均偏差 0.8μm，评定长度为 5 个取样长度（默认），“16%规则”（默认）
4	L Ra 1.6	表示任意加工方法，单向下限值，默认传输带，算术平均偏差 1.6μm，评定长度为 5 个取样长度（默认），“16%规则”（默认）
5	0.008–0.8/Ra 3.2	表示去除材料，单向上限值，传输带 0.008～0.8mm，算术平均偏差 3.2μm，评定长度为 5 个取样长度（默认），“16%规则”（默认）
6	–0.8/Ra 3 3.2	表示去除材料，单向上限值，传输带：根据 GB/T 6062，取样长度 0.8mm，算术平均偏差 3.2μm，评定长度包含 3 个取样长度（即 l_n = 0.8mm × 3 = 2.4mm），“16%规则”（默认）
7	铣 Ra 0.8 –2.5/Rz 3.2 ⊥	表示去除材料，两个单向上限值：①默认传输带和评定长度，算术平均偏差 0.8μm，“16%规则”（默认）；②传输带为 –2.5mm，默认评定长度，轮廓的最大高度 3.2μm，“16%规则”（默认）。表面纹理垂直于视图所在的投影面。加工方法为铣削
8	0.008–4/Ra 50 0.008–4/Ra 6.3 3	表示去除材料，双向极限值；上限值 Ra = 50μm，下限值 Ra = 6.3μm；上、下极限传输带均为 0.008～4mm；默认的评定长度均为 l_n = 4×5 = 20mm；“16%规则”（默认）。加工余量为 3mm
9	√ Y　Z	简化符号：符号及所加字母的含义由图样中的标注说明

5.3.3　表面粗糙度在图样上的标注

表面粗糙度符号、代号一般标注在可见轮廓线、尺寸界线、引出线或它们的延长线上。

符号的尖端必须从材料外指向表面。在同一图样上，每一表面一般只标注一次代（符）号，并尽可能靠近有关尺寸线。当地位狭小或不便标注时，代（符）号可以引出标注。

（1）表面粗糙度注写和读取方向与尺寸相同，见图 5-12(a)。必要时可采用带箭头或黑点的指引线引出标注见图 5-12(b)。

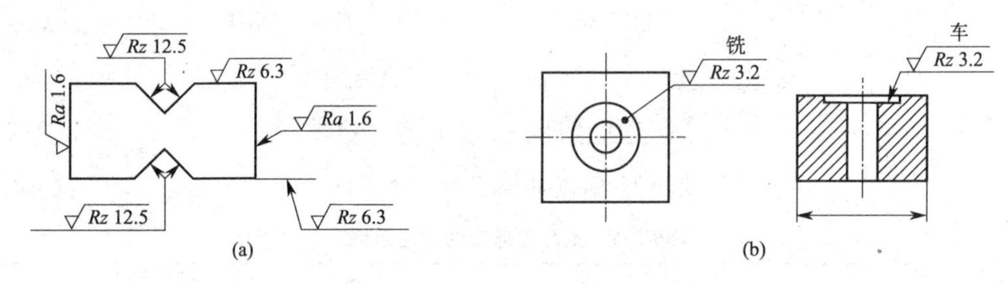

图 5-12 表面粗糙度注写和读取方向与尺寸相同

（2）可以标注在轮廓线及其延长线上。见图 5-13。

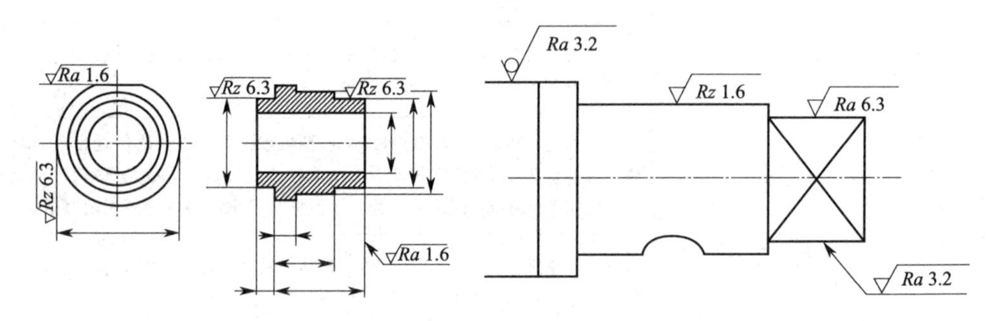

图 5-13 标注在轮廓线及其延长线上

（3）如果在工件的多数表面有相同的表面结构要求，则其可统一标注在图样标题栏附近，此时代号后面应有两种情况：

① 在圆括号内给出无任何其他标注的基本符号，见图 5-14(a)。

② 在圆括号内给出不同的要求代号，见图 5-14(b)。

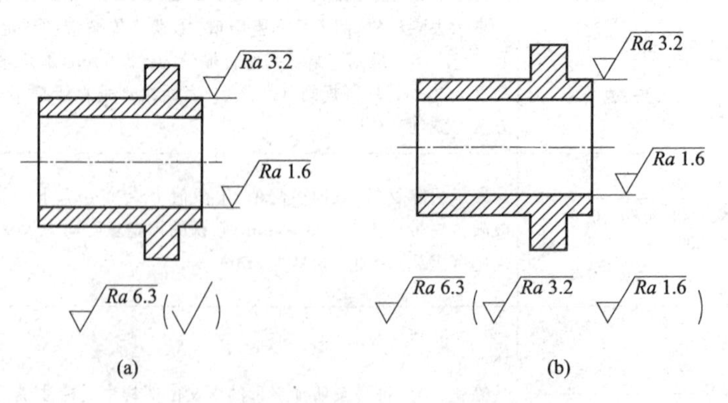

图 5-14 工件的多数表面有相同的表面结构要求

（4）当多个表面有相同的粗糙度要求或图纸空间有限时，可以采用简化注法。

① 用带字母的完整图形符号，以等式的形式，在图形或标题栏附近，对有相同要求的表面进行简化，见图 5-15(a)。

② 用基本图形符号或扩展图形符号，以等式的形式给出对多个表面共同的要求，见图 5-15(b)。

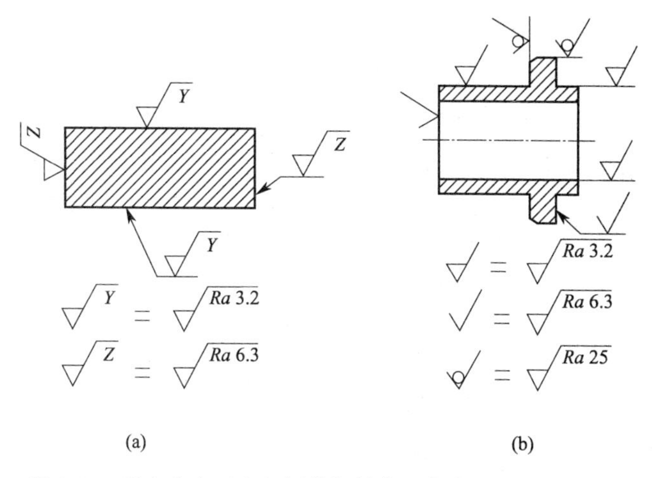

图 5-15　当多个表面有相同的粗糙度要求或图纸空间有限时

（5）对几何要素可以标注在几何公差框格上方，见图 5-16。

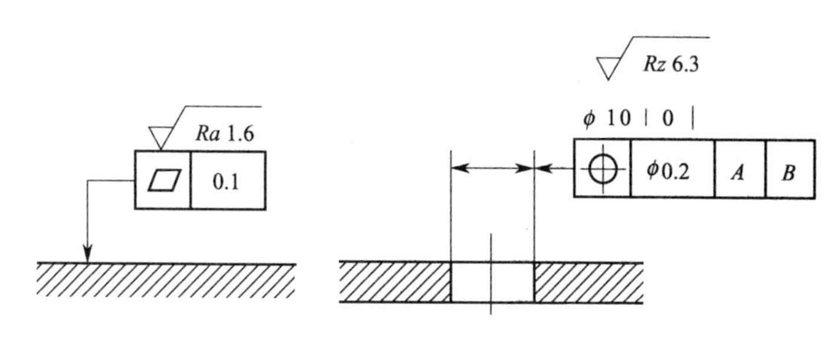

图 5-16　几何要素标注在几何公差框格上方

5.4　表面粗糙度的选用

5.4.1　评定参数的选用

零件表面粗糙度是评定零件表面质量的一项技术指标，零件表面粗糙度要求越高（即表面粗糙度参数值越小），则其加工成本也越高。因此，应在满足零件表面功能的前提下，合理选用表面粗糙度参数。

高度参数是基本参数，在 *Ra* 的常用值范围（0.025～6.3μm）内，国标推荐优先选用 *Ra*；当粗糙度要求特别高（*Ra*＜0.025μm）或特别低（*Ra*＞6.3μm）时，可选用 *Rz*；当高度参数已不能满足控制功能要求时，根据需要可选用 *RSm* 或 *Rmr* 补充控制。

间距参数的选用：*RSm* 主要在对涂漆性能，冲压成形时抗裂纹、抗振、抗腐蚀、减小流体流动摩擦阻力等有要求时选用。

形状参数的选用：*Rmr*(*c*) 主要在耐磨性、接触刚度要求较高等场合附加选用。

5.4.2　评定参数值的选用

在满足表面功能要求的情况下，尽可能选用较大的参数值。

表 5-6 表面粗糙度参数值与零件表面关系

<table>
<tr><td colspan="3">表 面 特 征</td><td colspan="6">Ra/μm 不 大 于</td></tr>
<tr><td rowspan="10">轻度装卸零件的配合表面(如挂轮、滚刀等)</td><td rowspan="2">公差等级</td><td rowspan="2">表面</td><td colspan="6">基本尺寸/mm</td></tr>
<tr><td colspan="3">到 50</td><td colspan="3">大于 50 到 500</td></tr>
<tr><td rowspan="2">5</td><td>轴</td><td colspan="3">0.2</td><td colspan="3">0.4</td></tr>
<tr><td>孔</td><td colspan="3">0.4</td><td colspan="3">0.8</td></tr>
<tr><td rowspan="2">6</td><td>轴</td><td colspan="3">0.4</td><td colspan="3">0.8</td></tr>
<tr><td>孔</td><td colspan="3">0.4～0.8</td><td colspan="3">0.8～1.6</td></tr>
<tr><td rowspan="2">7</td><td>轴</td><td colspan="3">0.4～0.8</td><td colspan="3">0.8～1.6</td></tr>
<tr><td>孔</td><td colspan="3">0.8</td><td colspan="3">1.6</td></tr>
<tr><td rowspan="2">8</td><td>轴</td><td colspan="3">0.8</td><td colspan="3">1.6</td></tr>
<tr><td>孔</td><td colspan="3">0.8～1.6</td><td colspan="3">1.6～3.2</td></tr>
<tr><td rowspan="10">过盈配合的配合表面
①装配按机械压入法
②装配按热处理法</td><td rowspan="2">公差等级</td><td rowspan="2">表面</td><td colspan="6">基本尺寸/mm</td></tr>
<tr><td colspan="2">到 50</td><td colspan="2">大于 50 到 120</td><td colspan="2">大于 120 到 500</td></tr>
<tr><td rowspan="2">5</td><td>轴</td><td colspan="2">0.1～0.2</td><td colspan="2">0.4</td><td colspan="2">0.4</td></tr>
<tr><td>孔</td><td colspan="2">0.2～0.4</td><td colspan="2">0.8</td><td colspan="2">0.8</td></tr>
<tr><td rowspan="2">6～7</td><td>轴</td><td colspan="2">0.4</td><td colspan="2">0.8</td><td colspan="2">1.6</td></tr>
<tr><td>孔</td><td colspan="2">0.8</td><td colspan="2">1.6</td><td colspan="2">1.6</td></tr>
<tr><td rowspan="2">8</td><td>轴</td><td colspan="2">0.8</td><td colspan="2">0.8～1.6</td><td colspan="2">1.6～3.2</td></tr>
<tr><td>孔</td><td colspan="2">1.6</td><td colspan="2">1.6～3.2</td><td colspan="2">1.6～3.2</td></tr>
<tr><td rowspan="2">—</td><td>轴</td><td colspan="6">1.6</td></tr>
<tr><td>孔</td><td colspan="6">1.6～3.2</td></tr>
<tr><td rowspan="5">精密定心用配合的零件表面</td><td colspan="2" rowspan="3">表面</td><td colspan="6">径向跳动公差/μm</td></tr>
<tr><td>2.5</td><td>4</td><td>6</td><td>10</td><td>16</td><td>25</td></tr>
<tr><td colspan="6">Ra/μm 不大于</td></tr>
<tr><td colspan="2">轴</td><td>0.05</td><td>0.1</td><td>0.1</td><td>0.2</td><td>0.4</td><td>0.8</td></tr>
<tr><td colspan="2">孔</td><td>0.1</td><td>0.2</td><td>0.2</td><td>0.4</td><td>0.8</td><td>1.6</td></tr>
<tr><td rowspan="5">滑动轴承的配合表面</td><td colspan="2" rowspan="3">表面</td><td colspan="4">公差等级</td><td colspan="2" rowspan="2">液体湿摩擦条件</td></tr>
<tr><td colspan="2">6～9</td><td colspan="2">10～12</td></tr>
<tr><td colspan="6">Ra/μm 不大于</td></tr>
<tr><td colspan="2">轴</td><td colspan="2">0.4～0.8</td><td colspan="2">0.8～3.2</td><td colspan="2">0.1～0.4</td></tr>
<tr><td colspan="2">孔</td><td colspan="2">0.8～1.6</td><td colspan="2">1.6～3.2</td><td colspan="2">0.2～0.8</td></tr>
</table>

表 5-6 列出了表面粗糙度参数值与所适应的零件表面的关系，可供选用时参考。且一般应考虑下列关系：

① 同一零件上的工作表面应比非工作表面的参数值小。

② 摩擦表面应比非摩擦表面的参数小；滚动表面比滑动表面参数值要小；高速运动，单位压力大的摩擦表面粗糙度参数值较小。

③ 承受交变载荷的表面，其圆角、沟槽等易产生应力集中的部位，参数值应小。

④ 配合性质要求高的结合表面，间隙小的配合表面以及要求连接可靠、受重载荷的过

盈配合表面等都应取较小的粗糙度参数值。

⑤ 通常尺寸精度和形位精度要求越高的部位，参数值应越小。

⑥ 与标准件配合的表面，按标准件的有关规定选取。

⑦ 配合性质相同，零件尺寸越小，则粗糙度参数值越小；同一精度等级，小尺寸比大尺寸、轴比孔粗糙度参数值要小。

表 5-7 列出了表面粗糙度参数值与公差等级的对应关系，可供选用时参考。

表 5-7　公差等级与表面粗糙度的对应关系

公差等级(IT)	公称尺寸/mm	表面粗糙度 *Ra* 值不大于	
		轴	孔
5	＜6	0.2	0.2
	＞6～30	0.4	0.4
	＞30～180	0.8	0.8
	＞180～500	1.6	1.6
6	＜10	0.4	0.8
	＞10～80	0.8	0.8
	＞80～250	1.6	1.6
	＞250～500	3.2	3.2
7	＜0	0.8	0.8
	＞6～120	1.6	1.6
	＞120～500	3.2	3.2

公差等级(IT)	公称尺寸/mm	表面粗糙度 *Ra* 值不大于	
		轴	孔
8	＜3	0.8	0.8
	＞3～30	1.6	1.6
	＞30～250	3.2	3.2
	＞250～500	3.2	6.3
9	＜6	1.6	1.6
	＞6～120	3.2	3.2
	＞120～400	6.3	6.3
	＞400～500	12.5	12.5
10	＜10	3.2	3.2
	＞10～120	6.3	6.3
	＞120～250	12.5	12.5

公差等级(IT)	公称尺寸/mm	表面粗糙度 *Ra* 值不大于	
		轴	孔
11	＜10	3.2	3.2
	＞10～120	6.3	6.3
	＞120～500	12.5	12.5
12	＜80	6.3	6.3
	＞80～250	12.5	12.5
	＞250～500	25	25
13	＜30	6.3	6.3
	＞30～120	12.5	12.5
	＞120～500	25	25

在常用值范围内，表面粗糙度与加工方法的关系：

√*Ra* 12.5 钻、粗车、粗刨等；

√*Ra* 6.3 ～√*Ra* 3.2 半精（车、刨、铣、镗等）加工；

√*Ra* 1.6 精（车、铣、刨、镗）加工及拉削、刮削、铰孔、滚压；（有配合要求的内孔，精度较高的平面如减速器的分离平面等）；

√*Ra* 0.8 磨、精铰、精细镗；（有配合要求的外圆，如轴颈、轴头等）；

√*Ra* 0.4 以上超精加工如：精磨、珩磨、研磨、镜面磨、抛光等。（如各种量具工作面，量规 0.1、量块工作面 0.012、非工作面 0.05 等）。

5.4.3　参数值的选用方法

在选择参数值时，通常可参照一些经过验证的实例，用类比法来确定。一般尺寸公差、表面形状公差小时，表面粗糙度参数值也小。然而，在实际生产中也有这样的情况，尺寸公差、表面形状公差要求很大，但表面粗糙度值却要求很小，如机床的手轮或手柄的表面，所以说，它们之间并不存在确定的函数关系。一般情况下，它们之间有一定的对应关系。设表面形状公差为 T，尺寸公差值为 IT，可参照一下对应关系：

$T \leqq 0.6IT$　　$Ra \leqslant 0.05IT$　　$Rz \leqslant 0.2IT$

$T \leqq 0.4IT$　　$Ra \leqslant 0.025IT$　　$Rz \leqslant 0.1IT$

$T \leqq 0.25IT$　　$Ra \leqslant 0.012IT$　　$Rz \leqslant 0.05IT$

T<0.25IT　　$Ra\leqslant 0.015T$　　$Rz\leqslant 0.6T$。

5.5 表面粗糙度的测量

5.5.1 常用的表面粗糙度测量方法

1. 比较法

比较法是车间常用的方法。将被测表面对照粗糙度样板，用肉眼判断或借助于放大镜、比较显微镜比较；也可用手摸，指甲划动的感觉来判断被加工表面的粗糙度。

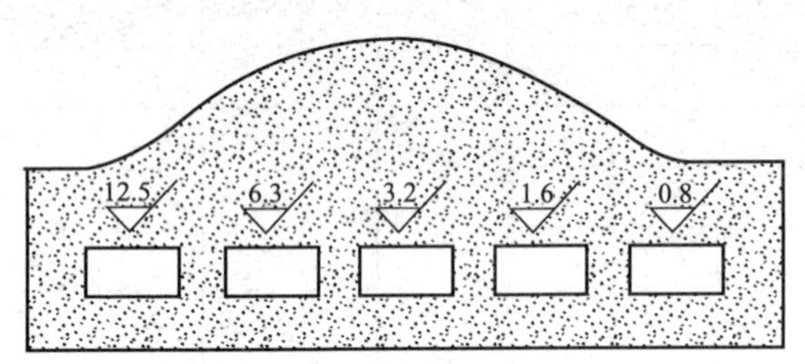

图 5-17 表面粗糙度样板

表面粗糙度样板（图 5-17）的材料、形状及制造工艺尽可能与工件相同，这样才便于比较，否则往往会产生较大的误差。比较法一般只用于粗糙度参数值较大的近似评定。

2. 光切法

光切法是利用“光切原理”来测量表面粗糙度。这种方法可用图 5-18 来说明。图 5-18(a)（1）表示被测表面是 P_1、P_2阶梯面，其阶梯高度为 h。A 为一扁平光束，当它从 45°方向投射在阶梯表面上时，就被折成 S_1和 S_2两段，经 B 方向反射后，就可在显微镜内看到 S_1和 S_2两段光带的放大像 S_1''和 S_2''［图 5-18(a)（2)］；同样，S_1和 S_2之间的距离 h，也被放大为 S_1''与 S_2''之间的距离 h''，只要用测微目镜测出 h''值，就可以根据放大关系算出 h 值。

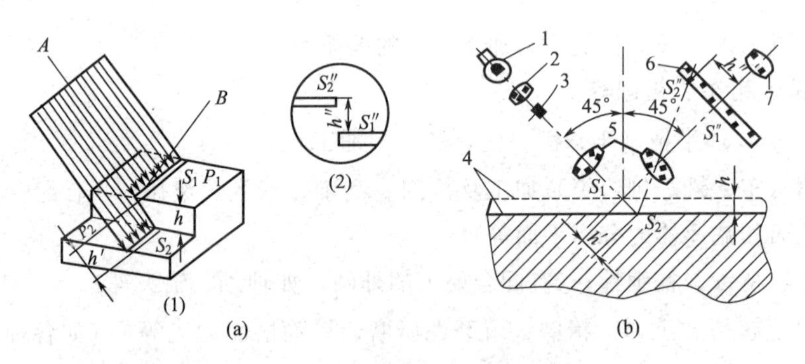

图 5-18 “光切原理”的应用

双管显微镜就是根据“光切原理”制成的，图 5-18(b) 是它的光学系统。显微镜有照明管和观察管，二管轴线互成 90°。在照明管中，光源 1 通过聚光镜 2、窄缝 3 和透镜 5，以 45°角的方向投射到工件表面 4 上，形成一狭细光带。光带边缘的形状，即为光束与工件表面相交的曲线，也就是工件在 45°截面上的表面形状，此轮廓曲线的波峰在 S_1点反射，波谷在 S_2点反射，通过观察管的透镜 5，分别成像在分划板 6 上的 S_1''点和 S_2''点，h''是峰、谷影像的高差。

图 5-19 是仪器的视场图。图 5-19(a) 是以可动十字分划线的水平线与影像最高点相切，此时可在测微目镜鼓轮上读数；图 5-19(b) 是可动十字分划线与最低点相切的情况，此时又可读一次数，前后两次读数之差就是 h''的读数值，测量时可按 Rz 定义，在取样长度内，

测五个最高点和五个最低点，按公式 $Rz=\frac{\sum_{i=1}^{5}y_{pi}+\sum_{i=1}^{5}y_{vi}}{5}$ 求出的 h'' 平均值，照此方法测几个取样长度后计算其平均值，再根据所选透镜组 5（可换物镜组）确定测微目镜鼓轮每一格的分度值 C。以 C 值乘 h'' 的平均值，即得被测表面的 Rz 值。

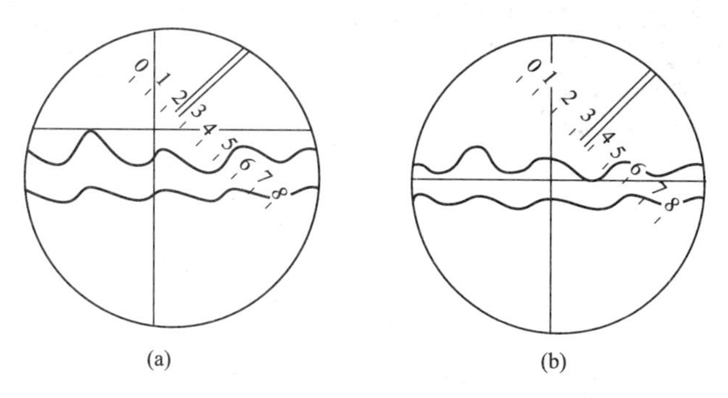

图 5-19　仪器的视场图

对大零件的内表面可以采用印模法，即用川蜡、石蜡、塑料或低熔点合金，将被测表面印模下来，然后对复制印模表面进行测量。由于印模材料不可能填充满谷底，其测值略有缩小，可查阅资料或自行实验得出修正系数，在计算中加以修正。

3. 干涉法

干涉法是利用光波干涉原理来测量表面粗糙度。被测表面直接参与光路，同一标准反射镜比较，以光波波长来度量干涉条纹弯曲程度，从而测得该表面的粗糙度。干涉法通常用于测定 0.8～0.025μm 的 Rz 值。

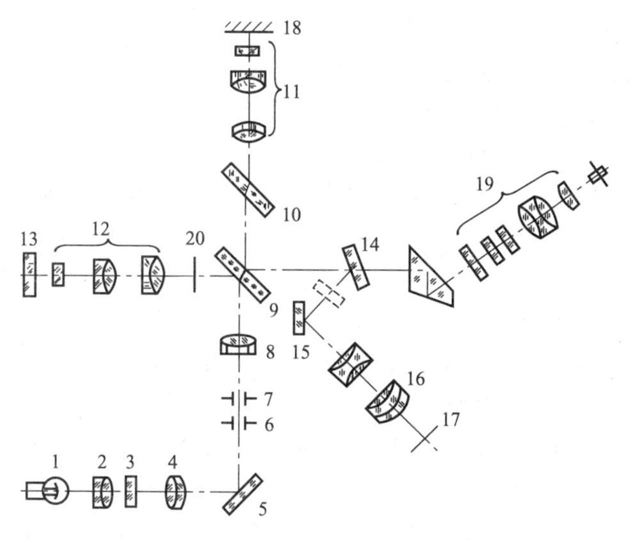

图 5-20　6JA 型仪器的光学系统简图

干涉法测量表面粗糙度的仪器是干涉显微镜。图 5-20 是 6JA 型仪器的光学系统简图。图中 1 为白炽灯光源，它发出的光通过聚光镜 2、4、8（3 是滤色片），经分光镜 9 分成两束。一束经补偿板 10、物镜 11 至被测表面 18，再经原路返回至分光镜 9 反射至目镜 19。另一光束由分光镜 9 反射后通过物镜 12 射至参考镜 13 上（20 是遮光板），由 13 反射再经物

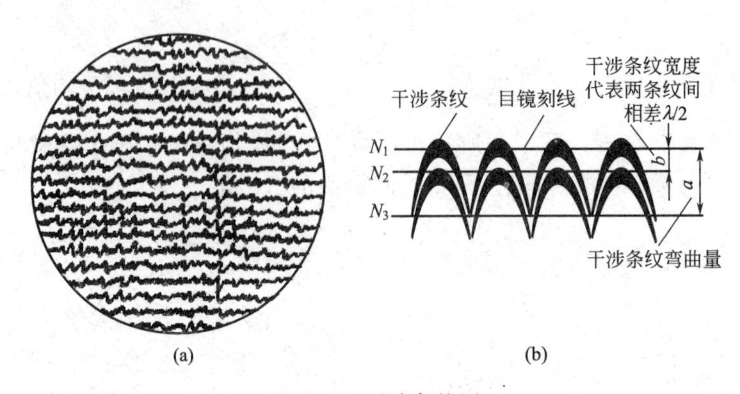

图 5-21　干涉条纹图

镜 12 并透过分光镜 9 也射向目镜 19。两路光束相遇叠加产生干涉，通过目镜 19 可以看到定位在被测表面的干涉条纹，如图 5-21 所示。其中，图 5-21(a) 是工件表面在仪器视场中的干涉条纹图。由于被测表面有微观的峰、谷存在，峰、谷处的光程就不一样，造成干涉条纹的弯曲，弯曲量的大小，与相应部位峰、谷高差值 h 有确定的数量关系，即

$$h=\frac{a}{b}\times\frac{\lambda}{2} \tag{5-1}$$

式中　a——干涉条纹的弯曲量；

b——干涉条纹的宽度；

λ——光波波长（白光≈0.54μm）。

因此，我们可用目测估计出 a/b 的比值或利用测微目镜测出 a、b 的数值，如图 5-21(b) 所示，N_1—N_3 是各次测微目镜的读数，然后按式(5-1) 计算出 h 的值。

4. 针描法

针描法是利用触针直接在被测表面上轻轻划过，从而测出表面粗糙度的 Ra 值。

电动轮廓仪（又称表面粗糙度检查仪或测面仪）就是利用针描法来测量表面粗糙度。仪器由传感器、驱动器、指示表、记录器和工作台等主要部件组成。传感器端部装有金刚石触针（图 5-22)，触针尖端曲率半径 r 很小。测量时将触针搭在工件上，与被测表面垂直接触，利用驱动器以一定的速度拖动传感器。由于被测表面轮廓峰谷起伏，触针在被测表面滑行时，将产生上下移动，这种机械的上下移动引起传感器内电量的变化，电量变化的大小与触针上下移动量成比例，经电子装置将这一微弱电量的变化放大，相敏检波和功率放大后，推动记录器进行记录，即得到截面轮廓的放大图；或者把信号通过适当的环节进行滤波和积分计算后，由电表直接读出 Ra 值。这种仪器适用于测定 5～0.025μm 的 Ra 值，其中有少数型号的仪器还可测定更小的参数值。仪器配有各种附件，以适应平面、内外圆柱面、圆锥面、球面、曲面、以及小孔、沟槽等形状的工件表面测量。测量迅速方便，测值精度高。

我国生产的电动轮廓仪有 BCJ-2 型，图 5-23 是它的外观图。

随着电子技术的进步，某些型号的电动轮廓仪还可将表面粗糙度的凹凸不平作三维处理。测量时应在相互平行的多个截面上进行，通过模/数变换器，将模拟量转换为数字量，送入计算机进行数据处理，记录其三维放大图形，并求出等高线图形，从而更加合理地评定被测面的表面粗糙度。

此外，根据随机过程理论，对表面粗糙度进行动态测量，也是正在研究的一个领域。

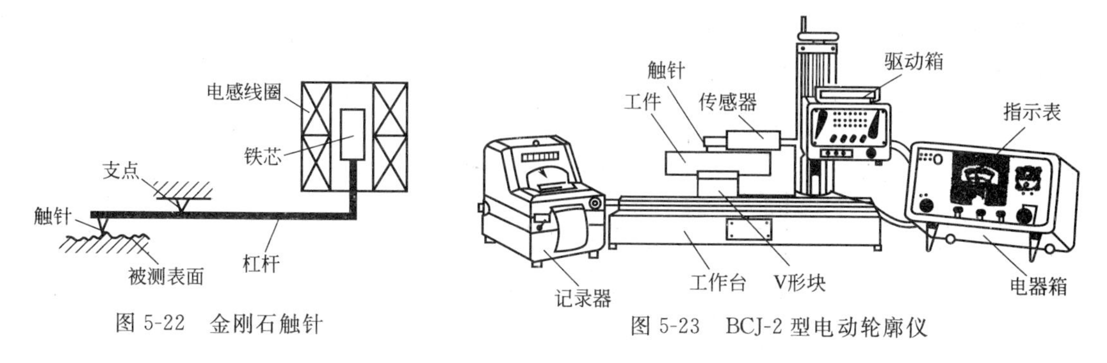

图 5-22　金刚石触针　　图 5-23　BCJ-2 型电动轮廓仪

5.5.2　测量表面粗糙度的注意事项

(1) 测量方向

① 当图样上未规定测量方向时，应在高度参数（Ra，Rz）最大值的方向上进行测量，即对于一般切削加工表面，应在垂直于加工痕迹的方向上测量。

② 当图样上明确规定测量方向的特定要求时，则应按要求测量。

③ 当无法确定表面加工纹理方向时（如经研磨的加工表面），应通过选定的几个不同方向测量，然后取其中的最大值作为被测表面的粗糙度参数值。

(2) 测量部位　被测工件的实际表面由于各种原因总存在不均匀性问题，为了比较完整地反映被测表面的实际状况，应选定几个部位进行测量。测量结果的确定，可按照国家标准的有关规定进行。

(3) 表面缺陷　零件的表面缺陷，例如，气孔、裂纹、砂眼、划痕等，一般比加工痕迹的深度或宽度大得多，不属于表面粗糙度的评定范围，必要时，应单独规定对表面缺陷的要求。

思考与练习

1. 表面粗糙度影响零件哪些使用性能？
2. 国家标准规定的表面粗糙度评定参数有哪些？优先采用哪个评定参数？
3. 取样长度和评定长度有什么区别？
4. 评定表面粗糙度时，为什么要规定轮廓中线？
5. 标注表面粗糙度代号应注意哪些问题？
6. 将表面粗糙度符号标注在下图，要求：

(1) 用去除材料的方法获得 ϕd_1、ϕd_3，要求 Ra 最大允许值为 3.2μm。

(2) 用去除材料的方法获得表面 a，要求 Rz 最大允许值为 3.2μm。

(3) 其余用去除材料的方法获得表面，要求 Ra 允许值均为 25μm 。

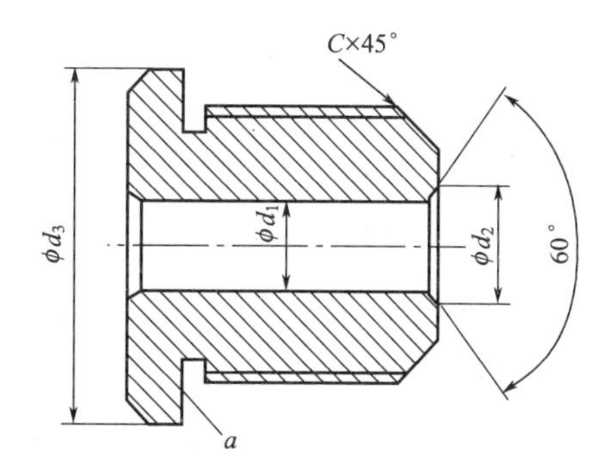

7. 指出下图中标注中的错误，并加以改正。

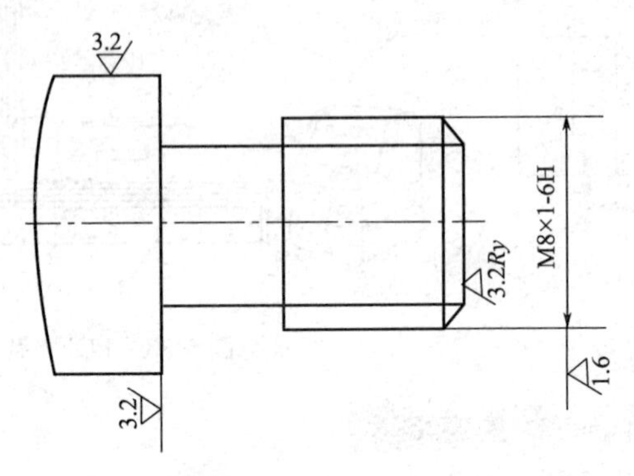

8. 有一传动轴的轴颈，其尺寸为 $\phi40^{+0.018}_{+0.002}$ mm，圆柱度公差为 2.5μm，试参照形状公差和尺寸公差确定该轴颈的表面粗糙度评定参数 Ra 的数值。

9. 在一般情况下，ϕ60H7 孔与 ϕ20H7 相比较，ϕ40H6/f5 与 ϕ40H6/s5 中的两个孔相比较，哪个孔应选用较小的表面粗糙度轮廓幅度参数值？

10. 用双管显微镜，在取样长度为 l_r 的范围内，测得微观不平度得 5 个峰高得读数值 h_{2i}（$i=1\sim5$）为 52，58，50，38，67，5 个谷深的读数值 h_{2i-1}（$i=1\sim5$）为 77，60，78，61，77。若测微目镜的测微计的分度值为 $i=0.6\mu m$。试计算该表面的微观不平度的十点高度 Rz 和轮廓最大高度 Ry 的值。

11. 常用的表面粗糙度测量方法有几种？它们之间的区别是什么？

12. 请简述测量表面粗糙度的注意事项。

第6章

检验和技术测量的规程及原则

6.1 检验和测量的规程

6.1.1 检验的概念和国家标准

检验是综合运用相关知识和技能，对产品的合格性做出判断的全过程。在生产过程中，技术测量人员对各种原材料、半成品和成品，用计量器具或其他数据分析方法以检查其是否合乎有关规定的过程，称为检验。

在机械制造中检验是指：用计量器具测量在加工过程中或加工后零件的几何形状和尺寸，以及用计量仪器测定工件的硬度及表面粗糙度等，从而确定该工件是否合格的过程。其一般步骤为：熟悉产品的相关质量标准与技术规范；阅读产品图纸，明确检测项目；确定检测方案及检测仪器；对产品进行检测，取得检测数据；进行数据处理，填写检测报告或有关单据并做出合格性判断；对不合格品进行处理（返修或报废），对合格品做出安排（转下道工序或入库）。

机械产品的质量检验依据是有关国家标准、设计图样和制造工艺等。质检部门要根据国家标准、设计图样和制造工艺，制定出检验操作指导书，指导检验人员对产品质量进行合格性检验。

有关国家标准对产品质量、品种规格、工艺及检验方法等做出了明确的技术规定，国家标准按性质可分为以下 4 种。

（1）基础标准　包括：通用技术语言标准（如名词术语、标志标记、符号、代号和制图等）；精度与互换性标准（如形状和位置公差、表面粗糙度、极限与配合等）；系列化和配套关系标准（如标准长度、直径和优先数与优先数系等）；结构要素标准（如中心孔、锥度和 T 形槽等）。此外，还有工艺标准、材料标准等。

（2）产品标准　包括：产品型式、尺寸规格、主要性能、质量指标、检验要求以及包装、运输和使用维修等方面的技术规定。

（3）方法标准　包括：设计计算方法、工艺方法、抽样方法、检验方法、试验方法等。

（4）安全环境保护标准　包括：产品与人身安全以及环境保护的标准等。

6.1.2 检验的分类和程序

检验的方法很多，分类的形式也各不相同。合理地选择检验方式，既能保证产品质量，又能减少检验工作量，提高检验效率，节省检验费用。

按生产流程顺序分为以下几类。

（1）进厂检验　对外购的原材料、外购件、辅助件进厂进行检验。进厂检验包括首件（批）检验和成批进货检验。其目的是防止不合格的原材料、外购件、辅助件在产品上使用。

（2）工序检验　对某道工序或某批零件进行检验。工序检验分首件检验、巡回检验和完工检验 3 种。其目的是预防废品的发生，防止把不合格品转到下道工序。

(3) 成品检验　对产品入库前进行一次全面的最终检验。成品检验一般包括成品的质量精度、性能、外观和安全性等。其目的为检定成品是否符合质量要求。

对零件的尺寸、形状、表面粗糙度等几何量参数的检验，通常按如下程序进行。

① 测量方法的选择；

② 计量器具的选择；

③ 测量基准面的选择；

④ 定位方式的选择；

⑤ 测量条件的控制；

⑥ 测量结果的处理。

6.2 检验和测量的基本原则

6.2.1 测量方法的选择原则

测量方法主要根据测量目的，生产批量，被测件的结构、尺寸、精度特征，以及现有计量器具的条件等来选择，其选择原则是：

① 保证测量结果的准确度；

② 在满足测量要求的前提下，选择成本尽可能低的测量方法。

6.2.2 计量器具的选用原则

1. 误收与误废的概念

通过测量，可以测得工件的实际尺寸，由于存在着各种测量误差，测量所得到的实际尺寸并非真值。尤其在车间生产现场，一般不可能采用多次测量取平均值的办法以减小随机误差的影响，也不对温度、湿度等环境因素引起的测量误差进行修正，通常只进行一次测量来判断工件的合格与否。因此，当测得值在工件最大、最小极限尺寸附近时，就有可能产生两种错误判断：一是将本来处在公差带之内的合格品判为废品而给予报废，称为误废；另一是将本来处在公差带之外的废品判为合格品而接收，称为误收。

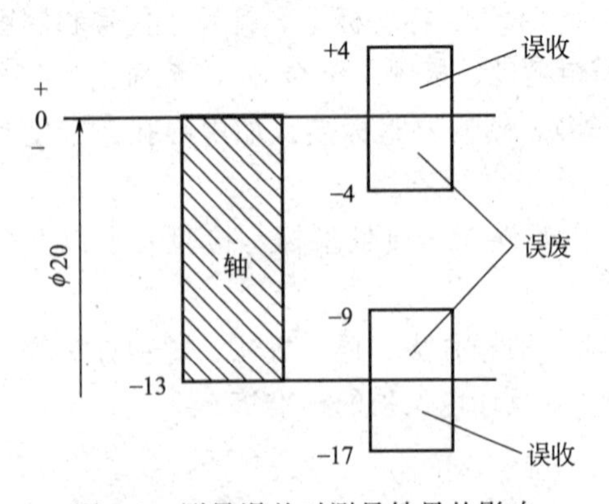

图 6-1　测量误差对测量结果的影响

例如：用示值误差为 ±4μm 的千分尺验收 $\phi 20_{-0.013}^{\ 0}$ mm 轴颈时，其公差带如图 6-1 所示。

按设计规定，其上、下极限偏差分别为 0 与 −13μm，即设计的标准公差为 13μm。若轴颈的实际偏差位于 0～+4μm，但千分尺的测量误差为 −4μm 时，其测量值就小于其上极限偏差，因而可能将其判成合格品而接收，即导致误收；反之，若轴颈的实际偏差位于 −4～0μm，但千分尺的测量误差为 +4μm 时，其测量值就大于其上极限偏差，因而可能将其判为废品，即导致误废。同理，当轴颈的实际偏差位于 −17～−13μm，但千分尺的测量误差为 +4μm 时，也可能导致误收；当轴颈的实际偏差位于 −13～−9μm，但千分尺的测量误差为 −4μm 时，也可能导致误废。

误收不利于质量的保证，误废不利于成本的降低。为了适当控制误废，尽量减少误收，保证工件尺寸检验的质量，《光滑工件尺寸的检验》（GB/T 3177—1997）对验收原则、验收极限和计量器具的选择等作了规定。该标准适用于车间使用的普通计量器具（如游标卡尺、千分尺及比较仪等）对图样上注出的公差等级为 IT6～IT18 级、基本尺寸至 500mm 的光滑工件尺寸的检验，也适用于对一般公差尺寸的检验。

2. 光滑工件尺寸的检验

（1）验收极限的确定　验收极限是检测工件尺寸时判断合格与否的尺寸极限。为了适当控制误废，尽量减少误收，根据我国的生产实际，国标中规定：“应只接收位于规定尺寸极限之内的工件”。根据这一原则，国标规定了两种确定验收极限的方式。

① 内缩方式：由于规定验收极限时的检测条件是在符合车间实际检测的情况下进行的，对温度、测量力引起的误差以及计量器具和标准器的系统误差，一般不予修正。这些误差都在规定验收极限时加以考虑。规定验收极限是从图样上标注的最大极限尺寸和最小极限尺寸分别向工件公差带内移动一个安全裕度 A 来确定，如图 6-2 所示。A 的数值按工件公差的 1/10 确定，其数值可从标准规定的表中查得，如表 6-1 所示。规定安全裕度 A 是为了避免在测量工件时，由于测量误差的存在，而造成误收。按此规定，尺寸的验收极限应为：

上验收极限尺寸＝上极限尺寸－A

下验收极限尺寸＝下极限尺寸＋A

显然，这种方式可以减少误收，但增加了误废，从保证产品质量着眼是必要的。

② 不内缩方式：验收极限等于图样上标注的最大极限尺寸和最小极限尺寸，即 A 等于零，如图 6-3 所示。

上验收极限尺寸＝上极限尺寸

下验收极限尺寸＝下极限尺寸

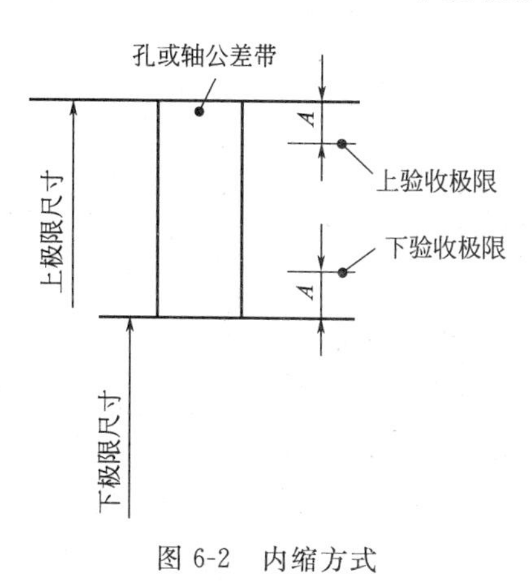

图 6-2　内缩方式

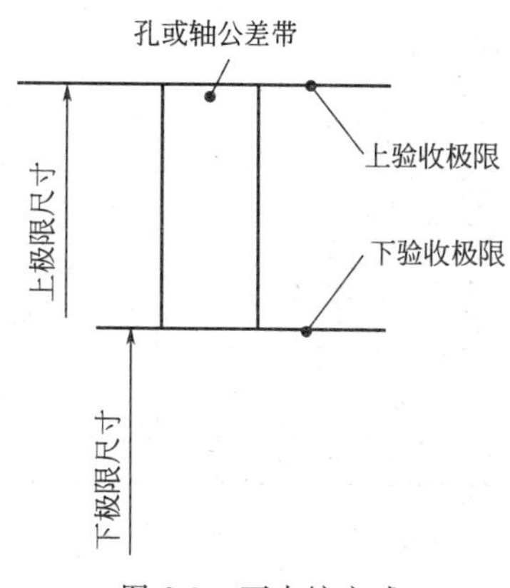

图 6-3　不内缩方式

上述两种验收方式的选择应综合考虑尺寸的功能要求及重要程度、尺寸公差等级、测量不确定度和工艺能力等因素。

（2）验收极限的适用性　验收极限一般可按下述原则选定：

① 对采用包容要求的尺寸，公差等级较高的尺寸，应选用内缩方式确定验收极限。

② 当工艺能力指数 $C_p>1$ 时（$C_p=T/6\sigma$，式中 T 是工件的公差，σ 为加工设备的标准偏差），其验收极限可以按不内缩的方式确定；但当采用包容要求时，在最大实体尺寸一侧仍应按内缩方式确定验收极限，如图 6-4 所示。

③ 当工件的实际尺寸服从偏态分布时，可以只对尺寸偏向的一侧（如生产批量不大，用试切法获得尺寸时，尺寸会偏向 MMS 一边）按内缩方式确定验收极限，如图 6-5 所示。

④ 对于非配合尺寸和一般公差尺寸，可按不内缩的方式确定验收极限。

表 6-1　安全裕度 A 与计量器具的测量不确定度允许值 μ_1

公差等级		IT6					IT7					IT8				
公称尺寸		T	A	μ_1			T	A	μ_1			T	A	μ_1		
大于	至			Ⅰ	Ⅱ	Ⅲ			Ⅰ	Ⅱ	Ⅲ			Ⅰ	Ⅱ	Ⅲ
0	3	6	0.6	0.54	0.9	1.4	10	1.0	0.9	1.5	2.3	14	1.4	1.3	2.1	3.2
3	6	8	0.8	0.72	1.2	1.8	12	1.2	1.1	1.8	2.7	18	1.8	1.6	2.7	4.1
6	10	9	0.9	0.81	1.4	2.0	15	1.5	1.4	2.3	3.4	22	2.2	2.0	3.3	5.0
10	18	11	1.1	1.0	1.7	2.5	18	1.8	1.7	2.7	4.1	27	2.7	2.4	4.1	6.1
18	30	13	1.3	1.2	2.0	2.9	21	2.1	1.9	3.2	4.7	33	3.3	3.0	5.0	7.4
30	50	16	1.6	1.4	2.4	3.6	25	2.5	2.3	3.8	5.6	39	3.9	3.5	5.9	8.8
50	80	19	1.9	1.7	2.9	4.3	30	3.0	2.7	4.5	6.8	46	4.6	4.1	6.9	10
80	120	22	2.2	2.0	3.3	5.0	35	3.5	3.2	5.3	7.9	54	5.4	4.9	8.1	12
120	180	25	2.5	2.3	3.8	5.6	40	4.0	3.6	6.0	9.0	63	6.3	5.7	9.5	14
180	250	29	2.9	2.6	4.4	6.5	46	4.6	4.1	6.9	10	72	7.2	6.5	11	16
250	315	32	3.2	2.9	4.8	7.2	52	5.2	4.7	7.8	12	81	8.1	7.3	12	18
315	400	36	3.6	3.2	5.4	8.1	57	5.7	5.1	8.4	13	89	8.9	8.0	13	20
400	500	40	4.0	3.6	6.0	9.0	63	6.3	5.7	9.5	14	97	9.7	8.7	15	22

公差等级		IT9					IT10					IT11				
公称尺寸		T	A	μ_1			T	A	μ_1			T	A	μ_1		
大于	至			Ⅰ	Ⅱ	Ⅲ			Ⅰ	Ⅱ	Ⅲ			Ⅰ	Ⅱ	Ⅲ
0	3	25	2.5	2.3	3.8	5.6	40	4.0	3.6	6.0	9.0	60	6.0	5.4	9.0	14
3	6	30	3.0	2.7	4.5	6.8	48	4.8	4.3	7.2	11	75	7.5	6.8	11	17
6	10	36	3.6	3.3	5.4	8.1	58	5.8	5.2	8.7	13	90	9.0	8.1	14	20
10	18	43	4.3	3.9	6.5	9.7	70	7.0	6.3	11	16	110	11	10	17	25
18	30	52	5.2	4.7	7.8	12	84	8.4	7.6	13	19	130	13	12	20	29
30	50	62	6.2	5.6	9.3	14	100	10	9.0	15	23	160	16	14	24	36
50	80	74	7.4	6.7	11	17	120	12	11	18	27	190	19	17	29	43
80	120	87	8.7	7.8	13	20	140	14	13	21	32	220	22	20	33	50
120	180	100	10	9.0	15	23	160	16	15	24	36	250	25	23	38	56
180	250	115	12	10	17	26	185	18	17	28	42	290	29	26	44	65
250	315	130	13	12	19	29	210	21	19	32	47	320	32	29	48	72
315	400	140	14	13	21	32	230	23	21	35	52	360	36	32	54	81
400	500	155	16	14	23	35	250	25	23	38	56	400	40	36	60	90

3. 计量器具的选择原则

机械制造中计量器具的选择主要决定于计量器具的技术指标和经济指标。在综合考虑这些指标时，主要有以下两点要求：

（1）按被测工件的部位、外形及尺寸来选择计量器具，使所选择的计量器具的测量范围能满足工件的要求。

（2）按被测工件的公差来选择计量器具。考虑到计量器具的误差将会带入工件的测量结果中，因此选择的计量器具其允许的极限误差应当小。但计量器具的极限误差越小，其价格就越高，对使用时的环境条件和操作者的要求也越高。因此，在选择计量器具时，应将技术指标和经济指标统一进行考虑。

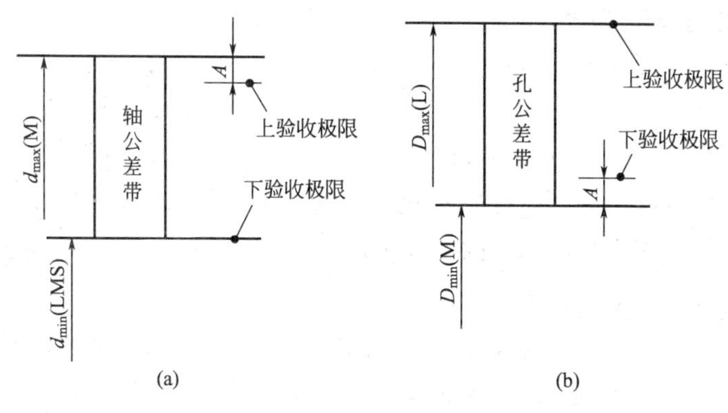

图 6-4　$C_p>1$ 采用包容要求时的验收极限

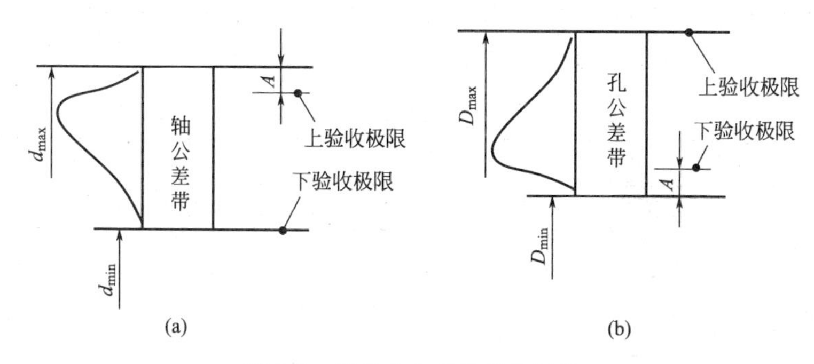

图 6-5　偏态分布时的验收极限

通常计量器具的选择可根据标准（如光滑工件尺寸的检验 GB/T 3177—1997）进行。对于没有标准的其他工件检测用的计量器具，应使所选用的计量器具的极限误差约占被测工件公差的$\frac{1}{10}$～$\frac{1}{3}$，其中对低精度的工件采用 1/10，对高精度的工件采用 1/3 甚至 1/2。由于工件精度越高，对计量器具的精度要求也越高。高精度的计量器具因制造困难，所以使其极限误差占工件公差的比例增大是合理的。表 6-2 列出了一些计量器具的极限误差。

表 6-2　计量器具的极限误差

计量器具名称	分度值/mm	所用量块		尺寸范围/mm							
		检定等别	精度级别	1～10	10～50	50～80	80～120	120～180	180～260	260～360	360～500
				测量极限误差/±μm							
立式卧式光学计测外尺寸	0.001	4 5	1 2	0.4 0.7	0.6 1.0	0.8 1.3	1.0 1.6	1.2 1.8	1.8 2.5	2.5 3.5	3.0 4.5
立式卧式测长仪测外尺寸	0.001	绝对测量		1.1	1.5	1.9	2.0	2.3	2.3	3.0	3.5
卧式测长仪测内尺寸	0.001	绝对测量		2.5	3.0	3.3	3.5	3.8	4.2	4.8	—
测长机	0.001	绝对测量		1.0	1.3	1.6	2.0	2.5	4.0	5.0	6.0
万能工具显微镜	0.001	绝对测量		1.5	2	2.5	2.5	3	3.5	—	—
大型工具显微镜	0.01	绝对测量		5	5						
接触式干涉仪				Δ≤0.1μm							

6.2.3 计量器具的选择

标准规定计量器具的选择，应按测量不确定度的允许值 U 来进行。

计量器具在误差（如随机误差、未定系统误差）、测量条件（如温度、压陷效应）及工件形状误差等综合作用下，会引起测量结果对其真值的分散，其分散程度可由测量不确定度来评定。显然，测量不确定度的允许值 U 由计量器具不确定度的允许值 μ_1 和温度、压陷效应及工件形状误差等因素影响所引起的不确定度允许值 μ_2 两部分组成。据统计分析，$\mu_2=0.45U$，$\mu_1=0.9U$，测量不确定度的允许值 $U=\sqrt{\mu_1^2+\mu_2^2}$。

测量检验工件时，要达到不误收，单靠内缩验收极限还是不够可靠，因为若计量器具的测量不确定度足够大时，还是会产生误收现象。为此，标准对其作出如下规定：

按计量器具所引起的测量不确定度的允许值 μ_1 选择计量器具，要求所选择的计量器具不确定度 $\mu_{计}$ 不大于允许值 μ_1（μ_1 可查表 6-1），考虑到计量器具的经济性 $\mu_{计}$ 还应尽可能地接近 μ_1。表 6-3～表 6-5 列出了有关计量器具不确定度的允许值。

表 6-3 千分尺和游标卡尺的不确定度

<table>
<tr><th rowspan="3">尺寸范围</th><th colspan="4">计量器具类型</th></tr>
<tr><th>分度值 0.01 外径千分尺</th><th>分度值 0.01 内径千分尺</th><th>分度值 0.02 游标卡尺</th><th>分度值 0.05 游标卡尺</th></tr>
<tr><th colspan="4">不确定度</th></tr>
<tr><td>0～50</td><td>0.004</td><td rowspan="3">0.008</td><td rowspan="6">0.020</td><td rowspan="4">0.05</td></tr>
<tr><td>50～100</td><td>0.005</td></tr>
<tr><td>100～150</td><td>0.006</td></tr>
<tr><td>150～200</td><td>0.007</td><td rowspan="3">0.013</td></tr>
<tr><td>200～250</td><td>0.008</td><td rowspan="6">0.100</td></tr>
<tr><td>250～300</td><td>0.009</td></tr>
<tr><td>300～350</td><td>0.010</td><td rowspan="3">0.020</td><td rowspan="4"></td></tr>
<tr><td>350～400</td><td>0.011</td></tr>
<tr><td>400～450</td><td>0.012</td></tr>
<tr><td>450～500</td><td>0.013</td><td>0.025</td></tr>
</table>

注：当采用比较测量时，千分尺的不确定度可小于本表规定的数值，一般可减小 40%。

表 6-4 比较仪的不确定度

<table>
<tr><th colspan="2" rowspan="2">尺寸范围</th><th colspan="4">所使用的计量器具</th></tr>
<tr><th>分度值为 0.0005（相当于放大倍数 2000 倍）的比较仪</th><th>分度值为 0.001（相当于放大倍数 1000 倍）的比较仪</th><th>分度值为 0.002（相当于放大倍数 400 倍）的比较仪</th><th>分度值为 0.005（相当于放大倍数 250 倍）的比较仪</th></tr>
<tr><th>大于</th><th>至</th><th colspan="4">不确定度</th></tr>
<tr><td></td><td>25</td><td>0.0006</td><td rowspan="2">0.0010</td><td>0.0017</td><td rowspan="5">0.0030</td></tr>
<tr><td>25</td><td>40</td><td>0.0007</td><td rowspan="3">0.0018</td></tr>
<tr><td>40</td><td>65</td><td>0.0008</td><td rowspan="2">0.0011</td></tr>
<tr><td>65</td><td>90</td><td>0.0008</td></tr>
<tr><td>90</td><td>115</td><td>0.0009</td><td>0.0012</td><td rowspan="2">0.0019</td></tr>
<tr><td>115</td><td>165</td><td>0.0010</td><td>0.0013</td><td rowspan="4">0.0035</td></tr>
<tr><td>165</td><td>215</td><td>0.0012</td><td>0.0014</td><td>0.0020</td></tr>
<tr><td>215</td><td>265</td><td>0.0014</td><td>0.0016</td><td>0.0021</td></tr>
<tr><td>265</td><td>315</td><td>0.0016</td><td>0.0017</td><td>0.0022</td></tr>
</table>

注：测量时，使用的标准器由 4 块 1 级（或 4 等）量块组成。

表 6-5　指示表的不确定度

<table>
<tr><td colspan="2" rowspan="2">尺寸范围</td><td colspan="4">所使用的计量器具</td></tr>
<tr><td>分度值为 0.001 的千分表(0 级在全程范围内,1 级在 0.2mm 内)
分度值为 0.002 的千分表(在 1 转范围内)</td><td>分度值为 0.001、0.002、0.005 的千分表(1 级在全程范围内)
分度值为 0.01 的百分表(0 级在任意 1mm 内)</td><td>分度值为 0.01 的百分表(0 级在全程范围内,1 级在任意 1mm 内)</td><td>分度值为 0.01 的百分表(1 级在全程范围内)</td></tr>
<tr><td>大于</td><td>至</td><td colspan="4">不确定度</td></tr>
<tr><td></td><td>25</td><td rowspan="5">0.005</td><td rowspan="9">0.010</td><td rowspan="9">0.018</td><td rowspan="9">0.030</td></tr>
<tr><td>25</td><td>40</td></tr>
<tr><td>40</td><td>65</td></tr>
<tr><td>65</td><td>90</td></tr>
<tr><td>90</td><td>115</td></tr>
<tr><td>115</td><td>165</td><td rowspan="4">0.006</td></tr>
<tr><td>165</td><td>215</td></tr>
<tr><td>215</td><td>265</td></tr>
<tr><td>265</td><td>315</td></tr>
</table>

例 6-1　试确定 $\phi140h11$(采用的是包容要求) 的验收极限，并选择计量器具。

解　(1) 确定安全裕度 A 和验收极限　查表确定 $\phi140h11$ 公差带的上下极限偏差 $\phi140_{-0.250}^{\ 0}$，再根据表 6-1 查得 $A=0.025$mm，$\mu_1=0.023$mm(Ⅰ档)。

工件尺寸采用包容要求，应按内缩方式确定验收极限，则

$$上验收极限=d_{max}-A=(140-0.025)mm=139.975mm$$

$$下验收极限=d_{min}+A=(140-0.25)mm+0.025mm=139.775mm$$

(2) 选择计量器具　由表 6-3 查得分度值为 0.02mm 的游标卡尺，它的测量不确定度为 0.020mm$<\mu_1=0.023$mm，且数值最为接近，可以满足要求。

6.3　测量基准面和定位方式的选择

6.3.1　测量基准面的选择原则

测量基准面的选择原则上必须遵守基准统一的原则，即测量基准面应与设计基准面、工艺基准面、装配基准面相一致。

但是在实际检测中，工件的工艺基准面和设计基准面不一定重合，在这种工艺基准面不与设计基准面一致情况下，测量基准面的选择应遵守下列原则：

① 在工序间检验时，测量基准面应与工艺基准面一致。

② 在终结检验时，测量基准面应与装配基准面一致。

在实际检测中，除了测量基准面以外，还需要一定数量的辅助测量基准面，辅助基准面的选择原则为：

① 选择精度较高的尺寸或尺寸组（如尺寸较长的尺寸组）作为辅助基面。当没有合适辅助基面时，应事先加工一辅助基面作为测量基准面。

② 应选择稳定性较好且精度较高的尺寸作为辅助基面。

③ 当被测参数较多时，应在精度大致相同的情况下，选择各参数之间关系较密切的、

便于控制各参数的一参数（或尺寸）作为辅助基面。

6.3.2 定位方式的选择原则

根据被测件几何形状和结构形式选择定位方式，定位方式的选择原则如下：

① 对平面可用平面或三点支撑定位；

② 对球面可用平面或 V 形铁定位；

③ 对外圆柱表面可用 V 形块或顶尖、三爪卡盘定位；

④ 对内圆柱表面可用心轴、内三爪卡盘定位。

6.4 测量误差与数据处理

6.4.1 测量误差的基本概念

1. 测量误差的概念

由于计量器具与测量条件的限制或其他因素的影响，每一个测得值，往往只是在一定程度上近似于真值，这种近似程度在数值上则表现为测量误差。所以测量误差是指测量结果与被测量的真值之间的差异。可以说，任何测量过程总是不可避免地存在测量误差。

2. 测量误差的表示方法

（1）绝对误差 δ　绝对误差是测量结果 x 与其真值 x_0 差，即 $\delta=x-x_0$。由于测量结果可大于或小于真值，因此绝对误差可能是正值或负值，即 $x_0=x\pm\delta$。这说明，测量误差的大小决定了测量的精确度。δ 越大精确度越低，反之则越高。但这一结论只适用于被测量值相同的情况，而不能说明不同被测量的测量精度。当被测尺寸不同时，要比较其精确度的高低，需采用相对误差。

（2）相对误差 f　相对误差是测量的绝对误差 δ 与其真值 x_0 之比，即 $f=\frac{|\delta|}{x_0}$，由于被测量的真值是不可知的，实际中以被测几何量的量值 x 代替真值 x_0 进行估算，即：$f=\frac{|\delta|}{x}\times100\%$。

相对误差是无量纲的数值，通常用百分数表示。

例 6-2　测量一个长 100mm 尺寸的误差为 0.01mm，测量另一个长 1000mm 尺寸的误差为 0.01mm。根据绝对误差表示不出它们精确度的差别，用相对误差表示时：

$$f_1=\frac{|\delta|}{x_0}=\frac{0.01}{100}\times100\%=0.01\% \qquad f_2=\frac{|\delta|}{x_0}=\frac{0.01}{1000}\times100\%=0.001\%$$

$f_1>f_2$，表示后者的精确度比前者高。

6.4.2 测量误差的来源及分类

1. 测量误差产生的原因

由于测量误差的存在，测得值只能近似地反映被测几何值的真值。为减小测量误差，必须分析测量误差的产生原因，尽量减小测量误差，提高测量精度。测量误差产生的原因可归纳为下列几种。

（1）计量器具误差　计量器具误差是由计量器具本身在设计、制造、装配和使用调整中的不准确而引起的。这些误差综合表现在示值误差和示值变化性上。例如，传动系统元件制造不准确所引起的放大比误差；传动系统元件接触间隙引起读数不稳定误差。

（2）测量方法误差　测量方法误差是测量方法不完善所产生的误差，它包括计算公式不精确、测量方法不当和工件安装不合理等。例如，对同一个被测几何量分别用直接测量法和间接测量法会产生不同的方法误差。再如，先测出圆的直径 d，然后按公式：$S=\pi d$ 计算出周长，由于 π 取近似值，所以计算结果中带有方法误差。

（3）环境误差　环境误差是指测量时，环境不符合标准状态所引起的测量误差。影响环境的因素有温度、湿度、振动和灰尘等。其中温度引起的误差最大。因此规定：测量的标准温度为 20℃，高精度测量应在恒温条件下进行；当室温与标准温度差异为测量精度所许可，而且被测工件、量仪及调整标准器的温度达到平衡后才进行测量，这时由温度变化所引起的测量误差，可减少到最小程度或忽略不计。

（4）人员误差　人员误差是测量人员的主观因素引起的误差，例如测量人员技术不熟练、视觉偏差、估读判断错误等引起的误差。

总之，造成测量误差的因素有很多，测量者应对一些可能产生测量误差的原因进行分析，设法消除或减少其对测量结果的影响，以提高测量的精确度。

2. 测量误差的分类

根据测量误差出现的规律，可以将其分为系统误差、随机误差和粗大误差三种基本类型。

（1）系统误差　系统误差是指在相同条件下多次重复测量同一几何量时，误差的大小和符号均不变，或按一定规律变化的测量误差。前者称定值系统误差，后者称变值系统误差，所谓规律，是指这种误差可以归结为某一因素或某几个因素的函数。这种函数一般可用解析式、曲线或数表来表示。例如，千分尺的零位不正确引起的误差是定值系统误差。在长度测量过程中，若温度产生均匀变化，则引起的误差按线性变化，刻度盘偏心引起的角度测量误差按正弦规律变化，这种误差是变值系统误差。

当测量条件一定时，系统误差就获得一个客观上定值，采用多次测量的平均也不能减弱它的影响。

（2）随机误差　随机误差是指在相同条件下多次重复测量同一几何量时，误差的大小和符号以不可预定的方式变化的测量误差。随机误差主要是由测量中一些偶然因素或不稳定因素引起的。测量结果中随机误差大小的程度可以用测量精密度表示。例如，计量器具传动机构的间隙、摩擦测量力的不稳定以及温度波动等引起的误差。

所谓随机是指它在单次（某一次）测量中误差出现是无规律可循的，但若进行多次重复测量时，则可发现随机误差符合正态分布规律，因此常用概率论和统计原理来处理。

（3）粗大误差　粗大误差是指由于主观疏忽大意或客观条件发生突然变化而产生的误差。粗大误差的产生是由于某些不正常的原因所造成的。例如，测量者的粗心大意、测量仪器和被测工件的突然振动、读数和记录错误等。由于粗大误差一般数值较大，它会明显歪曲测量结果，一个正确的测量，不应包含粗大误差。所以在进行误差分析时，主要分析系统误差和随机误差，并应剔除粗大误差。

6.4.3　各类测量误差的处理

1. 随机误差的分布规律及其特性

随机误差可用试验方法来确定。实践表明，大多数情况下，随机误差符合正态分布。为便于理解，现举例说明。

例如，对一圆柱销轴，用同样的方法在同样条件下重复测量销轴的同一部位尺寸 200

次，得到 200 个数据（这一系列的测得值，常称为测量列），将测得值从最小值 19.990mm 到最大值 20.012mm，每间隔为 0.002mm 为一组，共分 11 组，有关数据如表 6-6 所示。

表 6-6 统计数据

尺寸分组区间/mm	组 号	区间中心值/mm	每组出现的次数(频数 n_i)	频率(n_i/n)
19.990～19.992	1	19.991	2	0.01
19.992～19.994	2	19.993	4	0.02
19.994～19.996	3	19.995	10	0.05
19.996～19.998	4	19.997	24	0.12
19.998～20.000	5	19.999	37	0.185
20.000～20.002	6	20.001	45	0.225
20.002～20.004	7	20.003	39	0.195
20.004～20.006	8	20.005	23	0.115
20.006～20.008	9	20.007	12	0.06
20.008～20.010	10	20.009	3	0.015
20.010～20.012	11	20.011	1	0.005

根据表 6-6 所统计的数据，以尺寸为横坐标，以相对出现次数 n_i/n（频率）为纵坐标，画出频率直方图［见图 6-6(a)］。连接直方图各顶线中点，得到一条折线，称实际分布曲线。如果将上述测量次数无限增大（$n\to\infty$），再将分组间隔无限缩小（$\Delta x\to 0$），则实际分布曲线就会变成一条光滑的曲线［见图 6-6(b)］，即随机误差的正态分布曲线，也叫高斯曲线。

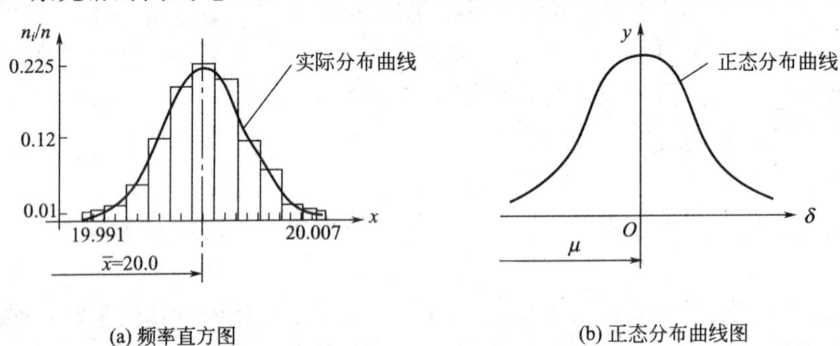

图 6-6 频率直方图和正态分布曲线

根据概率论，正态分布曲线的数学表达式为

$$y=f(\delta)=\frac{1}{\sigma\sqrt{2\pi}}e^{-\frac{\delta^2}{2\sigma^2}} \tag{6-1}$$

式中 y——概率密度函数；

δ——随机误差；

σ——标准偏差（均方根误差）；

e——自然对数的底，e=2.71828。

从式(6-1) 可以看出，概率密度 y 的大小与随机误差 δ、标准偏差 σ 有关。当 $\delta=0$ 时，概率密度最大，即 $y_{\max}=1/(\sigma\sqrt{2\pi})$。显然概率密度最大值是随标准偏差变化的。标准偏差越小，分布曲线就越陡，随机误差的分布就越集中，表示测量精度就越高。反之标准偏差越大，分布曲线就越平坦，随机误差的分布就越分散，表示测量精度就越低。随机误差的标准偏差可用下式计算得到

$$\sigma=\sqrt{\frac{\sum\delta^2}{n}} \tag{6-2}$$

式中　n——测量次数。

标准偏差 σ 是反映测量列中测得值分散程度的一项指标，它表示测量列中单次测量值（任一测得值）的标准偏差。

根据概率论可知，正态分布曲线下所包含的全部面积等于随机误差出现的概率 P 的总和。即

$$P=\int_{-\infty}^{+\infty} y\mathrm{d}\delta=1 \tag{6-3}$$

说明全部随机误差出现的概率为 100%，大于零的正误差与小于零的负误差各为 50%。实际上随机误差区间落在（$-\delta \sim +\delta$）之间，其概率小于 1，即 $P=\int_{-\delta}^{+\delta} y\mathrm{d}\delta<1$ 。为化成标准正态分布，便于求出 P 的数值，可设

$$\delta=\sigma t,\ \mathrm{d}\delta=\sigma \mathrm{d}t$$

则

$$\begin{aligned} P &= \int_{-\delta}^{+\delta} y\,\mathrm{d}\delta \\ &= \int_{-\sigma t}^{+\sigma t} \frac{1}{\sigma\sqrt{2\pi}} \mathrm{e}^{-\frac{t^2}{2}} \sigma \mathrm{d}t \\ &= \frac{2}{\sqrt{2\pi}} \int_0^{+\sigma t} \mathrm{e}^{-\frac{t^2}{2}} \mathrm{d}t \end{aligned}$$

再设

$$P=2\phi(t)$$

则有

$$\phi(t)=\frac{1}{\sqrt{2\pi}}\int_0^{+\sigma t} \mathrm{e}^{-\frac{t^2}{2}}\mathrm{d}t \tag{6-4}$$

这就是拉普拉斯函数（概率积分）。常用的 $\phi(t)$ 数值可通过查表得到。选择不同的 t 值，就对应有不同的概率，测量结果的可信度也就不一样。随机误差在 $\pm\sigma t$ 范围内出现的概率称为置信概率，t 称为置信因子或置信系数。在几何测量中，通常取置信因子 $t=3$，则置信概率为 $P=99.73\%$。亦即 δ 超出 $\pm 3\sigma$ 的概率为 $(1-99.73\%)=0.27\%$。在实际测量中，测量次数一般不会多于几十次。随机误差超出 3σ 的情况实际上很少出现。所以取测量极限误差为 $\delta_{\lim}=\pm 3\sigma$，$\delta_{\lim}$ 也表示测量列中单次测量值的测量极限误差。

由于被测几何量的真值未知，所以不能直接计算求得标准偏差 σ 的数值。在实际测量时，当测量次数 N 充分大时，随机误差的算术平均值趋于零，便可以用测量列中各个测得值的算术平均值代替真值，并估算出标准偏差，进而确定测量结果。

在假定测量列中不存在系统误差和粗大误差的前提下，可按下列步骤对随机误差进行处理。

（1）计算测量列中各个测得值的算术平均值　测量列的测得值为 x_1、x_2、…、x_n，则算术平均值为

$$\bar{x}=\frac{\sum_{i=1}^{N} x_i}{N} \tag{6-5}$$

（2）计算残余误差　残余误差 ν_i 即测得值与算术平均值之差，一个测量列就对应着一个残余误差列

$$\nu_i=x_i-\bar{x} \tag{6-6}$$

残余误差具有两个基本特性：

① 残余误差的代数和等于零，即$\sum\nu_i=0$；

② 残余误差的平方和为最小，即$\sum\nu_i^2$为最小。

由此可见，用算术平均值作为测量结果是合理可靠的。

(3) 计算标准偏差（即单次测得值的标准偏差σ）　在实际应用中，常用贝塞尔公式计算标准偏差，贝塞尔公式如下

$$\sigma=\sqrt{\frac{\sum_{i=1}^{N}\nu_i^2}{N-1}} \tag{6-7}$$

(4) 计算测量列算术平均值的标准偏差$\sigma_{\overline{x}}$　若在一定测量条件下，对同一被测几何量进行多组测量（每组皆测量N次），则对应每组N次测量都有一个算术平均值，各组的算术平均值都不相同，不过它们的分散程度要比单次测量值的分散程度小得多。描述它们的分散程度同样可以用标准偏差$\sigma_{\overline{x}}$作为评定指标。根据误差理论，测量列算术平均值的标准偏差与测量列单次测量值的标准偏差$\sigma_{\overline{x}}$存在如下关系。

$$\sigma_{\overline{x}}=\frac{\sigma}{\sqrt{N}} \tag{6-8}$$

显然，多次测量结果的精度比单次测量的精度高，即测量次数越多，测量精密度就越高。从图6-7可看出，测量次数不是越多越好，一般取$N>10$(15次左右）为宜。

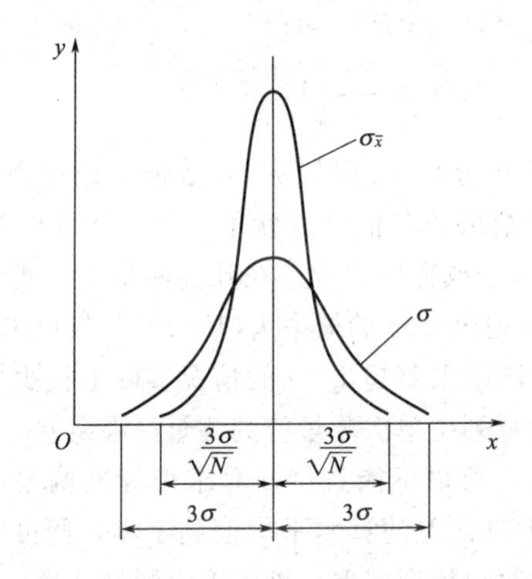

(a)　$\sigma_{\overline{x}}$与σ的关系

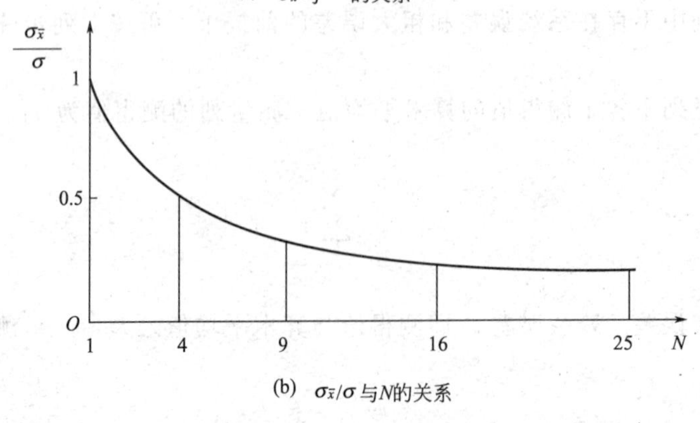

(b)　$\sigma_{\overline{x}}/\sigma$与$N$的关系

图6-7　$\sigma_{\overline{x}}$与σ的分布曲线

（5）计算测量列算术平均值的测量极限误差 $\delta_{\lim(\bar{x})}$。

$$\delta_{\lim(\bar{x})}=\pm\sigma_{\bar{x}} \tag{6-9}$$

（6）写出多次测量所得结果的表达式 X_e。

$$X_e=\bar{x}\pm 3\sigma_{\bar{x}}$$

并说明置信概率为 99.73%。

2. 测量列中系统误差的处理

在实际测量中，系统误差的数值往往比较大，系统误差对测量结果的影响是不能忽视的。揭示系统误差出现的规律性，消除系统误差对测量结果的影响，是提高测量精度的有效措施。

在测量过程中产生系统误差的因素是复杂多样的，查明所有的系统误差是很困难的，同时也不可能完全消除系统误差的影响。

发现系统误差必须根据具体测量过程和计量器具进行全面而仔细分析，但目前还没有能够找到可以发现各种系统误差的方法，下面只介绍适用于发现某些系统误差常用的两种方法。

（1）实验对比法　实验对比法就是通过改变产生系统误差的测量条件，进行不同测量条件下的测量来发现系统误差。这种方法适用于发现定值系统误差，例如，量块按标称尺寸使用时，在测量结果中，就存在着由于量块尺寸偏差而产生的大小和符号均不变的定值系统误差，重复测量也不能发现这一误差，只有用另一块更高等级的量块进行对比测量，才能发现它。

（2）残差观察法　残差观察法是指根据测量列的各个残差大小和符号的变化规律，直接由残差数据或残差曲线图形来判断有无系统误差，这种方法主要适用于发现大小和符号按一定规律变化的变值系统误差。根据测量先后顺序，将测量列的残差作图，如图 6-8 所示，观察残差的规律。若残差大体上正、负相间，又没有显著变化，就认为不存在变值系统误差，如图 6-8(a) 所示；若残差按近似的线性规律递增或递减，就可判断存在周期性系统误差，如图 6-8(b) 所示；若残差的大小和符号有规律地周期变化，就可判断存在着周期性系统误差，如图 6-8(c) 所示。但是残差观察法对于测量次数不是足够多时，也有一定的难度。

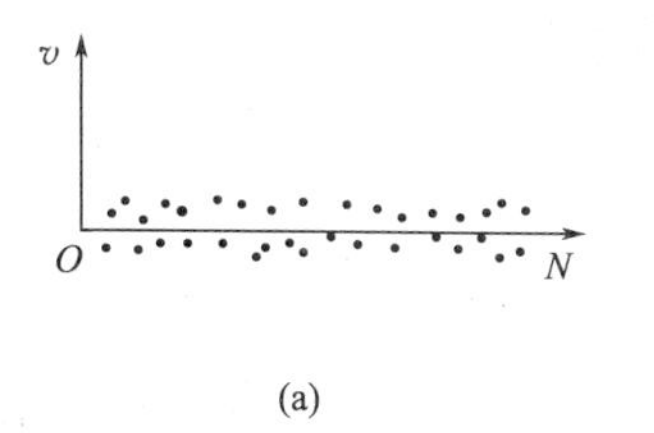

(a)

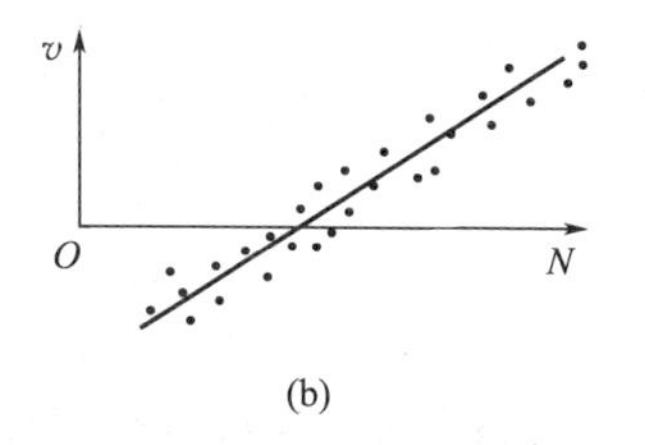

(b)

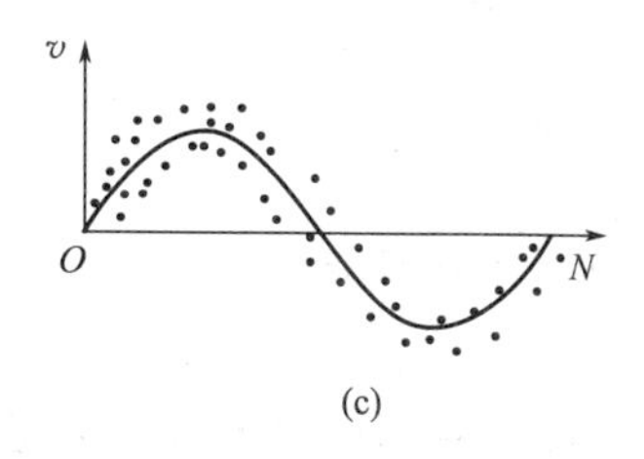

(c)

图 6-8　变值系统误差的发现

对于系统误差，可从下面几个方面去消除。

（1）从产生误差根源上消除系统误差　这要求测量人员对测量过程中可能产生系统误差的各个环节进行分析，并在测量前就将系统误差从产生根源上加以消除。例如，为了防止测量过程中仪器示值零位的变动，测量开始和结束时都需检查示值零位。

（2）用修正法消除系统误差　这种方法是预先将计量器具的系统误差检定或计算出来，做出误差表或误差曲线，然后取与误差数值相同而符号相反的值作为修正值，将测得值加上相应的修正值，即可使测量结果不包含系统误差。

(3) 用抵消法消除定值系统误差　这种方法要求在对称位置上分别测量一次，以使这两次测量中测得的数据出现的系统误差大小相等，符号相反，取这两次测量中数据的平均值作为测得值，即可消除定值系统误差。例如，在工具显微镜上测量螺纹螺距时，为了消除螺纹轴线与量仪工作台移动方向倾斜而引起的系统误差，可分别测取螺纹左、右牙面的螺距，然后取它们的平均值作为螺距测得值。

(4) 用半周期法消除周期性系统误差　对周期性系统误差，可以每相隔半个周期进行一次测量，以相邻两次测量的数据的平均值作为一个测得值，即可有效消除周期性系统误差。

消除和减小系统误差的关键是找出误差产生的根源和规律。实际上，系统误差不可能完全消除。一般来说，系统误差若能减小到使其影响相当于随机误差的程度，则可认为已被消除。

3. 测量列中粗大误差的处理

粗大误差的数值相当大，在测量中应尽可能避免。如果粗大误差已经产生，则应根据判断粗大误差的准则予以剔除，通常用拉依达准则来判断。

拉依达准则又称 3σ 准则。当测量列服从正态分布时，残差落在 $\pm 3\sigma$ 外的概率很小，仅有 0.27%，即在连续 370 次测量中只有一次测量的残差会超出 $\pm 3\sigma$，而实际上连续测量的次数不会超过 370 次，测量列中就不应该有超出 $\pm 3\sigma$ 的残差。因此，当出现绝对值比 3σ 大的残差时，即 $|\nu_i| > 3\sigma$，则认为该残差对应的测得值含有粗大误差，应予以剔除。注意拉依达准则不适用于测量次数小于或等于 10 的情况。

4. 等精度直接测量的数据处理

等精度直接测量就是在同一测量条件下（即等精度条件），对某一量值进行多次重复测量而获得一系列的测量值。在这些测量值中，可能同时含有系统误差、随机误差和粗大误差。为了获得正确的测量结果，应对各类误差分别进行处理。

数据处理的步骤如下。

① 判断系统误差：首先查找并判断测得值中是否含有系统误差，如果存在系统误差，则应采取措施加以消除。

② 求算术平均值：消除系统误差后，可求出测量列的算术平均值，即

$$\bar{x} = \frac{\sum_{i=1}^{N} x_i}{N}$$

③ 计算残余误差：

$$\nu_i = x_i - \bar{x}$$

④ 计算测量列单次测量值的标准偏差 σ，判断是否存在粗大误差。若有粗大误差，则应剔除含粗大误差的测得值，并重新组成测量列，再重复上述计算，直到将所有含粗大误差的测得值都剔除干净为止

$$\sigma = \sqrt{\frac{\sum_{i=1}^{N} \nu_i^2}{N-1}}$$

⑤ 计算测量列算术平均值的标准偏差 $\sigma_{\bar{x}}$ 和测量极限误差。

$$\sigma_{\bar{x}} = \frac{\sigma}{\sqrt{N}}$$

$$\delta_{\lim(\bar{x})} = \pm\sigma_{\bar{x}}$$

⑥ 写出多次测量所得结果的表达式 X_e，并说明置信概率。

$$X_e = \bar{x} \pm 3\sigma_{\bar{x}}$$

例 6-3　对某一轴颈 x 等精度测量 15 次，按测量顺序将各测得值依次列于表 6-7 中，试求测量结果。

解　(1) 判断定位系统误差。假设计量器具已经检定，测量环境得到有效控制，可认为测量列中不存在定值系统误差。

(2) 求测量列算术平均值。

$$\bar{x} = \frac{\sum_{i=1}^{N} x_i}{N} = 34.957\text{mm}$$

表 6-7　测得值

量测序号	测得值(x_i)/mm	残差($\nu_i = x_i - \bar{x}$)/μm	残差的平方 ν_i^2/μm²
1	34.959	+2	4
2	34.955	−2	4
3	34.958	+1	1
4	34.957	0	0
5	34.958	+1	1
6	34.956	−1	1
7	34.957	0	0
8	34.958	+1	1
9	34.955	−2	4
10	34.957	0	0
11	34.959	+2	4
12	34.955	−2	4
13	34.956	−1	1
14	34.957	0	0
15	34.958	+1	1
算术平均值 34.957mm		$\sum\nu_i = 0$	$\sum\nu_i^2 = 26(\mu\text{m})^2$

(3) 计算残差。各残差的数值经计算后列入表 6-7 中。按残差观察法，这些残差的符号大体上正、负相间，没有周期性变化，因此可以认为测量列中不存在变值系统误差。

(4) 计算测量列单次测量值的标准偏差。

$$\sigma = \sqrt{\frac{\sum_{i=1}^{N} \nu_i^2}{N-1}} \approx 1.3\mu\text{m}$$

(5) 判断粗大误差。按拉依达准则，测量列中没有出现绝对值大于 3σ($3 \times 1.3\mu\text{m} = 3.9\mu\text{m}$)的残差，即测量列中不存在粗大误差。

(6) 计算测量列算术平均值的标准偏差 $\sigma_{\bar{x}} = \frac{\sigma}{\sqrt{N}} \approx 0.35\mu\text{m}$。

(7) 计算测量列算术平均值的测量极限误差 $\delta_{\lim(\bar{x})}=\pm\sigma_{\bar{x}}\approx\pm1.05\mu m$。

(8) 确定测量结果 $X_e=\bar{x}\pm3\sigma_{\bar{x}}=(34.957\pm0.0011)mm$，这时的置信概率为 99.73%。

思考与练习

1. 按生产流程顺序的先后可将检验分为哪几类?

2. 试举例说明误废与误收的概念。

3. 两种确定验收极限的方式有何区别? 验收极限的选定原则是什么?

4. 试确定轴类工件 ϕ140h9(采用的是包容要求) 的验收极限，并选择相应的计量器具。

5. 测量基准面的选择应遵循哪些原则? 定位方式的选择原则有哪些?

6. 请举例说明随机误差的处理方法。

7. 对于系统误差，可采用哪几种方法去除?

8. 试详细说明等精度直接测量的数据处理步骤。

9. 用某一测量方法在等精度的情况下对某一零件测量，各次测得值如下（单位 mm)：30.742，30.743，30.740，30.741，30.739，30.740，30.739，30.741，30.742，30.743，30.739，30.740，30.743，30.742，30.741。求轴的直径测量结果。

第7章

光滑极限量规

7.1 概述

在机械制造中，检验尺寸一般使用通用计量器具，直接测取工件的实际尺寸，以判定其是否合格，但是，对成批大量生产的工件，为提高检测效率，则常常使用光滑极限量规来检验。光滑极限量规是用来检验某一孔或轴专用的量具，简称量规。

7.1.1 量规的作用

量规是一种无刻度的专用检验工具，用它来检验工件时，只能判断工件是否合格，而不能测量出工件的实际尺寸。检验工件孔径的量规一般称为塞规，检验工件轴径的量规一般称为卡规。

塞规有“通规”和“止规”两部分，应成对使用，尺寸较小的塞规，其通规和止规直接配制在一个塞规体上，尺寸较大的塞规，做成片状或棒状的，如图 7-1(a) 所示。塞规的通端按被测工件孔的 MMS(D_{min}) 制造，止端按被测孔的 LMS(D_{max}) 制造。塞规的通端用于检验孔的体外作用尺寸是否超出最大实体尺寸，塞规的止端用于检验孔的实际尺寸是否小于最小实体尺寸。使用时，塞规的通端若能通过被测工件孔，表示被测孔径大于其 D_{min}，止端若塞不进工件孔，表示孔径小于其 D_{max}，因此可知被测孔的实际尺寸在规定的极限尺寸范围内，是合格的。

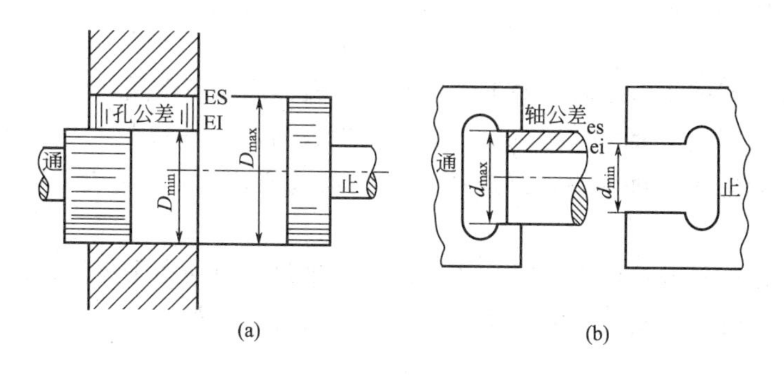

图 7-1 塞规与卡规

同理，检验轴用的卡规，也有“通规”和“止规”两部分，且通端按被测工件轴的 MMS(d_{max}) 制造，止规按被测轴的 LMS(d_{min}) 制造，如图 7-1(b) 所示。卡规的通端用于检验轴的体外作用尺寸是否超出最大实体尺寸，卡规的止端用于检验轴的实际尺寸是否小于最小实体尺寸。使用时，通端若能顺利通过被测工件轴，而止规不能被通过，则表示被测轴的实际尺寸在规定的极限尺寸范围内，是合格的。

由此可知，不论是塞规还是卡规，如果“通端”通不过被测工件，或者“止端”通过了被测工件，即可确定被测工件是不合格的。

7.1.2 量规的标准与种类

《光滑极限量规》(GB 1957—2006) 国家标准，是参考国际标准 (ISO)，结合我国实际情况制定的，标准规定的量规适用于检验基本尺寸 500mm，公差等级为 IT6～IT16 级的孔与轴，本章主要介绍这个标准的内容。

量规按其用途不同可分为工作量规、验收量规和校对量规三类。

(1) 工作量规　工作量规是工人在工件的生产过程中用来检验工件的量规。其通端代号为“T”，止端代号为“Z”。

(2) 验收量规　验收量规是检验部门或用户验收产品时使用的量规。国家标准对工作量规的公差带作了规定，而没有规定验收量规的公差，但规定了工作量规与验收量规的使用顺序。

(3) 校对量规　校对制造和使用过程中轴用工作量规的量规。因为工作量规在制造和使用过程中常会发生碰撞、变形，且通规经常通过零件还容易磨损，所以轴用工作量规必须进行定期校对。孔用量规虽然也需定期校对，但可以用通用量仪检测，且比较方便，故不需规定专用的校对量规。

校对量规有三种，如表 7-1 所示。

表 7-1　校对量规

量规形状	检验对象		量规名称	量规代号	功　　能	判断合格的标志
塞规	轴用工作量规	通规	校通-通	TT	防止通规制造时尺寸过小	通过
		止规	校止-通	ZT	防止止规制造时尺寸过小	不通过
		通规	校通-损	TS	防止通规使用中磨损过大	通过

目前，对轴用卡规的校对，当产品批量不是很大时，不少工厂采用量块来代替校对量规，这对量规的制造、使用和保管都较有利。

《光滑极限量规》国家标准没有规定验收量规标准，但标准推荐：制造厂检验工件时，生产工人应该使用新的或磨损较少的工作量规；检验部门应该使用与生产工人相同形式且已磨损较多的工作量规，从而可保证由生产工人自检合格的工件检验人员验收时也一定合格。用户代表在用量规验收工件时，通规应接近工件最大实体尺寸；止规应接近工件最小实体尺寸。

在用上述规定的量规检验工件时，如果判断有争议，应使用下述尺寸的量规来仲裁：通规应等于或接近工件最大实体尺寸；止规应等于或接近工件最小实体尺寸。

7.2 极限尺寸的判断原则

7.2.1 极限尺寸判断原则（泰勒原则）

由于形状误差的存在，工件尺寸虽然位于极限尺寸范围内也有可能装配困难，而且工件上各处的实际尺寸往往不相等，因此用量规检验时，为了正确地评定被测工件是否合格，是否能装配，光滑极限量规应遵循泰勒原则来设计。

在生产中，为了尽可能切合实际的情况，保证达到国标“极限与配合”的要求，用量规检验工件时，工件的尺寸极限应按“泰勒原则”来判断。

根据极限尺寸判断孔、轴是否合格：

工件的体外作用尺寸不超越最大实体尺寸（MMS）

孔　$D_{作用} \geqslant D_{min}$　　　$d_{作用} \leqslant d_{max}$

任何位置上工件的实际尺寸不超越最小实体尺寸（LMS）

孔　$D_a \leqslant D_{max}$　　　$d_a \geqslant d_{min}$

例 7-1　图 7-2 中，轴 $\phi 50f7(^{-0.025}_{-0.050})$，直线度误差 0.005，测得工件实际尺寸为 $\phi 49.974$，判断合格性。

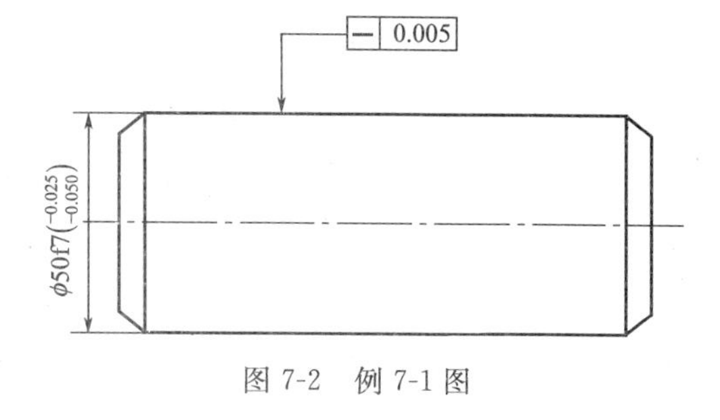

图 7-2　例 7-1 图

解　MMS=49.975

LMS=49.95

实际尺寸 $d_{实际}=49.974>$LMS，合格

作用尺寸 $d_{作用}=49.974+0.005=49.979>$MMS，不合格

7.2.2　用光滑极限量规检验工件时符合泰勒原则的量规

（1）通规　用于控制工件的体外作用尺寸。

全形量规：测量面应具有与孔或轴相应的完整表面，尺寸等于孔或轴的最大实体尺寸，长度等于配合长度。

（2）止规　用于控制工件的实际尺寸。

非全形量规：两点接触式，尺寸等于孔或轴的最小实体尺寸。

泰勒原则是设计极限量规的依据，用这种极限量规检验工件，基本上可保证工件极限与配合的要求，达到互换的目的。

7.3　量规公差带

7.3.1　工作量规的制造公差和磨损公差

虽然量规是一种精密的检验工具，量规的制造精度比被检验工件的精度要求更高，但在制造时也不可避免地会产生误差，不可能将量规的工作尺寸正好加工到某一规定值，因此对量规通、止端也都必须规定制造公差。量规制造公差的大小决定了量规制造的难易程度。

由于通规在使用过程中经常通过工件，因而会逐渐磨损。为了使通规具有一定的使用寿命，应当留出适当的磨损储备量，因此对通规应规定磨损极限，即将通规公差带从最大实体尺寸向工件公差带内缩一个距离。

止规通常不通过工件，磨损极少，所以不需要留磨损储备量，故将止规公差带放在工件公差带内紧靠最小实体尺寸处。校对量规也不需要留磨损储备量。

7.3.2　量规公差带的分布位置

国家标准规定量规的公差带不得超越工件的公差带，这样有利于防止误收，保证产品质量与互换性。但有时会把一些合格的工件检验成不合格，实质上缩小了工件公差范围，提高了工件的制造精度。工作量规的公差带分布如图 7-3 所示。

工作量规“通规”的制造公差带对称于 Z 值（即通规制造公差带中心到工件最大实体

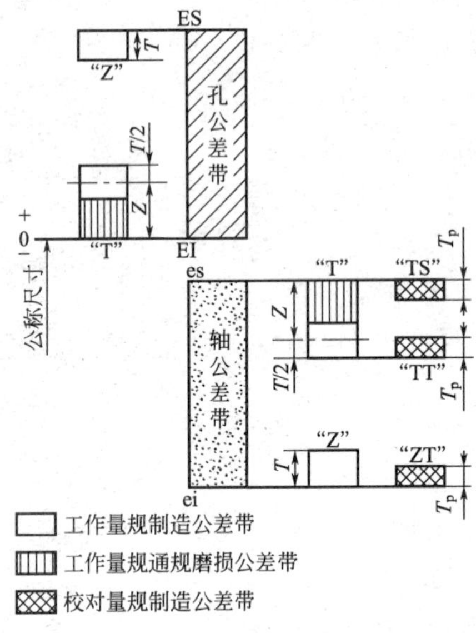

图 7-3 量规公差带图

尺寸之间的距离)，其磨损极限与工件的最大实体尺寸重合。工作量规“止规”的制造公差带，是从工件的最小实体尺寸起，向工件的公差带内分布。

图 7-3 中 T 为量规制造公差，Z 为位置要素，T、Z 的大小取决于工件公差的大小。国标规定的 T 值和 Z 值见表 7-2。

表 7-2 量规制造公差 T 值和位置要素 Z 值 μm

工件基本尺寸/mm		IT6			IT7			IT8			IT9			IT10			IT11		
>	至	IT6	T	Z	IT7	T	Z	IT8	T	Z	IT9	T	Z	IT10	T	Z	IT11	T	Z
	3	6	1	1	10	1.2	1.6	14	1.6	2	25	2	3	40	2.4	4	60	3	6
3	6	8	1.2	1.4	12	1.4	2	18	2	2.6	30	2.4	4	48	3	5	75	4	8
6	10	9	1.4	1.6	15	1.8	2.4	22	2.4	3.2	36	2.8	5	58	3.6	6	90	5	9
10	18	11	1.6	2	18	2	2.8	27	2.8	4	43	3.4	6	70	4	8	110	6	11
18	30	13	2	2.4	21	2.4	3.4	33	3.4	5	52	4	7	84	5	9	130	7	13
30	50	16	2.4	2.8	25	3	4	39	4	6	62	5	8	100	6	11	160	8	16
50	80	19	2.8	3.4	30	3.6	4.6	46	4.6	7	74	6	9	120	7	13	190	9	19
80	120	22	3.2	3.8	35	4.2	5.4	54	5.4	8	87	7	10	140	8	15	220	10	22

校对量规的公差带分布规定如下：

检验轴用量规“通规”的“校通-通”量规，其代号为“TT”。它的作用是防止通规尺寸过小（制造时过小或使用中由于损伤、自然时效等变小)。检验时应通过被校对的轴用量规。这种量规的公差带，是从通规的下偏差起，向轴用量规通规公差带内分布。

检验轴用量规“通规”磨损极限的“校通-损”量规，其代号为“TS”。它的作用是防止通规超出磨损极限尺寸。检验时，若通过了，则说明被校对的量规已用到磨损极限，应予废弃。这种量规的公差带，是从通规的磨损极限起，向轴用量规通规公差带内分布。

检验轴用量规“止规”的“校止-通”量规，其代号为“ZT”。它的作用是防止“止规”尺寸过小，检验时应通过被校对的轴用量规。这种量规的公差带，是从“止规”的下偏差起，向轴用量规止规公差带内分布。

由公差带图 7-3 可知：

孔用量规：通端　$T_s = EI + Z + T/2$　　$T_i = T_s - T$

　　　　　止端　$Z_s = ES$　　$Z_i = ES - T$

轴用量规：通端　$T_s = es - Z + T/2$　　$T_i = T_s - T$

　　　　　止端　$Z_s = ei + T$　　$Z_i = ei$

校对量规：校对量规公差 $T_p = T/2$

　　　　　TSs＝es　　Tsi＝es－$T/2$

　　　　　TTs＝Ti＋$T/2$　　TTi＝Ti

　　　　　ZTs＝ei＋$T/2$　　ZTi＝ei

表 7-2 中的数值 T 和 Z，是考虑量规的制造工艺水平和一定的使用寿命，按表 7-3 规定的关系式计算确定的。

根据上述可以看出，工作量规公差带位于工件极限尺寸范围内，校对量规公差带位于被校对量规公差带内，从而保证了工件符合国标“极限与配合”的要求。同时，国标规定的量规公差和位置要素值的规律性较强，便于发展。但是，相应地缩小了工件的制造公差，给生产带来了一些困难。

表 7-3　公差等级与数值 T 和 Z 关系式

	IT6	IT7	IT8	IT9	IT10	IT11	IT12	IT13
T	公比 1.25					公比 1.5		
	$T_0=15\%IT6$	$1.25T_0$	$1.6T_0$	$2T_0$	$2.5T_0$	$3.15T_0$	$4T_0$	$6T_0$
Z	公比 1.4					公比 1.5		
	$Z_0=17.5\%IT6$	$1.4Z_0$	$2Z_0$	$2.8Z_0$	$4Z_0$	$5.6Z_0$	$8Z_0$	$12Z_0$

7.4　光滑极限量规的设计

量规设计的任务就是根据工件的要求，设计出能够把工件尺寸控制在其公差范围内的适用的量具。量规设计包括结构形式的选择、结构尺寸的确定、工作尺寸的计算及量规工作图的绘制。

7.4.1　量规结构形式及选择

检验圆柱形工件的光滑极限量规形式很多，常用量规的结构形式分为全形规与非全形规，如图 7-4 所示。

全形规：测量面应具有与被测件相应的完整表面，其长度理论上也应等于配合件的长度，以使它在检验时能与被测面全部接触，达到控制整个被测表面作用尺寸的目的。

非全形规：量规测量面理论上应制成两点式的，以使它在检验时与被测面成两点式接触，从而控制被测面的局部实际尺寸。

量规测量面形式的选择，对零件的测量结果影响很大，为了保证被测零件的质量，光滑极限量规的结构形式应符合极限尺寸的判断原则。即：

孔和轴的作用尺寸不允许超过其 MMS；

孔和轴在任何位置上的实际尺寸不允许超过其 LMS。

量规通端的功能是控制被测件的作用尺寸的，故通规的公称尺寸应等于被测零件的

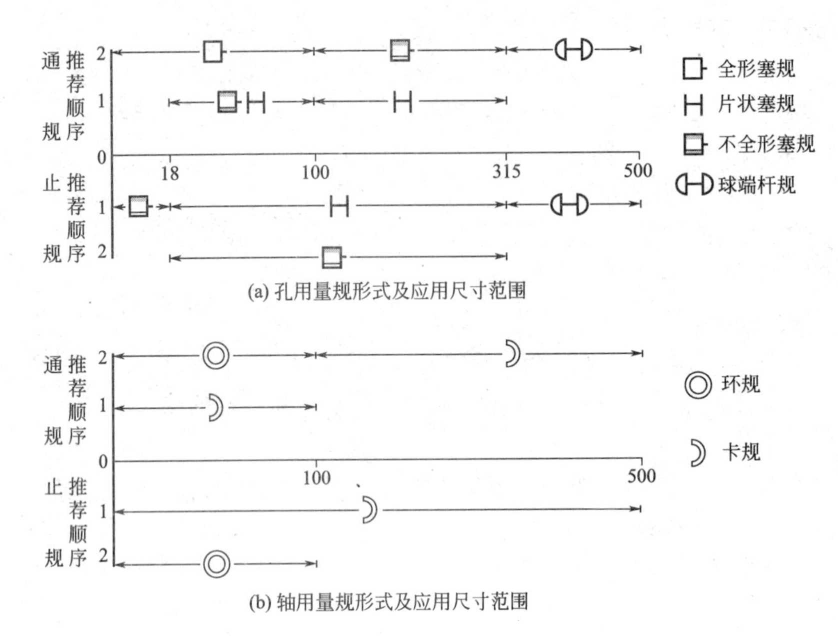

图 7-4　国标推荐的量规型式及应用尺寸范围

MMS，形状理论上应为全形规；止端的功能是控制被测件的局部实际尺寸，故其公称尺寸应等于被测件的 LMS，形状理论上应为非全形规。

在量规的实际应用中，由于量规制造和使用方面的原因，要求量规形状完全符合极限尺寸判断原则（泰勒原则）是有一定困难的。因此国家标准规定，在被检验工件的形状误差不影响配合性质的条件下，允许使用偏离泰勒原则的量规。例如，对于尺寸大于 100mm 的孔，为了不让量规过于笨重，通规很少制成全形轮廓。同样，为了提高检验效率，检验大尺寸轴的通规也很少制成全形环规。此外，全形环规不能检验已装夹在顶尖上的被加工零件以及曲轴零件等。

由于零件总是存在形状误差的，当量规测量面的形式不符合极限尺寸判断原则时，就有可能将不合格的零件误判为合格的。如图 7-5 所示。

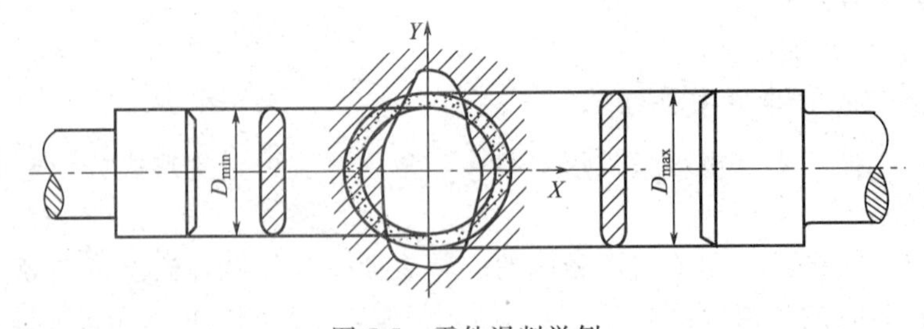

图 7-5　零件误判举例

孔的实际轮廓已超出尺寸公差带，应为不合格品。用全形量规检验时不能通过；而用点状止规检验，虽然沿 X 方向不能通过，但沿 Y 方向却能通过。于是，该孔被正确地判断为废品。反之，若用两点状通规检验，则可能沿 Y 轴方向通过，用全形止规检验，则不能通过。这样一来，由于量规的测量面形状不符合泰勒原则，结果导致把该孔误判为合格。为避免这种情况产生，国标规定：应在保证被测零件孔的形状误差（尤其是轴线的直线度、圆柱面的圆度误差）不致影响配合性质的条件下，才能使用偏离极限尺寸判断原则的量规结构形式。

7.4.2　工作量规的设计步骤

工作量规的设计步骤一般如下：

① 根据被检工件尺寸大小和结构特点等因素选择量规结构形式。

② 根据被检工件的公称尺寸和公差等级查出量规的制造公差 T 和位置要素 Z 值，画量规公差带图。

③ 计算量规工作尺寸的上、下偏差，计算量规工作尺寸。

④ 确定量规结构尺寸、绘制量规工作图，标注尺寸及技术要求。

7.4.3　量规的技术要求

1. 量规材料

量规测量面的材料与硬度对量规的使用寿命有一定的影响。量规可用合金工具钢（如 CrMn、CrMnW、CrMoV），碳素工具钢（如 T10A、T12A），渗碳钢（如 15 钢、20 钢）及其他耐磨材料（如硬质合金）等材料制造。手柄一般用 Q235 钢、LY11 铝等材料制造。量规测量面硬度为 58～65 HRC。并应经过稳定性处理。

2. 几何公差

国家标准规定工作量规的几何误差，应在工作量规制造公差范围内。其公差为量规制造公差的 50%。当量规制造公差小于或等于 0.002mm 时，其几何公差为 0.001mm。校对量规的制造公差，为被校对的轴用量规制造公差的 50%。其形状公差应在校对量规制造公差范围内。

3. 表面粗糙度

量规测量面不应有锈迹、毛刺、黑斑、划痕等明显影响外观和使用质量的缺陷。量规测量表面的表面粗糙度参数 Ra 值见表 7-4。

表 7-4　量规测量表面的表面粗糙度 *Ra*　μm

工作量规	被检工件的公称尺寸/mm		
	≤120	>120～315	>315～500
IT6 级孔用量规	>0.02～0.04	>0.04～0.08	>0.08～0.16
IT6～IT9 级轴用量规 IT7～IT9 级孔用量规	>0.04～0.08	>0.08～0.16	>0.16～0.32
IT10～IT12 级孔/轴用量规	>0.08～0.16	>0.16～0.32	>0.32～0.63
IT13～IT16 级孔/轴用量规	>0.16～0.32	>0.32～0.63	>0.32～0.63

7.4.4　量规工作尺寸的计算

量规工作尺寸的计算步骤如下：

① 查出被检验工件的极限偏差。

② 查出工作量规的制造公差 T 和位置要素 Z 值，并确定量规的几何公差。

③ 画出工件和量规的公差带图。

④ 计算量规的极限偏差。

⑤ 计算量规的极限尺寸以及磨损极限尺寸。

例 7-2　设计检验配合代号为 $\phi40H7/f6$ 的孔、轴用工作量规。

解　① 查附表得 $\phi40H7(^{+0.025}_{0})$、$\phi40f6(^{-0.025}_{-0.041})$

② 查表 7-2 得：孔 $T=3$　$Z=4$　轴 $T=2.4$ $Z=2.8$

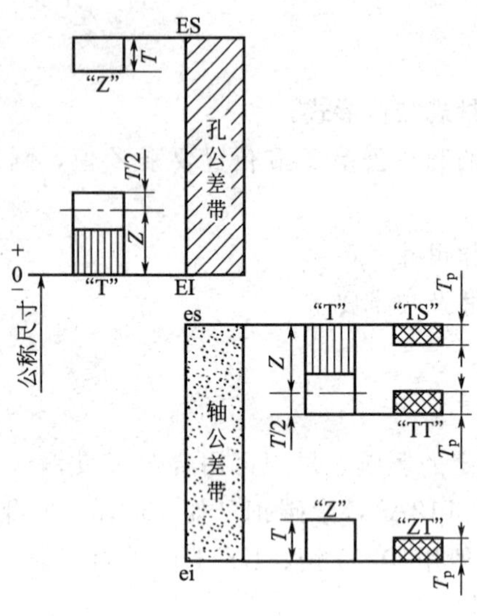

图 7-6 例 7-2 图（一）

③ 画量规公差带图，如图 7-6 所示。

④ 计算通、止端上、下偏差及工作尺寸

$\phi 40H7(^{+0.025}_{0})$ 孔用量规：

通端 $T_s = EI + Z + T/2 = 0 + 4 + 3/2 = 5.5\mu m$

$T_i = T_s - T = 5.5 - 3 = 2.5\mu m$

磨损极限尺寸＝MMS＝40mm

通端尺寸标注：$\phi 40^{+0.0055}_{+0.0025} \rightarrow \phi 40.0055^{\ 0}_{-0.003}$ mm

止端 $Z_s = ES = +25\mu m$

$Z_i = ES - T = 25 - 3 = +22\mu m$

止端尺寸标注：$\phi 40^{+0.025}_{+0.022} \rightarrow \phi 40.025^{\ 0}_{-0.003}$ mm

$\phi 40f6(^{-0.025}_{-0.041})$ 轴用量规：

通端 $T_s = es - Z + T/2 = -2.5 - 2.8 + 1.2 = -26.6\mu m$

$T_i = T_s - T = -26.6 - 2.4 = -29\mu m$

磨损极限尺寸＝MMS＝39.975mm

通端尺寸标注：$\phi 40^{-0.0266}_{-0.0290} \rightarrow \phi 39.971^{+0.0024}_{0}$ mm

止端 $Z_s = ei + T = -41 + 2.4 = -38.6\mu m$

$Z_i = ei = -41\mu m$

止端尺寸标注：$\phi 40^{-0.0386}_{-0.0410} \rightarrow \phi 39.959^{+0.0024}_{0}$ mm

⑤ 绘制量规工作图，如图 7-7 所示，标注量规技术要求。

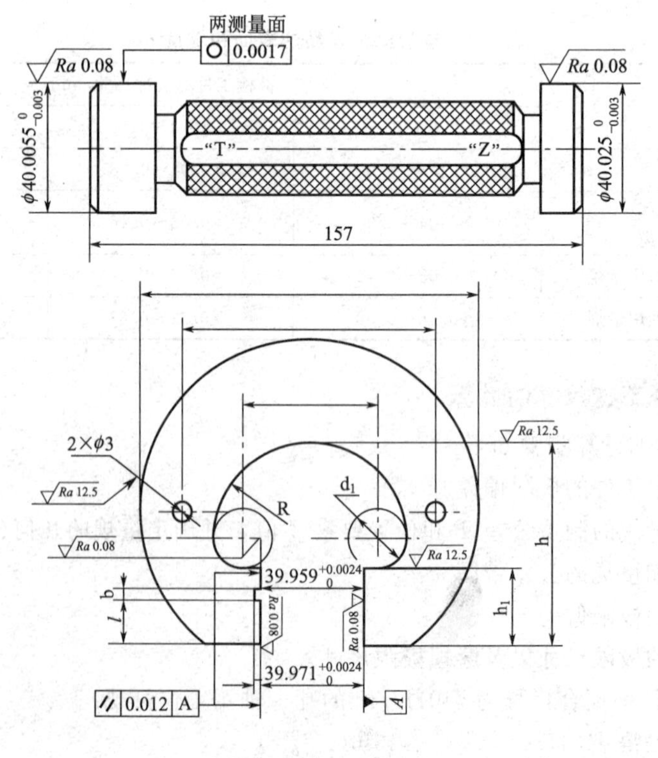

图 7-7 例 7-2 图（二）

例 7-3 设计检验 ϕ30H8 孔用工作量规。

解 ① 查附录附表得 ϕ30H8 孔的极限偏差为：ES=+0.033mm，EI=0。

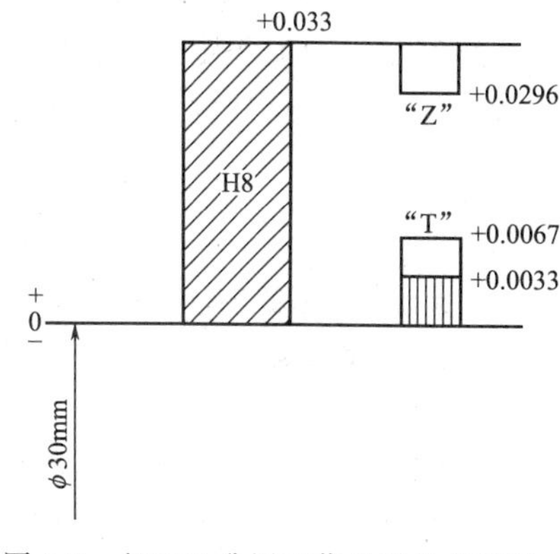

图 7-8 ϕ30H8 孔用工作量规公差带图

② 由表 7-2 查出工作量规制造公差 T 和位置要素 Z 值，并确定形位公差。

T=0.0034mm，Z=0.005mm，$T/2$=0.0017mm。

③ 画出工件和量规的公差带图，如图 7-8 所示。

④ 计算量规的极限偏差：

通规（T）：上极限偏差=EI+Z+$T/2$=0+0.005+0.017=+0.0067mm

下极限偏差=EI+Z−$T/2$=0+0.005−0.017=+0.0033mm

磨损极限偏差=EI=0

止规（Z）：上极限偏差=ES=+0.033mm

下极限偏差=ES−T=+0.033−0.0034=+0.0296mm

⑤ 计算量规的极限尺寸和磨损极限尺寸

通规：上极限尺寸=30+0.0067=30.0067mm

下极限尺寸=30+0.0033=30.0033mm

磨损极限尺寸=30mm

所以塞规的通规尺寸为 $\phi30^{+0.0067}_{+0.0033}$mm，一般在图样上按工艺尺寸标注为 $\phi30.0067^{\ 0}_{-0.0034}$mm

止规：上极限尺寸=30+0.033=30.033mm

下极限尺寸=30+0.0296=30.0296mm

所以塞规的止规尺寸为 $\phi30^{+0.0330}_{+0.0296}$mm，同理按工艺尺寸标注为 $\phi30.033^{\ 0}_{-0.0034}$mm。

上述计算结果列于表 7-5。

表 7-5 量规工作尺寸的计算结果 mm

被检工件	量规种类		量规极限偏差		量规极限尺寸		通规磨损极限尺寸	量规工作尺寸的标注
			上极限偏差	下极限偏差	上	下		
ϕ30H8	塞规	通规	+0.0067	+0.0033	ϕ30.0067	ϕ30.0033	ϕ30	$\phi30.0067^{\ 0}_{-0.0034}$
		止规	+0.0330	+0.0296	ϕ30.0330	ϕ30.0296		$\phi30.033^{\ 0}_{-0.0034}$

在使用过程中，量规的通规不断磨损，通规尺寸可以小于 30.0033mm，但当其尺寸接近磨损极限尺寸 30mm 时，就不能再用作工作量规，而只能转为验收量规使用；当通规尺

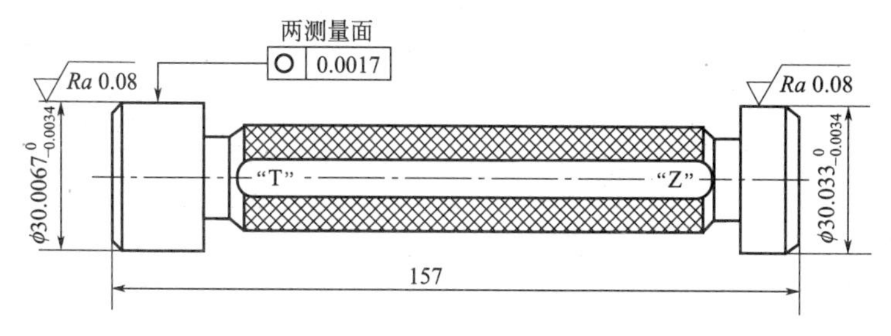

图 7-9 检验 ϕ30H8 孔用工作量规工作图

寸磨损到 30mm，通规应报废。

⑥ 按量规的常用形式绘制并标注量规图样。

绘制量规的工作图样，就是把设计结果通过图样表示出来，从而为量规的加工制造提供技术依据。上述设计例子中孔用量规选用锥柄双头塞规，如图 7-9 所示。

思考与练习

1. 试述光滑极限量规的分类，各在什么场合下使用?

2. 零件图样上被测要素的尺寸几何公差按哪种公差原则标注时，才能使用光滑极限量规检验，为什么?

3. 为什么要制定泰勒原则，具体内容有哪些?

4. 用光滑极限量规检验工件时，通规和止规分别用来检验何尺寸? 被检测工件的合格条件是什么?

5. 光滑极限量规的通规和止规及其校对量规的尺寸公差带是如何配置的?

6. 计算 G7/h6 孔用和轴用工作量规的工作尺寸，并画出量规公差带图。

7. 试计算 ϕ45H7 孔的工作量规和 ϕ45k6 轴的工作量规及其校对量规工作部分的极限尺寸，并画出孔、轴工作量规和校对量规的尺寸公差带图。

8. 试计算 ϕ32JS8 孔的工作量规和 ϕ32h7 轴的工作量规及其校对量规工作部分的极限尺寸，并画出孔、轴工作量规和校对量规的尺寸公差带图。

第8章

尺寸链

8.1 概述

任何机器都是由若干个相互联系的零、部件组成，它们彼此之间存在着尺寸联系。在设计过程中，除了需要进行运动链、强度、刚度的分析和计算外，还需进行几何精度的分析和计算，合理地确定机器、仪器有关零件的尺寸公差和几何公差，以保证零件在工作时能满足预定的使用性能要求。尺寸链就是帮助解决对零件进行几何精度设计的问题。

8.1.1 尺寸链的含义和特点

在机器装配或零件加工过程中，某些零件要素之间有一定的尺寸（线性尺寸或角度尺寸）联系，这些相互联系的全部尺寸按一定的顺序连接成一个封闭尺寸回路，称为尺寸链。

图 8-1(a) 中，A_1、A_2、A_3、A_4、A_5 分别为五个不同零件的设计尺寸，A_0 是各个零件装配后在左箱体轴套端面与轴肩之间形成的间隙，A_0 受其他五个零件设计尺寸变化的影响，因而 A_0 和 A_1、A_2、A_3、A_4、A_5 构成一个装配尺寸链；图 8-1(b) 为齿轮轴，由四个端平面尺寸 A_1、A_2、A_3、A_0 按照一定顺序构成一个封闭的尺寸回路，该尺寸回路反映同一零件上的设计尺寸之间的关系，因而构成一个零件尺寸链；图 8-1(c) 为一阶梯轴，由三个端平面尺寸 A_1、A_2 和 A_0 按照一定顺序构成一个封闭的尺寸回路，该尺寸回路反映同一零件上的加工关系，因而构成一个工艺尺寸链。

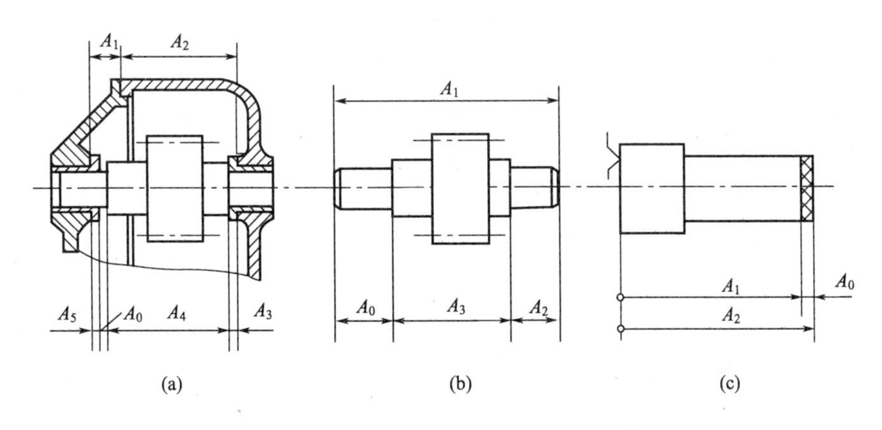

图 8-1 尺寸链示例

综上所述，尺寸链有以下两个特征：

封闭性：组成尺寸链的各个尺寸按一定顺序构成一个封闭的系统。

相关性：尺寸链中存在一个尺寸，其大小受其他尺寸变化的影响，并且彼此之间具有一定的函数关系。

8.1.2 尺寸链的组成和分类

1. 尺寸链的组成

尺寸链由环组成，列入尺寸链中的每一个尺寸都称为环。如图 8-1(c) 中 A_0、A_1、A_2 三个环。按环的不同性质可分为封闭环和组成环。

(1) 封闭环 在装配过程中最后形成或加工过程中间接获得的一环称为封闭环，一个尺寸链只有一个封闭环。对于单个零件加工而言，封闭环通常是零件设计图样上未标注的尺寸，即最不重要的尺寸。对于若干零、部件的装配而言，封闭环通常是对有关要素间的联系所提出的技术要求，如位置精度、距离精度、装配间隙或过盈等，它是将事先已获得尺寸的零部件进行总装之后，才形成且得到保证的。一般规定封闭环用符号“A_0”表示，如图 8-1 所示。

(2) 组成环 尺寸链中对封闭环有影响的全部环称为组成环。组成环中任一环的变动必然引起封闭环的变动。这里用符号 A_1，A_2，A_3，…，A_n(n 为尺寸链的总环数) 表示组成环。

封闭环的大小由组成环决定，即封闭环是各组成环的函数，可表示为：

$$A_0=f(A_1,A_2,\cdots,A_{n-1})$$

根据组成环尺寸变动对封闭环影响的不同，又可把组成环分为增环和减环。

① 增环：该环的变动引起封闭环同向变动。同向变动指该环增大时封闭环也增大，该环减小时封闭环也减小。增环见图 8-1(c) 中 A_2。

② 减环：该环的变动引起封闭环反向变动。反向变动指该环增大时封闭环减小，该环减小时封闭环增大。减环见图 8-1(c) 中 A_1。

在计算尺寸链中，预先选定的组成环中的某一环，且可通过改变该环的尺寸大小和位置使封闭环达到规定的要求，则预先选定的那一环称为补偿环。

组成环是决定封闭环的原始要素，所有组成环的变动，都将集中的在封闭环上显示出来，这正说明机械零件制造过程中，各尺寸不是孤立的，而是彼此联系，彼此制约的，也说明机械产品零件的制造误差影响产品的装配误差。

(3) 传递系数 表示组成环对封闭环影响大小的系数。第 i 个组成环的传递系数记为 ξ_i。

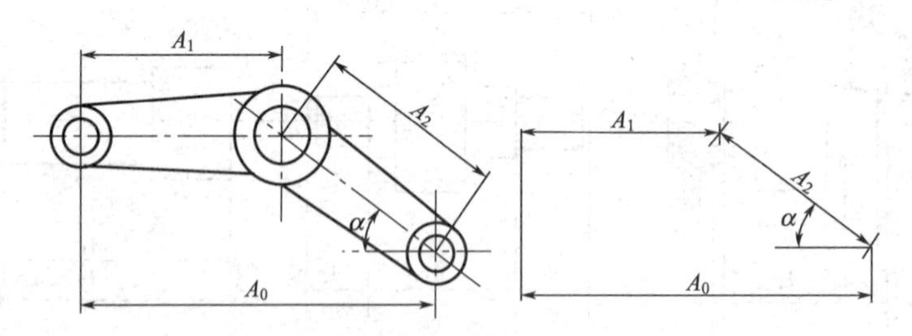

图 8-2 传递系数

如图 8-2 所示，尺寸链由组成环 A_1、A_2 和封闭环 A_0 组成，组成环 A_1 的尺寸方向与和封闭环 A_0 尺寸方向一致，而组成环 A_2 的尺寸方向与和封闭环 A_0 尺寸方向不一致，因此封闭环的尺寸由下式表示：

$$A_0=A_1+A_2\cos\alpha$$

式中 α 为组成环尺寸方向与封闭环尺寸方向的夹角。此时，A_1 的传递系数 $\xi_1=1$；A_2 的传递系数 $\xi_2=\cos\alpha$。

2. 尺寸链的分类

（1）按尺寸链的应用场合不同分类

① 装配尺寸链：全部组成环为不同零件设计尺寸所形成的尺寸链，如图 8-1(a) 所示。

② 零件尺寸链：全部组成环为同一零件设计尺寸所形成的尺寸链，如图 8-1(b) 所示。

③ 工艺尺寸链：全部组成环为同一零件工艺尺寸所形成的尺寸链，如图 8-1(c) 所示。

（2）按尺寸链中环的相互位置分类

① 直线尺寸链：全部组成环平行于封闭环的尺寸链，如图 8-1(a) 所示。

② 平面尺寸链：全部组成环位于一个或几个平行平面内，但某些组成环不平行于封闭的尺寸链。

③ 空间尺寸链：组成环位于几个不平行平面内的尺寸链。

平面尺寸链或空间尺寸链，均可用投影的方法得到两个或三个方位的直线尺寸链，最后综合求解平面或空间尺寸链。本章仅研究直线尺寸链。

（3）按尺寸链中各环尺寸的几何特征分类

① 长度尺寸链：全部环为长度尺寸的尺寸链。图 8-1 属此类。

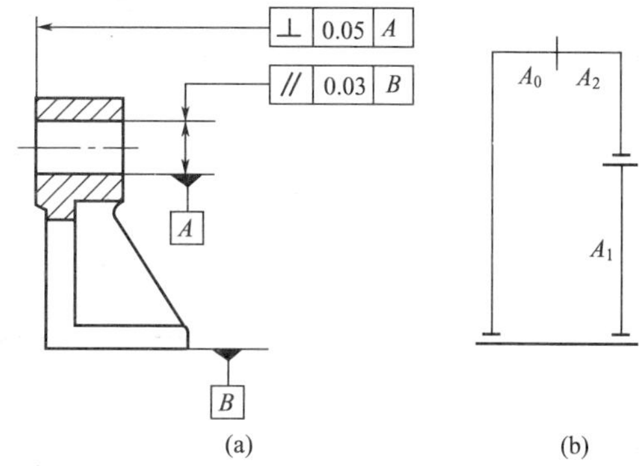

图 8-3　滚动轴承座几何公差及尺寸链图

② 角度尺寸链：全部环为角度尺寸的尺寸链。角度尺寸链常用于分析和计算机械结构中有关零件要素的位置精度，如平行度、垂直度等。如图 8-3 所示，要保证滑动轴承座孔端面与轴承底面 B 垂直，但公差标注是要求孔轴线与底面 B 平行、孔端面与孔轴线 A 垂直，则这三个关联的位置尺寸构成一个角度尺寸链。

8.1.3　尺寸链的建立与分析

正确建立和描述尺寸链是进行尺寸链综合精度分析计算的基础。应根据实际应用情况查明和建立尺寸链关系。建立装配尺寸时，应了解产品的装配关系、产品装配方法及产品装配性能要求；建立工艺尺寸链时应了解零部件的设计要求及其制造工艺过程，同一零件的不同工艺过程所形成的尺寸链是不同的。

1. 建立尺寸链

（1）确定封闭环　正确建立和分析尺寸链的首要条件是要正确地确定封闭环。

在装配尺寸链中，封闭环就是产品上有装配精度要求的尺寸。如同一部件中各零件之间相互位置要求的尺寸或保证相互配合零件配合性能要求的间隙或过盈量。

零件尺寸链的封闭环应为公差等级要求最低的环，一般在零件图上不进行标注，以免引起加工中的混乱。

工艺尺寸链的封闭环是在加工中最后自然形成的环，一般为被加工零件要求达到的设计尺寸或工艺过程中需要的余量尺寸。加工顺序不同，封闭环也不同。所以工艺尺寸链的封闭环必须在加工顺序确定之后才能判断。

（2）确定组成环　在确定封闭环之后，应确定对封闭环有影响的各个组成环，使之与封闭环形成一个封闭的尺寸回路。

必须指出，在建立尺寸链时应遵守“最短尺寸链原则”，即对于某一封闭环，若存在多个尺寸链时，应选择组成环数最少的尺寸链进行分析计算。一个尺寸链中只有一个封闭环。一个尺寸链中最少要有两个组成环。组成环中，可能只有增环没有减环，但不可能只有减环没有增环。

查找装配尺寸链的组成环时，先从封闭环的任意一端开始，找相邻零件的尺寸，然后再找与第一个零件相邻的第二个零件的尺寸，这样一环接一环，直到封闭环的另一端为止，从而形成封闭的尺寸组。

如图 8-4(a) 所示的车床主轴轴线与尾架轴线高度差的允许值 A_0 是装配技术要求，为封闭环。组成环可从尾架顶尖开始查找，尾架顶尖轴线到底面的高度 A_1、与床面相连的底板的厚度 A_2、床面到主轴轴线的距离 A_3，最后回到封闭环。A_1、A_2 和 A_3 均为组成环。

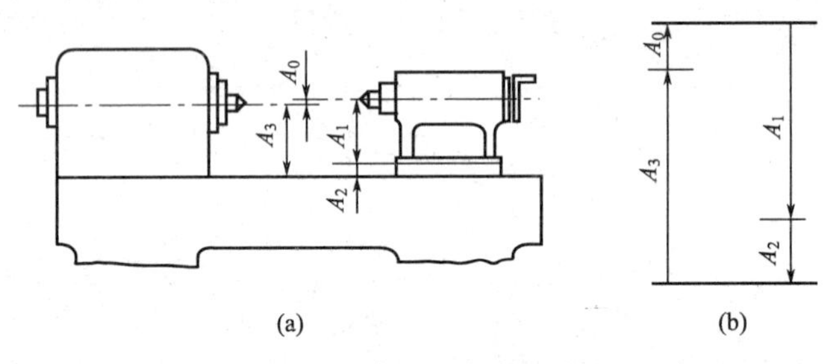

图 8-4 车床顶尖高度尺寸链

在封闭环有较高技术要求或几何误差较大的情况下，建立尺寸链时，还要考虑几何误差对封闭环的影响。在一般情况下，几何公差可以理解为公称尺寸为零的线性尺寸。几何公差参与尺寸链分析计算的情况较为复杂，应根据几何公差项目及应用情况分析确定。

2. 画尺寸链线图

为清楚表达尺寸链的组成，通常不需要画出零件或部件的具体结构，也不必按照严格的比例，只需将链中各尺寸依次画出，形成封闭的图形即可，这样的图形称为尺寸链线图，如图 8-4(b) 所示。在尺寸链线图中，常用带单箭头的线段表示各环，箭头仅表示查找尺寸链组成环的方向。与封闭环箭头方向相同的环为减环，与封闭环箭头方向相反的环为增环。如图中 A_3 为减环，A_1、A_2 为增环。

8.2 尺寸链的计算

计算尺寸链的目的是为了在设计过程中能够正确合理地确定尺寸链中各环的公称尺寸、公差和极限偏差，以便采用最经济的方法达到一定的技术要求。

8.2.1 尺寸链计算的任务和分析方法

1. 任务

根据不同的需要，尺寸链计算一般可分为三类。

(1) 正计算　已知组成环的公称尺寸和极限偏差，求封闭环的公称尺寸和极限偏差。正计算常用于审核图纸上标注的各组成环的公称尺寸和上、下极限偏差，在加工后是否能满足总的技术要求，即验证设计的正确性。

(2) 反计算　已知封闭环的公称尺寸和极限偏差及各组成环的公称尺寸，求各组成环的公差和极限偏差。反计算常用于设计时根据总的技术要求来确定各组成环的上、下极限偏差，既属于设计工作方面问题，也可理解为解决公差的分配问题。

(3) 中间计算　已知封闭环及某些组成环的公称尺寸和极限偏差，求某一组成环的公称尺寸和极限偏差。中间计算多属于工艺尺寸计算方面的问题，如制定工序公差等。

2. 方法

(1) 完全互换法（极值法）　从尺寸链各环的上、下极限尺寸出发进行尺寸链计算，不考虑各环实际尺寸的分布情况。按此法计算出来的尺寸加工各组成环，装配时各组成环不需挑选或辅助加工，装配后即能满足封闭环的公差要求，即可实现完全互换。完全互换法是尺寸链计算中最基本的方法。

(2) 大数互换法（概率法）　该法是以保证大多数互换为出发点的。生产实践和大量统计资料表明，在大量生产且工艺过程稳定的情况下，各组成环的实际尺寸趋近公差带中间的概率大，出现在极限值的概率小，增环与减环以相反极限值形成封闭环的概率就更小。而用极值法解尺寸链，虽然能实现完全互换，但往往是不经济的。

采用概率法，不是在全部产品中，而是在绝大多数产品中，装配时不需要挑选或修配，就能满足封闭环的公差要求，即保证大数互换。按大数互换法，在相同封闭环公差条件下，可使组成环的公差扩大，从而获得良好的技术经济效益，也比较科学合理，常用在大批量生产的情况。

(3) 其他方法　在某些场合，为了获得更高的装配精度，而生产条件又不允许提高组成环的制造精度时，可采用分组互换法、修配法和调整法等来完成这一任务。

8.2.2 用完全互换法解尺寸链

用完全互换法解尺寸链能够保证完全互换性，让增环极大值与减环的极小值同时出现，增环极小值与减环极大值同时出现，而不考虑各环实际尺寸的分布情况，装配时，全部产品的组成环都不需要挑选或改变其大小和位置，装入后即能达到精度要求。

1. 基本公式

设尺寸链的组成环数为 m，其中 n 个增环，$m-n$ 个减环，A_0 为封闭环的公称尺寸，A_i 为组成环中增环的公称尺寸，A_j 为组成环中减环的公称尺寸，则对于直线尺寸链有如下公式。

(1) 封闭环的公称尺寸

$$A_0=\sum_{i=1}^{n}A_i-\sum_{j=n+1}^{m}A_j \tag{8-1}$$

即封闭环的公称尺寸等于所有增环的公称尺寸之和减去所有减环的公称尺寸之和。

(2) 封闭环的极限尺寸

$$\begin{aligned}A_{0\max}&=\sum_{i=1}^{n}A_{i\max}-\sum_{j=n+1}^{m}A_{j\min}\\A_{0\min}&=\sum_{i=1}^{n}A_{i\min}-\sum_{j=n+1}^{m}A_{j\max}\end{aligned} \tag{8-2}$$

即封闭环的上极限尺寸等于所有增环的上极限尺寸之和减去所有减环下极限尺寸之和；封闭环的下极限尺寸等于所有增环的下极限尺寸之和减去所有减环的上极限尺寸之和。

(3) 封闭环的极限偏差

$$ES_0=\sum_{i=1}^{n}ES_i-\sum_{j=n+1}^{m}EI_j$$
$$EI_0=\sum_{i=1}^{n}EI_i-\sum_{j=n+1}^{m}ES_j \quad (8-3)$$

即封闭环的上极限偏差等于所有增环上极限偏差之和减去所有减环下极限偏差之和；封闭环的下极限偏差等于所有增环下极限偏差之和减去所有减环上极限偏差之和。

（4）封闭环的公差

$$T_0=\sum_{i=1}^{m}T_i \quad (8-4)$$

即封闭环的公差等于所有组成环公差之和。

由上面的公式可以看出：

① 尺寸链封闭环的公差等于所有组成环公差之和，所以封闭环的公差最大，因此在零件工艺尺寸链中一般选择最不重要的环节作为封闭环。

② 在装配尺寸链中封闭环是装配的最终要求。在封闭环的公差确定后，组成环越多则每一环的公差越小，所以，装配尺寸链的环数应尽量减少，即最短尺寸链原则。

③ 确定组成环上极限偏差、下极限偏差的基本原则："偏差向体内原则"。当组成环为包容面尺寸时，则令其下极限偏差为零；当组成环为被包容面尺寸时，则令其上极限偏差为零。有时，组成环既不是包容面尺寸，也不是被包容面尺寸，如孔距尺寸，此时规定其上极限偏差为 $TA/2$，下极限偏差则为 $-TA/2$。

2. 尺寸链计算

完全互换法计算尺寸链的步骤是：寻找封闭环，画尺寸链图，判断增、减环，由已知的公称尺寸和极限偏差求解待求量。

例 8-1 如图 8-5 所示的结构，已知各零件的尺寸：$A_1=30_{-0.13}^{\ 0}$mm，$A_2=A_5=5_{-0.075}^{\ 0}$mm，$A_3=43_{+0.02}^{+0.18}$mm，$A_4=3_{-0.04}^{\ 0}$mm，设计要求间隙 A_0 为 0.1～0.45mm，试做校核计算。

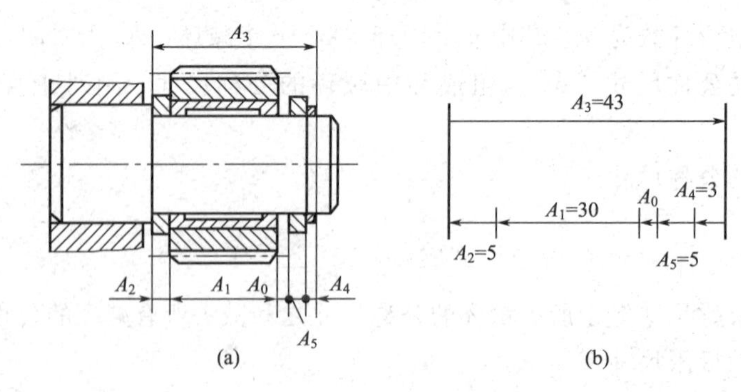

图 8-5 齿轮部件尺寸链

解 （1）确定封闭环为要求的间隙 A_0；寻找组成环并画尺寸链线图［图 8-5(b)］判断 A_3 为增环，A_1、A_2、A_4 和 A_5 为减环。

（2）计算封闭环的公称尺寸

$$A_0=A_3-(A_1+A_2+A_4+A_5)=43\text{mm}-(30+5+3+5)\text{mm}=0$$

即要求封闭环的尺寸为 $0_{+0.10}^{+0.45}$mm。

（3）计算封闭环的极限偏差

$$ES_0 = ES_3 - (EI_1 + EI_2 + EI_4 + EI_5)$$
$$= +0.18\text{mm} - (-0.13 - 0.075 - 0.04 - 0.075)\text{mm} = +0.50\text{mm}$$
$$EI_0 = EI_3 - (ES_1 + ES_2 + ES_4 + ES_5)$$
$$= +0.02\text{mm} - (0+0+0+0)\text{mm} = +0.02\text{mm}$$

（4）计算封闭环的公差

$$T_0 = T_1 + T_2 + T_3 + T_4 + T_5$$
$$= (0.13 + 0.075 + 0.16 + 0.075 + 0.04)\text{mm} = 0.48\text{mm}$$

校核结果表明，封闭环的上、下极限偏差及公差均已超过规定范围，显然，间隙得不到保证，必须调整组成环的极限偏差。

例 8-2　如图 8-6 所示套类零件尺寸 $A_1 = 30^{+0.05}_{0}$ mm，$A_2 = 60^{+0.05}_{-0.05}$ mm，$A_3 = 40^{+0.10}_{+0.05}$ mm，求 B 面和 C 面的距离 A_0 及其偏差。

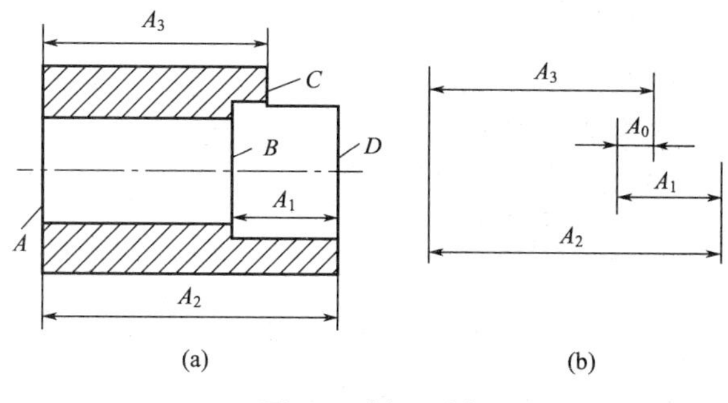

图 8-6　例 8-2 图

解　画出尺寸链图［图 8-6(b)］，经分析 A_0 为封闭环，A_1、A_3 为增环，A_2 为减环。

用完全互换法计算：

① 计算封闭环的公称尺寸

由式(8-1) 得

$$A_0 = (A_1 + A_3) - A_2 = 30 + 40 - 60 = 10\text{mm}$$

② 计算封闭环的极限偏差

由式(8-3) 得

$$ES_0 = (ES_1 + ES_3) - EI_2 = (0.05 + 0.10) - (-0.05) = 0.20\text{mm}$$
$$EI_0 = (EI_1 + EI_3) - ES_2 = (0 + 0.05) - 0.05 = 0$$

得此封闭环尺寸及偏差

$$A_0 = 10^{+0.20}_{0}\text{mm}$$

例 8-3　如图 8-7 所示，已知该零件的加工顺序为：①车外圆 $C_1 = \phi 70.5_{-0.10}^{0}$ mm；②铣键槽深 C_2；③磨外圆 $C_3 = \phi 70_{-0.06}^{0}$ mm；④要求磨外圆后保证键槽深 $C_0 = 62_{-0.30}^{0}$ mm，求铣键槽深度 C_2。

解　（1）设计计算。

（2）画出尺寸链图。为便于建立尺寸间的联系，直径尺寸改为半径尺寸，即

$$C_1/2 = \phi 35.25_{-0.05}^{0}\text{mm}\quad , C_3/2 = \phi 35_{-0.03}^{0}\text{mm}$$

（3）找封闭环：C_0

(4) 判断增减环　增环：C_2、$C_3/2$。减环：$C_1/2$

(5) 计算 C_2 的尺寸

$$C_0=C_2+C_3/2-C_1/2 \qquad C_2=C_0-C_3/2+C_1/2=62-35+35.25=62.25\text{mm}$$

$$ES_0=ES_2+ES_3/2-EI_1/2 \qquad ES_2=ES_0+EI_1/2-ES_3/2=-0.05\text{mm}$$

$$EI_0=EI_2+EI_3/2-ES_1/2 \qquad EI_2=EI_0+ES_1/2-EI_3/2=-0.27\text{mm}$$

校核：

$$T_2=-0.05+0.27=0.22$$

$$T_0=\sum_{i=1}^{m} T_i$$

$$=0.05+0.22+0.03=0.30 \quad 满足\ T_0=0.30$$

所以计算正确

$$C_2=62.25_{-0.27}^{-0.05}\text{mm}$$

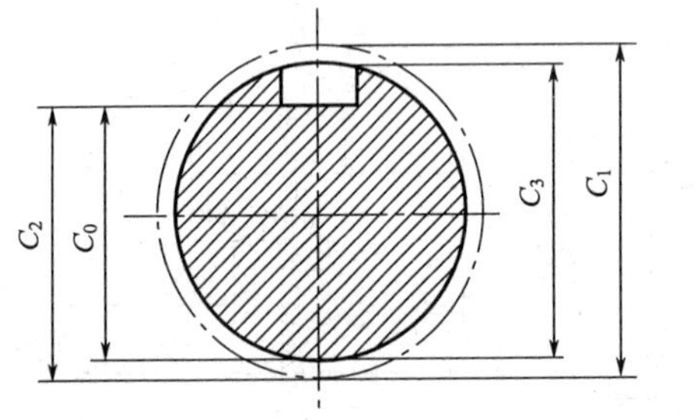

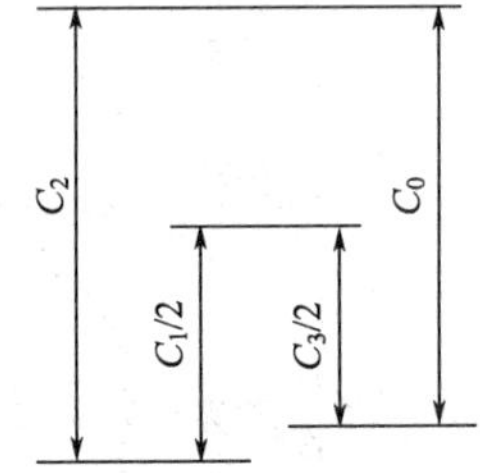

图 8-7　例 8-3 图

例 8-4　加工如图 8-8 所示的套筒时，外圆柱面加工至 $A_1=\phi80f9$，内孔加工至 $A_2=\phi60H8$，外圆柱面轴线对内孔轴线的同轴度公差为 $\phi0.02$mm。试计算套筒壁厚尺寸的变动范围。

图 8-8　例 8-4 图

解　(1) 画出尺寸链。尺寸链如图 8-8 所示，A_3 为同轴度公差，将它作为长度尺寸的组成环纳入尺寸链中，写成 $A_3=0\pm0.01$mm。为便于建立尺寸间的联系，直径尺寸改为半径尺寸进行计算，另外题中给出了 $A_1=\phi80f9$，$A_2=\phi60H8$，需要查表计算出相应的极限偏差。

查表，$\phi80IT9=74\mu m$，$f=-30\mu m=es$

$$ei=es-IT9=-30-74=-104\mu m$$

$$A_1=\phi80f9(_{-0.104}^{-0.030})$$

查表，$\phi60$　$IT8=46\mu m$，　因为是基孔制 H

所以 $EI=0$，$ES=EI+IT8=0+46=46\mu m$

$$A_2=\phi60H8(_{0}^{+0.046})$$

$$A_1/2=\phi40(_{-0.052}^{-0.015})\text{mm}, A_2/2=\phi30(_{0}^{+0.023})\text{mm}, A_3=0\pm0.01\text{mm}$$

(2) 判断封闭环 A_0

(3) 判断增减环。增环：$A_1/2$、A_3。减环：$A_2/2$

(4) 计算套筒壁厚 A_0 的尺寸

计算封闭环 A_0 的公称尺寸：由式(8-1) 得

$$A_0=(A_1/2+A_3)-A_2/2=40+0-30=10\text{mm}$$

计算封闭环的极限偏差：由式(8-3) 得

$$ES_0=(ES_1/2+ES_3)-EI_2/2=(-0.015+0.01)-0=-0.005\text{mm}$$

$$EI_0=(EI_1/2+EI_3)-ES_2/2=(-0.052-0.01)-(+0.023)=-0.085\text{mm}$$

得此封闭环尺寸及偏差

$$A_0=10_{-0.085}^{-0.005}\text{mm}$$

$$A_{0\max}=10-0.005=9.995\text{mm}\qquad A_{0\min}=10-0.085=9.915\text{mm}$$

答　套筒壁厚尺寸的变动范围为 9.995～9.915mm。

8.2.3　用大数互换法解尺寸链

由于各组成环的获得无相互联系，它们皆为独立随机变量，因此它们形成的封闭环也是随机变量，其实际尺寸也按一定规律分布。考虑上述规律，在不改变技术要求所规定的封闭环公差的情况下，用概率法解尺寸链，可以放大组成环公差。

封闭环的公称尺寸计算公式与完全互换法同。

(1) 封闭环的公差　根据概率论关于独立随机变量合成规则，各组成环（各独立随机变量）的标准偏差与封闭环的标准偏差 σ_0 的关系为

$$\sigma_0=\sqrt{\sum_{j=1}^{n-1}\sigma_j^2}\tag{8-5}$$

式中　σ_j——尺寸链中第 j 个组成环的标准偏差。

如果各组成环的实际尺寸都为正态分布，并且分布范围与公差带宽度一致，分布中心与公差带中心重合，则封闭环的实际尺寸也服从正态分布，各环公差与标准偏差关系如下

$$T_0=6\sigma_0$$

$$T_j=6\sigma_j\tag{8-6}$$

封闭环公差等于所有组成环公差的方和根

$$T_0=\sqrt{\sum_{j=1}^{n-1}T_j^2}\tag{8-7}$$

当各组成环为不同于正态公布的其他分布时，应当引入一个相对分布系数 K，即

$$T_0=\sqrt{\sum_{i=1}^{m}K_i^2T_i^2}$$

不同形式的分布，K 的值也不同。如正态分布时，$K=1$；偏态分布时，$K=1.17$ 等。

(2) 封闭环的中间偏差和极限偏差　中间偏差为上极限偏差与下极限偏差的平均值，即

$$\Delta_0=\frac{1}{2}(ES_0+EI_0)$$

$$\Delta_i=\frac{1}{2}(ES_i+EI_i)\tag{8-8}$$

各组成环的中心尺寸为极限尺寸的平均值。封闭环的中间尺寸 $A_{0中}$ 为封闭环的公称尺寸与其中间偏差之和

$$A_{0中}=A_0+\Delta_0\tag{8-9}$$

组成环中间尺寸 A_j 为组成环的公称尺寸与中间偏差之和

$$A_{j中}=A_j+\Delta_j\tag{8-10}$$

相加后取平均值可得

$$A_{0中} = \sum_{j=1}^{m} A_{(+)j中} - \sum_{m+1}^{n-1} A_{(-)j中} \tag{8-11}$$

即：封闭环中间尺寸等于所有增环的中间尺寸之和减去所有减环的中间尺寸之和。将上述公式整理得

$$\Delta_0 = \sum_{j=1}^{m} \Delta_{(+)j} - \sum_{m+1}^{n-1} \Delta_{(-)j} \tag{8-12}$$

即：封闭环中间偏差等于所有增环的中间偏差之和减去所有减环的中间偏差之和。

如果组成环的实际尺寸不服从正态分布，而是其他分布，或者组成环分布中心偏离公差带中心，那么本节所述公式应加以修正，详见有关书籍。

中间偏差、极限偏差和公差的关系如下：

$$ES = \Delta + T/2$$

$$EI = \Delta - T/2$$

用大数互换法解尺寸链的步骤基本上与极值法相同。但在计算封闭环和组成环的上、下极限偏差时，要先算出它们的中间偏差。

8.3 保证装配精度的其他措施

8.3.1 分组互换法

分组互换法是把组成环的公差扩大 N 倍，使之达到经济加工精度要求，然后将完工后零件实际尺寸分成 N 组，装配时根据大配大、小配小的原则，按对应组进行装配，以满足封闭环要求。

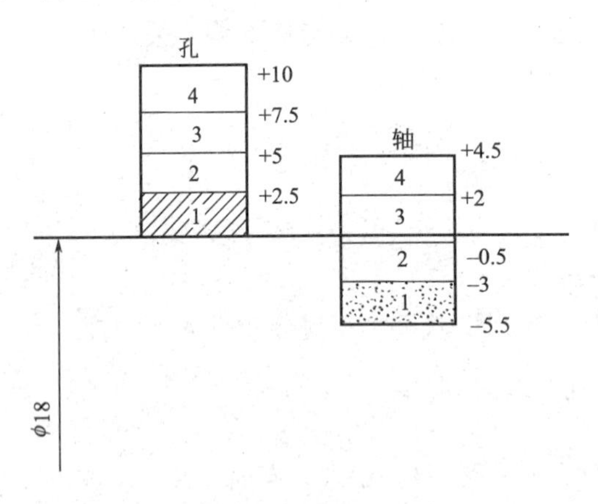

图 8-9 例 8-5 图

例 8-5 如图 8-9 所示，设公称尺寸为 ϕ18mm 的孔、轴配合间隙要求为 $x=3\sim8\mu m$，这意味着封闭环的公差 $T_0=5\mu m$，若按完全互换法，则孔、轴的制造公差只能为 2.5μm。

若采用分组互换法，将孔、轴的制造公差扩大四倍，公差为 10μm，将完工后的孔、轴按实际尺寸分为四组，按对应组进行装配，各组的最大间隙均为 8μm，最小间隙为 3μm，故能满足要求。

分组互换法一般宜用于大批量生产中的高精度、零件形状简单易测、环数少的尺寸链。另外，由于分组后零件的形状误差不会减少，这就限制了分组数，一般为 2～4 组。

8.3.2 修配法

修配法是根据零件加工的可能性，对各组成环规定经济可行的制造公差，装配时，通过修配方法改变尺寸链中预先规定的某组成环的尺寸（该环叫补偿环），以满足装配精度要求。

如图 8-4 所示，将 A_1、A_2 和 A_3 的公差放大到经济可行的程度，为保证主轴和尾架等高性的要求，选面积最小、重量最轻的尾架底座 A_2 为补偿环，装配时通过对 A_2 环的辅助

加工（如铲、刮等）切除少量材料，以抵偿封闭环上产生的累积误差，直到满足 A_0 要求为止。

补偿环切莫选择各尺寸链的公共环，以免因修配而影响其他尺寸链的封闭环精度。

8.3.3 调整法

调整法是将尺寸链各组成环按经济公差制造，由于组成环尺寸公差放大而使封闭环上产生的累积误差，可在装配时采用调整补偿环的尺寸或位置来补偿。

常用的补偿环可分为两种：

（1）固定补偿环　在尺寸链中选择一个合适的组成环作为补偿环（如垫片、垫圈或轴套等）。补偿环可根据需要按尺寸大小分为若干组，装配时，从合适的尺寸组中取一补偿环，装入尺寸链中预定的位置，使封闭环达到规定的技术要求。当齿轮的轴向窜动量有严格要求而无法用完全互换装配法保证时，就在结构中加入一个尺寸合适的固定补偿件（$A_{0补}$）来保证装配精度。

（2）可动补偿环　装配时调整可动补偿环的位置以达到封闭环的精度要求。这种补偿环在机械设计中应用很广，结果形式很多，如机床中常用的镶条、调节螺旋副等。

调整法的主要优点是：加大组成环的制造公差，使制造容易，同时可得到很高的装配精度；装配时不需修配；使用过程中可以调整补偿环的位置或更换补偿环，以恢复机器原有精度。它的主要缺点是：有时需要额外增加尺寸链零件数（补偿环），使结构复杂，制造费用增高，降低结构的刚性。

调整法主要应用在封闭环精度要求高、组成环数目较多的尺寸链，尤其是对使用过程中，组成环的尺寸可能由于磨损、温度变化或受力变形等原因而产生较大变化的尺寸链，调整法具有独到的优越性。

思考与练习

1. 什么是尺寸链？它有哪几种形式？

2. 尺寸链中环、封闭环、组成环、增环和减环各有何特性？

3. 尺寸链的两个基本特征是什么？

4. 在一个尺寸链中是否必须同时具有封闭环、增环和减环等三种环？并举例说明。

5. 按功能要求，尺寸链分为装配尺寸链、零件尺寸链和工艺尺寸链，它们各有什么特征？并举例说明。

6. 建立装配尺寸链时，怎样确定封闭环，怎样查明组成环？

7. 如何确定一个尺寸链封闭环？如何判别某一组成环是增环还是减环？

8. 建立尺寸链时，如何考虑几何误差对封闭环的影响？并举例说明。

9. 计算尺寸链主要为解决哪几类问题？它们的目的分别是什么？

10. 用完全互换法和用大数互换法计算尺寸链各自的特点是什么？它们的应用条件有何不同？

11. 分组法、调整法和修配法解尺寸链各有何特点？

12. 如图 8-10 所示零件，按图样注出的尺寸 A_1 和 A_3 加工时不易测量，现改为按尺寸 A_1 和 A_3 加工，为了保证原设计要求，试计算 A_2 的公称尺寸和偏差。

13. 图 8-11 为水泵部件间连接图。支架 1 的端面与汽缸 2 左端面间的尺寸 $A_1=30^{+0.05}_{0}$ mm，汽缸 2 内孔深度 $A_2=22^{+0.05}_{-0.05}$ mm，活塞 3 的长度 $A_3=7^{+0.10}_{0}$ mm，螺母 4 内孔深度 $A_4=10^{+0.10}_{+0.05}$ mm，支架 1 两端面间的距离 $A_5=23^{+0.05}_{-0.05}$ mm。试计算活塞行程长度的极限尺寸，并画出尺寸链图。

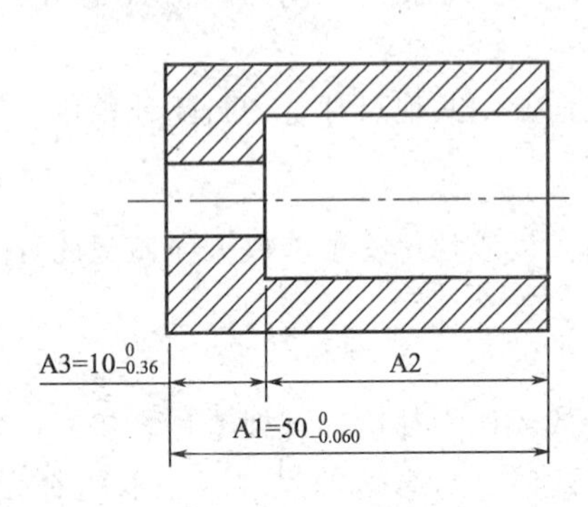

图 8-10 题 12 图

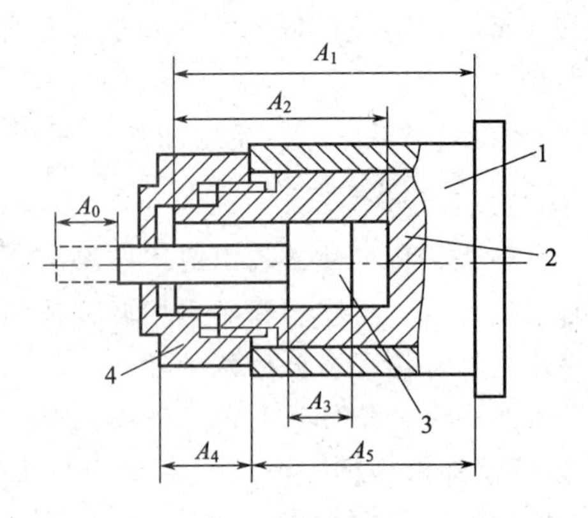

图 8-11 题 13 图

1—支架；2—汽缸；3—活塞；4—螺母

14. 如图 8-12 所示为机床部件装配图，求保证间隙 $A_0=0.25$mm，若给定尺寸 $A_1=25^{+0.100}_{0}$mm，$A_2=(22\pm0.100)$mm，$A_3=(3\pm0.005)$mm，试校核这几项的偏差能否满足装配要求并分析采取的对策。

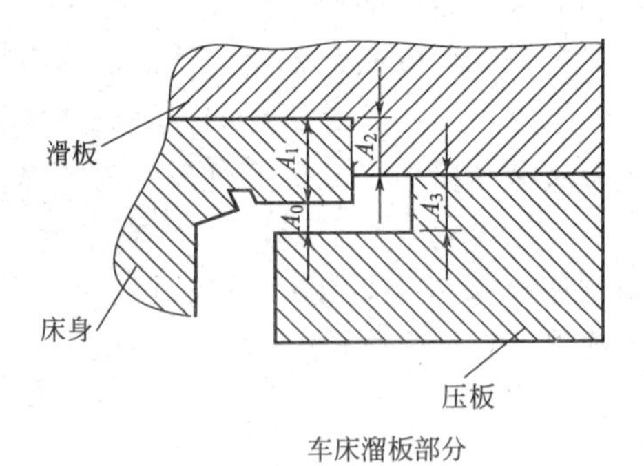

图 8-12 题 14 图

第9章

滚动轴承的公差与检测

9.1 概述

滚动轴承是高精度的标准部件，是机器、仪器与仪表中支承旋转部分的组件，其工作质量直接影响机器、仪表转动部分的运动精度与旋转平稳性，而这些特性直接与产品的振动、噪声和寿命等有关。

滚动轴承一般由内圈、外圈、滚动体和保持架组成，如图 9-1 所示。内圈装在轴颈上，外圈装在机座或零件的轴承孔内。多数情况下，外圈不转动，内圈与轴一起转动。当内外圈之间相对旋转时，滚动体沿着滚道滚动。保持架使滚动体均匀分布在滚道上，并减少滚动体之间的碰撞和磨损。

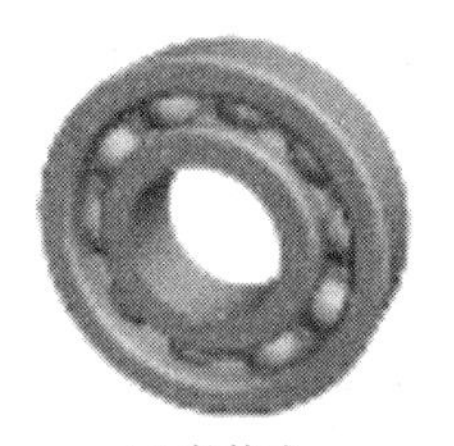
(a) 整体式

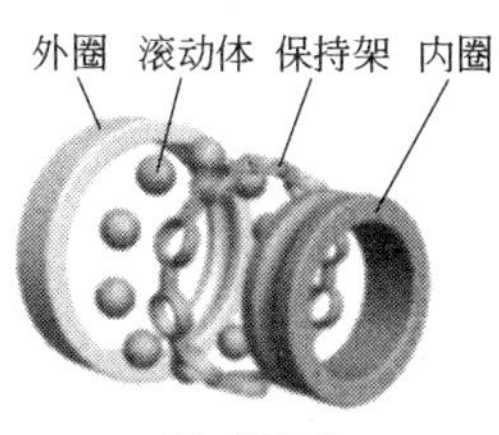

(b) 分离式

图 9-1　滚动轴承的基本结构

为了便于在机器上安装轴承和从机器上更换新轴承，轴承内圈内孔和外圈外圆柱面应具有完全互换性，其结构、尺寸、材料、制造精度与技术条件均已经标准化。本章讨论滚动轴承在使用上的有关内容，包括滚动轴承的公差等级、滚动轴承与轴颈、外壳孔的配合的选择等。

9.2 滚动轴承的分类及公差等级

9.2.1 滚动轴承的分类

为满足机械的各种要求，滚动轴承有多种类型。滚动体的形状可以是球轴承或滚子轴承；滚动体的列数可以是单列或双列等。作为标准的滚动轴承，在国家标准中分为 13 类。表 9-1 列出了一般滚动轴承（GB/T 272—1993）的类型及特性。

表 9-1　常用滚动轴承的类型、代号及特性

轴承类型	轴承类型简图	类型代号	标准号	特　　性
调心球轴承		1	GB/T 281	主要承受径向载荷，也可同时承受少量的双向轴向载荷。外圈滚道为球面，具有自动调心性能，适用于弯曲刚度小的轴

续表

轴承类型	轴承类型简图	类型代号	标准号	特　性
调心滚子轴承	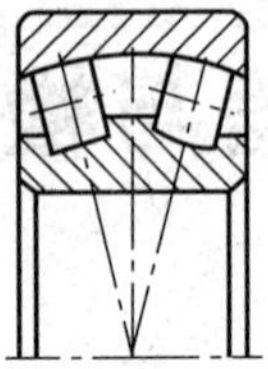	2	GB/T 288	用于承受径向载荷，其承载能力比调心球轴承大，也能承受少量的双向轴向载荷。具有调心性能，适用于弯曲刚度小的轴
圆锥滚子轴承	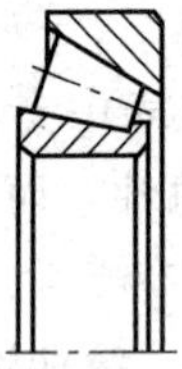	3	GB/T 297	能承受较大的径向载荷和轴向载荷。内外圈可分离，故轴承游隙可在安装时调整，通常成对使用，对称安装
双列深沟球轴承	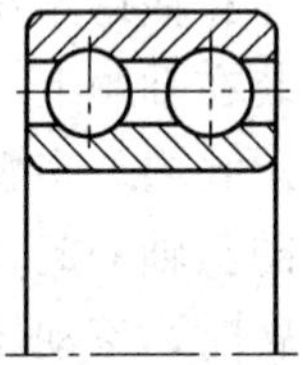	4	原标准无	主要承受径向载荷，也能承受一定的双向轴向载荷。它比深沟球轴承具有更大的承载能力
推力球轴承	单向 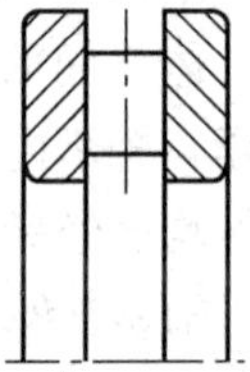	5(5100)	GB/T 301	只能承受单向轴向载荷，适用于轴向力大而转速较低的场合
	双向 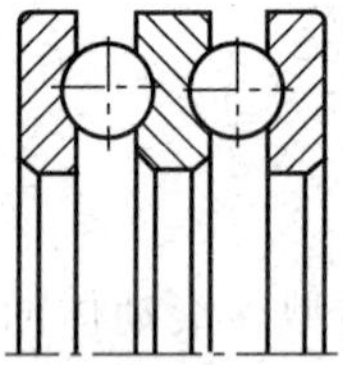	5(5200)	GB/T 301	可承受双向轴向载荷，常用于轴向载荷大、转速不高处
深沟球轴承	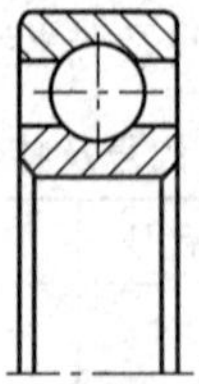	6	GB/T 276	主要承受径向载荷，也可同时承受少量双向轴向载荷。摩擦阻力小，极限转速高，结构简单，价格便宜，应用最广泛
角接触球轴承	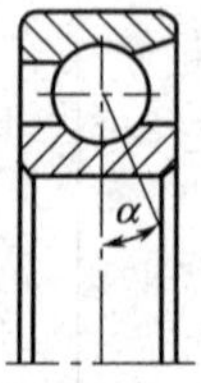	7	GB/T 292	能同时承受径向载荷与轴向载荷，接触角有15°、25°、40°三种。适用于转速较高、同时承受径向和轴向载荷的场合

续表

轴承类型	轴承类型简图	类型代号	标准号	特　性
推力圆柱滚子轴承		8	GB/T 4663	只能承受单向轴向载荷，承载能力比推力球轴承大得多，不允许轴线偏移。适用于轴向载荷大而不需调心的场合
圆柱滚子轴承	外圈无挡边圆柱滚子轴承	N	GB/T 283	只能承受径向载荷，不能承受轴向载荷。承受载荷能力比同尺寸的球轴承大，尤其是承受冲击载荷能力大

9.2.2 滚动轴承的公差等级

1. 滚动轴承的公差等级分类

按滚动轴承公差标准《滚动轴承　通用技术规则》(GB/T 307.3—2005) 规定，按滚动轴承的尺寸精度和旋转精度可将滚动轴承公差等级分为五个精度等级，分别用 P0、P6 (P6x)、P5、P4、P2 表示，其中 P0 精度最低，P2 级精度最高。向心轴承分为 0,6,5,4 和 2 共五级；圆锥滚子轴承精度分为 0，6x，5 和 4 共四级；推力轴承分为 0,6,5 和 4 共四级。6x 级轴承与 6 级轴承的内径公差、外径公差和径向跳动公差均分别相同，仅前者装配宽度要求较为严格。

2. 滚动轴承各级精度的应用情况

0 级——通常称为普通级，用于低中速及旋转精度要求不高的一般旋转机构，它在机械中应用最广。例如，减速器的旋转机构，普通机床的变速、进给机构，汽车、拖拉机的变速机构等。

6 级——用于旋转速度较高、旋转精度要求较高的旋转机构。例如，普通车床、铣床的传动轴承等。

5 级、4 级——用于高速、高旋转精度要求的机构。例如，普通车床主轴的前轴承采用 5 级轴承，高精度磨床和车床、精密螺纹车床和磨齿机等的主轴轴承多采用 4 级轴承。

2 级——用于转速很高、旋转精度要求也很高的机构。例如，精密坐标镗床的主轴轴承、高精度齿轮磨床以及数控机床的主轴轴承。

9.3 滚动轴承内径与外径的公差带及特点

滚动轴承的内圈、外圈都是薄壁零件，在制造和保管过程中容易变形，但轴承装配后，这种少量的变形可得到校正。因此国家标准《滚动轴承公差定义》(GB/T 4199—2003) 分别规定了轴承的尺寸以及轴承的旋转精度值，用以控制配合时的变形量。

9.3.1 滚动轴承的尺寸精度

滚动轴承的尺寸精度是指成套轴承的外径 D、内径 d 和宽度 B 以及圆锥滚柱轴承的装配高度 T 的制造精度。

1. 轴承单一内径与外径偏差

d 和 D 是指轴承内径和外径的公称尺寸。d_s 和 D_s 是轴承的单一内径和单一外径，它是指与实际内孔（外圈）表面和一径向平面的交线相切的两平行切线之间的距离。

轴承单一内径与外径偏差，分别用 Δ_{ds} 和 Δ_{Ds} 表示，其值分别为 $\Delta_{ds}=d_s-d$、$\Delta_{Ds}=D_s-D$。它用于控制同一轴承单一内径、外径偏差。

2. 轴承单一平面内径与外径变动量

轴承单一平面内径与外径变动量，分别用 V_{dsp} 和 V_{Dsp} 表示，其值分别为 $V_{dsp}=d_{smax}-d_{smin}$，$V_{Dsp}=D_{smax}-D_{smin}$。它用于控制轴承单一平面内径与外径圆度误差。

3. 轴承单一平面平均内径与外径偏差

d_{mp} 和 D_{mp} 是指同一轴承单一平面平均内径和单一平面平均外径，它是指在轴承内圈（外圈）任一横截面内测得的内圈（外圈）内径的最大与最小直径的平均值。

轴承单一平面平均内径与外径偏差，分别用 Δ_{dmp} 和 Δ_{Dmp} 表示，其值分别为 $\Delta_{dmp}=d_{mp}-d$、$\Delta_{Dmp}=D_{mp}-D$，它用于控制轴承与轴和外壳孔装配后的配合尺寸偏差。

4. 同一轴承圈平均内径与外径变动量

同一轴承圈平均内径与外径变动量，分别用 V_{dmp} 和 V_{Dmp} 表示，其值分别为 $V_{dmp}=d_{mpmax}-d_{mpmin}$，$V_{Dmp}=D_{mpmax}-D_{mpmin}$。它用于控制轴承与轴和壳体孔装配后，在配合面上的圆柱度误差。

在计算滚动轴承与孔、轴结合的间隙或过盈时，应以平均尺寸为准。表 9-2 是按《滚动轴承向心轴承公差》（GB/T 307.1—2005）摘录了向心轴承 Δ_{dmp} 和 Δ_{Dmp} 的极限值。

表 9-2 向心轴承 Δ_{dmp} 和 Δ_{Dmp} 的极限值

精度等级			0		6		5		4		2	
公称直径/mm			极限偏差/μm									
	大于	到	上偏差	下偏差	上偏差	下偏差	上偏差	下偏差	上偏差	下偏差	上偏差	下偏差
内圈	18	30	0	−10	0	−8	0	−6	0	−5	0	−2.5
	30	50	0	−12	0	−10	0	−8	0	−6	0	−2.5
外圈	50	80	0	−13	0	−11	0	−9	0	−7	0	−4
	80	120	0	−15	0	−13	0	−10	0	−8	0	−5

宽度 B 以及圆锥滚柱轴承的装配高度 T 的尺寸精度与前所述类似。

9.3.2 滚动轴承的旋转精度

旋转精度主要指轴承内、外圈的径向跳动，内、外圈端面对滚道的跳动，内圈基准端面对内孔的跳动。其评定参数：

K_{ia}, K_{ea}——成套轴承内、外圈的径向跳动；

S_{ia}, S_{ea}——成套轴承内、外圈的轴向跳动；

S_d——内圈端面对内孔的垂直度；

S_D——外圈外表面对端面的垂直度；

S_{ea1}——成套轴承外圈凸缘背面轴向跳动；

S_{D1}——外圈外表面对凸缘背面的垂直度。

在不同的工作场合，对不同公差等级、不同结构形式的滚动轴承，其尺寸精度和旋转精度的评定参数有不同的要求。表 9-3 和表 9-4 列出了 6 级精度和 5 级精度向心轴承内圈公差。

表 9-3　6 级精度向心轴承内圈公差　μm

d/mm		Δ_{dmp}		V_{dsp}①			V_{dmp}	K_{ia}	Δ_{Bs}③			V_{Bs}④
				直径系列								
				9	0、1	2、3、4			全部	正常	修正②	
超过	到	上极限偏差	下极限偏差	最大值			最大值	最大值	上极限偏差	下极限偏差		最大值
18	30	0	−8	10	8	6	6	8	0	−120	−250	20
30	50	0	−10	13	10	8	8	10	0	−120	−250	20
50	80	0	−12	15	15	9	9	10	0	−150	−380	25
80	120	0	−15	19	19	11	11	13	0	−200	−380	25
120	180	0	−18	23	23	14	14	18	0	−250	−500	30
180	250	0	−22	28	28	17	17	20	0	−300	−500	30

① 直径系列 7 和 8 无规定值。
② 指用于成对或成组安装时单个轴承的内圈。
③ Δ_{Bs}是指轴承内圈单一宽度偏差。
④ V_{Bs}是指轴承内圈宽度的变动量。

表 9-4　5 级精度向心轴承内圈公差　μm

d/mm		Δ_{dmp}		V_{dsp}①		V_{dmp}	K_{ia}	S_d	S_{ia}②	Δ_{Bs}④			V_{Bs}⑤
				直径系列						全部	正常	修正③	
				9	0、1、2、3、4								
超过	到	上极限偏差	下极限偏差	最大值		最大值	最大值	最大值	最大值	上极限偏差	下极限偏差		最大值
10	18	0	−5	5	4	3	4	7	7	0	−80	−250	5
18	30	0	−6	6	5	3	4	8	8	0	−120	−250	5
30	50	0	−8	8	6	4	5	8	8	0	−120	−250	5
50	80	0	−9	9	7	5	5	8	8	0	−150	−250	6
80	120	0	−10	10	8	5	6	9	9	0	−200	−380	7
120	180	0	−13	13	10	7	8	10	10	0	−250	−380	8

① 直径系列 7 和 8 无规定值。
② 仅适用于沟型球轴承。
③ 指用于成对或成组安装时单个轴承的内圈。
④ Δ_{Bs}是指轴承内圈单一宽度偏差。
⑤ V_{Bs}是指轴承内圈宽度的变动量。

9.3.3　滚动轴承内、外径公差的特点

轴承内、外径尺寸公差的特点是采用单向制，且滚动轴承是标准部件，为了便于互换，国标规定：轴承的内圈与轴采用基孔制配合，轴承的外圈与孔采用基轴制配合。

通常轴承内圈与轴一起旋转时，为防止内圈和轴颈的配合相对滑动而产生磨损，影响轴承的工作性能，因此要求配合面间具有一定的过盈量。此外，由于轴承内、外圈是薄壁零件，则过盈量不能太大，否则会使它们产生较大的变形。国家标准规定：内圈基准孔公差带位于以公称内径 d 为零线的下方。即上极限偏差为零，下极限偏差为负值，如图 9-2 所示。

轴承外圈安装在外壳孔中，通常不旋转，考虑到工作时温度升高会使轴膨胀，两端轴承中有一端应是游动支承，可把外圈与外壳孔的配合稍松一点，使之能补偿轴的热胀伸长量，

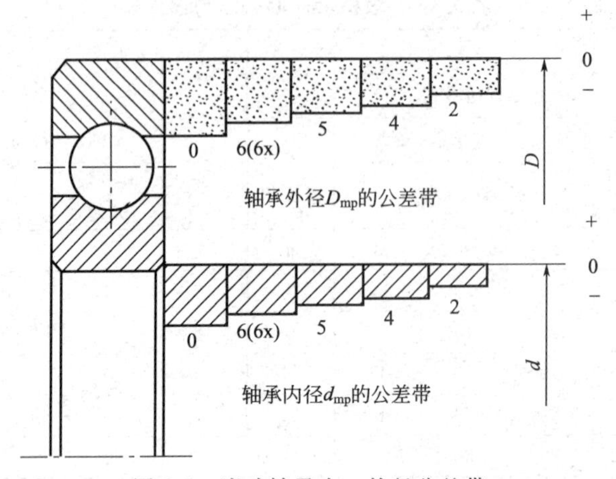

图 9-2 滚动轴承内、外径公差带

否则轴弯曲，轴承内部就有可能卡死。因此轴承外圈的公差带位于公称尺寸 D 为零线的下方，且上极限偏差为零，如图 9-2 所示。该公差带的基本偏差与一般基轴制配合的轴的公差带的基本偏差（其代号为 h）相同，但这两种公差带的公差数值不同。

9.3.4 与滚动轴承配合的轴颈和外壳孔的公差带

为了实现各种松紧程度的配合性质要求，国标 GB/T 1801—1999《滚动轴承与轴和外

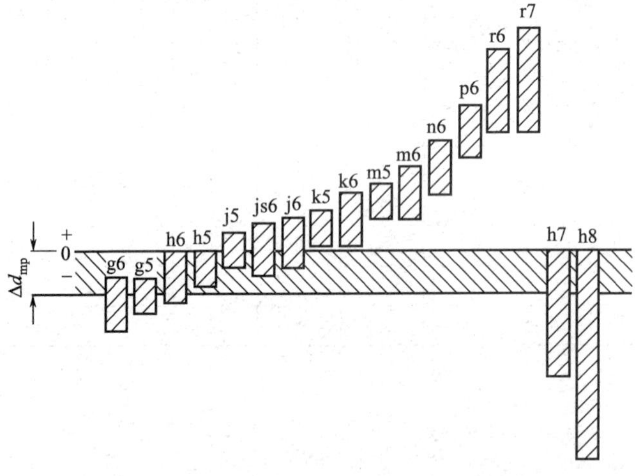

(a) 与滚动轴承配合的轴颈的常用公差带

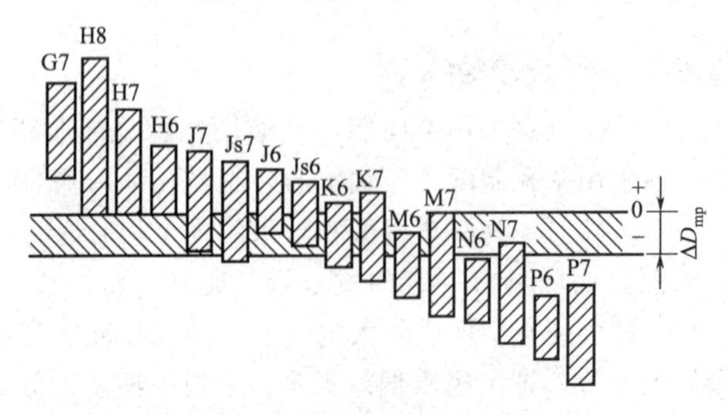

(b) 与滚动轴承配合的外壳孔的常用公差带

图 9-3 轴承与轴颈、外壳孔配合的公差带

壳的配合》中规定了 0 级和 6 级轴承与轴颈和外壳孔配合时轴颈和外壳孔的常用公差带。该标准对轴颈规定了 17 种公差带，如图 9-3（a）所示，对外壳孔规定了 16 种公差带，如图 9-3(b)所示。其适用范围：

① 对轴承的旋转精度和运转平稳性无特殊要求的安装情况；

② 轴颈为实体或厚壁钢制轴；

③ 轴颈与外壳孔为钢或铸铁制件；

④ 轴承的工作温度不超过 100℃。

9.4 滚动轴承与轴和外壳孔配合的选用

9.4.1 滚动轴承的配合

滚动轴承的配合是指成套轴承的内孔与轴和轴承的外径与外壳孔的尺寸配合。由图 9-3（a）与轴承外径配合的轴颈的公差带所示，g6、g5、h8、h7、h6、h5、j6、j5、js6 为过渡配合，k6、k5、m6、m5、n6、p6、r6、r7 为过盈配合。

由图 9-3(b）与轴承外径配合的外壳孔的公差带所示，G7、H8、H7、H6 为间隙配合，J7、J6、JS7、JS6、K7、K6、M7、M6 为过渡配合，N7、N6、P7、P6 为过盈配合。

滚动轴承配合国家标准推荐了与 0、6、5、4、2 级轴承相配合的轴颈和外壳孔的公差带，见表 9-5。

表 9-5　与滚动轴承各级精度相配合的轴和外壳孔公差带

轴承公差等级	轴公差带		外壳孔公差带		
	过渡配合	过盈配合	间隙配合	过渡配合	过盈配合
0 级	h8 h7 g6、h6、j6、js6 g5、h5、j5	r7 k6、m6、n6、p6、r6 k5、m5	H8 G7、H7 H6	J7、Js7、K7、M7、N7 J6、Js6、K6、M6、N6	P7 P6
6 级	g6、h6、j6、js6 g5、h5、j5	r7 k6、m6、n6、p6、r6 k5、m5	H8 G7、H7 H6	J7、Js7、K7、M7、N7 J6、Js6、K6、M6、N6	P7 P6
5 级	h5、j5、js5	k6、m6 k5、m5	G6、H6	Js6、K6、M6 Js5、K5、M5	
4 级	h5、js5 h4、js4	k5、m5 k4	H5	K6 Js5、K5、M5	
2 级	h3、js3		H4 H3	JS4、K4 JS3	

9.4.2 滚动轴承配合的选用

正确地选择轴承配合，对保证机器正常运转，提高轴承寿命，充分发挥轴承的承载能力关系很大。轴承配合的选择与负荷的种类、轴承的类型和尺寸大小、轴和轴承座孔的公差等级、材料强度、轴承承受工作负荷的状况、工作环境以及拆卸的要求等对轴承的配合都有直接的影响。

1. 负荷类型

机器在运转过程中，滚动轴承内、外圈可能承受三种类型的负荷。

（1）定向负荷　作用在轴承上的合成径向负荷与某套圈相对静止，该负荷将始终不变地作用在该套圈的局部滚道上。图 9-4(a) 中的外圈和图 9-4(b) 中的内圈所承受的径向负荷都是定向负荷。承受定向负荷的套圈，一般选较松的过渡配合，或较小的间隙配合，从而减少滚道的局部磨损，以延长轴承的使用寿命。

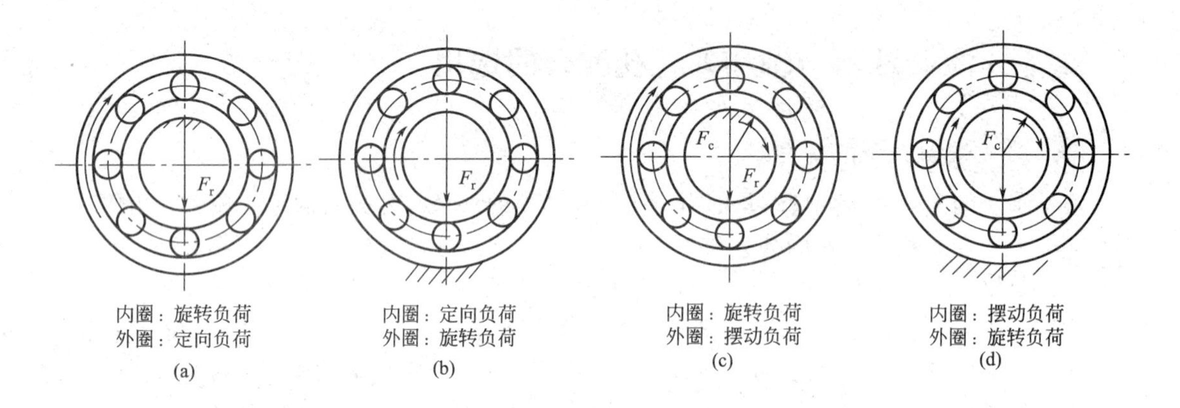

图 9-4　轴承承受的负荷类型

（2）旋转负荷　作用于轴承上的合成径向负荷与某套圈相对旋转，并依次作用在该套圈的整个圆周滚道上。图 9-4(a) 和图 9-4(c) 中的内圈及图 9-4(b) 和图 9-4(d) 中的外圈所承受的径向负荷都是旋转负荷。承受旋转负荷的套圈与轴（或外壳孔）相配，应选过盈配合或较紧的过渡配合，其过盈量的大小以不使套圈与轮或外壳孔配合表面间出现打滑现象为原则。

（3）摆动负荷　作用于轴承上的合成径向负荷在某套圈滚道的一定区域内相对摆动，作用在该套圈的部分滚道上。图 9-4(c) 的外圈和图 9-4(d) 的内圈所承受的径向负荷都是摆动负荷。承受摆动负荷的套圈，其配合要求与旋转负荷相同或略微松一些。

对承受定向负荷的套圈应选较松的过渡配合或较小的间隙配合，以便使套圈滚道间的摩擦力矩带动套圈偶尔转位、受力均匀、延长使用寿命。对承受旋转负荷的套圈应选过渡配合或较紧的过渡配合。过盈量的大小，以其转动时与轴或外壳孔间不产生爬行现象为原则。对承受摆动负荷的套圈，其配合要求与循环负荷相同或略松一点。

2. 负荷大小

国标对向心轴承负荷的大小按径向当量动负荷 P_r 与径向额定动负荷 C_r 的关系分为三种：轻负荷、正常负荷、重负荷。见表 9-6 所示。

表 9-6　负荷的大小关系

P_r 的大小	P_r 与 C_r 的关系
轻负荷	$P_r \leqslant 0.07C_r$
正常负荷	$0.07C_r < P_r \leqslant 0.15C_r$
重负荷	$0.15C_r < P_r$

承受较重的负荷和冲击负荷时，将引起轴承较大的变形，使结合面实际过盈减小和轴承内部的实际间隙增大，这时为了使轴承运转正常，应选较大的过盈配合。同理，承受较轻的负荷，可选较小的过盈配合。

3. 其他因素

滚动轴承的尺寸越大，选取的配合应越紧。

对剖分式外壳，与轴承外圈的配合，不宜采用过盈配合，但也不能使外圈在外壳孔内转动。对于整体式外壳，与轴承外圈的配合，可采用过盈配合。

为了便于安装与拆卸，特别对于重型机械，宜采用较松的配合。

滚动轴承的工作温度一般低于 100℃，在高温工作的轴承，应将所选的配合进行修正。这是由于轴承工作时，摩擦发热和其他热源的影响，套圈的温度会高于相配合零件的温度，那么内圈的热膨胀会引起它与轴颈的配合变松，而外圈的热膨胀则会引起它与外壳孔的配合变紧，因此，在这样的情况下，应将所选的配合进行修正。

表 9-7 和表 9-8 列出了国家标准推荐的安装向心轴承的轴和外壳孔的公差带，供选择滚动轴承与轴颈和外壳孔的配合时参考。总之，滚动轴承与轴和外壳孔的配合，常常综合考虑多种因素用类比法选取。

表 9-7　向心轴承和轴的配合（轴公差带代号）

圆柱孔轴承						
运转状态		负荷	深沟球轴承，调心球轴承和角接触球轴承	圆柱滚子轴承和圆锥滚子轴承	调心滚子轴承	公差带
说　明	应用举例		轴承公称直径/mm			
旋转的内圈负荷和摆动负荷	一般通用机械、电动机、机床主轴、泵、内燃机、正齿轮传动装置、铁路机车车辆轴箱、破碎机等	轻负荷	≤18	—	—	h5
			>18～100	≤40	≤40	j6①
			>100～200	>40～140	>40～100	k6①
			—	>140～200	>100～200	m6①
		正常负荷	≤18	—	—	j5js5
			>18～100	≤40	≤40	k5②
			>100～140	>40～100	>40～65	m5②
			>140～200	>100～140	>65～100	m6
			>200～280	>140～200	>100～140	n6
			—	>200～400	>140～280	p6
			—	—	>280～500	r6
旋转的内圈负荷和摆动负荷	一般通用机械、电动机、机床主轴、泵、内燃机、正齿轮传动装置、铁路机车车辆轴箱、破碎机等	重负荷		>50～140	>50～100	n6
				>140～240	>100～140	p6③
				>200	>140～200	r6
					>200～280	r7
固定的内圈负荷	静止于轴上的各类轮子，张紧轮绳轮、振动筛、惯性振荡器	所有负荷	所有尺寸			f6
						g6①
						h6
						j6

续表

运转状态		负荷	深沟球轴承，调心球轴承和角接触球轴承	圆柱滚子轴承和圆锥滚子轴承	调心滚子轴承	公差带
说明	应用举例		轴承公称直径/mm			
圆柱孔轴承						
仅有轴向载荷			所有尺寸			j6、js6
圆锥孔轴承						
所有负载	铁路机车车辆轴箱		装在推卸套上的所有尺寸			h8(IT6)④⑤
	一般机械传动		装在紧定装置上的所有尺寸			H9(IT7)④⑤

① 凡对精度有较高要求的场合，应用j5、k5…代替j6、k6…。

② 圆锥滚子轴承、角接触球轴承配合对游隙影响不大，可用k6、m6代替k5、m5。

③ 重负荷下的轴承游隙应选择大于P0组。

④ 凡有较高精度或转速要求的场合，应选择：h6（IT5）代替h8（IT6）等。

⑤ IT6、IT7表示圆柱公差数值。

表 9-8 向心轴承和外壳孔的配合（孔公差带代号）

运转状态		负荷	其他	公差带①	
说明	应用举例			球轴承	滚子轴承
固定的外圈负荷	一般机械、铁路机车车辆轴箱、电动机、泵、曲轴主轴承	轻、正常、重	轴向易移动，可采用剖分式外壳	H7、G7②	
		冲击	轴向易移动，可采用整体或剖分式外壳	J7、JS7	
摆动负荷		轻、正常			
		正常、重	轴向能移动，采用整体式外壳	K7	
		冲击		M7	
		轻		J7	K7
旋转的外圈负荷	张紧滑轮、轮毂轴承	正常		K7、M7	M7、N7
		重		—	N7、P7

① 并列公差带随尺寸的增大从左至右选择，对选择精度有较高要求时，可相应提高一个公差等级。

② 不适用于剖分式外壳。

9.5 轴颈和外壳孔几何精度的确定

为了保证轴承正常运转，除了正确地选择轴承与轴颈及外壳孔的公差等级及配合外，还应对轴颈及外壳孔的几何公差及表面粗糙度提出要求。

9.5.1 配合面及端面的几何公差

轴承的内、外圈是薄壁件，易变形，尤其超轻、特轻系列的轴承，其形状误差在装配后靠轴颈和外壳孔的正确形状可以得到矫正。为了保证轴承安装正确、转动平稳，通常对轴颈和外壳孔的表面提出圆柱度要求。为保证轴承工作时有较高的旋转精度，应限制与套圈端面接触的轴肩及外壳孔肩的倾斜，特别是在高速旋转的场合，从而避免轴承装配后滚道位置不正，旋转不稳，因此规定了轴肩和外壳孔肩的端面圆跳动公差，见表9-9。

为了保证轴承与轴颈、外壳孔的配合性质，轴颈和外壳孔应分别采用包容要求和最大实体要求的几何公差。

表 9-9　轴和外壳孔的几何公差

公称尺寸/mm		圆柱度 t				端面跳动 t_1			
		轴径		壳体孔		轴径		壳体孔肩	
		轴承公差等级							
		0	6(6x)	0	6(6x)	0	6(6x)	0	6(6x)
大于	至	公差值/μm							
	6	2.5	1.5	4	2.5	5	3	8	5
6	10	2.5	1.5	4	2.5	6	4	10	6
10	18	3	2	5	3	8	5	12	8
18	30	4	2.5	6	4	10	6	15	10
30	50	4	2.5	7	4	12	8	20	12
50	80	5	3	8	5	15	10	25	15
80	120	6	4	10	6	15	10	25	15
120	180	8	5	12	8	20	12	20	20
180	250	10	7	14	10	20	12	30	20
250	315	12	8	16	12	25	15	40	25
315	400	13	9	18	13	25	15	40	25
400	500	15	10	20	15	25	15	40	25

9.5.2　配合表面粗糙度的确定

滚动轴承是高精度的标准部件，表 9-10 给出了与不同精度等级轴承相配合表面的粗糙度数值。

表 9-10　轴和外壳孔配合表面的表面粗糙度

配合表面	滚动轴承精度等级	配合面的尺寸公差等级	滚动轴承公称内径或外径/mm	
			至 80	大于 80 至 500
			表面粗糙度	
			Ra/μm	
轴颈	0	IT6	1	1.6
	6	IT6	0.63	1
	5		0.40	0.63
	4		0.25	0.40
外壳孔	0	IT7	1.6	2.5
	6	IT8	1	1.6
	5		0.63	1
	4		0.40	0.63
轴和外壳孔轴肩端面	0		2	2.5
	6		1.25	2
	5		1	1.6
	4		0.8	1.25

9.5.3 轴颈和外壳孔几何精度设计举例

例 9-1 已知减速器的功率为5kW，从动轴转速为83r/min，其两端的轴承为6211深沟球轴承（d=55mm，D=100mm），轴上安装齿轮，模数 m=3mm，齿数 Z=80。试确定轴颈和外壳孔的公差带代号、几何公差和表面粗糙度参数值，并将它们分别标注在装配图和零件图上。

解 （1）减速器属于一般机械，轴的转速不高，应选用P0级轴承。

（2）按它的工作条件，由有关计算公式求得该轴承的当量径向负荷 P_r 为833N。查得6211球轴承的额定动负荷 C_r 为33354N。所以 $P_r=0.03C_r<0.07C_r$，此轴承类型属于轻负荷。查表9-5选取轴颈公差带为j6，外壳孔公差带为H7。

（3）按表9-9选取几何公差值：轴颈圆柱度公差0.005mm，轴肩端面圆跳动公差0.015mm；外壳孔圆柱度公差0.01mm，外壳孔肩端面圆跳动公差0.025mm。

（4）按表9-10选取轴颈和外壳孔的表面粗糙度参数值：轴颈Ra的上限值为0.8μm，轴肩端面 Ra 的上限值为3.2μm；外壳孔 Ra 的上限值为1.6μm，外壳孔肩 Ra 的上限值为3.2μm。

（5）将确定好的公差标注在图样上，如图9-5所示。由于滚动轴承为标准部件，因而在装配图样上只需标注轴颈和外壳孔的公差带代号。

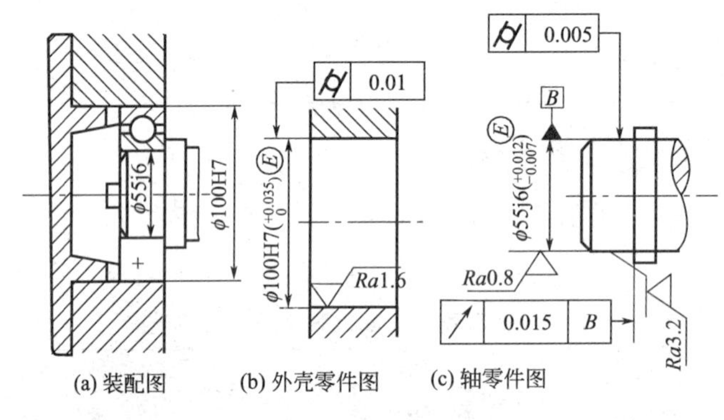

图9-5 轴、颈、外壳孔公差在图样上的标注示例

思考与练习

1. 滚动轴承的精度等级有哪几级？大致应用在哪些场合？
2. 滚动轴承内径的公差带有何特点？
3. 滚动轴承与轴和壳体孔配合分别采用什么基准制？为什么？
4. 选择滚动轴承与轴颈和外壳孔的配合时应考虑哪些因素？
5. 与滚动轴承配合时，负荷大小对配合的松紧影响如何？
6. 用实例分析说明什么是局部负荷、循环负荷及摆动负荷。
7. 与6级6309滚动轴承（内径$45_{-0.01}^{0}$mm，外径$100_{-0.013}^{0}$mm）配合的轴颈的公差带为j5，外壳孔的公差带为H6。试画出这两对配合的孔、轴公差带示意图，并计算它们的极限过盈或间隙。

第10章

圆锥、螺纹及花键的公差与检测

10.1 圆锥的公差配合及检测

圆锥连接是机械设备中常用的典型结构，它具有同轴精度高，配合自锁性好及良好的密封性等优点。为了满足圆锥配合的互换性，我国发布了《产品几何量技术规范（GPS）圆锥的锥度和锥角系列》（GB 157—2001）、《圆锥公差》（GB 11334—2005）、《圆锥配合》（GB 12360—2005）、《圆锥量规公差技术条件》（GB/T 11852—2003）、《圆锥的尺寸和公差标注》（GB/T 15754—1995）等国家标准。

10.1.1 常用术语及定义

圆锥：与轴线成一定角度，且一端相交于轴线的一条直线（母线），围绕着该轴线旋转形成的圆锥表面（图 10-1）与一定尺寸所限定的几何体。

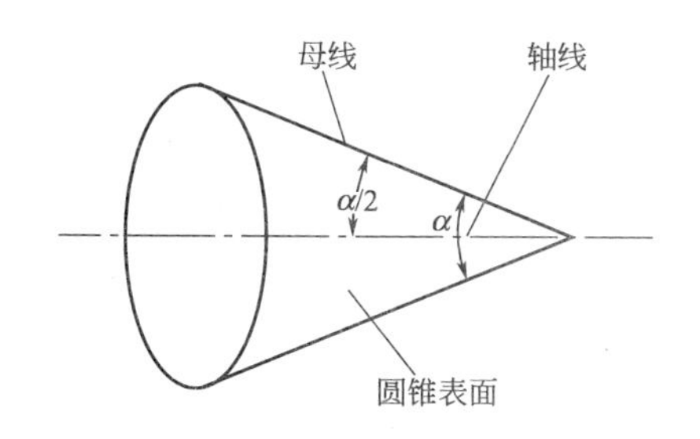

图 10-1 圆锥表面

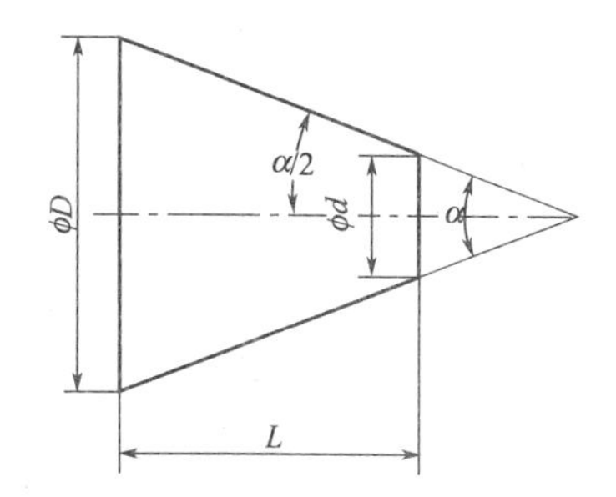

图 10-2 圆锥的主要几何参数

圆锥分内圆锥（圆锥孔）和外圆锥（圆锥轴）两种，主要几何参数见图 10-2。

（1）圆锥角 在通过圆锥轴线的截面内，两条素线（即圆锥表面与轴向截面的交线）间的夹角。圆锥角用符号 α 表示，斜角（锥角之半）用符号 $\alpha/2$ 表示。

（2）圆锥直径 圆锥上垂直于轴线截面的直径。常用的圆锥直径有：最大圆锥直径 D、最小圆锥直径 d、给定截面内圆锥直径 d_x。

（3）圆锥长度 最大圆锥直径截面与最小圆锥直径截面之间的轴向距离，用符号 L 表示（如图 10-3 所示）。

（4）锥度 两个垂直于圆锥轴线的截面上的圆锥直径之差与该两截面的轴向距离之比，用符号 C 表示。例如：最大圆锥直径 D 与最小圆锥直径 d 之差与圆锥长度 L 之比，即

$$C=(D-d)/L$$

锥度 C 与圆锥角 α 的关系为

$$C=2\tan\frac{\alpha}{2}=1:\frac{1}{2}\cot\frac{\alpha}{2}$$

锥度一般用比例或分数表示，例如 $C=1:5$ 或 $C=1/5$。光滑圆锥的锥度已标准化

(GB 157—2001《锥度和角度系列》)。

在零件图样上，锥度用特定的图形符号和比例（或分数）来标注，如图 10-4 所示。图形符号配置在平行于圆锥轴线的基准线上，并且其方向与圆锥方向一致，在基准线的上面标注锥度的数值，用指引线将基准线与圆锥素线相连。

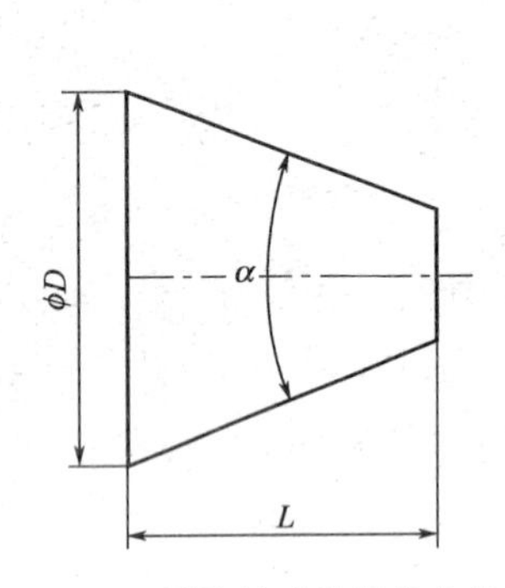

图 10-3　圆锥尺寸的标注方法

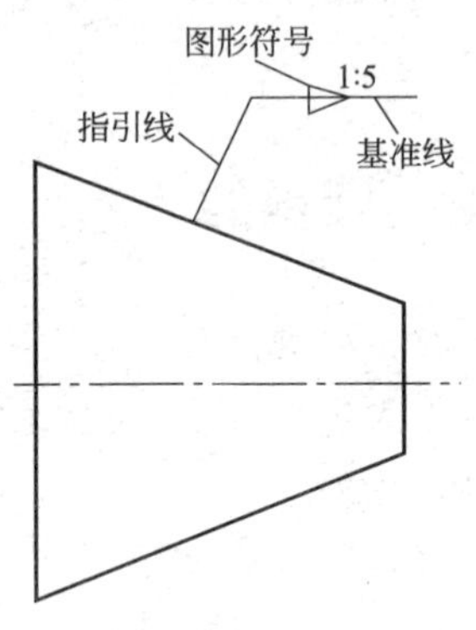

图 10-4　锥度的标注方法

在图样上标注了锥度，就不必标注圆锥角，两者不能重复标注。

10.1.2　圆锥公差

1. 有关圆锥公差的术语及定义

国家标准 GB/T 11334—2005 适用于锥度 C 从 1∶3 至 1∶500，圆锥长度 L 从 6mm 至 630mm 的光滑圆锥工件。

(1) 基本圆锥　设计时给定的圆锥，它是理想圆锥。基本圆锥的确定方法如图 10-2 所示。

基本圆锥可以用两种形式确定：一种是以一个基本圆锥直径（最大圆锥直径 D 或最小圆锥直径 d 或给定截面圆锥直径 d_x）、基本圆锥长度 L 和基本圆锥角 α（或基本锥度 C）来确定；另一种是以两个基本圆锥直径（D 和 d）和基本圆锥长度 L 来确定。

(2) 极限圆锥、圆锥直径公差和圆锥直径公差带（区）　极限圆锥是实际圆锥允许变动的界限。与基本圆锥共轴且圆锥角相等、直径分别为上极限尺寸和下极限尺寸的两个圆锥称为极限圆锥，如图 10-5 所示。在垂直圆锥轴线的任一截面上，这两个极限圆锥间的直径差都相等。

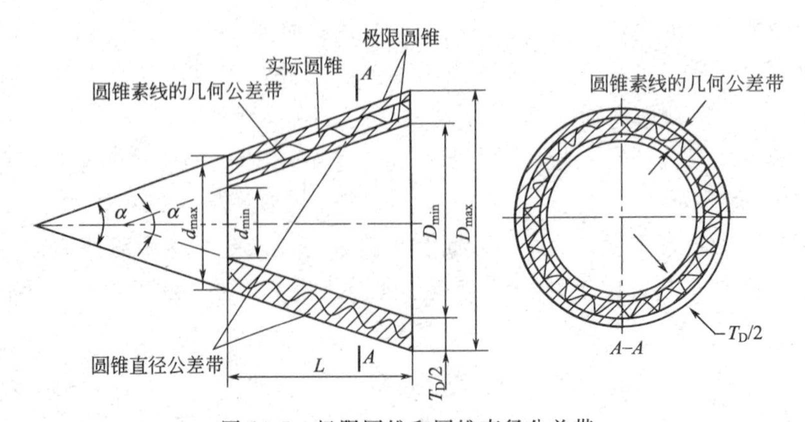

图 10-5　极限圆锥和圆锥直径公差带

圆锥直径公差：圆锥直径允许的变动量称为圆锥直径公差（如图 10-5 所示），用符号

T_D 表示。其数值为允许的上极限圆锥直径与下极限圆锥直径之差，用公式表示为

$$T_D = D_{max} - D_{min} = d_{max} - d_{min}$$

圆锥直径公差在整个圆锥长度内都适用。而两个极限圆锥所限定的区域称为圆锥直径公差带（区）。

（3）极限圆锥角、圆锥角公差和圆锥角公差带（区）

极限圆锥角：指允许的最大圆锥角和最小圆锥角，它们分别用符号 α_{max} 和 α_{min} 表示，如图 10-6 所示。

圆锥角公差 AT：指圆锥角的允许变动量。当圆锥角公差以弧度或角度为单位时，用符号 AT_α 表示，以长度为单位时，用符号 AT_D 表示。其数值为允许的上极限与下极限圆锥角之差，用公式表示为

$$AT_\alpha = \alpha_{max} - \alpha_{min}$$

两个极限圆锥角所限定的区域称为圆锥角公差带（区），如图 10-6 所示。

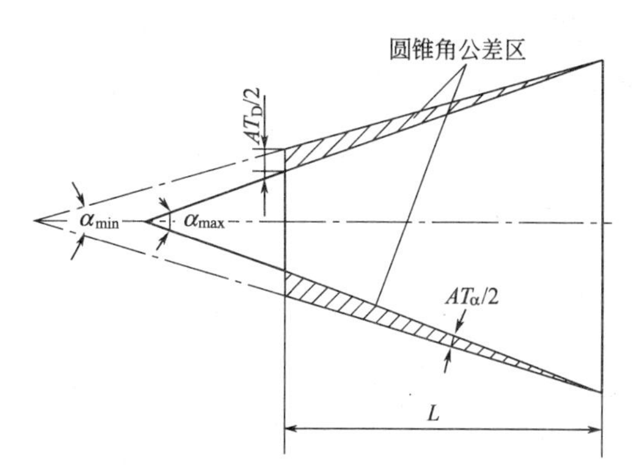

图 10-6　极限圆锥角和圆锥角公差带

2. 圆锥公差项目和给定方法

（1）圆锥公差项目　为了保证内、外圆锥的互换性和满足其性能要求，国标对内、外圆锥规定公差项目如下。

① 圆锥直径公差：圆锥直径公差 T_D 以基本圆锥直径（一般取最大圆锥直径 D）为基本尺寸，按 GB/T 1800—2009 规定的标准公差选取。其数值适用于圆锥长度范围内的所有圆锥直径。

② 圆锥角公差：圆锥角公差 AT 共分为 12 个公差等级，它们分别用 $AT1$、$AT2$、…、$AT12$ 表示，其中 $AT1$ 精度最高，$AT12$ 精度最低，等级依次降低。《圆锥公差》（GB 11334—2005）规定的圆锥角公差的数值见表 10-1。

表 10-1　圆锥角公差（摘自 GB 11334—2005）

公称圆锥长度 L/mm		圆锥角公差等级								
		$AT4$			$AT5$			$AT6$		
		AT_α		AT_D	AT_α		AT_D	AT_α		AT_D
大于	至	μrad		μm	μrad		μm	μrad		μm
16	25	125	26″	>2.0～3.2	200	41″	>3.2～5.0	315	1′05″	>5.0～8.0
25	40	100	21″	>2.5～4.0	160	33″	>4.0～6.3	250	52″	>6.3～10.0
40	63	80	16″	>3.2～5.0	125	26″	>5.0～8.0	200	41″	>8.0～12.5
63	100	63	13″	>4.0～6.3	100	21″	>6.3～10.0	160	33″	>10.0～16.0
100	160	50	10″	>5.0～8.0	80	16″	>8.0～12.5	125	26″	>12.5～20.0

公称圆锥长度 L/mm		圆锥角公差等级								
		$AT7$			$AT8$			$AT9$		
		AT_α		AT_D	AT_α		AT_D	AT_α		AT_D
大于	至	μrad		μm	μrad		μm	μrad		μm
16	25	500	1′43″	>8.0～12.5	800	2′54″	>12.5～20.0	1250	4′18″	>20～32
25	40	400	1′22″	>10.0～16.0	630	2′10″	>16.0～25.0	1000	3′26″	>25～40
40	63	315	1′05″	>12.5～20.0	500	1′43″	>20.0～32.0	800	2′54″	>32～50
63	100	250	52″	>16.0～25.0	400	1′22″	>25.0～40.0	630	2′10″	>40～63
100	160	200	41″	>20.0～32.0	315	1′05″	>32.0～50.0	500	1′43″	>50～80

为了加工和检测方便，圆锥角公差可用角度值 AT_α 或线值 AT_D 给定，AT_α 与 AT_D 的换算关系为

$$AT_D = AT_\alpha \times L \times 10^{-3}$$

式中，AT_D、AT_α 和 L 的单位分别为 μm、μrad 和 mm。

$AT4$～$AT12$ 的应用举例如下：$AT4$～$AT6$ 用于高精度的圆锥量规和角度样板；$AT7$～$AT9$ 用于工具圆锥、圆锥销、传递大扭矩的摩擦圆锥；$AT10$～$AT11$ 用于圆锥套、圆锥齿轮等中等精度零件；$AT12$ 用于低精度零件。

圆锥角的极限偏差可按单向取值（$\alpha_0^{+AT_\alpha}$ 或 $\alpha_{-AT_\alpha}^{0}$）或者双向对称取值（$\alpha \pm AT_\alpha/2$），如图 10-7 所示。为了保证内、外圆锥的接触均匀性，圆锥角公差带通常采用对称于基本圆锥角分布。

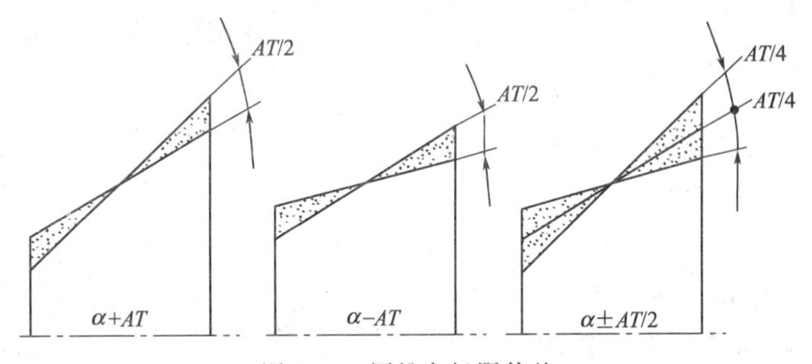

图 10-7 圆锥角极限偏差

③ 圆锥的形状公差：圆锥的形状公差 T_F 包括素线直线度公差和横截面圆度公差。在图样上可以标注这两项形状公差，或者标注圆锥的面轮廓度公差。面轮廓度公差不仅控制素线直线度误差和截面圆度误差，而且控制圆锥角偏差。

④ 给定截面圆锥直径公差带（区）：给定截面圆锥直径公差带（区）T_{DS}在给定的圆锥截面内，由两个同心圆所限定的区域。如图 10-8 所示。

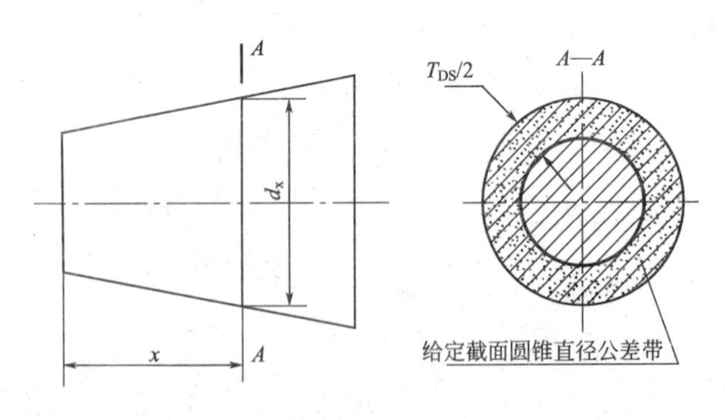

图 10-8 给定截面圆锥直径公差带（区）

（2）圆锥公差的给定方法　我国圆锥国家标准规定了两种圆锥公差的给定方法。即：基本锥度法和公差锥度法。

基本锥度法是指给出圆锥的公称圆锥角 α（或锥度 C）和圆锥直径公差 T_D，由 T_D 确定两个极限圆锥。此时圆锥角误差和圆锥的形状误差均应在极限圆锥所限定的区域内。T_D 所能限制的圆锥角如图 10-9 所示。圆锥公差给定方法一的标注实例如图 10-10 所示。该方法通常适用于有配合要求的内、外锥体，例如圆锥滚动轴承等。

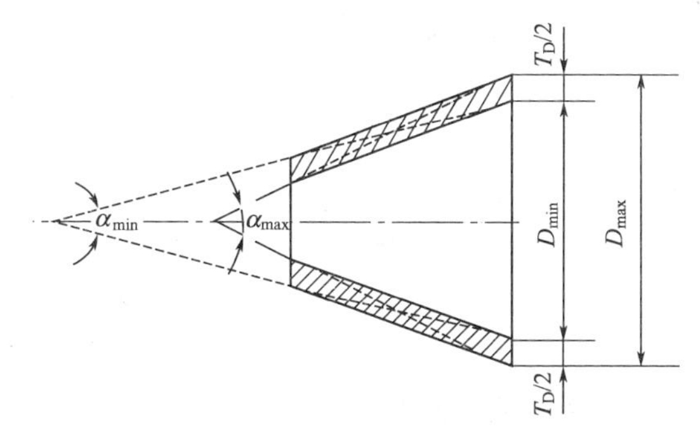

图 10-9　极限圆锥角

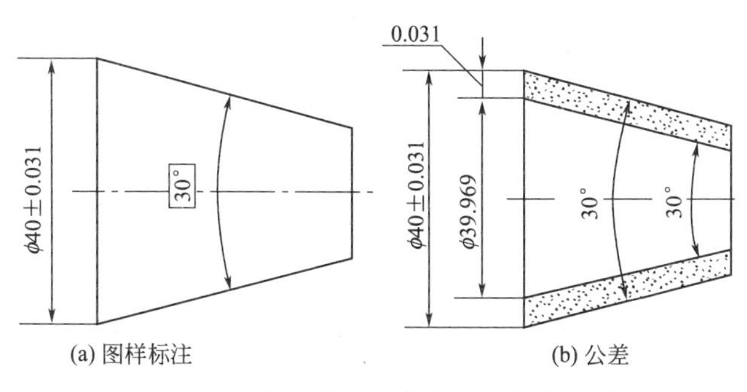

图 10-10　圆锥公差给定方法一标注实例

公差锥度法是指同时给出给定截面圆锥直径公差 T_{DS} 和圆锥角公差 AT。此时，给定截面直径和圆锥角应分别满足这两项公差的要求。T_{DS} 和 AT 的关系如图 10-11 所示。圆锥公差给定方法二的标注实例如图 10-12 所示。

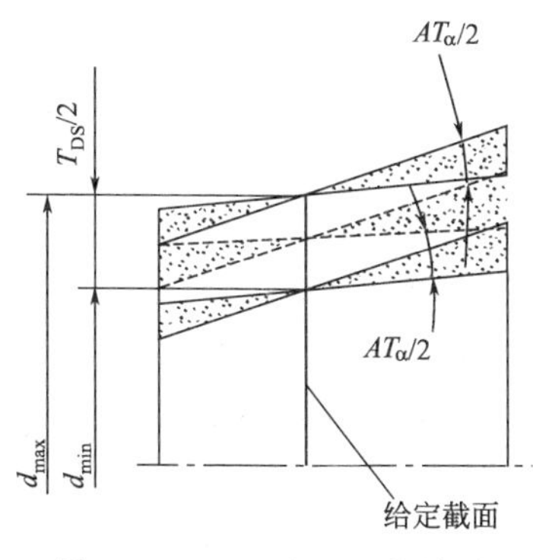

图 10-11　T_{DS} 和 AT 的关系

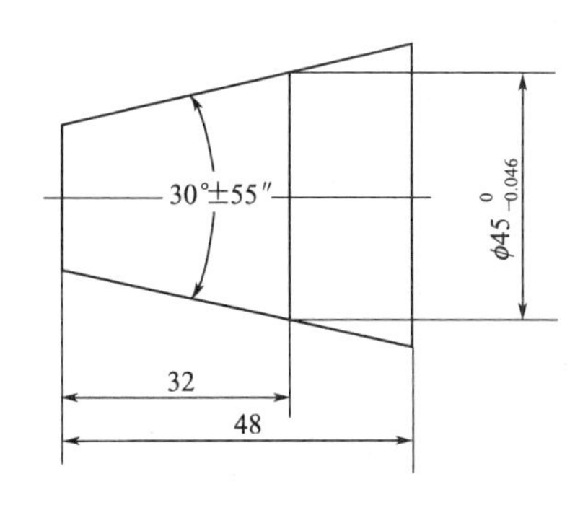

图 10-12　圆锥公差给定方法二标注实例

从图 10-11 可知，当圆锥在给定截面上具有下极限尺寸 d_{xmin} 时，其圆锥角公差为图中下面两条实线限定的两对顶三角形区域，此时实际圆锥角必须在此公差带内；当圆锥在给定截面上具有上极限尺寸 d_{xmax} 时，其圆锥角公差为图中上面两条实现限定的两对顶三角形区域；当圆锥在给定截面上具有某一实际尺寸 d_x 时，其圆锥角公差为图中两条虚线限定的两对顶三角形区域。该方法是在圆锥素线为理想的情况下给定的。它适用于对圆锥工件的给定截面有较高精度要求的情况，例如阀类零件。

10.1.3　圆锥配合

1. 圆锥配合的形成和圆锥配合术语

(1) 圆锥配合的种类和圆锥配合的形成　圆锥配合是指由公称尺寸（公称圆锥直径、公称圆锥角或公称锥度）相同的内、外圆锥的直径之间，由于结合不同所形成的相互关系。

按内、外圆锥直径之间结合的不同，圆锥配合分为：间隙配合、过盈配合、过渡配合。间隙配合主要用于有相对运动的圆锥配合中，如车床主轴的圆锥轴颈与滑动轴承衬套的配合；过盈配合常用于定心传递扭矩，如钻头（或铰刀）的锥柄与机床主轴锥孔的配合、圆锥形摩擦离合器中的配合等；过渡配合用于对中定心或密封。

按内、外圆锥间最终的轴向相对位置采用的方式，圆锥配合的形成可分为两类，即结构型圆锥配合和位移型圆锥配合。

① 结构型圆锥配合：由内、外圆锥配合的结构或基面距（内、外圆锥基准平面之间的距离）确定它们之间最终的轴向相对位置，并因此获得指定配合性质的圆锥配合。

如图 10-13 所示，由内、外圆锥的轴肩接触确定最终位置从而得到间隙配合。如图 10-14所示，由内圆锥大端基准平面与外圆锥大端基准平面之间的距离 a（a 为基面距）确定最终的轴向相对位置以获得指定的圆锥过盈配合。

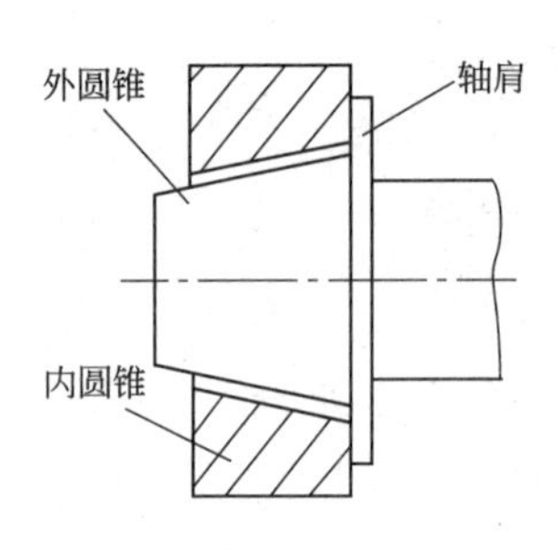

图 10-13　由结构形成的圆锥间隙配合

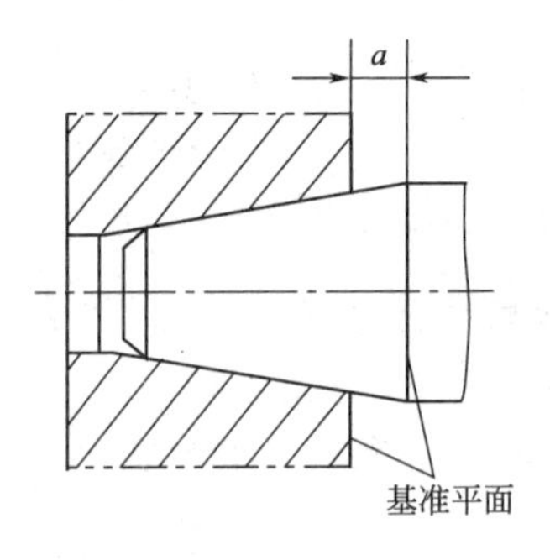

图 10-14　由基面距形成的圆锥过盈配合

② 位移型圆锥配合：由规定内、外圆锥的相对轴向位移或产生轴向位移的装配力（轴向力）的大小来确定它们之间最终的轴向位置，以获得指定配合性质的圆锥配合。

如图 10-15 所示，在不受力的情况下，内、外圆锥相接触，由实际初始位置 P_a 开始，内圆锥向左作轴向位移 E_a，到达终止位置 P_f 而获得的间隙配合。如图 10-16 所示，由实际初始位置 P_a开始，对内圆锥施加一定的装配力，使内圆锥向右产生轴向位移 E_a，到达终止位置 P_f，以获得指定的圆锥过盈配合。

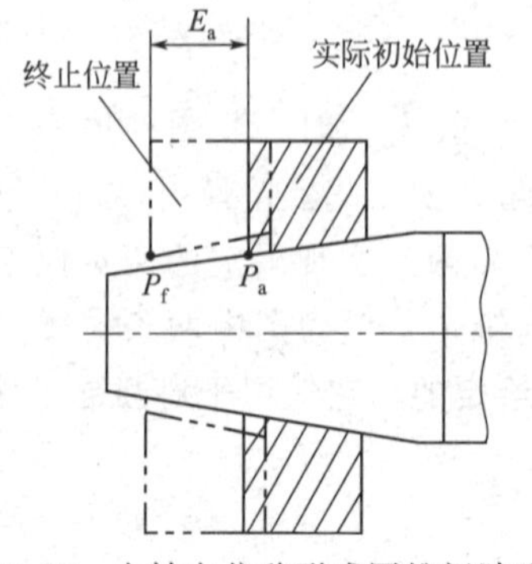

图 10-15　由轴向位移形成圆锥间隙配合

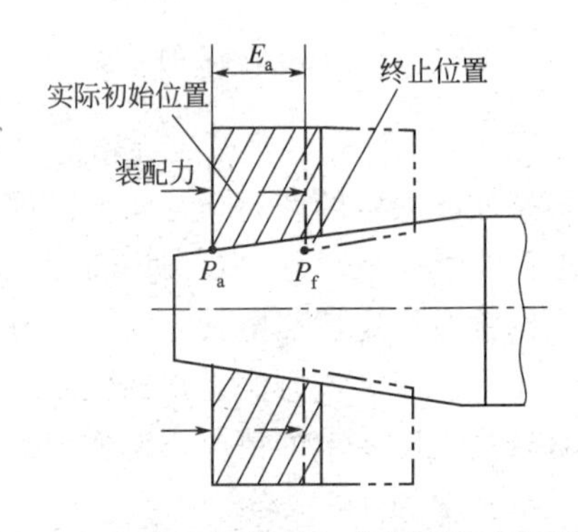

图 10-16　由施加装配力形成圆锥过盈配合

应当指出，结构型圆锥配合可以由其结构或基面距离形成间隙配合、过盈配合和过渡配合。位移型圆锥配合是通过轴向位移或装配力来确定内、外圆锥的轴向相对位置的，当从初始位置开始，内、外圆锥作轴向相对靠拢的位移时，得到过盈配合；当它们作轴向相对分离的位移时，则得到间隙配合。

轴向位移 E_a 与间隙 X（或过盈 Y）的关系如下：

$$E_a = X(或\ Y)/C \tag{10-1}$$

（2）圆锥配合的术语

① 实际初始位置和极限初始位置：

实际初始位置 P_a 是指在不施加力的情况下，相互结合的内、外圆锥表面接触时的轴向位置。

极限初始位置（P_1、P_2）是指初始位置所允许的变动界限。其中一个极限初始位置 P_1 为下极限内圆锥与上极限外圆锥接触时的位置；另一个极限初始位置 P_2 为上极限内圆锥与下极限外圆锥接触时的位置。实际初始位置 P_a 必须位于极限初始位置的范围内。如图10-15所示。

② 轴向位移、极限轴向位移和轴向位移公差：

轴向位移 E_a 是指内圆锥或外圆锥，从实际初始位置 P_a 到终止位置移动的距离。

极限轴向位移（E_{amax}、E_{amin}）是指相互结合的内、外圆锥从实际初始位置移动到终止位置的距离所允许的界限。得到最小间隙 X_{min} 或最小过盈 Y_{min} 的轴向位移称为最小轴向位移 E_{amin}；得到最大间隙 X_{max} 或最大过盈 Y_{max} 的轴向位移称为最大轴向位移 E_{amax}。实际轴向位移应在 E_{amin} 至 E_{amax} 范围内，如图 10-17 所示。轴向位移的变动量称为轴向位移公差 T_E，它等于最大轴向位移与最小轴向位移之差，即

$$T_E = E_{amax} - E_{amin} \tag{10-2}$$

对于间隙配合

$$E_{amin} = X_{min}/C \tag{10-3}$$

$$E_{amax} = X_{max}/C \tag{10-4}$$

$$T_E = (X_{max} - X_{min})/C \tag{10-5}$$

对于过盈配合

$$E_{amin} = |Y_{min}|/C \tag{10-6}$$

$$E_{amax} = |Y_{max}|/C \tag{10-7}$$

$$T_E = (Y_{max} - Y_{min})/C \tag{10-8}$$

式中　C——轴向位移折算为径向位移的系数，即锥度。

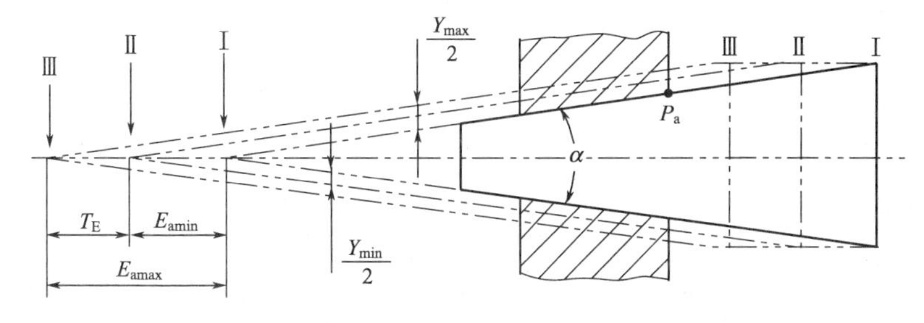

图 10-17　轴向位移公差

Ⅰ—实际初始位置；Ⅱ—最小过盈位置；Ⅲ—最大过盈位置

2. 圆锥配合的确定

(1) 结构型圆锥配合

① 圆锥公差带(区)的确定:结构型圆锥配合的内、外圆锥直径的代号和数值,采用极限与配合国家标准规定的标准公差系列和基本偏差系列。由圆锥角或锥度和圆锥直径公差带,即可确定极限圆锥的大小和位置。

由标准公差 IT 可确定圆锥直径公差区的大小,即确定两个极限圆锥之间的距离。由基本偏差可确定圆锥直径公差区相对于公称圆锥直径的位置。结构型圆锥配合也分为基孔制配合和基轴制配合。为了减少定值刀具、量规的规格和数目,获得最佳技术经济效益,应优先选用基孔制配合。

② 圆锥配合的确定:结构型圆锥配合的配合性质由相互连接的内、外圆锥直径公差带之间的关系决定。内圆锥直径公差带在外圆锥直径公差带之上为间隙配合;内圆锥直径公差带在外圆锥直径公差带之下为过盈配合;内、外圆锥直径公差带交叠着为过渡配合。

(2) 位移型圆锥配合

① 圆锥直径公差区的确定:由于位移型圆锥配合的配合性质是由初始位置开始的轴向位移决定的。内、外圆锥直径公差区,仅影响配合的接触精度和装配的初始位置,而与配合性质无关。因此,内、外圆锥直径公差区的基本偏差并不反映配合的松紧。圆锥直径公差区的基本偏差,根据加工条件,圆锥配合国家标准推荐选用 H,h 或 Js,js。而圆锥直径基本偏差,将影响初始位置和终止位置上配合的基面距,如对配合圆锥的基面距有要求时,应通过计算来选取或校核内、外圆锥直径公差带。

② 圆锥配合的确定:位移型圆锥配合的配合性质由圆锥轴向位移或者由装配力决定。轴向位移方向将决定是间隙配合还是过盈配合。从初始位置开始,向内、外圆锥相互脱开的方向位移,将形成间隙配合;反之形成过盈配合。轴向位移的大小,将决定配合间隙量或过盈量的大小。轴向位移量的极限值按极限间隙或极限过盈来计算。极限间隙值或极限过盈量可以通过计算法或类比法从极限与配合国家标准(GB/T 1801—2009)中规定的极限间隙或极限过盈中选择。对于较重要的连接,也可直接采用计算值。

例 10-1 某位移型圆锥配合的公称直径为 $\phi70$,锥度 C 为 1∶30,要求装配后得到 H7/u6 的配合性质。试计算由初始位置开始的极限轴向位移并确定轴向位移公差。

解 由国标可知,按 $\phi60$H7/u6,可查得最大过盈 $Y_{max}=-0.121mm$,最小过盈 $Y_{min}=-0.072mm$,

按式(10-7)和式(10-6)计算得

最小轴向位移 $E_{amin}=|Y_{min}|/C=0.072mm\times30=2.16mm$

最大轴向位移 $E_{amax}=|Y_{max}|/C=0.121mm\times30=3.63mm$

轴向位移公差 $T_E=E_{amax}-E_{amin}=(3.63-2.16)mm=1.47mm$

10.1.4 锥度的测量

测量锥度和角度的计量器具和测量方法很多,其测量方法可分为直接量法和间接量法,下面将常用的测量方法和相应的测量器具介绍如下。

1. 直接测量圆锥角

直接测量圆锥角是指用万能角度尺、光学测角仪等计量器具测量实际圆锥角的数值,被测角度的具体数值可以从量具、量仪上读出来。生产车间常用万能角度尺直接测量被测工件的角度。

2. 用量规检验圆锥角偏差

内、外圆锥的圆锥角实际偏差可分别用圆锥量规检验。被测内圆锥用圆锥塞规检验(如

图 10-18 所示)，被测外圆锥用圆锥环规检验（如图 10-19 所示）。

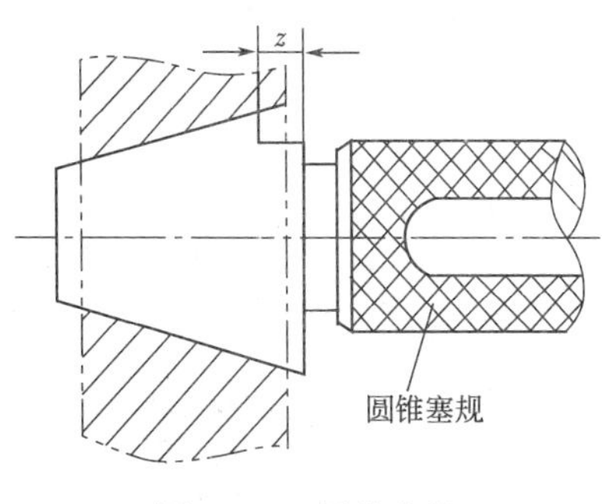

图 10-18　圆锥塞规

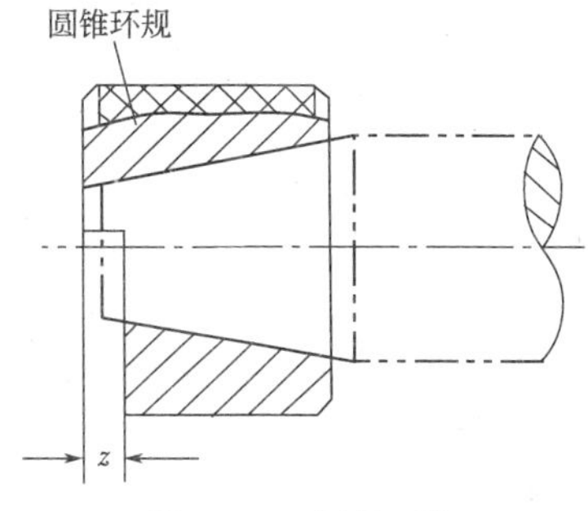

图 10-19　圆锥环规

圆锥结合时，一般对锥度要求比对直径要求严格些，所以用圆锥量规检验工件时，首先应用涂色法检验工件的锥度。涂色法检验工件就是在检验内圆锥的圆锥角偏差时，在圆锥塞规工作表面素线全长上，涂 3～4 条极薄的显示剂；检验外圆锥的圆锥角偏差时，在被测外圆锥表面素线全长上，涂 3～4 条极薄的显示剂，然后把量规与被测圆锥对研（来回旋转应小于 180°)。最后根据被测圆锥上的着色或量规上擦掉的痕迹，来判断被测圆锥角的实际值合格与否。

用圆锥量规检验工件的轴向位移时，圆锥量规的一端有两条刻线（塞规）或台阶（环规)，其间的距离 z 就是允许的轴向位移量。若被测锥体端面在量规的两条刻线或台阶的两端面之间，则被检验圆锥体的轴向位移量合格。除圆锥量规外，对于外圆锥还可以用锥度样板（如图 10-20 所示）检验，合格的外圆锥最小圆锥直径应处在样板上两条刻线之间，锥度的正确性利用光隙判断。

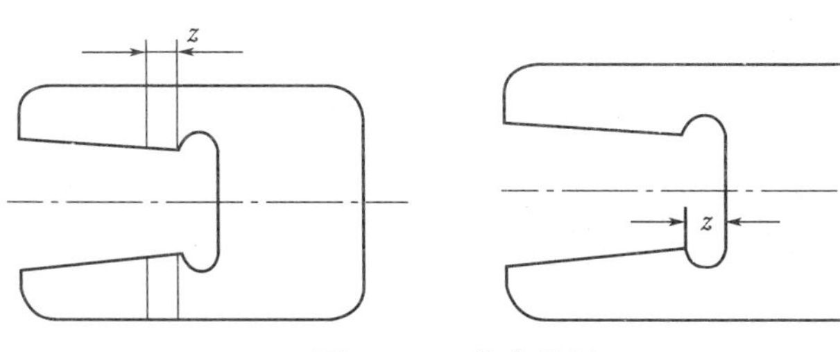

图 10-20　锥度样板

3. 间接测量圆锥角

间接测量法是指测量与被测工件的锥度或角度有一定函数关系的若干线值尺寸，然后通过函数关系计算出被测工件的锥度值或角度值。通常使用指示式计量器具和正弦规、钢球、圆柱量规等进行测量。

正弦规分宽型和窄型两类，每种型式又按两圆柱中心距 L 分为 100mm 和 200mm 两种，其主要尺寸的偏差和工作部分的形状、位置误差都很小。正弦规是利用正弦函数原理精确地检验圆锥量规的锥度或角度偏差。

正弦规的结构简单，如图 10-21 所示，主要由主体工作平面和两个直径相同的圆柱组成。为便于被检工件在正弦规的主体平面上定位和定向，装有侧挡板和后挡板。

使用时，将正弦规放在平板上，其中一个圆柱与平板接触，另一圆柱下面垫上量块组，则正弦规的工作平面与平板间组成一角度。测量前，首先按式(10-9) 计算量块组的高度 h（图 10-21)。

$$h=L\sin\alpha \tag{10-9}$$

式中 α——正弦规放置的角度；

L——正弦规两圆柱的中心距。

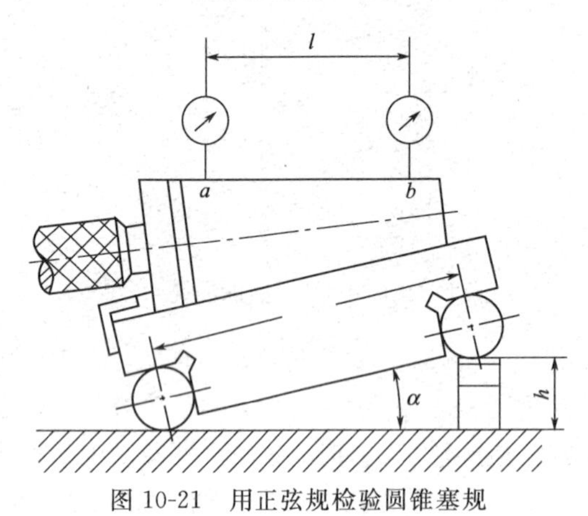

图 10-21 用正弦规检验圆锥塞规

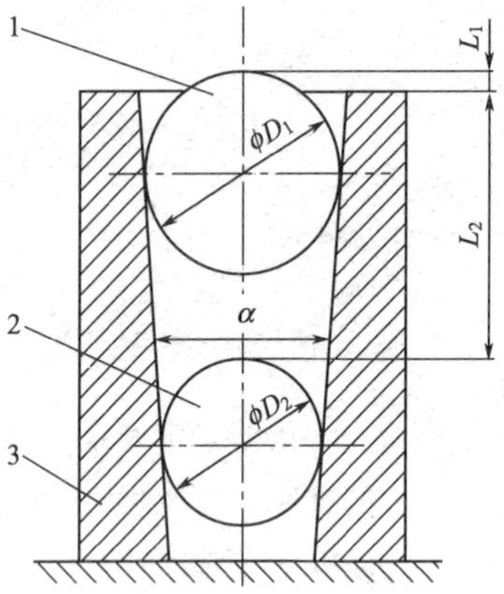

图 10-22 双钢球测量内圆锥角

1,2—钢球；3—被测工件

然后将量块组放在平板上与正弦规圆柱之一相接触，此时正弦规主体工作平面相对于平板倾斜 α 角。放上圆锥塞规后，用千分表分别测量被检圆锥塞规上 a、b 两点，由 a、b 两点读数之差 n 与 a、b 两点间距离 l（l 可用直尺量得）之比值即为锥度偏差 ΔC。

$$\Delta C=\frac{n}{l}$$

如换算成锥角偏差时，只需将锥度偏差乘以弧度对秒的折算系数，如式(10-10) 近似计算

$$\Delta\alpha=\Delta C\times 2\times 10^5=2\times 10^5\times\frac{n}{l}(s) \tag{10-10}$$

机床、工具中广泛采用的特殊用途圆锥，常用正弦规检验其锥度或角度偏差。在缺少正弦规的场合，可用钢球或圆柱量规测量圆锥角。

图 10-22 为利用钢球和指示式计量器具测量内圆锥角的示例，把两个直径分别为 D_2 和 D_1 的钢球 2 和 1 先后放入被测工件 3 的内圆锥面，以被测内圆锥的大头端面作为测量基准面，分别测出两个钢球顶点至该测量基准面的距离 L_2 和 L_1，按下式求解内圆锥半角 $\alpha/2$ 的数值：

$$\sin\frac{\alpha}{2}=\frac{D_1-D_2}{\pm 2L_1+2L_2-D_1+D_2} \tag{10-11}$$

当大球突出于测量基准面时，式(10-11) 中 $2L_1$ 前面的符号取“+”号；反之取“－”号。根据 $\sin\frac{\alpha}{2}$值，可确定被测圆锥角的实际值。

10.2 螺纹公差与检测

10.2.1 概述

螺纹在机械制造和仪器制造中应用十分广泛，它是一种最典型的具有互换性的连接结构。它由相互接合的内、外螺纹组成，通过相互旋合及牙侧面的接触作用来实现零部件的连接、紧固和相对位移等功能。螺纹连接结构简单、拆卸方便、连接可靠，且多数螺纹连接件

已标准化、生产效率高、成本低廉，因而得到广泛采用。

普通螺纹常用于机械设备、仪器仪表中，用于连接紧固零部件。为使其实现规定的功能要求并且便于使用，螺纹必须具备以下特性：

① 可旋入性。它是指同规格的内、外螺纹件在装配时无须修配便可在给定的轴向长度全部旋合。

② 连接可靠性。它是指用于连接和紧固时，应具有足够的连接强度和紧固性，确保机器或装置的使用性能。

1. 螺纹的种类

螺纹一般按螺纹的分布可分为外螺纹、内螺纹；按母体的形状分为圆柱螺纹、圆锥螺纹；按牙型的不同分为三角螺纹、矩形螺纹、梯形螺纹、锯齿形螺纹；根据螺旋线数目分为单线螺纹、双线螺纹、多线螺纹。而根据其结合性质和使用要求的不同，大致可以分为三类：普通螺纹、传动螺纹和紧密螺纹。

（1）普通螺纹　普通螺纹通常也称紧固螺纹，主要用于连接和紧固各种机械零部件，如用螺钉将轴承盖固定在箱体上等。这类螺纹连接的使用要求是可旋合性（便于装配和拆换）和连接的可靠性。如米制普通螺纹是使用最广泛的一种，其牙型为三角形。如图10-23(a)所示。

（2）传动螺纹　传动螺纹通常用于传递运动或动力，即主要用于传递精确的位移和传递动力，如机床中的丝杠和螺母，千斤顶的起重螺杆等。传动螺纹的牙型有梯形、矩形等。机床中的丝杠、螺母常采用梯形牙型［如图10-23(b)所示］，而在滚动螺旋副（滚珠丝杠副）中则采用单、双圆弧滚道。

（3）紧密螺纹　紧密螺纹用于密封连接。螺纹的使用要求是结合紧密，不漏水、不漏气和不漏油。对这类螺纹结合的主要要求是具有良好的旋合性及密封性。

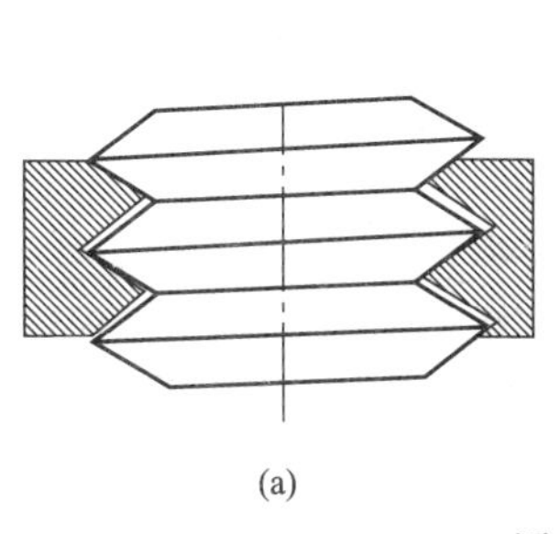
(a)

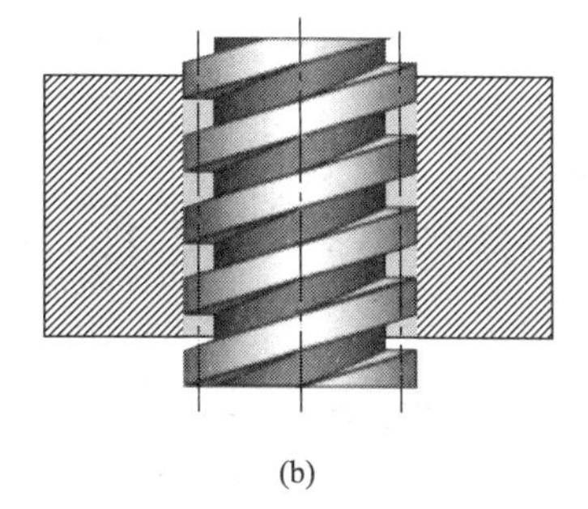
(b)

图10-23　螺纹连接件

2. 螺纹的形成

把底角为ψ的直角三角形绕在直径为d的圆柱体上，并使底边和圆柱的底边重合，则三角形的斜边在圆柱体上形成一条螺旋线。螺旋线的升角即为三角形的底角，如图10-24所示。

如果用任一个三角形K，使其一边与圆柱体的母线贴合，沿着螺旋线运动，并保持该图形始终通过圆柱体的母线，就构成了三角形螺纹。如果改变平面图形K，可得到矩形螺纹、梯形螺纹、锯齿形螺纹、管螺纹。

3. 普通螺纹的主要几何参数

普通螺纹的几何参数取决于螺纹轴向剖面内的基本牙型，如图10-25所示。其基本牙型是将原始三角形（等边三角形）的顶部截去$H/8$和底部截去$H/4$所形成的内、外螺纹共有的理论牙型。该牙型具有螺纹的基本尺寸。

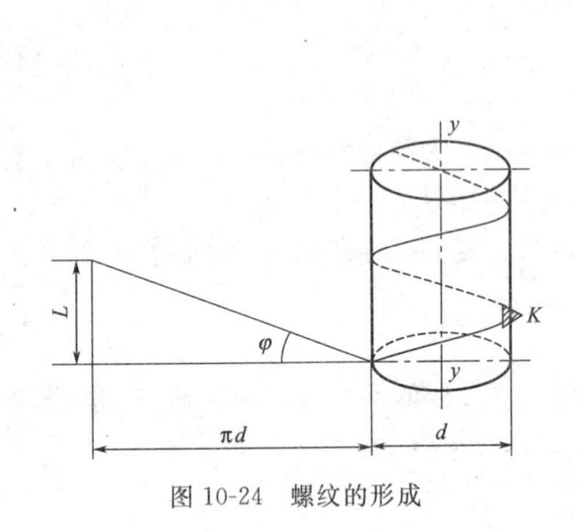

图 10-24　螺纹的形成

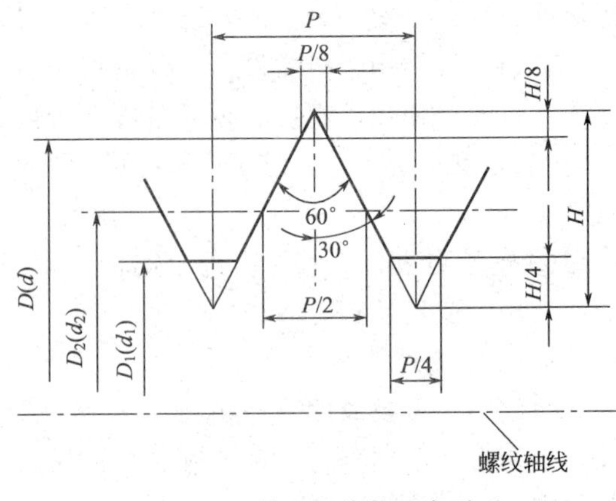

图 10-25　普通螺纹的基本牙型

螺纹的几何参数是在过螺纹轴线的剖面上沿径向或轴向计值的。并且螺纹是一种多参数的结合形式，考虑到制造、测量、使用的协调性，必须有统一的术语和定义。

(1) 螺纹大径 D 或 d　螺纹大径是指与外螺纹牙顶或内螺纹牙底相切的假想圆柱或圆锥的直径。相结合的内、外螺纹大径的基本尺寸分别用符号 D 和 d 表示，且 $D=d$。普通螺纹大径的基本尺寸为螺纹公称直径尺寸。螺纹大径的公称位置在原始三角形上部 $H/8$ 削平处。

(2) 螺纹小径 D_1 或 d_1　螺纹小径是指与外螺纹牙底或内螺纹牙顶相切的假想圆柱或圆锥的直径。相结合的内、外螺纹小的径基本尺寸分别用符号 D_1 和 d_1 表示，且 $D_1=d_1$。

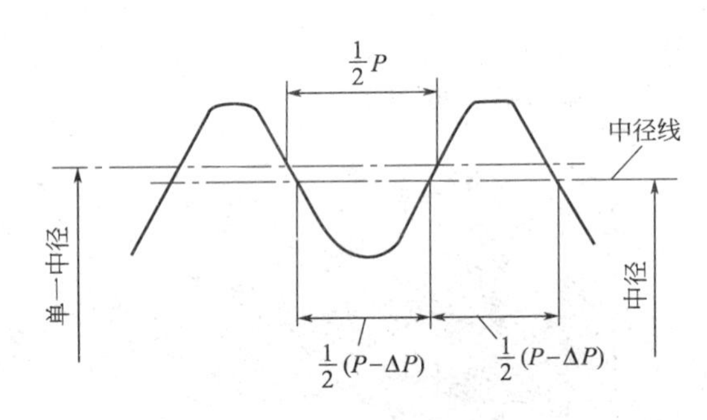

图 10-26　螺纹中径

螺纹小径的公称位置在原始三角形下部 $H/4$ 削平处。

外螺纹的大径和内螺纹的小径统称为顶径，外螺纹的小径和内螺纹的大径统称为底径。

(3) 螺纹中径 D_2 或 d_2　螺纹中径是指一个假想圆柱或圆锥的直径，该圆柱的母线通过螺纹牙型上沟槽和凸起宽度相等的地方，此假想圆柱称为中径圆柱。

中径圆柱的母线称为中径线，其轴线即为螺纹轴线，相结合的内、外螺纹中径的基本尺寸分别用符号 D_2 和 d_2 表示，且 $D_2=d_2$。螺纹中径如图 10-26 所示。

螺纹中径的公称位置在原始三角形 $H/8$ 处。

根据上述定义，螺纹中径完全不受螺纹大径、小径尺寸变化的影响。定义给出的中径是泛指的，其特点是中径线通过牙型上沟槽宽度等于凸起宽度的地方。普通螺纹基本尺寸见附录附表 3-1。

(4) 螺距 P　螺距是指相邻两牙在中径线上对应两点间的轴向距离。国家标准中规定了普通螺纹的直径与螺距系列，如附录附表 3-1 所示。

(5) 单一中径 D_{2s} 或 d_{2s}　单一中径是指一个假想圆柱的直径，该圆柱的母线通过牙型上沟槽宽度等于螺距基本尺寸一半地方（$P/2$）的直径，用以表示螺纹中径的实际尺寸。

(6) 牙型角 α 和牙型半角 $\alpha/2$　牙型角是指在螺纹牙型上，相邻两牙侧间的夹角。对于公制普通螺纹，其牙型角为 60°。

牙型半角是指在螺纹牙型上牙侧与螺纹轴线的垂直线间的夹角。普通螺纹的牙型半角为 30°。

（7）导程 L　导程是指同一螺旋线上的相邻两牙在中径线上对应两点间的轴向距离。对单线螺纹，导程与螺距等值；对多线螺纹，导程等于螺距 P 与螺纹线数 n 的乘积，即导程 $L=nP$。

（8）螺纹旋合长度　螺纹旋合长度是指两个相互配合的内外螺纹旋合时螺旋面接触部分的轴向长度。

10.2.2 普通螺纹的公差与配合

1. 普通螺纹公差

国家标准 GB/T 197—2003《普通螺纹 公差与配合》对螺纹的中径和顶径分别规定了若干个公差等级，它们分别用阿拉伯数字表示，具体规定见表 10-2。其中，6 级是基本级，3 级精度最高，9 级精度最低。

表 10-2　螺纹的公差等级

螺纹直径	公差等级(IT)	螺纹直径	公差等级(IT)
外螺纹中径 d_2	3、4、5、6、7、8、9	内螺纹中径 D_2	4、5、6、7、8
外螺纹大径 d	4、6、8	内螺纹大径 D_1	4、5、6、7、8

同一公差等级内螺纹的中径公差比外螺纹的中径公差大 32%左右，这是考虑内螺纹加工比外螺纹困难的缘故。内、外螺纹中径公差值 T_{D2}、T_{d2} 和顶径公差值 T_{D1}、T_d 分别见表 10-3 和表 10-4。

表 10-3　普通螺纹的中径公差　μm

公称直径 D/mm		螺　距	内螺纹中径 T_{D2}					外螺纹中径公差 T_{d2}						
>	≤	P/mm	公差等级					公差等级						
			4	5	6	7	8	3	4	5	6	7	8	9
5.6	10.2	0.5	71	90	102	140	—	42	53	67	85	106	—	—
		0.75	85	106	132	170	—	50	63	80	100	125	—	—
		1	95	108	150	190	236	56	71	90	102	140	180	224
		1.25	100	125	160	200	250	60	75	95	108	150	190	236
		1.5	102	140	180	224	280	67	85	106	132	170	212	295
10.2	22.4	0.5	75	95	108	150	—	45	56	71	90	102	—	—
		0.75	90	102	140	180	—	53	67	85	106	132	—	—
		1	100	125	160	200	250	60	75	95	108	150	190	236
		1.25	102	140	180	224	280	67	85	106	132	170	212	265
		1.5	108	150	190	236	300	71	90	102	140	180	224	280
		1.75	125	160	200	250	315	75	95	108	150	190	236	300
		2	132	170	212	265	335	80	100	125	160	200	250	315
		2.5	140	180	224	280	355	85	106	132	170	212	265	335
22.4	45	0.75	95	108	150	190	—	56	71	90	102	140	—	—
		1	106	132	170	212	—	63	80	100	125	160	200	250
		1.5	125	160	200	250	315	75	95	108	150	190	236	300
		2	140	180	224	280	355	85	106	132	170	212	265	335
		3	170	212	265	335	425	100	125	160	200	250	315	400
		3.5	180	224	280	355	450	106	132	170	212	265	335	425
		4	190	236	300	375	475	102	140	180	224	280	355	450
		4.5	200	250	315	400	500	108	150	190	236	300	375	475

表 10-4　普通螺纹顶径公差　　　　μm

螺距 P/mm	内螺纹小径公差 T_{D1} 公差等级					外螺纹大径公差 T_d 公差等级		
	4	5	6	7	8	4	6	8
1	150	190	236	300	375	102	180	280
1.25	170	212	265	335	425	132	212	335
1.5	190	236	300	375	485	150	236	375
1.75	212	265	335	425	530	170	365	425
2	236	300	375	475	600	180	380	450
2.5	280	355	560	560	710	212	225	530
3	315	400	630	630	800	236	275	600
3.5	355	450	710	710	900	265	425	670
4	375	475	750	750	950	300	475	750

由于外螺纹的小径 d_1 与中径 d_2、内螺纹的大径 D 和中径 D_2 是同时由刀具切出的，其尺寸在加工过程中自然形成，因此其尺寸精度由刀具保证，由此国家标准中对内螺纹的大径和外螺纹的小径均不规定具体的公差值，只规定内、外螺纹牙底实际轮廓的任何点均不能超过基本偏差所确定的最大实体牙型。

2. 普通螺纹公差带的位置和基本偏差

螺纹公差带是牙型公差带，以基本牙型的轮廓为零线，沿基本牙型的牙侧、牙顶和牙底分布的公差带。它由相对于基本牙型的位置和大小两个要素组成。各个直径的公差和偏差均沿垂直于螺纹轴线方向计值。其内螺纹的公差带位置如图 10-27 所示，外螺纹的公差带位置如图 10-28 所示。图中螺纹的基本牙型是计算螺纹偏差的基准。内、外螺纹的公差带相对于

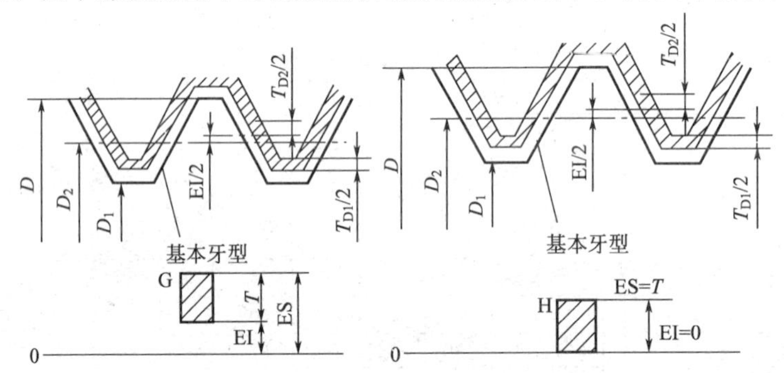

T_{D1}—内螺纹小径公差；T_{D2}—内螺纹中径公差；

图 10-27　内螺纹公差带的位置

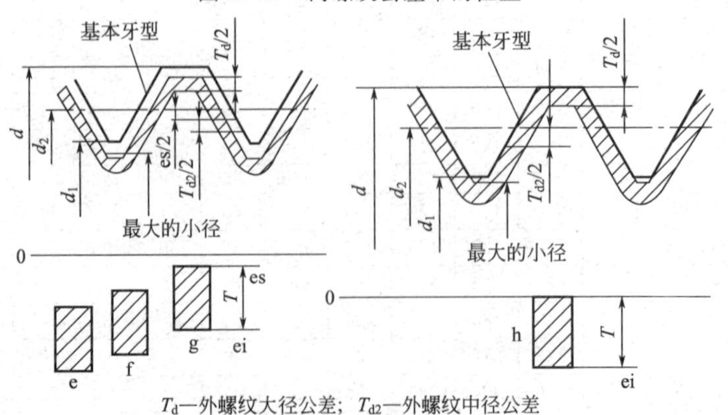

T_d—外螺纹大径公差；T_{d2}—外螺纹中径公差

图 10-28　外螺纹的公差带的位置

基本牙型的位置由基本偏差来确定。对于内螺纹的基本偏差值为下极限偏差 EI，对于外螺纹的基本偏差为上极限偏差 es。

在普通螺纹标准中，对于内螺纹中径、小径规定两种基本偏差，其代号为 G、H，基本偏差值为下偏差 EI，分布在基本牙型的上方；对于外螺纹中径、大径规定了四种基本偏差，其代号为 e、f、g、h，基本偏差值为上偏差 es，分布在基本牙型的下方。H 和 h 的基本偏差为零。G 的基本偏差为正值，e、f、g 的基本偏差为负值。内、外螺纹基本偏差值见表 10-5。

表 10-5　普通螺纹的基本偏差　μm

螺距 P/mm	内螺纹基本偏差 EI		外螺纹基本偏差 es			
	G	H	e	f	g	h
1	+26	0	−60	−40	−26	0
1.25	+28	0	−63	−42	−28	0
1.5	+32	0	−67	−45	−32	0
1.75	+34	0	−71	−48	−34	0
2	+38	0	−71	−52	−38	0
2.5	+42	0	−80	−58	−42	0
3	+48	0	−85	−63	−48	0
3.5	+53	0	−90	−70	−53	0
4	+60	0	−95	−75	−60	0

将螺纹公差等级代号和基本偏差代号组合，就组成了螺纹公差代号，例如：内螺纹公差代号 7H，外螺纹公差代号 6g。

3. 普通螺纹旋合长度与配合精度及其选用

为了满足普通螺纹不同使用性能的要求，国家标准中将螺纹的旋合长度分为三组，即短旋合长度（S）、中等旋合长度（N）和长旋合长度（L）。设计时一般采用 N 组旋合长度。仅当结构和强度上有特殊要求时，方可采用 S 组或 L 组。各种旋合长度的数值见表 10-6。

表 10-6　螺纹的旋合长度　mm

基本大径 D、d		螺距 P	旋合长度			
			S	N		L
>	⩽		⩽	>	⩽	>
5.6	11.2	0.75	2.4	2.4	7.1	7.1
		1	3	3	9	9
		1.25	4	4	12	12
		2.5	5	5	15	15
11.2	22.4	1	3.8	3.8	11	11
		1.25	4.5	4.5	13	13
		1.5	5.6	5.6	16	16
		1.75	6	6	18	18
		2	8	8	24	24
		2.5	10	10	30	30

续表

基本大径 D、d		螺距 P	旋合长度			
			S	N		L
>	≤		≤	>	≤	>
22.4	45	1	4	4	12	12
		1.5	6.3	6.3	19	19
		2	8.5	8.5	25	25
		3	12	12	36	36
		3.5	15	15	45	45
		4	18	18	53	53
		4.5	21	21	63	63

表10-7、表10-8中螺纹公差带按短、中、长三组旋合长度给出了精密、中等及粗糙三种精度。由表可见，螺纹的配合精度不仅与公差等级有关，而且与旋合长度也有关。当螺纹直径公差等级一定时，旋合长度越长，则加工时产生的螺距累积误差和牙侧角偏差可能就越大，加工就越困难。因此，对于不同旋合长度组的螺纹，应采用不同的公差等级，以保证同一精度下螺纹配合精度和加工难易程度差不多。其精密级适用于精密螺纹连接，要求配合性质稳定，配合间隙变动小，需要保证一定的定心精度的螺纹连接，如飞机上采用的4h及4H、5H的螺纹。中等级用于一般螺纹连接，如6H、6h、6g等。粗糙级用于不重要的螺纹连接，以及制造比较困难（如长盲孔的攻丝）或热轧棒上的螺纹，如7H、8h热轧棒料螺纹、长盲孔螺纹。

表10-7、表10-8中所列内外螺纹公差带可任意组合成各种配合。为满足使用要求，保证足够的连接强度，完工后的螺纹最好组合成H/g、H/h或G/h的配合。H/h最小间隙为零，应用最广。对于公称直径小于或等于1.4mm的螺纹副，应采用5H/6h或更精密的配合。对需镀较厚保护层的螺纹可选H/f、H/e等配合。镀后实际轮廓上的任何点均不超越按H、h确定的最大实体牙型。

表10-7 内螺纹选用公差带（摘自GB/T 197—2003）

精度等级	公差带位置G			公差带位置H		
	S	N	L	S	N	L
精密	—	—	—	4H	5H	6H
中等	(5G)	(6G)	(7G)	*5H	*6H	*7H
粗糙	—	(7G)		—	7H	8H

注：1. 大量生产的精制紧固螺纹，推荐采用带方框的公差带。

2. 带星号*的公差带应优先选用，不带星号*公差带其次选用，加括号的公差带尽量不用。

表10-8 外螺纹选用公差带（摘自GB/T 197—2003）

精度等级	公差带位置e			公差带位置f			公差带位置g			公差带位置h		
	S	N	L	S	N	L	S	N	L	S	N	L
精密	—	—	—	—	—	—	—	—	—	(3h4h)	*4h	(5h4h)
中等	—	*6e	—	—	*6f	—	(5g6g)	*6g	(7g6g)	(5h6h)	*6h	(7h6h)
粗糙	—	—	—	—	—	—	—	8g		—	(8h)	—

注：1. 大量生产的精制紧固螺纹，推荐采用带方框的公差带。

2. 带星号*的公差带应优先选用，不带星号*公差带其次选用，加括号的公差带尽量不用。

3. 只有一个公差代号（如4H和4h）表示中径和顶径公差带相同；有两个公差带代号如（3h4h）中，前者表示中径公差带，后者表示顶径公差带。

4. 普通螺纹的标注

完整的普通螺纹的标注由螺纹代号 M、公径直称、导程代号（单线螺纹可省略）、螺距、中径公差代号、顶径公差代号、旋合长度代号和螺纹旋向代号（右旋省略）组成，各代号之间用短横符号“-”隔开。

如：

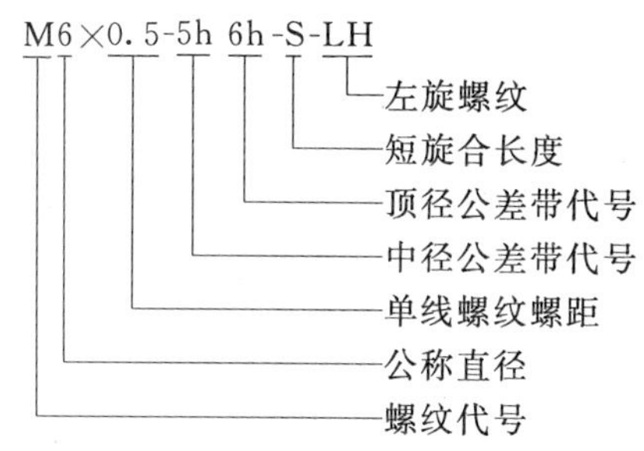

当螺纹是粗牙螺纹时，螺距标注可以省略；当螺纹的中径和顶径公差带相同时，合写为一个；当螺纹旋合长度为中等 N 时，可以省略；当螺纹为左旋时，在左旋螺纹标记位置写“LH”字样，右旋螺纹则不标出；

内、外螺纹装配在一起，它们的公差带代号用斜线“/”分开，左边表示内螺纹公差带代号，右边表示外螺纹公差带代号。如：

M20×2-6H/5g6g 即表示为公差带为 6H 的内螺纹与公差带为 5g6g 的外螺纹组成的配合。

另外，如果要进一步表明螺纹的线数，可在螺距后面加线数（用英语说明），如双线为 two starts、三线为 three starts。

如：M14×2(three starts)-7H-L-LH

特殊需要时，可标注螺纹旋合长度的数值（单位为 mm），中间用短横符号“-”分开，如：M20×2-7g6g-40

5. 螺纹的表面粗糙度要求

螺纹牙型表面粗糙度主要根据中径公差等级来确定。表 10-9 列出螺纹牙侧表面粗糙度参数 Ra 的推荐值。

表 10-9　螺纹牙侧表面粗糙度参数 *Ra* 的推荐值　μm

工　件	螺纹中径公差等级(IT)		
	4、5	6、7	7～9
	Ra 不大于		
螺栓、螺钉、螺母	1.6	3.2	1.6～3.2
轴及套上的螺纹	0.8～1.6	1.6	3.2

例 10-2　试查表求出 M12×1-6H/6g 普通内、外螺纹的中径、大径和小径的公称尺寸和极限偏差，并计算内、外螺纹的中径、小径和大径的极限尺寸。

解　(1) 确定内、外螺纹的中径、小径和大径的公称尺寸

查附录附表 3-2 得螺纹大径的公称尺寸，即 $D=d=12\text{mm}$

中径　$D_2=d_2=11.350\text{mm}$

小径　$D_1=d_1=10.917\text{mm}$

(2) 确定内、外螺纹的极限偏差 (mm)

内、外螺纹的极限偏差可以根据螺纹公称直径、螺距和内、外螺纹的公差带号，由表10-3、表10-4、表10-5中查出。数据如下：

项　目	ES(es)	EI(ei)
内螺纹大径	不规定	0
内螺纹中径	+0.160	0
内螺纹小径	+0.236	0
外螺纹大径	−0.026	−0.206
外螺纹中径	−0.026	−0.144
外螺纹小径	−0.026	不规定

(3) 计算极限尺寸 (mm)

数据如下：

项　目	上极限尺寸	下极限尺寸
内螺纹大径	不超过实体牙型	12
内螺纹中径	11.510	11.350
内螺纹小径	11.153	10.917
外螺纹大径	11.974	11.794
外螺纹中径	11.324	11.206
外螺纹小径	10.891	不超过实体牙型

10.2.3 螺纹的检测

测量螺纹的方法大致可分为两类：综合检验和单项测量。

1. 综合检验

螺纹的综合检验是指用螺纹量规来检验螺纹，其检测的原理是按螺纹的最大实体牙型做成通端螺纹量规，以检验螺纹的旋合性；再按螺纹中径的最小实体尺寸做成止端螺纹量规，以控制螺纹连接的可靠性，从而保证螺纹连接件的互换性。生产上广泛应用螺纹极限量规来综合检验内、外螺纹的合格性。综合检验效率高，适用于检测成批生产中等精度的螺纹，特别是尺寸不太大的螺纹。但它只能评定内、外螺纹的合格性，不能测出实际参数的具体数值。

对螺纹进行综合检验时使用的是螺纹量规和光滑极限量规，检验内螺纹用的螺纹量规称为螺纹塞规。检验外螺纹用的螺纹量规称为螺纹环规。图10-29、图10-30分别为用螺纹量规检验内、外螺纹的示意图。

螺纹量规分为“通规”和“止规”，检验时，“通规”能顺利与工件旋合，“止规”不能旋合或不完全旋合，则螺纹为合格。反之，“通规”不能旋合，则说明螺母过小，螺栓过大，螺纹应返修。当“止规”能通过工件，则表示螺母过大，螺栓过小，螺纹是废品。

如图10-29所示，用量规检验外螺纹时，光滑极限卡规用来检验外螺纹的大径的极限尺寸；通端螺纹环规（螺纹环规通规）用来控制外螺纹作用中径及小径最大尺寸；止端螺纹环规（螺纹环规止规）用来控制外螺纹实际中径。

如图10-30所示，用量规检验内螺纹时，光滑极限塞规用来检验内螺纹小径的极限尺寸；通端螺纹塞规（螺纹塞规通规）用来控制内螺纹的作用中径及大径最小尺寸；止端螺纹

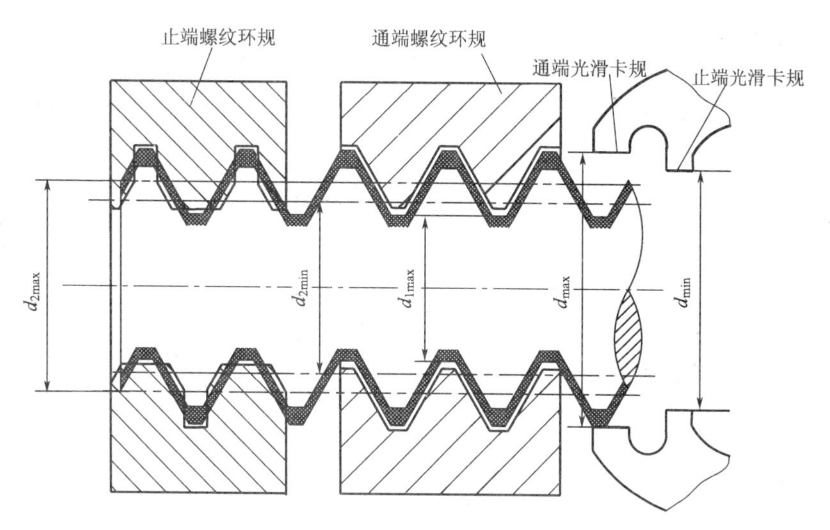

图 10-29　用螺纹环规和光滑极限卡规检验外螺纹

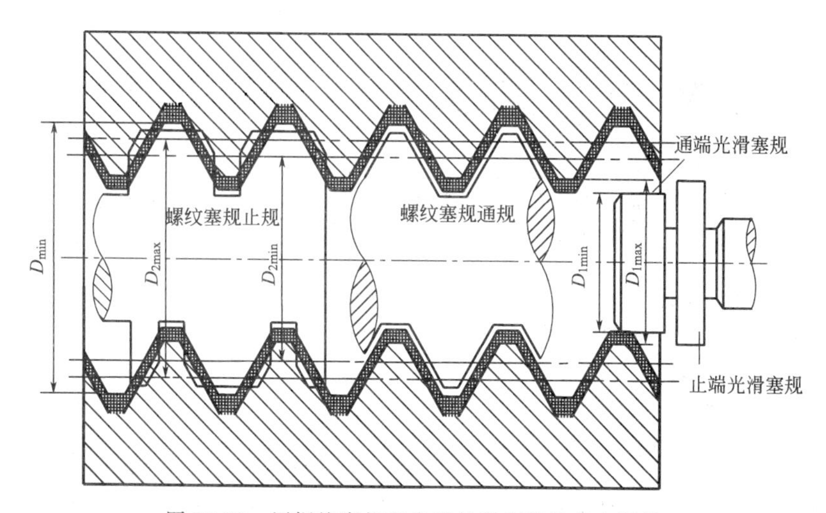

图 10-30　用螺纹塞规和光滑极限塞规检验内螺纹

塞规（螺纹塞规止规）用来控制内螺纹的实际中径。

螺纹塞规、螺纹环规的通规和止规的中径、大径、小径和螺距、牙侧角都要分别确定相应的基本尺寸及极限偏差。检测螺纹顶径用的光滑极限量规通规和止规也要分别确定相应的定型尺寸及极限偏差。

2. 普通螺纹的单项测量

单项测量是指用量具或量仪测量螺纹每个参数的实际值，每次只测量螺纹的一项几何参数，并以所得的实际值来判断螺纹的合格性。单项测量精度高，主要用于精密螺纹、螺纹刀具及螺纹量规的测量或生产中分析形成各参数误差的原因时使用，在分析与调整螺纹加工工艺时，也采用单项测量。下面简述几种最常用的单项测量方法。

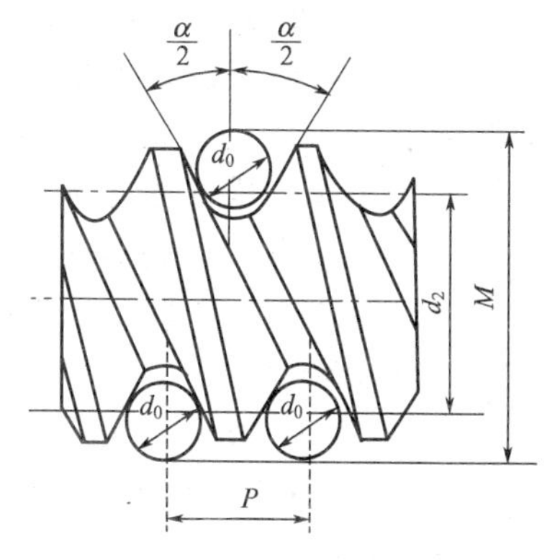

图 10-31　三针法测量螺纹中径

(1) 三针测量法　是将三根直径相同的精密量针，按照图 10-31 所示那样插入在螺纹牙型沟槽中间，用两个平行的测针测出 M，就可计算出被测螺纹的单一中径。然后根据被测螺纹的螺距 P、牙型半角 $\alpha/2$ 及量针直径 d_0，按几何关系推算出计算中径的公式为：

对普通螺纹（$\alpha=60°$）

$$d_2=M-3d_0+0.866P$$

对梯形螺纹（$\alpha=30°$）

$$d_2=M-4.8637d_0-1.866P$$

为使牙型半角 $\alpha/2$ 误差对中径 d_2 的测量结果没有影响，则量针直径 d_0 的最佳值应按下式选取：

对普通螺纹　　$d_{0最佳}=0.577P$

对梯形螺纹　　$d_{0最佳}=0.518P$

(2) 用螺纹千分尺测量外螺纹中径　螺纹千分尺的构造与一般外径千分尺构造相似，差别仅在于两个测量头的形状。螺纹千分尺构造如图 10-32 所示。其工作原理是将一对符合被测螺纹牙型角和螺距的圆锥形测头 4 和 V 形测量头 3 分别插入千分尺架砧，以测量螺纹中径。为了满足不同螺距的被测螺纹的需要，螺纹千分尺带有一套可更换的不同规格的测量头。将锥形测量头和 V 形测量头安装在内径千分尺上，也可以测量内螺纹。

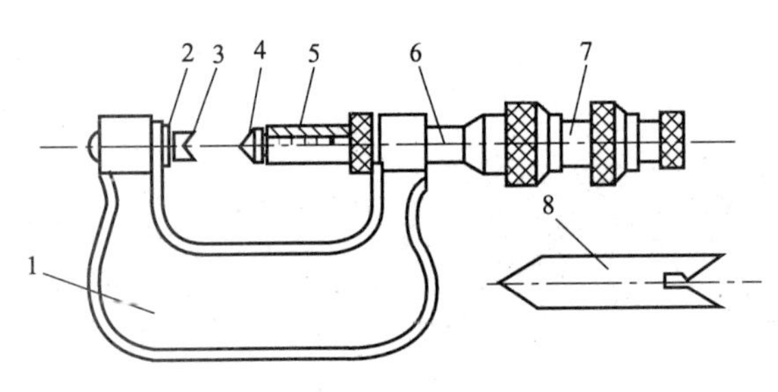

图 10-32　螺纹千分尺构造

1—弓架；2—架砧；3—V 形测量头；4—圆锥形测量头；5—主量杆；6—刻度套（内套筒）；7—微分筒（外套筒）；8—校对样板

如图 10-32 所示，螺纹千分尺的测量头做成与螺纹牙型相吻合的形状，即为一个 V 形测量头，与牙型凸起部分相吻合；另一个为圆锥形测量头，与牙型沟槽相吻合。

用螺纹千分尺测量外螺纹中径时，读得的数值是螺纹中径的实际尺寸，它不包括螺距误差和牙型半角误差在中径上的当量值。螺纹千分尺只能用于工序间测量或对粗糙级的螺纹工件测量，而不能用来测量螺纹切削工具和螺纹量具。

(3) 用工具显微镜测量　工具显微镜是一种以影像法作为测量基础的精密光学仪器。它可以测量精密螺纹的基本参数（大径、中径、小径、螺距和牙型半角），也可以测量轮廓复杂的样板、成形刀具、冲模以及其他各种零件的长度、角度、半径等。使用工具显微镜测量螺纹的基本原理是在工具显微镜上，用光线照射外螺纹牙型，再用显微镜将牙型轮廓放大成像在镜头中，然后将影像跟标准尺作比较，可测量出螺纹的几何参数。如图 10-33 所示。其中，图 10-33(a) 为光线顺着螺纹槽通过，图 10-33(b) 为螺纹的影像测量。

如图 10-33(a) 所示，光线顺着螺旋槽射入显微镜，这样得到的影像清晰。所以在右旋螺纹的前面，光线由下向上要左倾，得到截面 AB 的轮廓影像。

如图 10-33(b) 所示，对照标准尺沿平行于螺纹的轴线方向，可测出相邻两牙侧之间的螺距 P，还可测出牙侧与螺纹轴线的垂线间的夹角，又可测出螺纹轴线两对边牙侧之间的距

离及中径 d_2。

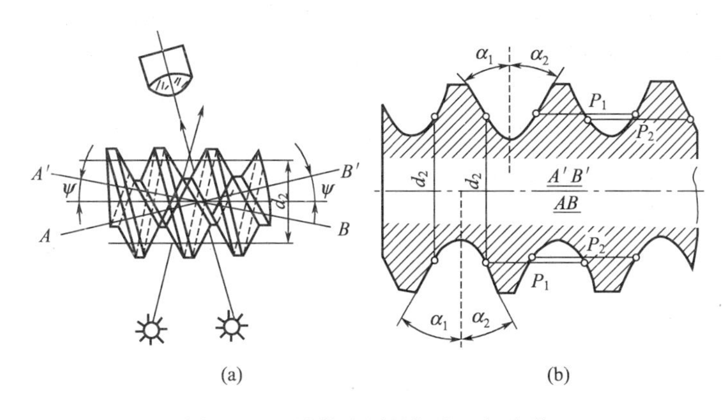

图 10-33　影像法测量螺纹几何参数

10.3　键和花键的公差与配合

键连接和花键连接是广泛用作轴和轴上传动件（如齿轮、带轮、链轮、联轴器等）之间的可拆连接，它们用以传递扭矩，有时还能实现轴上零件的轴向固定或轴向滑动的导向，在机械结构中应用很广泛。

键连接的主要类型有：平键连接、半圆键连接、楔键连接和切向键连接。平键连接和半圆键连接为松键连接，楔键连接和切向键连接为紧键连接。

平键的分类：包括普通平键、导向平键以及滑动平键，其中以平键连接应用最广泛，如图 10-34 所示为平键连接。平键连接具有结构简单，拆装方便、对中性好等优点，因而得到广泛的应用，但这种键不能起到轴向固定作用。普通平键两侧面是工作面，工作时，靠键与键槽侧面的挤压传递扭矩。键的上表面与轮毂上键槽底面间留有间隙。

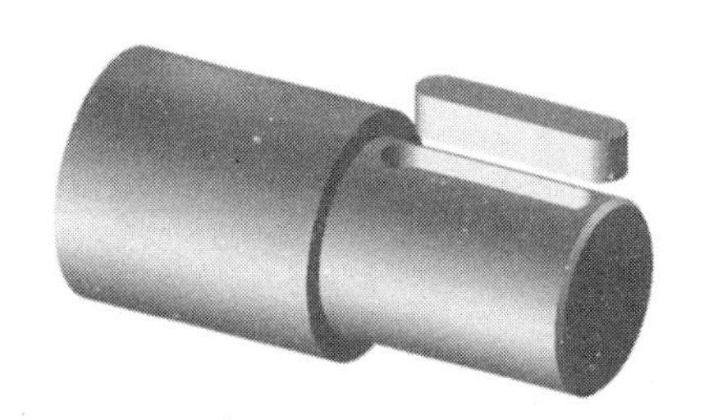

图 10-34　平键连接

花键连接的主要类型：花键连接分为矩形花键、渐开线花键和三角形花键连接，其中以矩形花键连接应用最广泛。花键连接工作时，依靠轴和毂上的纵向齿的互压传递转矩，既可用于静连接也可用于动连接。

花键连接与平键连接相比，花键连接的承载能力强、对中性和导向性好、键与轴或孔为一整体，强度高，负荷分布均匀，可传递较大的扭矩。一般用于载荷较大、定心精度要求高和经常作轴向滑移的场合，在机械制造领域应用广泛。

10.3.1　平键连接的公差与配合

1. 平键和键槽配合尺寸的公差带和配合种类

平键连接由键、轴槽和轮毂槽三部分组成。平键连接中的结合尺寸有键宽、槽宽、键高、键长和槽长等参数。工作过程中是通过键的侧面和键槽的侧面相互接触来传递扭矩的，因此它们的宽度尺寸 b 是主要配合尺寸，国家标准规定了较为严格的公差，其余尺寸为非配合尺寸，规定较松的公差。平键连接的剖面尺寸已标准化，见附录附表 3-4。

平键连接公差与配合的特点：

① 配合的主要参数为键宽。由于扭矩的传递是通过键侧来实现的，因此配合的主要参数为键和键槽的宽度。键连接的配合性质也是以键与键槽宽的配合性质来体现的。

② 采用基轴制。由于键侧面同时与轴和轮毂键槽侧面连接，且两者往往有不同的配合要求，此外，键是标准件，可用标准的精拔钢制造，因此，把键宽作基准，采用基轴制，且对键宽只规定了一种公差带 h9。国家标准对轴和轮毂的键槽宽各规定了三种公差带（如图 10-35 所示），组成了三种不同性质的配合，即较松连接、正常连接和较紧连接，以满足各种不同用途的需要，三种配合应用场合见表 10-10。

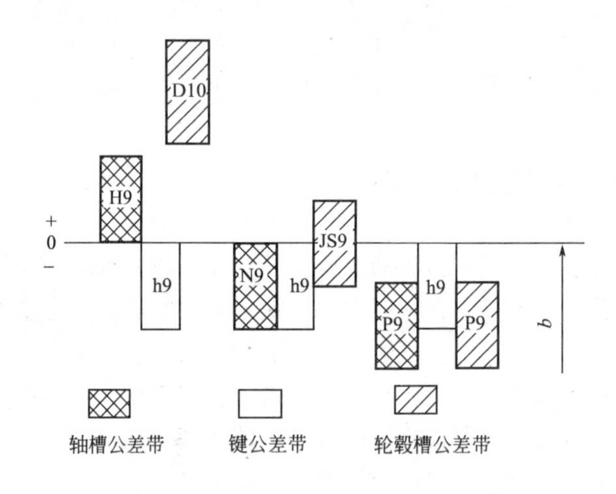

图 10-35　键宽和键槽宽的公差带

表 10-10　键连接的配合种类

轴的类型	配合种类	尺寸 b 的公差			配合性质及应用
		键	键槽	轮毂槽	
平键	较松连接	h9	H9	D9	键在轴上或轮毂中能滑动。主要用于导向平键、滑键，轮毂可在轴上做轴向移动
	一般连接		N9	Js9	键在轴上和轮毂中固定。用于载荷不大的场合
	较紧连接		p9	p9	键在轴上和轮毂中固定。用于传递重载荷、冲击载荷或双向转矩

2. 键槽的几何公差

为了保证键宽与键槽宽之间具有足够的接触面积和可装配性，对键和键槽的位置误差要加以控制，应分别规定轴键槽对轴的基准线和轮毂槽对孔的基准轴线的对称度公差。该对称度公差与键槽宽度的尺寸公差及孔、轴尺寸公差的关系可以采用独立原则或最大实体要求。对称度公差等级可按标准取为 7～9 级。查表时，公称尺寸是指键宽。

3. 平键和键槽的表面粗糙度要求

键和键槽配合面的表面粗糙度 Ra 一般取 1.6～6.3μm，非配合面取 12.5μm。

4. 键槽尺寸和公差在图样上的标注

轴键槽和轮毂槽的剖面几何公差和表面粗糙度在图样上的标注示例如图 10-36 所示。

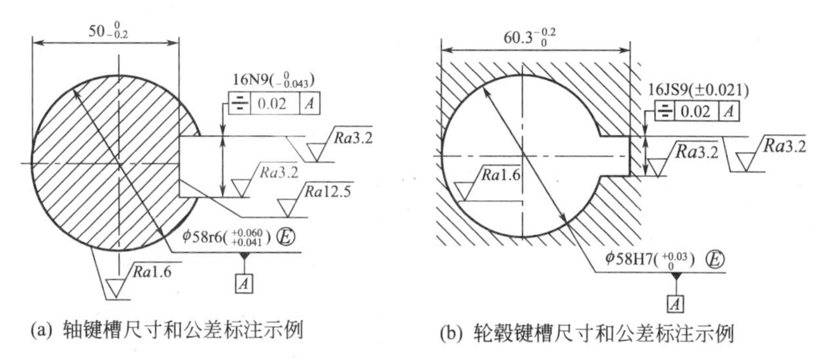

(a) 轴键槽尺寸和公差标注示例　　(b) 轮毂键槽尺寸和公差标注示例

图 10-36　键槽尺寸和公差的标注示例

10.3.2　矩形花键的主要参数和定心方式

1. 矩形花键的主要参数

国家标准《矩形花键尺寸、公差和检验》(GB/T 1144—2001) 规定矩形花键的主要尺寸有小径 d、大径 D、键宽和键槽宽 B，如图 10-37 所示。键数规定为 6 键、8 键、10 键三种，以便加工和检测。按承载能力，对基本尺寸规定了轻、中两个系列。轻、中两个系列的键数是相等的，对于同一小径两个系列的键宽（或槽宽）尺寸也是相等的，仅大径不相同。

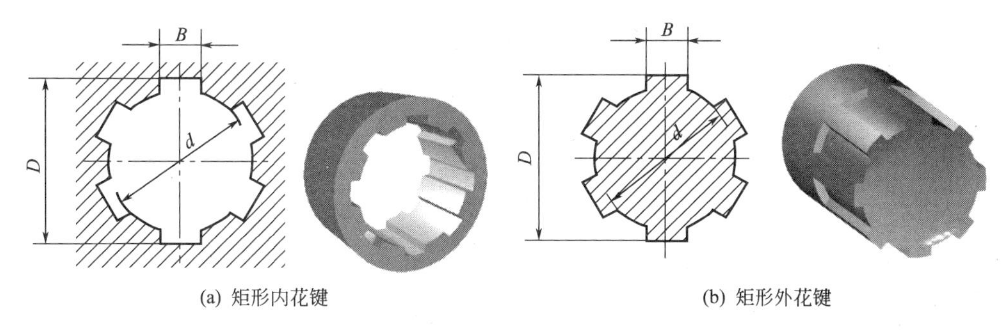

(a) 矩形内花键　　(b) 矩形外花键

图 10-37　矩形花键的主要尺寸

2. 矩形花键的定心方式

矩形花键连接可以有三种定心方式：小径 d 定心、大径 D 定心和键侧（键槽侧）B 定心，如图 10-38 所示。小径定心的定心精度比大径定心的高。而键和键槽的侧面无论是否作为定心表面，其宽度尺寸 B 都应具有足够的精度，因为键和键槽的侧面要传递转矩和导向。非定心直径表面之间应当留有足够的间隙。

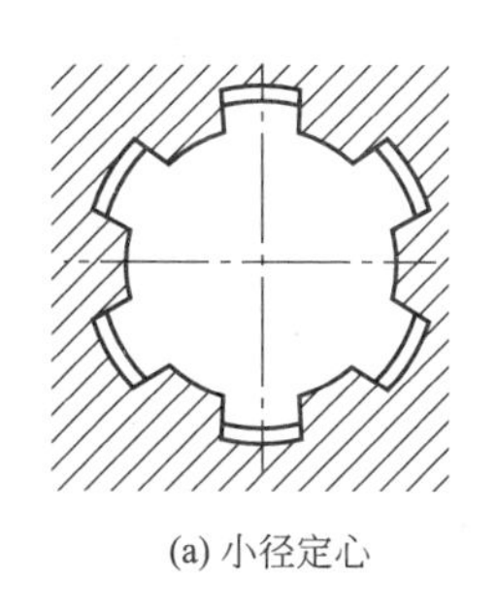

(a) 小径定心

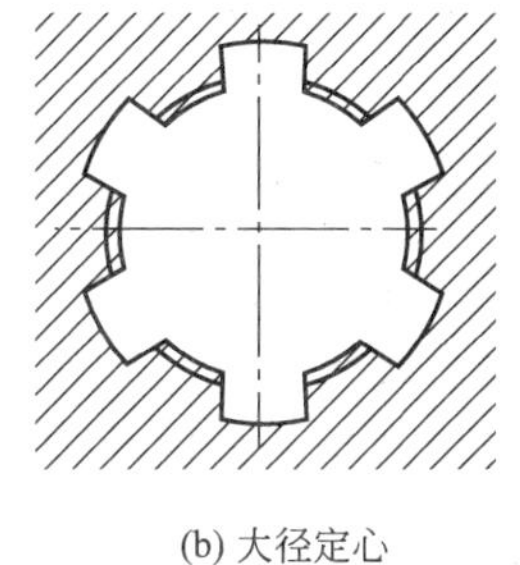

(b) 大径定心

(c) 键侧(键槽宽)宽心

图 10-38　花键的定心方式

国家标准规定矩形花键用小径定心。这是因为在内、外花键制造过程中需要进行热处理（淬硬）来提高硬度和耐磨性，而淬硬后应采用磨削来修正热处理变形，以保证定心表面的精度要求。如果采用大径定心时，则内花键大径定心表面很难磨削。采用小径定心，无论是磨削内花键小径表面还是磨削外花键小径表面都很方便。另外，当内花键大径定心表面硬度要求高（40HRC 以上）时，热处理后的变形难以用拉刀修正；当内花键大径定心表面粗糙度要求高（$Ra<0.63\mu m$）时，用拉削工艺也难以保证。采用小径定心时，热处理后的变形可用内圆磨修复，而且内圆磨可达到更高的尺寸精度和更高的表面粗糙度要求。因而小径定心的定心精度高，定心稳定性好，使用寿命长，有利于产品质量的提高。

10.3.3 矩形花键的公差与配合

1. 矩形花键配合尺寸公差带

小径 d、大径 D 及键（槽）宽 B 的尺寸公差带如表 10-11 所示。为了减少加工内花键的拉刀的品种、规格和数量，矩形花键的尺寸公差采用基孔制。国标对花键孔规定了拉削后热处理和不用处理两种。花键的配合按装配形式可分为滑动、紧滑动和固定三种配合。其区别在于：前两种在工作过程中，既可传递扭矩，且花键套还可在轴上移动；后者只用来传递扭矩，花键套在轴上无轴向移动。不同的配合性质或装配形式通过改变外花键的小径和键宽的尺寸公差带达到，其公差带见表 10-11。

表 10-11 矩形花键的尺寸公差带

内花键				外花键			
d	D	B		d	D	B	装配形式
		拉削后不热处理	拉削后热处理				
一般传动用							
H7	H10	H9	H11	f7	a10	d10	滑动
				g7		f9	紧滑动
				h7		h10	固定
紧密传动用							
H5	H10	H7、H9		f5	a10	d8	滑动
				g5		f7	紧滑动
				h5		h8	固定
H6				f6		d8	滑动
				g6		f7	紧滑动
				h6		h8	固定

2. 矩形花键的配合

(1) 多参数配合　花键相对于圆柱配合或平键连接而言，其配合参数较多，除键宽外，有定心尺寸、非定心尺寸等，最关键的是定心尺寸的精度要求。

(2) 采用基孔制配合　花键孔（也称内花键）通常用拉刀或插齿刀加工，生产效率高，能获得理想的精度。采用基孔制，可以减少昂贵的拉刀数目。

(3) 必须考虑几何公差的影响　花键在加工过程中不可避免地存在几何位置误差，为了限制其对花键的影响，还必须规定几何公差或规定限制几何误差的综合公差。

需要注意的是当内花键公差带为 H7 或 H6 时，允许与高一级的外花键相配。

在选择配合性质时应考虑以下几点：

① 当内、外花键定心精度要求较高时，配合间隙应小一些；

② 当内、外花键传递扭矩较大时，配合间隙应小一些；

③ 当内、外花键相对滑动时，配合间隙应大一些；

④ 当内、外花键有双向运动时，为了减小冲击，配合间隙应大一些。

3．几何公差

（1）由于小径是内、外花键连接的定心尺寸，必须保证其配合性质，因此内、外花键小径的极限尺寸应遵守包容原则，即花键孔和轴的小径不能超越最大实体边界。

（2）为保证装配性和键侧受力均匀，规定键槽宽和键宽位置度公差应遵守最大实体原则，即不能够超过实效边界。

在大批量生产条件下，为了便于采用综合量规进行检验，花键的几何公差主要是控制键（键槽）的等分度误差、键（键槽）两侧面的中心平面对小径定心表面轴线的对称度误差，以及键侧对轴线的平行度误差。对于花键的分度误差和对称度误差，通常用位置度公差加以综合控制，花键位置度公差值见表 10-12。

表 10-12　位置度公差　μm

键槽宽或键宽 B/mm			3	3.5～6	7～10	12～18
t_1	键槽宽		10	15	20	25
	键宽	滑动、固定	10	15	20	25
		紧滑动	6	10	13	16

键（槽）宽位置度公差与定心小径表面的尺寸公差的关系应符合最大实体要求，矩形花键位置度公差标注示例如图 10-39 所示。键（槽）宽对称度公差与小径定心表面的尺寸公差的关系皆采用遵守独立原则，矩形花键对称度公差标注示例如图 10-40 所示。花键的对称度公差值见表 10-13。

表 10-13　对称度公差值　μm

键槽宽或键宽 B/mm		3	3.5～6	7～10	12～18
t_2	一般用	10	12	15	18
	精密传动用	6	8	9	11

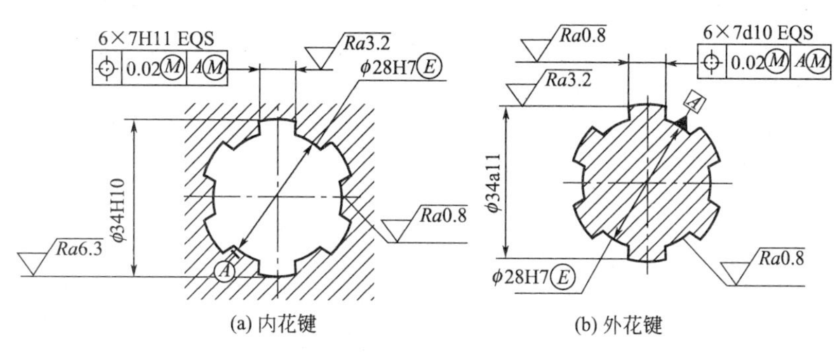

(a) 内花键　(b) 外花键

图 10-39　矩形花键位置度公差标注示例

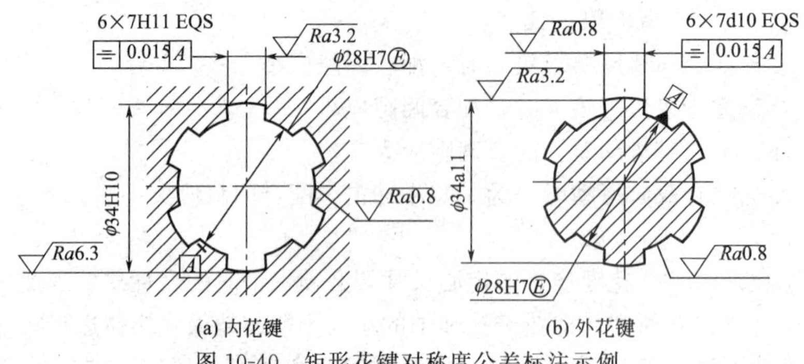

(a) 内花键　　(b) 外花键

图 10-40　矩形花键对称度公差标注示例

4. 表面粗糙度要求

以小径定心时，矩形花键的表面粗糙度参数 Ra 的推荐值见表 10-14。

表 10-14　花键表面粗糙度推荐值　　μm

加工表面	内花键	外花键
	Ra 不大于	
小径	1.6	0.9
大径	6.3	3.2
键侧	6.3	1.6

5. 矩形花键规格和配合代号、尺寸公差带代号在图样上的标注方法

平行度误差，其数值标准中未作规定，可以根据产品性能在设计时自行确定。

矩形花键的规格按下列顺序表示：键数 N×小径 d×大径 D×键宽 B 。按这顺序在装配图上标注花键的配合代号和在零件图上标注花键的尺寸公差代号。

例 10-3　花键键数为 8、小径的配合为 52H7/f6、大径的配合为 58H10/a11、键槽宽与键宽的配合为 10H11/d10，试写出标注方法。

花键规格：8×52×58×10

花键副：$8\times52\dfrac{\mathrm{H7}}{\mathrm{f6}}\times58\dfrac{\mathrm{H10}}{\mathrm{a11}}\times10\dfrac{\mathrm{H11}}{\mathrm{d10}}$　　GB/T 1141—2001

内花键：8×52H7×58H10×10H11　　GB/T 1141—2001

外花键：8×52f6×58a11×10d10　　GB/T 1141—2001

10.3.4　平键和矩形花键的检测

1. 平键的检测

平键和平键槽的尺寸检测比较简单。在单件、小批量生产中，通常采用千分尺、游标卡尺等通用计量器具来测量。在成批、大量生产中，则可采用量块或极限量规来测量，如图 10-41 所示。

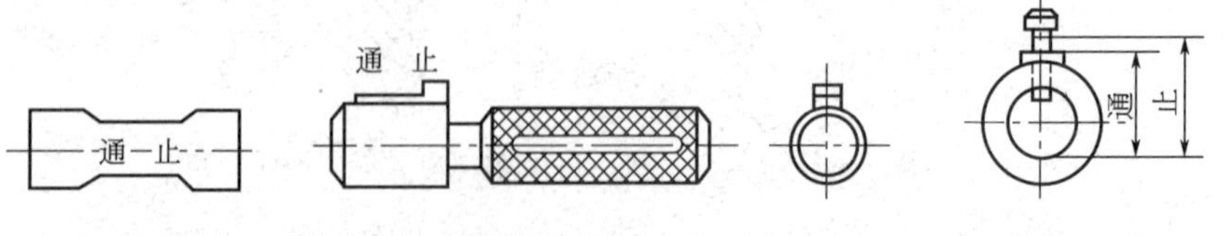

(a) 键槽宽度极限尺寸量规　　(b) 轮毂槽深度极限尺寸量规　　(c) 轴槽深度极限尺寸量规

图 10-41　平键尺寸检测的极限量规

对称度误差检测：单件、小批量生产时，可用分度头、V 形块和百分表来测量；大批量生产时一般用综合量规进行检验，如对称度极限量规。只要量规通过即为合格，如图 10-42所示。

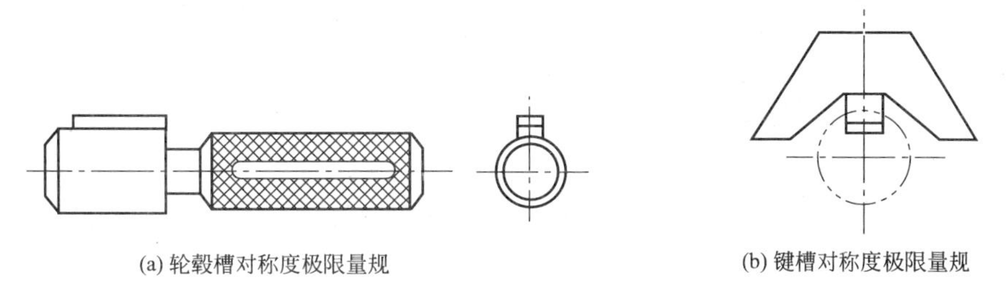

(a) 轮毂槽对称度极限量规　　(b) 键槽对称度极限量规

图 10-42　键槽和轮毂槽对称度极限量规

2. 矩形花键的检测

矩形花键的检测有单项测量和综合检验两类。

单项检验主要用于单件、小批量生产，用通用量具分别对各尺寸（d、D、B）进行单项测量，并检测键宽的对称度、键齿（槽）的等分度和大、小径的同轴度等几何误差项目，以保证各尺寸偏差及几何误差在其公差范围内。

综合检验适用于大批量生产，一般都采用量规进行检验。综合量规（对内花键为塞规、对外花键为环规）用于控制被测花键的最大实体边界，即综合检验小径 d、大径 D 及键（槽）宽 B 的作用尺寸，包括上述位置度（等分度、对称度）和同轴度等几何误差。然后用单项止端量规分别检验尺寸 d、D 和 B 的最小实体尺寸。合格的标志是综合通规能通过，而止规不应通过。

检验内、外花键综合量规的形状如图 10-43 所示，图 10-43(a) 为内花键塞规，图 10-43(b)为检验外花键环规。

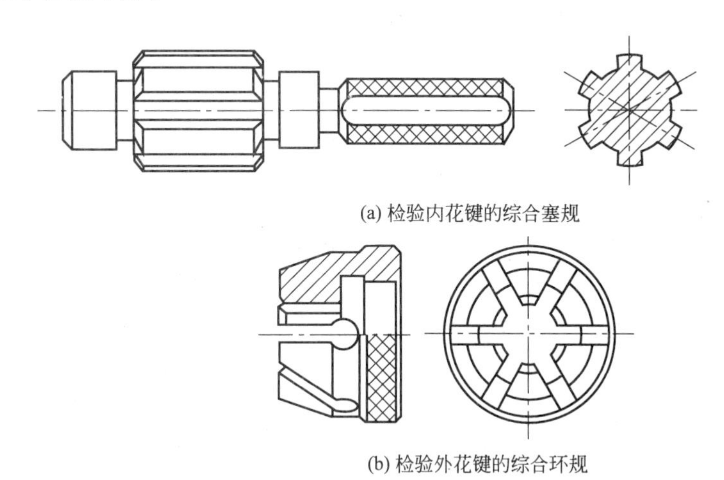

(a) 检验内花键的综合塞规

(b) 检验外花键的综合环规

图 10-43　矩形花键综合量规

思考与练习

1. 设有一外圆锥，其最大直径为 ϕ100mm，最小直径为 ϕ95mm，长度为 100mm。试确定圆锥角和锥度。

2. 圆锥公差的给定方法有几种？

3. 简述圆锥配合的种类和特点。

4. 相互结合的内、外圆锥的锥度为1∶50，基本圆锥直径为ϕ100mm，要求装配后得到H8/u7的配合性质。试计算所需的极限轴向位移和轴向位移公差。

5. 锥度的检测方法一般有哪些？常用哪些量仪和量具？

6. 何谓螺纹中径、顶径和底径？

7. 为什么说螺纹精度与螺纹旋合长度有关？

8. 试述普通螺纹公差带的特点。

9. 解释以下螺纹标记的含义：

(1) M10×1-5g6g-S

(2) M10×1-6H

(3) M20×2左-6H/5g6g

10. 查表确定M20×2-5g6g的基本偏差、中径和大径的公差，并计算中径和大径的极限尺寸。

11. 螺纹测量的方法有哪些？螺纹中径测量的方法主要有哪些？

12. 试述三针法测量外螺纹单一中径的特点。

13. 键连接的特点是什么？主要使用在什么场合？

14. 单键与轴槽及轮毂槽的配合有何特点？分为哪几类？如何选择？

15. 矩形花键连接的定心方式有哪几类？如何选择？小径定心有何特点？

16. 试说明花键综合量规的作用。

17. 矩形花键连接在装配图上的标注为：$6\times23\frac{H7}{g7}\times26\frac{H10}{a11}\times6\frac{H11}{f9}$。试确定内、外花键的小径、大径、键槽宽的极限偏差和位置度公差，并指出各自应遵循的原则。

第11章

圆柱齿轮的公差与检测

11.1 概述

齿轮传动是现代机械中应用最广的一种机械传动形式。在工程机械、矿山机械、冶金机械、各种机床及仪器、仪表工业中被广泛地用来传递任意两轴间的运动和动力。齿轮传动除传递回转运动外，也可以用来把回转运动转变为直线往复运动。

在各种齿轮机构中，应用最广泛的是圆柱齿轮机构。目前我国推荐使用的标准为：

1. GB/T10095.1—2008《轮齿同侧齿面误差的定义和允许值》
2. GB/T10095.2—2008《径向综合偏差与径向跳动的定义和允许值》
3. GB/T16820.1—2008《轮齿同侧齿面的检验》
4. GB/T16820.2—2008《径向综合偏差、径向跳动、齿厚和侧隙的检验》
5. GB/T16820.3—2008《齿轮坯、轴中心距和轴线平行度的检验》
6. GB/T16820.4—2008《表面结构和轮齿接触斑点的检验》

11.1.1 齿轮传动的常用类型

齿轮的种类很多，齿轮传动可以按不同方法进行分类。

① 根据齿轮副两传动轴的相对位置不同，可分为平行轴齿轮传动（图 11-1）、相交轴齿轮传动（图 11-2）和交错轴齿轮传动（图 11-3）三种。平行轴齿轮传动属平面传动，相交轴齿轮传动和交错轴齿轮传动属空间传动。

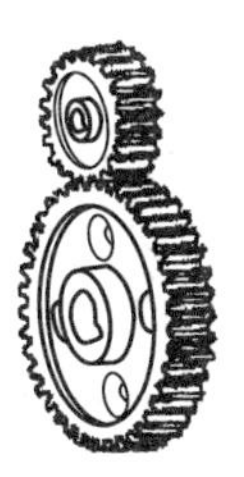

(a) 直齿轮副

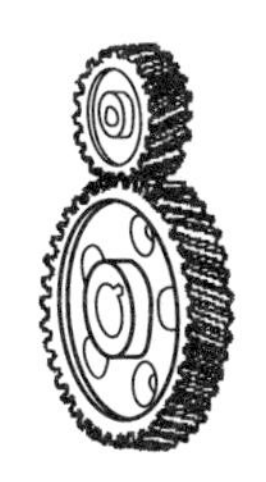

(b) 平行轴斜齿轮副

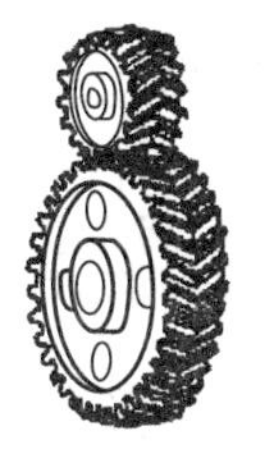

(c) 人字齿轮副

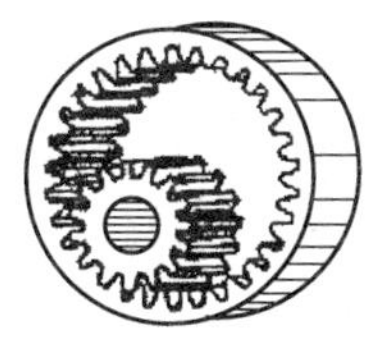

(d) 内啮合直齿轮副

(e) 齿轮齿条副

图 11-1　平行轴齿轮传动

② 根据齿轮分度曲面不同，可分为圆柱齿轮传动［图 11-1、图 11-3(a)］和锥齿轮传动［图 11-2、图 11-3(b)］。

(a) 直齿锥齿轮副

(b) 斜齿轮齿轮副

(c) 曲线齿锥齿轮副

图 11-2 相交轴齿轮传动

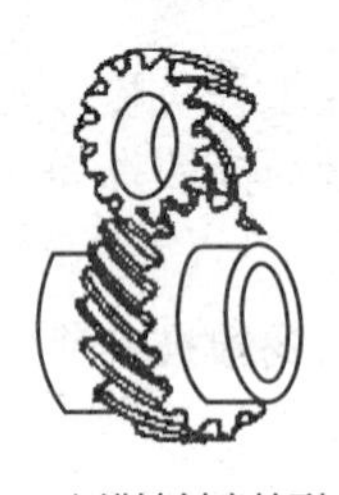
(a) 交错轴斜齿轮副

(b) 准双曲面齿轮副

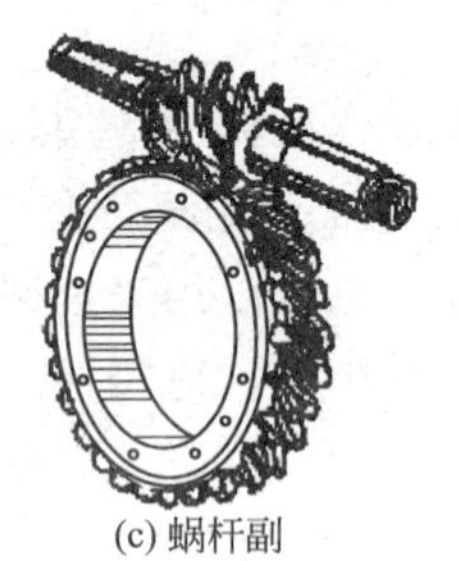
(c) 蜗杆副

图 11-3 交错轴齿轮传动

③ 根据齿线形状不同，可分为直齿齿轮传动［图 11-1(a)、(d)、(e)，图 11-2(a)］、斜齿齿轮传动［图 11-1(b)，图 11-2(b)，图 11-3(a)］和曲线齿齿轮传动［图 11-2(c)，图11-3(b)］。

④ 根据齿轮传动的工作条件不同，可分为闭式齿轮传动和开式齿轮传动。前者齿轮副封闭在刚性箱体内，并能保证良好的润滑。后者齿轮副外露，易受灰尘及有害物质侵袭，且不能保证良好的润滑。

⑤ 根据轮齿齿廓曲线不同，可分为渐开线齿轮传动、摆线齿轮传动和圆弧齿轮传动等，其中渐开线齿轮传动应用最广。

11.1.2 齿轮传动的使用要求

齿轮传动广泛地应用在各种机器和仪表中，用来传递运动或动力。齿轮的设计精度将关系到机器和仪器的工作性能、使用寿命和制造成本。对齿轮传动的使用要求可归纳为四个方面。

1. 传递运动的准确性

传递运动的准确性是指要求齿轮在一转范围内传动比变化尽量小，以保证从动齿轮与主动齿轮的运动协调。如果相互啮合的主、从动轮皆为理想齿轮，则在从动齿轮一转范围内的传动比保持为常数，从动齿轮与主动齿轮的运动完全协调，这时的齿轮传递运动是准确的。而实际上，由于存在齿轮加工误差，齿轮在每一转内的传动比会是变化的，从而影响传递运动的准确性。由此，规定齿轮传动的基本要求是：齿轮在一转 360°内，传动比的变动量要小，即最大的转角误差限制在一定范围内，以保证传递运动的准确性。

2. 传动的平稳性

传动的平稳性是指要求齿轮传动过程中瞬时传动比的变化幅度尽量小，以减小齿轮传动中的冲击、噪声和振动。

3. 载荷分布均匀性

载荷分布均匀性是指要求齿轮在啮合时，工作齿面接触良好，载荷分布均匀，避免载荷集中于局部齿面，造成齿面局部磨损或折断，影响齿轮使用寿命。

4. 传动侧隙

传动侧隙是指要求齿轮啮合时非工作齿面间应具有适当的间隙。适当的传动侧隙用来存储润滑油，补偿齿轮传动受力后的热变形和弹性变形，以防止齿轮在工作中发生齿面点蚀或卡死。

侧隙与前三项要求不同，是独立于精度要求的另一类要求。齿轮副所要求侧隙的大小，主要取决于齿轮副的工作条件。对重载、高速齿轮传动，由于受力、受热变形较大，侧隙也应大些，以补偿较大的变形和通过润滑油，而经常正转、逆转的齿轮。为了减小回程误差，应适当减小侧隙。

不同用途的齿轮及齿轮副，对每项精度要求的侧重点是不同的。例如，钟表控制系统中的计数齿轮传动、分度齿轮传动的侧重点是传递运动的准确性，以保证主、从动齿轮的运动协调一致；机床和汽车变速箱中的变速齿轮传动的侧重点是传动平稳性和载荷分布均匀性，以降低振动和噪声并保证承载能力；卷扬机中的齿轮传动，露天工作，对三项精度要求都不高。因此，对不同用途的齿轮和不同侧重的使用要求，应规定不同的精度等级，以适应不同的要求，获得最佳的技术经济效益。

齿轮传动是齿轮、轴、轴承和箱体等零部件的总和，这些零部件的制造和安装误差都将影响对齿轮传动的使用要求，其中齿轮加工误差和齿轮副安装误差的影响极大。

11.2　齿轮加工误差及齿轮误差项目

11.2.1　齿轮的主要加工误差

在机械制造中，齿轮加工方法很多，按齿廓成形原理可分为仿形法和展成法两类。仿形法是用成形铣刀在铣床上铣出齿形，其成形刀具的刀刃形状与被切齿轮齿槽的截面形状相同。而在生产中通常采用展成法，它是利用齿轮的啮合原理进行加工，即用滚齿刀或插齿刀在滚齿机或插齿机上与齿轮坯作啮合滚切运动，加工出渐开线齿轮，其工作原理如图 11-4 所示。

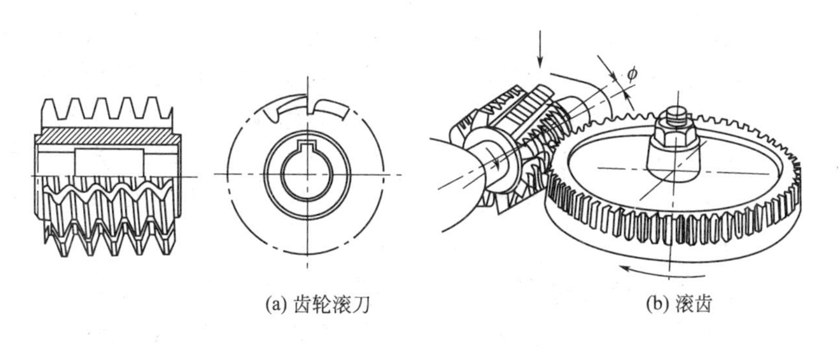

图 11-4　齿轮滚刀和滚齿运动

Y3150E 型滚齿机外形如图 11-5 所示。在滚齿加工中，齿轮的加工误差主要来源于组成工艺系统的机床、刀具、工件（齿轮坯）的误差及其装夹误差和调整误差等。

1. 偏心：(几何偏心和运动偏心)

(1) 几何偏心（$e_{几}$）。它是指齿轮坯在机床上加工时的安装偏心。造成安装偏心的原因

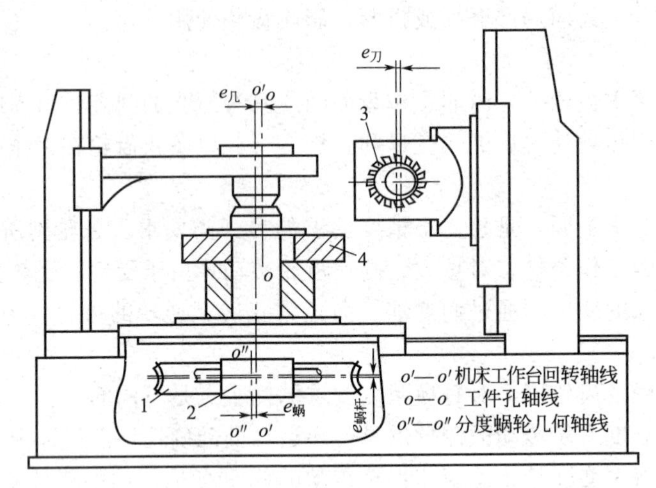

图 11-5　Y3150E 型滚齿机

1—分度蜗轮；2—分度蜗杆；3—滚刀；4—工件

是由于齿轮坯定位孔与机床心轴之间有间隙，使齿轮坯定位孔中心 $o—o$ 与机床工作台的回转中心 $o'—o'$ 不重合。

(2) 运动偏心（$e_运$）。它是指机床分度蜗轮中心与工作台回转中心不重合所引起的偏心。加工齿轮时，由于分度蜗轮的中心与工作台回转中心不重合，使分度蜗轮与分度蜗杆的啮合半径发生变化，导致工作台连同固定在其上的齿坯以一转为周期，时快时慢地旋转。

2. 机床传动链的高频误差

加工直齿轮时，主要受分度传动链的传动误差的影响，尤其是分度蜗杆的安装偏心 e（引起分度蜗杆的径向跳动和轴向窜动）的影响，使蜗轮（齿坯）在一周范围内转速出现多次变化，加工出的齿轮产生齿距偏差和齿形误差。加工斜齿轮时，除分度链误差外，还有差动链的传动误差的影响。

3. 滚刀的安装误差（$e_刀$）和滚刀的制造误差

滚刀的安装误差导致的滚刀的偏心、轴线倾斜及轴向窜动使加工出的齿轮径向和轴向都会产生误差。按展成法加工齿轮时，若滚刀单头，齿轮齿数为 z，则在齿坯一转中产生 z 次误差。因而加工误差是齿轮转角的函数，该函数具有周期性，这是齿轮误差的特点。

当滚刀的制造、刃磨存在误差时，同样在被加工齿轮齿面上引起加工误差，使齿轮啮合时产生瞬时波动，从而影响齿轮传动的平稳性。如刀具的基节和齿形角存在误差，就会引起齿轮的基节偏差和齿形误差。对于直齿轮，基节偏差将会导致啮合齿轮对交替时的瞬间冲击，影响传动的平稳性。

上述因素中，前两者所产生的误差以齿轮一转为周期，称为长周期误差（低频误差）；后两个因素所产生的误差，在齿轮一转中，多次重复出现，称为短周期误差（高频误差）。在齿轮一转中，长周期误差呈正弦曲线分布，会影响齿轮运动的均匀性。短周期误差在齿轮一转中多次重复出现，会引起齿轮瞬时传动比的急剧变化，从而影响齿轮运动平稳性。

11.2.2　齿轮误差的评定指标和测量

根据各种误差对齿轮使用要求的影响，将齿轮加工误差划分为：影响传递运动准确性的误差；影响传动平稳性的误差；影响载荷分布均匀性的误差。

1. 影响传递准确性的误差及其评定项目

影响齿轮传递运动准确性的主要误差是以齿轮一转为周期的误差，即长周期误差，主要由几何偏心和运动偏心引起，评定参数有五项。

(1) 切向综合误差

切向综合误差 $\Delta F_i'$ 指被测齿轮与理想精确的测量齿轮单面啮合时，在被测齿轮一转内，实际转角与理想转角之差的总幅度值，如图 11-6 所示。该误差以分度圆弧长计算。

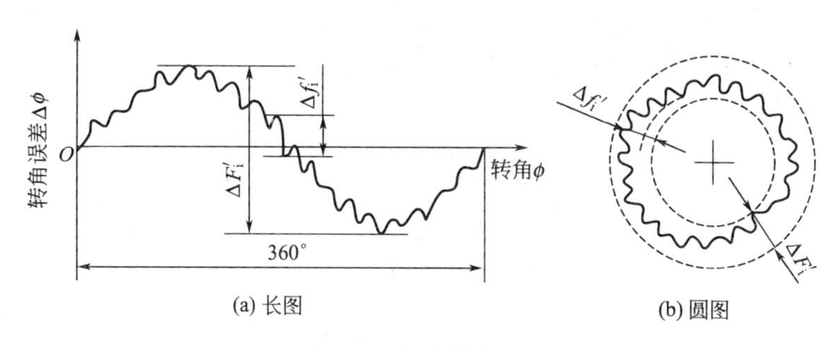

图 11-6　切向综合误差

$\Delta F_i'$ 用齿轮单面啮合综合测量仪（单啮仪）测量。单齿啮合综合检查仪原理如图 11-7 所示。该仪器的传动链是：电动机通过传动系统带动标准蜗杆和圆光栅盘Ⅰ转动，测量蜗杆再带动被测齿轮及其同轴上的光栅盘Ⅱ转动。高频光栅盘Ⅰ和低频光栅盘Ⅱ分别通过信号发生器Ⅰ和Ⅱ将标准蜗杆的角位移转变成电信号，并根据标准蜗杆的头数及被测齿轮的齿数，将光栅Ⅰ和Ⅱ发出的脉冲信号变为同频信号。当被测齿轮有误差时，将引起被测齿轮的回转角误差，此回转角的微小角位移误差变为两电信号的相位差，两电信号输入比相器进行比相后输出，再输入电子记录器记录，便可得被测齿轮误差曲线，最后根据定标值读出误差值。此方法测出误差值较为精确。

$\Delta F_i'$ 是齿轮几何偏心与运动偏心以及单齿误差的综合结果，因而它是评定齿轮运动准确性的最精确的指标。

(2) 齿距累积误差，k 个齿距累积误差

齿距累积误差 ΔF_p 指被测齿轮的分度圆上，任意两个同侧齿面间的实际弧长与公称弧长之差的最大绝对值，如图 11-8(a)所示。

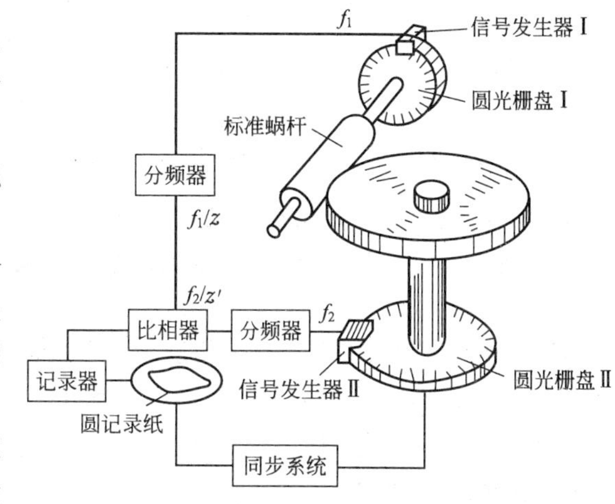

图 11-7　单齿啮合综合检查仪原理示意图

在图 11-8(a) 中，虚线为轮齿理想位置，粗实线为轮齿实际位置，轮齿 3 和轮齿 7 之间的实际弧长与公称弧长的差值最大，该值即为 ΔF_p。图 11-8(b) 为齿距累积误差曲线，ΔF_p 实质上反映了同一圆周上齿距偏差的最大累积值。

对于齿数较多、精度要求较高的齿轮或非整圆齿轮，还要检测 k 个齿距累积误差 ΔF_{pk}。k 个齿距累积误差是指在分度圆上，k 个齿距间的实际弧长与公称弧长的差值中的最大绝对值。k 为从 2 到小于 $z/2$ 的整数（即 $2 \leqslant k < z/2$）。

ΔF_p 的测量有相对测量法和绝对测量法两种。相对测量法的原理是以齿轮上任一个齿距作为基准，把仪器调整到零，然后依次测量各齿对于基准的相对齿距偏差，最后对数据处理可求出齿距累积误差 ΔF_p。图 11-9 为用万能测齿仪测量齿距的原理图。

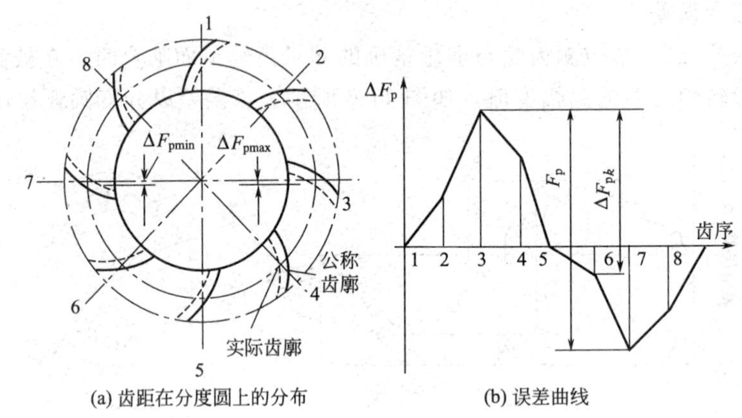

(a) 齿距在分度圆上的分布　　(b) 误差曲线

图 11-8　齿距累积误差

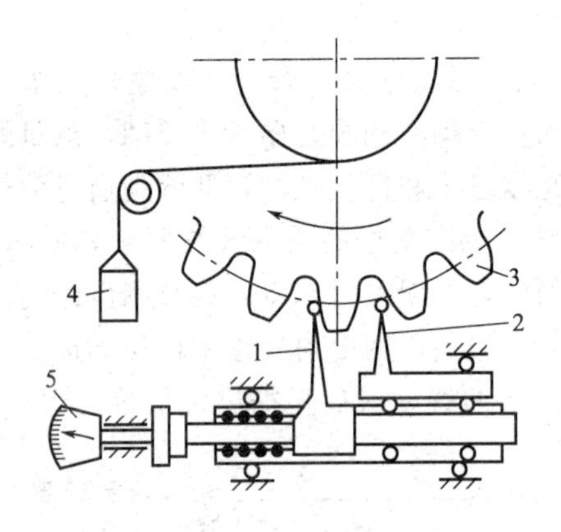

图 11-9　万能测齿仪测齿距

1—活动测头；2—固定测头；3—被测齿轮；4—重锤；5—测微计

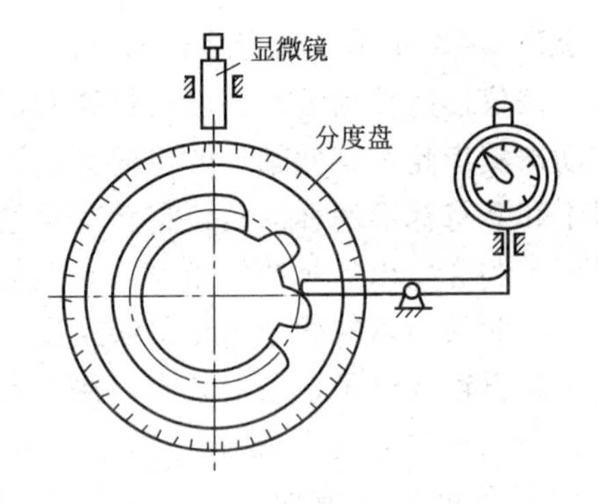

图 11-10　齿距的绝对测量法

绝对测量法的原理是用指示表在齿轮分度圆上进行定位，由显微镜及分度盘进行读数。两相邻同侧齿面定位后读出数值之差即为齿距偏差，最大正、负偏差值即为齿距累积误差 ΔF_p，如图 11-10 所示。

ΔF_p的测量是沿分度圆上每齿测量一点，ΔF_p 也反映齿轮一转的转角误差，因此 ΔF_p 可代替 $\Delta F_i'$ 作为评定齿轮运动准确性的指标。但由于 ΔF_p 是取有限个点进行断续测量，而 $\Delta F_i'$ 是在连续的切向综合误差曲线上取得的。故 ΔF_p 评定齿轮传递运动的准确性不及 $\Delta F_i'$ 全面。

(3) 齿圈径向跳动

齿圈径向跳动 ΔF_r 指齿轮在一转范围内，测量头在齿槽内与齿高中部的齿面双面接触，测量头相对于齿轮基准轴线的径向位移最大变动量，如图 11-11 所示。

齿圈径向跳动误差用齿圈径向跳动测量仪来测量，采用球形或锥形测量头。球形测量头的直径按测量头在分度圆上与齿槽的两个齿面接触的条件来选择。锥形测量头的圆锥角为 40°。在工厂里也常用圆柱棒代替球测量头，如图 11-12 所示在偏摆检查仪上测量 ΔF_r。

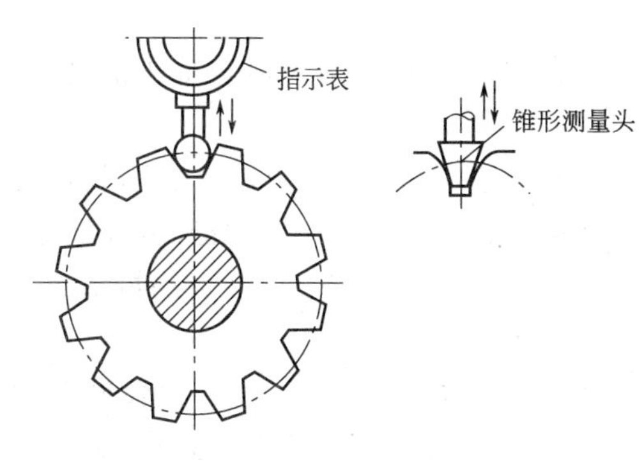

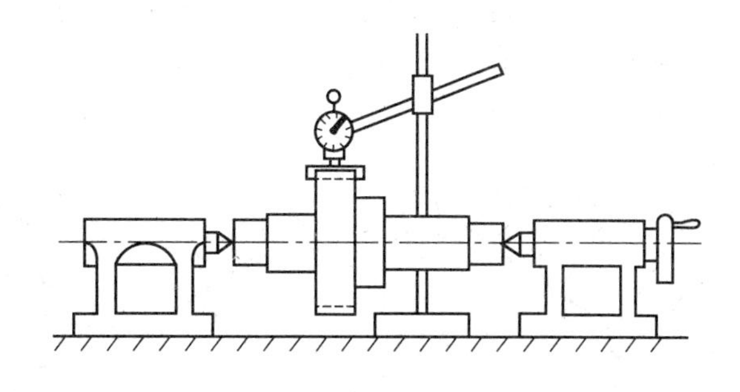

图 11-11　齿圈径向跳动测量　　图 11-12　偏摆测量仪

此测量方法效率较低，所以齿圈径向跳动误差的测量只适用于单件、小批量生产。齿圈径向跳动误差主要反映由几何偏心造成的齿轮径向误差。

（4）径向综合误差

径向综合误差 $\Delta F_i''$ 指被测齿轮与理想精确的测量齿轮双面啮合时，在被测齿轮一转内，双啮中心距的最大变动量，如图 11-13 所示。双啮中心距是指被测齿轮与测量齿轮紧密啮合时的中心距。

$\Delta F_i''$ 主要反映几何偏心引起齿轮的径向综合误差。$\Delta F_i''$ 在齿轮双面啮合综合检查仪器（双啮仪）上测量，其结构如图 11-14 所示。被测齿轮撞在固定滑座上，标准齿轮装在浮动滑座上，由弹簧顶紧使两齿轮紧密双面啮合。齿轮啮合传动时，由于被测齿轮的径向周期误差推动标准齿轮及浮动滑座，使中心距变动，由指示表读出或自动记录仪画出误差曲线。

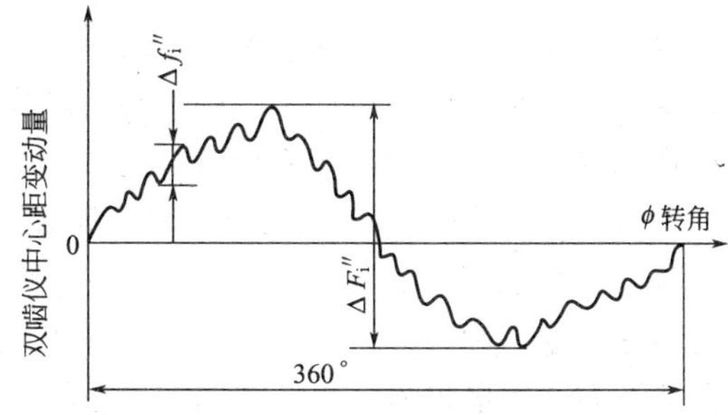

图 11-13　径向综合误差

该方法可以代替齿圈径向跳动的检查，但缺点是双面啮合状态与齿轮的工作状态不相符合，测量结果受左、右两侧面齿廓的影响。在成批、大批量生产中可采用该方法用来测量齿轮的径向误差。

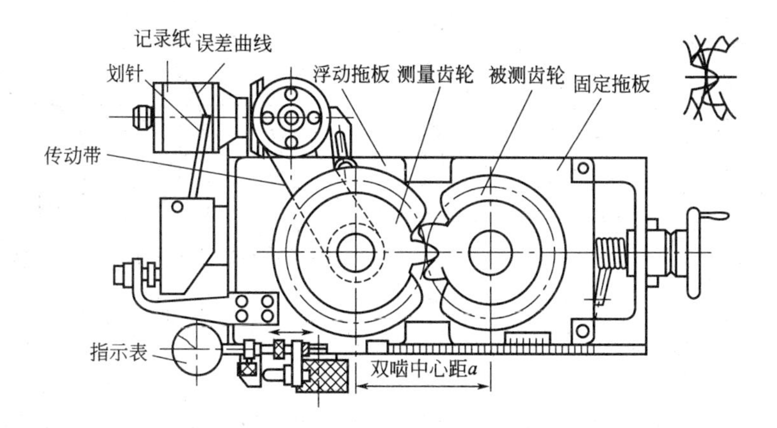

图 11-14　双面啮合测量仪

(5) 公法线长度变动量

公法线长度变动量 ΔF_w 指在齿轮一转范围内，实际公法线长度最大值与最小值之差。如图 11-15 所示。

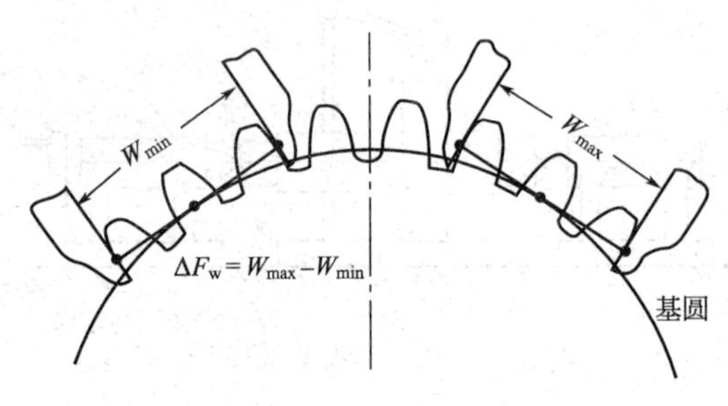

图 11-15 公法线长度变动量

公法线长度变动量 ΔF_w 是由于蜗轮偏心造成的切向误差。ΔF_w 用公法线千分尺测量，而对精度较高的齿轮，应采用公法线指示千分尺或万能测齿仪测量。

在滚齿加工中，ΔF_r 或 $\Delta F_i''$ 只反映几何偏心，ΔF_w 只反映运动偏心，只有 ΔF_r 与 ΔF_w 或者 $\Delta F_i''$ 与 ΔF_w 组合应用，才能全面评定齿轮传递运动的准确性。当采用 ΔF_r 与 ΔF_w 或者采用 $\Delta F_i''$ 与 ΔF_w 组合验收齿轮传时，若一组指标中有一项超差，不应将该齿轮判废，则应考虑到径向误差和切向误差相互补偿的可能性，可按齿距累积误差 ΔF_p 合格与否来评定齿轮传递运动的准确性。对于 10 级及低于 10 级精度的齿轮，由于对切向误差的要求可由齿轮机床精度保证，因此只需检验 ΔF_r，而不必检验 ΔF_w。

总之，对于影响传递运动准确性的误差，可用一个综合性的指标或两个单项性的指标来评定。而两个单项性的指标中，必须径向性质和切向性质各取一个，这样才能全面反映各种性质加工因素对传递运动准确性的影响。

2. 影响传动平稳性的误差及其评定项目

传动平稳性是反映齿轮转一齿过程中的瞬时速比变化。影响齿轮传递运动准确性的主要误差是基节偏差和齿形误差，这主要来源于齿轮加工过程中的滚刀安装误差及轴向窜动、刀具制造误差或刃磨误差、机床传动链的短周期误差等。而这类误差用齿轮上的短周期偏差作为评定指标。其评定参数主要有六项。

(1) 一齿切向综合误差

一齿切向综合误差 $\Delta f_i'$ 指被测齿轮与理想精确的测量齿轮单面啮合时，在被测齿轮一齿距角内，实际转角与理论转角之差的最大值，如图 11-16 所示。该误差以分度圆弧长计值。用单面啮合综合检查仪在测量切向综合误差 $\Delta F_i'$ 的同时，可测出 $\Delta f_i'$。

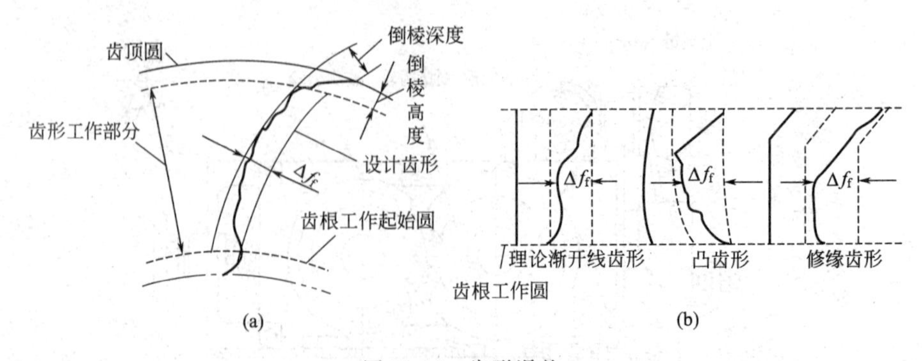

图 11-16 齿形误差

$\Delta f_i'$ 主要反映由刀具和分度蜗杆的安装及制造误差所造成的齿轮切向短周期综合误差。

(2) 一齿径向综合误差

一齿径向综合误差 $\Delta f_i''$ 指被测齿轮与理想精确的测量齿轮双面啮合时，在被测齿轮一齿距角内，双啮中心距的最大变动量，如图 11-13 所示。

用双面啮合综合检查仪在测量径向综合误差 $\Delta F_i''$ 的同时，可测出 $\Delta f_i''$。

$\Delta f_i''$ 是基节误差和齿形误差在半径方向的综合反映。可替代 $\Delta f_i'$ 用来评定齿轮传动平稳性。但 $\Delta f_i''$ 受左、右齿面误差的共同影响，故 $\Delta f_i''$ 评定齿轮传动平稳性不及 $\Delta f_i'$ 全面。

（3）齿形误差

齿形误差 Δf_f 指在齿轮端截面上，齿形工作部分内（齿顶倒棱部分除外）包容实际齿形且距离最小的两条设计齿形间的法向距离，如图 11-16(a) 所示。

设计齿形可以根据工作条件对理论渐开线进行修正为凸齿形或修缘齿形，如图 11-16（b）所示。

齿形误差会造成齿廓面在啮合过程中使接触点偏离啮合线，引起瞬时传动比的变化，破坏了传动的平稳性。

齿形误差 Δf_f 常用渐开线检查仪测量。由于齿形误差破坏了齿轮的正确啮合，使瞬时速比发生变化，影响传动平稳性，因此齿形误差 Δf_f 是评定传动平稳性的单项指标。

（4）基节偏差

基节偏差 Δf_{pb} 指实际基节与公称基节之差。实际基节是基圆柱切平面所截两相邻同侧齿面交线之间的法向距离，如图 11-17 所示。

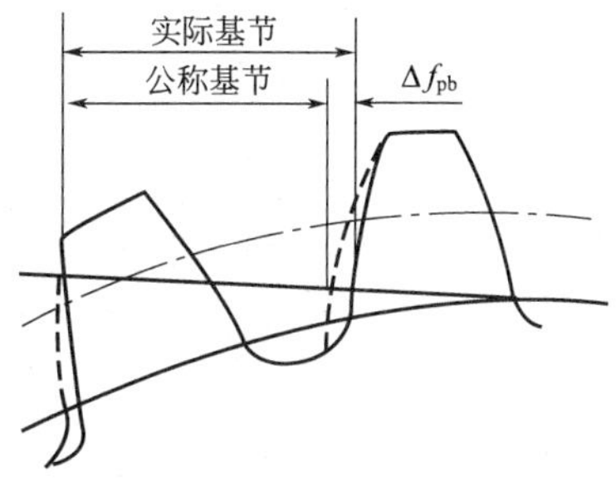

图 11-17　基节偏差

在滚齿加工中，Δf_{pb} 主要是由刀具误差引起的，而与机床传动链误差无关。对于直齿轮，Δf_{pb} 会使传动啮合过渡的瞬间发生冲击，影响传动平稳性。

① 当主动轮基节大于从动轮基节时［如图 11-18(a) 所示］，第一对齿 A_1，A_2 啮合终止时，第二对齿 B_1，B_2 尚未进入啮合。此时，A_1 的齿顶将沿着 A_2 的齿根行走，发生啮合线外的啮合，致使从动轮突然降速，直到 B_1 和 B_2 进入啮合时，使从动轮又突然加速。因此，从一对齿啮合过渡到下一对齿啮合的过程中，瞬间传动比产生变化，产生冲击、振动和噪声。

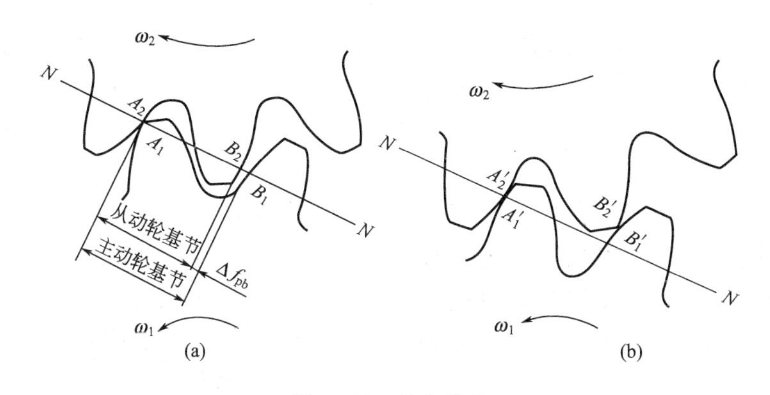

图 11-18　基节偏差

② 当主动轮基节小于从动轮基节时［如图 11-18(b) 所示］，第一对齿 A_1'，A_2' 啮合尚未

终止时，第二对齿 B_1' 和 B_2' 就已经开始进入啮合，B_2' 的齿顶反向撞击 B_1' 的齿腹，致使从动轮突然加速，强迫 A_1' 和 A_2' 脱离啮合。此时，B_2' 的齿顶将沿着 B_1' 的齿根行走。直到 B_1' 和 B_2' 进入正常啮合，恢复正常转速为止。这种情况比前一种更坏。这过程破坏啮合过程，产生更大的冲击、振动。

由此可见，当两齿轮基节相等时，这种啮合过程将平稳地连续进行，若齿轮具有基节偏差，则这种啮合会破坏齿轮的啮合，瞬间传动比产生变化，产生冲击、振动和噪声。

基节偏差用基节仪、万能测齿仪或万能工具显微镜等测量。基节偏差使齿轮在一转中多次重复出现撞击、加速、减速，影响了传动平稳性，它是评定传动平稳性的单项指标。

(5) 齿距偏差

齿距偏差 Δf_{pt} 指在分度圆上，实际齿距与公称齿距之差，如图 11-19 所示。

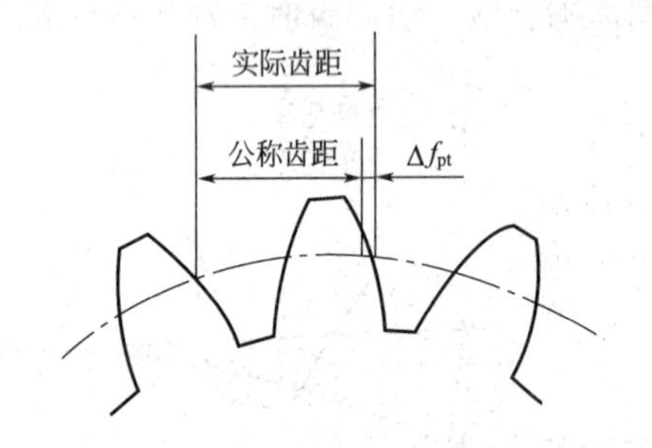

图 11-19　齿距偏差

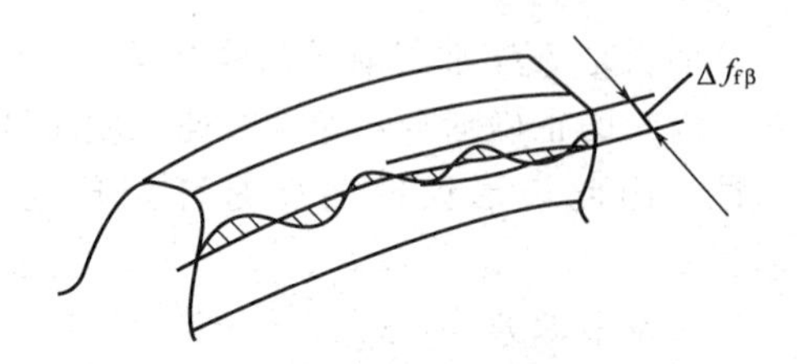

图 11-20　螺旋线波度误差

齿距偏差和基节偏差的不同之处是：基节是沿着啮合线方向测量的，而齿距是在分度圆附近的圆周上测量的。

齿距偏差 Δf_{pt} 在齿距仪上测量。若齿形是由同一基圆所形成的渐开线，则基节 P_b 与齿距 P_t 的关系如下：

$$P_b = P_t \cos\alpha$$

将上式微分，得

$$\Delta f_{pb} = \Delta f_{pt} \cos\alpha - P_t \Delta\alpha \sin\alpha$$

上式说明了基节偏差、齿距偏差和齿形误差三者之间存在一定的关系，所以齿距偏差也是评定传动平稳性的单项指标。

(6) 螺旋线波度误差

螺旋线波度误差 $\Delta f_{f\beta}$ 指宽斜齿轮齿高中部实际齿线（即螺旋线）波纹的最大波幅，沿齿面法线方向计值，相当于齿轮的齿形误差，如图 11-20 所示。

$\Delta f_{f\beta}$ 主要由机床分度蜗杆副和刀具进给系统的周期误差及加工过程中的温度变化在齿面上留下的波纹误差。

综上所述，一齿切向综合误差 $\Delta f_i'$ 和一齿径向综合误差 $\Delta f_i''$ 能较全面地反映一齿距角范围内的转角误差。在使用时，$\Delta f_i''$ 须保证齿形精度，$\Delta f_i'$ 在需要时可加检验 Δf_{pb}；由于齿形误差 Δf_f 影响瞬时速比的变化，基节偏差 Δf_{pb} 或齿距偏差 Δf_{pt} 会引起啮合时的换齿撞击和脱齿撞击，所以检验组要有两个单项指标联合组成，才能充分反映传动平稳性的要求。对于低精度（10～12 级）齿轮用 Δf_{pt} 一个指标即可。螺旋线波度误差 $\Delta f_{f\beta}$ 仅用于检验 6 级或 6 级以上精度，高速、大功率、对平稳性要求特别高的斜齿轮或人字齿轮。

3. 影响齿轮载荷分布均匀性的误差及其评定项目

一对齿轮在啮合过程中，轮齿从齿根到齿顶或从齿顶到齿根在齿高上依次接触，每一接触的瞬间两个相啮合齿轮的接触线为直线。齿轮啮合时齿面接触不良会影响载荷分布均匀性。在齿宽方向上，主要是齿向误差；在齿高方向上，主要是齿形误差和基节偏差。对影响齿轮载荷分布均匀性的评定参数主要有三项。

(1) 齿向误差

齿向误差 ΔF_β 指在分度圆柱面上，齿宽有效部分范围内（端部倒角部分除外），包容实际齿向线且距离为最小的两条设计齿向线间的端面距离，如图 11-21 所示。通常，直齿轮的齿线为直线［如图 11-21(a) 所示］，斜齿轮的齿线为螺旋线。为了补偿齿轮的制造误差和安装误差，改善齿面接触，提高齿轮承载能力，设计齿向线常采用修正的圆柱螺旋线，包括鼓形线［如图 11-21(b) 所示］、齿端修薄［如图 11-21(c) 所示］及其他修形曲线。

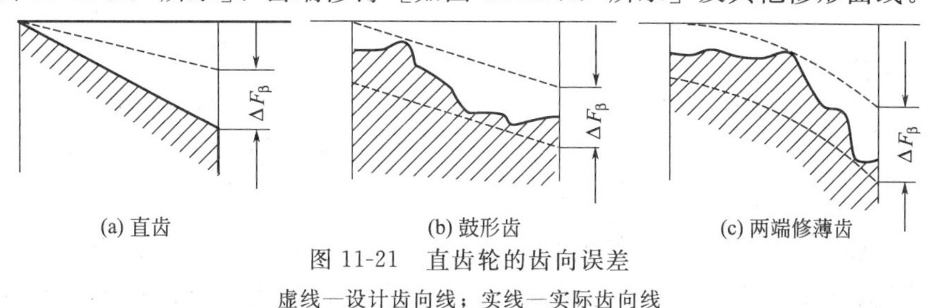

图 11-21 直齿轮的齿向误差

虚线—设计齿向线；实线—实际齿向线

齿向误差可用标准轨迹法测量，即将被测齿轮的螺旋线（即齿向线）与由机构形成的标准螺旋线比较，从而测出齿向误差，测量仪器有导程仪等。

齿向误差反映齿轮的轴向误差，它主要是由于机床导轨歪斜和齿坯安装歪斜所引起的，使齿轮啮合时的实际接触面积减小，影响了载荷分布的均匀性。

(2) 接触线误差

基圆柱切平面与齿面的交线即为接触线。斜齿轮的理论接触线为一根与基圆柱母线夹角为 β_b 的直线。而实际接触线可能有方向偏差和形状误差。

接触线误差 ΔF_b 指在基圆柱切平面内，平行于公称接触线并包容实际接触线的两条最近直线间的法向距离。

在滚齿中，接触线误差主要来源于滚刀误差，此项误差在齿轮端面上表现为齿形误差。

(3) 轴向齿距偏差

轴向齿距偏差 ΔF_{px} 指在与齿轮基准轴线平行而大约通过齿高中部的一条直线上，任意两个同侧齿面间的实际距离与公称距离之差，沿齿面法线方向计值。轴向齿距偏差主要反映斜齿轮的螺旋角误差。

综上所述，对于直齿轮传动，影响齿宽方向载荷分布均匀性的主要误差是齿向误差，影响齿高方向载荷分布均匀性的主要误差是齿形误差。接触线误差 Δf_b 和轴向齿距偏差 Δf_{px} 仅用于轴向重合度 ε_β 大于 1.25，齿线不作修正的斜齿轮。

4. 影响传动侧隙的误差及其误差评定项目

齿轮副的侧隙通常是利用减薄轮齿齿厚的方法来获得。即控制单个齿轮轮齿齿厚的减薄量来控制齿轮副的传动侧隙。当调整两齿轮的中心距时，也会影响侧隙大小。

影响齿侧间隙的大小和不均匀的主要误差是齿厚偏差。为保证齿轮副侧隙，通常在加工齿轮时要适当地减薄齿厚，齿厚的检验项目共有两项：

(1) 齿厚偏差

齿厚偏差 ΔE_s 指在分度圆柱面上，实际齿厚值与公称齿厚值之差。但在分度圆柱面上齿厚不便于测量，故用分度圆弦齿厚 $\bar{s}$ 代替，如图 11-22 所示。

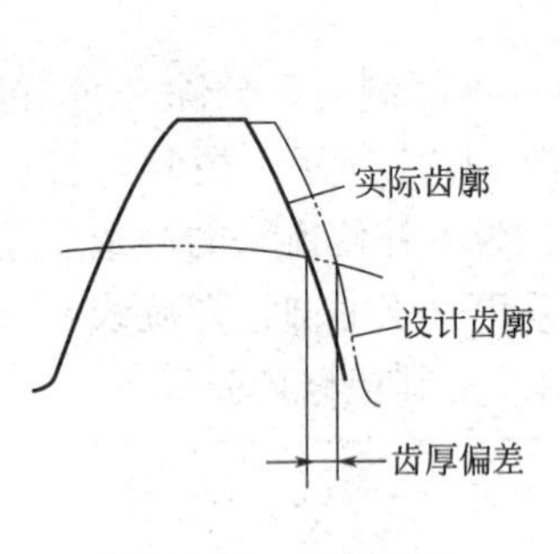

图 11-22 齿厚偏差

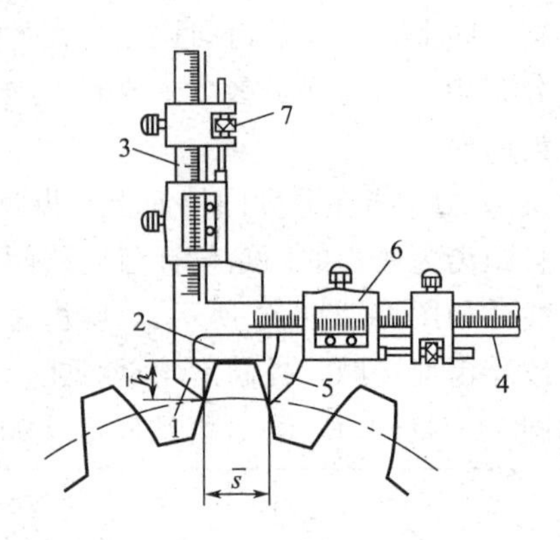

图 11-23 齿厚的测量

1—固定量爪；2—高度定位尺；3—垂直游标尺；4—水平游标尺；5—活动量爪；6—游标框架；7—调整螺母

齿厚偏差 ΔE_s 用齿厚游标卡尺或光学齿厚卡尺测量。由于分度圆弧齿厚不易测量，一般用齿厚卡尺测量分度圆弦齿厚。用齿厚卡尺测量分度圆弦齿厚是以齿顶圆定位的测量方法，因受齿顶圆偏差影响，测量精度较低，故适用于较低精度的齿轮测量或模数较大的齿轮测量，如图 11-23 所示。

(2) 公法线平均长度偏差

公法线平均长度偏差 ΔE_{wm} 指在齿轮一周范围内，公法线实际长度的平均值与公称值之差。

$$\Delta E_{wm}=\bar{W}-W_{公称}$$

公法线公称长度 $W_{公称}$ 可由图 11-15 可推导得：

$$W_{公称}=m\cos\alpha\left[(2k-1)\frac{\pi}{2}+z\mathrm{inv}\alpha\right]$$

式中 m、z、α——齿轮的模数、齿数、标准压力角；

$\mathrm{inv}\,\alpha$——渐开线函数，$\mathrm{inv}\,20^\circ=0.014904$；

k——测量跨齿数，$k=\frac{z}{9}+0.5$。

计算后可用公法线千分尺测量，在齿圈上测量三次（选三等分）取平均值即为测量结果。

公法线平均长度偏差用公法线卡尺测量，也可用公法线千分尺测量齿轮的公法线。测量时不需要齿顶圆定位，且测量方法简单，故该指标得到广泛应用。

11.3 齿轮副误差及其评定指标

齿轮副的安装及传动误差同样影响齿轮传动的性能，因此必须控制此类误差。

11.3.1 齿轮副的传动误差

1. 齿轮副的切向综合误差

齿轮副的切向综合误差 $\Delta F'_{ic}$ 是指装配好的齿轮副，在啮合转动足够多的转数内，一个齿轮相对于另一个齿轮的实际转角与公称转角之差的最大幅值，以分度圆弧长计值。它主要影响齿轮的运动精度。

2. 齿轮副的一齿切向综合误差

齿轮副的一齿切向综合误差 $\Delta f'_{ic}$ 是齿轮副的切向综合误差记录曲线上，小波纹的最大幅度值，即一个齿距的实际转角与公称转角之差的最大幅度值。

齿轮副啮合转动足够多转数的目的，在于使误差在齿轮相对位置变化全周期中充分显示出来。所谓“足够多的转数”通常是以小齿轮为基准，按大齿轮的转数 n_2 计算。

$$n_2 = z_1/x$$

式中，x 为大、小齿轮齿数 z_1 和 z_2 的最大公因数。

3. 接触斑点

齿轮副的接触斑点是指安装好的齿轮副，在轻微制动下运转后，齿面上分布的接触擦亮痕迹（如图 11-24 所示）。所谓“轻微制动”是指既不使轮齿脱离，又不使轮齿和传动装置发生较大变形的制动力时的制动状态。接触痕迹的大小在齿面展开图上用百分比计算。

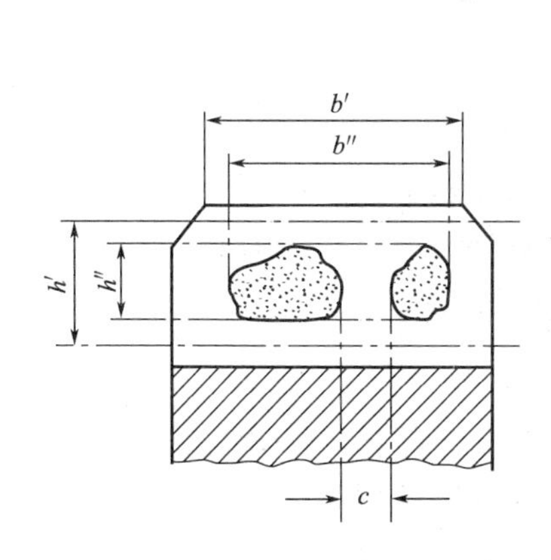

图 11-24　接触斑点

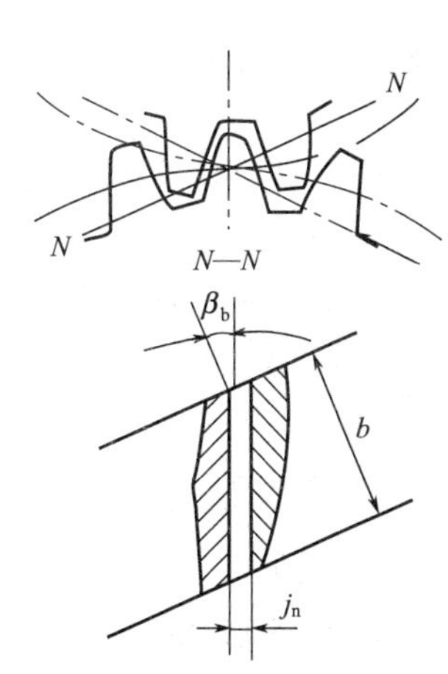

图 11-25　齿轮副法向侧隙

沿齿长方向，接触痕迹长度 b''（除超过模数值的断开部分 c）与工作长度 b' 之比的百分数，即

$$\frac{b''-c}{b'} \times 100\%$$

沿齿高方向，接触痕迹的平均高度 h'' 与工作高度 h' 之比的百分数，即

$$\frac{h''}{h'} \times 100\%$$

此项主要影响载荷分布均匀性。

4. 齿轮副的侧隙

齿轮副的侧隙分圆周侧隙和法向侧隙。

圆周侧隙 j_t：齿轮副中一个齿轮固定时，另一个齿轮的圆周晃动量，以分度圆上弧长计值。

法向侧隙 j_n：齿轮副工作齿面接触时，非工作齿面之间的最小距离，如图 11-25 所示。

两者关系为：$j_n = j_t \cos\beta_b \cos\alpha_n$

11.3.2 齿轮副的安装误差

1. 轴线的平行度误差

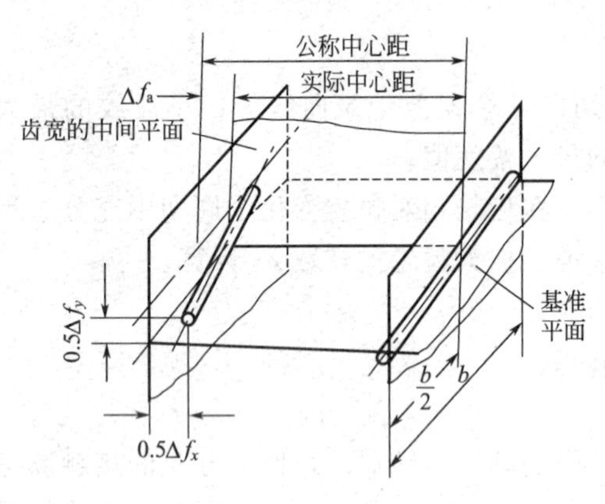

图 11-26 中心距误差及平行度误差

x 轴线的平行度误差 Δf_x 是一对齿轮的轴线在基准平面上的投影的平行度误差。y 轴线的平行度误差 Δf_y 是一对齿轮的轴线在垂直于基准平面并且平行于基准轴线的平面上的投影的平行度误差，如图 11-26 所示。

基准平面是指包含基准轴心线，并通过另一轴心线与齿宽中间平面相交的点所形成的平面。两条轴线中任一条轴线都可作为基准轴线。

Δf_x、Δf_y 均在等于全齿宽的长度上测量。

2. 齿轮副的中心距偏差

齿轮副的中心距偏差 Δf_a 是指齿轮副的齿宽中间平面内，实际中心距与公称中心距之差，如图 11-26 所示。这是侧隙评定指标。

11.4 渐开线圆柱齿轮精度标准

国家标准《渐开线圆柱齿轮精度》(GB/T 10095.1—2008) 适用于平行轴传动的渐开线圆柱齿轮及其齿轮副。对于 $m_n \geqslant 1 \sim 40$mm，分度圆直径 $d \leqslant 4000$mm，有效齿宽 $b \leqslant 630$mm 的齿轮和齿轮副的各项评定指标给出了公差或极限偏差的数值。

11.4.1 精度等级及其选择

标准对齿轮传递运动的准确性、传动平稳性及载荷分布的均匀性分别规定了 12 个精度等级，用阿拉伯数字 1、2、3、…、12 表示。其中 1 级精度最高，12 级精度最低。1～2 级目前一般单位尚不能制造，称为有待发展的展望级；3 级至 12 级大致分为三档：3～5 级为高精度等级；6～8 级为中精度等级，9～12 级为低精度等级。

精度等级的选择应考虑齿轮圆周速度、传递功率、工作持续时间、传递运动的准确性、传动平稳性（振动和噪声）、承载能力等要求。

表 11-1 列出了各种机器中齿轮采用的精度等级；表 11-2 列出了齿轮各精度等级的适用范围。选择时供参考。

表 11-1 各种机器中齿轮采用的精度等级

应用范围	精度等级	应用范围	精度等级
测量齿轮	2～5	拖拉机	6～10
汽轮机减速器	3～6	一般用途的减速器	6～9
金属切削机床	3～8	轧钢设备的小齿轮	6～10
内燃机车与电气机车	6～7	矿山绞车	8～10
轻型汽车	5～8	起重机	7～10
重型汽车	6～9	农业机械	8～11
航空发动机	3～7		

表 11-2　齿轮各精度等级的适用范围（供参考）

精度等级		4 级	5 级	6 级	7 级	8 级	9 级
应用范围		特别精密的分度机构中或在最平稳且无噪声的特别高速下工作的齿轮传动；检测 6～7 级精度齿轮的测量齿轮	精密分度机构中或要求极平稳且无噪声高速下工作的齿轮传动；精密机构用齿轮；检测 8～9 级精度齿轮的测量齿轮	要求最高效率且无噪声的高速下平稳工作的齿轮传动或分度机构的齿轮传动；特别重要的航空、汽车齿轮；读数装置用特别精密传动的齿轮	高速、动力小而需逆转的齿轮；金属切削机床进给机构用齿轮；航空、汽车用齿轮；读数机构用齿轮	无须特别精密的一般机械制造用齿轮；飞机、汽车制造业中不重要的齿轮，起重机构用齿轮；农业机械中的重要齿轮通用减速器用齿轮	精度要求低的齿轮
圆周速度/(m/s)	直齿	≤35	≤20	≤15	≤10	≤6	≤2
	斜齿	≤70	≤40	≤30	≤15	≤10	≤4

11.4.2　齿轮公差项目的选择

① 按齿轮各项误差对传动性能的主要影响，将齿轮的各项公差分为Ⅰ、Ⅱ、Ⅲ三个公差组，如表 11-3 所示。

表 11-3　齿轮公差组

公差组	公差与极限偏差项目	对传动性能的主要影响
Ⅰ	F_i'、F_p、F_{pk}、F_i''、F_r、F_w	影响齿轮传递运动的准确性
Ⅱ	f_i'、f_i''、f_f、f_{pt}、f_{pb}、$f_{f\beta}$	影响齿轮传动的平稳性
Ⅲ	F_β、F_b、F_{px}	影响载荷分布的均匀性

在设计过程中，为了保证齿轮的三项精度要求，可以从表 11-3 中所列的三个公差组的公差和极限偏差项目中各选其中的一个项目或一套项目。

对读数、分度齿轮传递角位移，要求控制齿轮传动比的变化，可根据传动链要求的准确性，即允许的转角误差选择第Ⅰ公差组精度等级。而第Ⅱ公差组的误差是第Ⅰ公差组误差的组成部分，相互关联，一般可取同级精度。读数、分度齿轮对传递功率要求不高的则选择第Ⅲ公差组。

对高速齿轮要求控制瞬时传动比的变化，可根据圆周速度或噪声来选择第Ⅱ公差组精度等级。当速度很高时第Ⅰ公差组精度可取同级，速度不高时可选稍低等级。

承载齿轮要求载荷在齿宽上分布均匀，可根据强度和寿命选择第Ⅲ精度等级。而第Ⅰ、Ⅱ公差组精度可稍低，低速重载时第Ⅱ公差组可稍低于第Ⅲ公差组，中速轻载时可采用同样精度。

② 各公差组选不同精度等级时以不超过一级为宜，精度等级选择时可参阅表 11-1 和表 11-4。

各级精度的 ΔF_β、ΔF_r、$\Delta F_i''$、ΔF_w、Δf_f 等公差或极限偏差可查阅表 11-5～表 11-11。

表 11-4　圆柱齿轮第Ⅱ公差组精度等级与圆周速度的关系

齿的形式	布氏硬度	第Ⅱ公差组精度等级					
		5	6	7	8	9	10
		圆周速度/(m/s)					
直齿	≤350	>15	至 18	至 11	至 6	至 4	至 1
	>350		至 15	至 10	至 5	至 3	至 1
非直齿	≤350	>30	至 36	至 25	至 11	至 8	至 2
	>350		至 30	至 20	至 9	至 6	至 1.5

表 11-5 齿圈径向跳动误差 ΔF_r 值

分度圆直径/mm		法向模数/mm	精度等级			
大于	至		6	7	8	9
—	115	≥1～3.5	25	36	45	71
		>3.5～6.3	28	40	50	80
		>6.3～10	32	45	56	90
115	400	≥1～3.5	36	50	63	80
		>3.5～6.3	40	56	71	100
		>6.3～10	45	63	86	111
400	800	≥1～3.5	45	63	80	100
		>3.5～6.3	50	71	90	111
		>6.3～10	56	80	100	115

表 11-6 径向综合误差 $\Delta F''_i$ 值

分度圆直径/mm		法向模数/mm	精度等级			
大于	至		6	7	8	9
—	115	≥1～3.5	36	50	63	90
		>3.5～6.3	40	56	71	111
		>6.3～10	45	63	80	115
115	400	≥1～3.5	50	71	90	111
		>3.5～6.3	56	80	100	140
		>6.3～10	63	90	111	160
400	800	≥1～3.5	63	90	111	140
		>3.5～6.3	71	100	115	160
		>6.3～10	80	111	140	180

表 11-7 公法线长度变动误差 ΔF_w 值

分度圆直径/mm		精度等级			
大于	至	6	7	8	9
—	115	20	28	40	56
115	400	25	36	50	71
400	800	32	45	63	90

表 11-8 齿形误差 Δf_f 值

分度圆直径/mm		法向模数/mm	精度等级			
大于	至		6	7	8	9
—	115	≥1～3.5	8	11	14	22
		>3.5～6.3	10	14	20	32
		>6.3～10	11	17	22	36
115	400	≥1～3.5	9	13	18	28
		>3.5～6.3	11	16	22	36
		>6.3～10	13	19	28	45
400	800	≥1～3.5	11	17	25	40
		>3.5～6.3	14	20	28	45
		>6.3～10	16	24	36	56

表 11-9　齿距偏差 Δf_{pt} 值

分度圆直径/mm		法向模数/mm	精度等级			
大于	至		6	7	8	9
—	115	≥1～3.5	10	14	20	28
		>3.5～6.3	13	18	25	36
		>6.3～10	14	20	28	40
115	400	≥1～3.5	11	16	22	32
		>3.5～6.3	14	20	28	40
		>6.3～10	16	22	32	45
400	800	≥1～3.5	13	18	25	36
		>3.5～6.3	14	20	28	40
		>6.3～10	18	25	36	50

表 11-10　一齿径向综合误差 $\Delta f''_i$ 值

分度圆直径/mm		法向模数/mm	精度等级			
大于	至		6	7	8	9
—	115	≥1～3.5	14	20	28	36
		>3.5～6.3	18	25	36	45
		>6.3～10	20	28	40	50
115	400	≥1～3.5	16	22	32	40
		>3.5～6.3	20	28	40	50
		>6.3～10	22	32	45	56
400	800	≥1～3.5	18	25	36	45
		>3.5～6.3	20	28	40	50
		>6.3～10	22	32	45	56

表 11-11　齿向误差 ΔF_β 值

齿轮宽度/mm		精度等级			
大于	至	6	7	8	9
—	40	9	11	18	28
40	100	11	16	25	40
100	160	16	20	32	50

③ 在选择齿轮精度方面的公差和极限偏差项目的同时，还要选择侧隙方面的极限偏差项目，齿厚极限偏差按被测齿轮精度等级的齿距偏差单向值 f_{pt} 的不同倍数来规定，国标规定了有 14 种齿厚极限偏差，其代号分别为 C、D、E、F、G、H、J、K、L、M、N、P、R、S。齿厚极限偏差，如表 11-12 所示。C 偏差值最小，S 偏差值最大。根据齿轮的用途和工作条件，齿厚的上、下极限偏差各选一代号，上极限偏差在前，下极限偏差在后。

表 11-12　齿厚极限偏差

$C=+1f_{pt}$	$F=-4f_{pt}$	$J=-10f_{pt}$	$M=-20f_{pt}$	$R=-40f_{pt}$
$D=0$	$G=-6f_{pt}$	$K=-12f_{pt}$	$N=-25f_{pt}$	$S=-50f_{pt}$
$E=-2f_{pt}$	$H=-8f_{pt}$	$L=-16f_{pt}$	$P=-32f_{pt}$	

侧隙的极限偏差项目有两组：E_{ss} 和 E_{si}，其中 E_{ss} 为齿厚上极限偏差，E_{si} 为齿厚下极限偏差。还有 E_{ws} 和 E_{wi}，其中 E_{ws} 为公法线长度上极限偏差，E_{wi} 为公法线长度下极限偏差。

11.4.3 检验组的选择

当齿轮的三个公差组精度等级和齿轮副侧隙选定后，就要根据齿轮传动的用途和工作条件选择相应的检验组作为检定和验收齿轮的依据。在选择检验组时，主要考虑以下几点：

1. 齿轮的加工方式

不同的加工方式产生不同的齿轮误差，如滚齿加工蜗轮偏心产生公法线长度偏差；而磨齿加工由于分度机构误差产生齿距累积误差，故根据不同的加工方式采用不同的检验参数。

2. 齿轮精度

对于精密齿轮应该选用最能反映齿轮质量的综合指标，对于中、低精度的齿轮就可以选择单项指标组成的检验组。

3. 检验目的

检验目的可分为终结测量和工艺测量两种。终结测量的目的是评定齿轮的质量是否符合图样（设计）要求，测量的项目应包括第Ⅰ、Ⅱ、Ⅲ公差组和齿轮副侧隙四个方面。

为了充分保证使用质量，应优先选用综合性能指标所组成的检验组，如因条件所限缺乏综合测量仪器时，则按标准规定的检验组选用单项指标的组合。

工艺测量的目的是查明误差产生的原因或作为机床调整、刀具调整的依据，为此选择的测量项目应是能充分反映该误差的单项指标。

4. 齿轮规格（齿廓尺寸）

对于直径在400mm以下的齿轮，可以在固定式的仪器上进行测量，较易实现综合测量。对于大尺寸的齿轮，测量时一般是将仪器或量具放在被测齿轮上，因此若采用需要安装在仪器上才能测量的一些指标就不易实现，一般为单项测量。

5. 生产规模及设备条件

选择检验项目时，还必须考虑生产批量的大小及工厂现有计量器具的情况等。一般单件、小批量生产宜采用单项测量指标，大批量生产宜采用综合测量指标。

对常用齿轮的检验项目、各检验组适用的精度等级可参考表11-13。

表11-13 各种机器常用齿轮的精度等级和检验指标

项目	测量、分度齿轮	汽轮机齿轮	航空、汽车、机床、牵引齿轮		拖拉机、起重机、一般机器齿轮	
精度等级	3～5	3～6	4～6	6～8	6～9	9～11
第Ⅰ公差组	$\Delta F_i'$ (ΔF_p)	$\Delta F_i'$ (ΔF_p)	ΔF_p ($\Delta F_i'$)	ΔF_r与ΔF_w ($\Delta F_i''$与ΔF_w)	ΔF_r与ΔF_w ($\Delta F_i''$与ΔF_w)	ΔF_r (ΔF_p)
第Ⅱ公差组	$\Delta f_i'$ (Δf_{pb}与Δf_f)	$\Delta f_{f\beta}$ ($\Delta f_i'$)	Δf_f与Δf_{pb} Δf_f与Δf_{pt}	Δf_f与Δf_{pb} ($\Delta f_i''$)	Δf_f与Δf_{pt} ($\Delta f_i''$)	Δf_{pt}
第Ⅲ公差组	ΔF_β	ΔF_{px}与Δf_f (ΔF_{px}与ΔF_b)	(ΔF_β) 接触斑点	(ΔF_β) 接触斑点	(ΔF_β) 接触斑点	接触斑点
齿轮副侧隙	E_{ss}和E_{si} (E_{ws}和E_{wi})					

注：括号内为第二方案。

例11-1 已知某减速器中，有一带孔的直齿轮圆柱齿轮，模数$m=2$mm，齿数$z=40$，齿形角$\alpha=20°$，齿宽$b=15$mm，传递的功率为1kW，转速$n=1280$r/min，齿轮材料为45钢，箱体材料的HT200，采用喷油润滑，中大批量生产。试确定齿轮的精度等级、齿轮三个公差组的检验项目，查出其检验项目的公差或极限偏差值。

解 （1）确定齿轮的精度等级

通用减速器齿轮可先根据圆周速度确定公差组精度等级。圆周速度为：

$$v=\frac{\pi dn}{1000\times60}=\frac{3.14\times2\times40\times1280}{1000\times60}=5.36\text{m/s}$$

查表 11-4 可知，第Ⅱ公差组精度等级选 7 级（按硬度大于 350HBS 选用）

由于该齿轮转速较高，且大批量生产，考虑对传递运动的准确性应有一定要求，因此第Ⅰ组公差组精度等级选取与第Ⅱ公差组相同等级，即 7 级精度。

由于载荷较小，齿宽较小，故第Ⅲ组公差组精度等级比第二公差组低一级，即 8 级精度。

所以，齿轮的精度等级定为：7-7-8

（2）确定各公差组的检验项目

根据齿轮的生产批量（大批量）、精度等级（7-7-8）、载荷大小（较低）等情况，确定三个公差组的检验项目如下：

第Ⅰ公差组　齿圈径向跳动误差 ΔF_r 与公法线长度变动误差 ΔF_w

第Ⅱ公差组　一齿径向综合误差 $\Delta f''_i$

第Ⅲ公差组　齿向误差 ΔF_β

（3）确定检验项目的公差或极限偏差

分度圆直径 $d=mz=2\times40=80$ mm

由表 11-5 查得　齿圈径向跳动误差 $\Delta F_r=36\mu\text{m}$

由表 11-7 查得　公法线长度变动误差 $\Delta F_w=28\mu\text{m}$

由表 11-10 查得　一齿径向综合误差 $\Delta f''_i=20\mu\text{m}$

由表 11-11 查得　齿向误差 $\Delta F_\beta=18\mu\text{m}$

11.4.4 齿轮在图样上的标注

在齿轮零件图上，应将齿轮三个公差组的精度等级和齿厚极限偏差的代号标注在图样上的数据表中。它们应按下列顺序标注：第Ⅰ、第Ⅱ、第Ⅲ公差组的精度等级分别为 7 级、6 级、6 级。齿厚上、下极限偏差代号分别为 F、L，它们应如下标注：

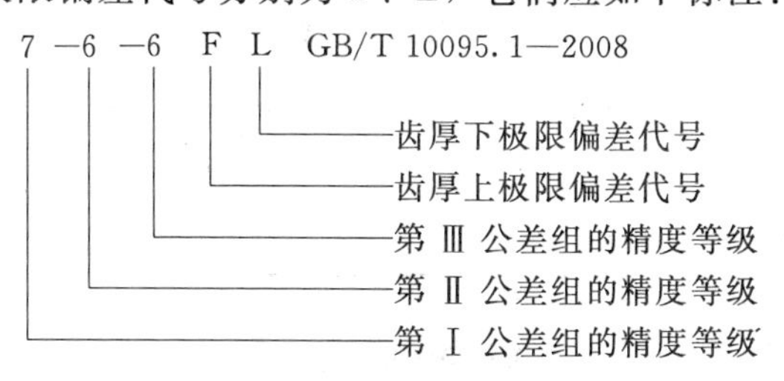

如果齿轮三个公差组的精度等级相同，则只需标注一个精度等级代号的数字。例如：

7 F L GB/T 10095.1—2008

齿厚下极限偏差代号

齿厚上极限偏差代号

第 Ⅰ、Ⅱ、Ⅲ 公差组精度等级

对于齿厚上、下极限偏差可以不标注代号，而直接标注数值，示例如下：

$6\begin{pmatrix}-0.330\\-0.495\end{pmatrix}$

齿厚上、下极限偏差

第 Ⅰ、Ⅱ、Ⅲ 公差组的精度等级

11.4.5 齿坯精度

齿坯的内孔（或轴颈）、顶圆和端面通常作为加工、测量和装配的基准，它们的几何精度直接影响齿轮的加工、测量和装配精度，因此齿坯在加工、安装和检验时应尽量做到基准统一，即径向基准面和轴向辅助基准面应一致，并在零件图上标注清楚。标准对齿坯的有关部分规定了尺寸及几何公差，见表 11-14 和表 11-15。

表 11-14 齿坯公差

齿轮精度等级[1]		6	7	8	9	10
孔	尺寸公差 形状公差	IT6	IT7		IT8	
轴	尺寸公差 形状公差	IT5	IT6		IT7	
顶圆直径[2]		IT8			IT9	

① 当三个公差组的精度等级不同时，按最高的精度等级确定公差值；

② 当顶圆不做测量齿厚的基准时，尺寸公差按 IT11 给定，但不大于 0.1mm。

表 11-15 齿坯基准径向和端面跳动公差

分度圆直径/mm		精度等级				
大于	至	1～2	3～4	5～6	7～8	9～11
—	115	2.8	7	11	18	28
115	400	3.6	9	14	22	36
400	800	5.0	11	20	32	50
800	1600	7.0	18	28	45	71

11.4.6 齿轮表面粗糙度

齿轮各部分的表面粗糙度见表 11-16。

表 11-16 齿轮主要表面粗糙度 *Ra* 值 μm

精度等级 粗糙度	6	7		8	9	
齿面	0.63～1.25	1.25	2.5	5(2.5)	5	10
齿面加工方法	磨或珩齿	剃或珩齿	精滚或精插齿	滚或插齿	滚齿	铣齿
基准孔	1.25	1.25～2.5			5	
基准轴颈	0.63	1.25		2.5		
基准端面	2.5～5			5		
顶圆	5					

思考与练习

1. 齿轮传动的使用要求主要有哪几项？各有什么具体要求？

2. 在滚齿机上用齿轮滚刀加工支持圆柱齿轮，主要在哪些方面产生哪些加工误差？

3. 什么是齿轮的切向综合误差，它是哪几项误差的综合反映？

4. 一齿切向综合误差 $\Delta f_i'$ 与切向综合误差 $\Delta F_i'$ 的区别是什么？

5. 齿轮的三个公差组各有哪些项目？其误差特性是什么？对传动性能的主要影响是什么？

6. 某减速器中有一直齿圆柱齿轮，模数 $m=3$mm，齿数 $z=32$，齿宽 $b=60$mm，齿形角 $\alpha=20°$，传递功率为 6kW，转速为 960r/min，若中小批量生产该齿轮，试确定：

（1）齿轮精度等级。

（2）齿轮三个公差组的检验项目。

（3）查出其检验项目的公差或极限偏差的数值。

附　录

附录1　极限与配合

附表1-1　公称尺寸至3150mm的标准公差数值（GB/T 1800.2—2009）

公称尺寸/mm		标准公差等级																
		IT1	IT2	IT3	IT4	IT5	IT6	IT7	IT8	IT9	IT10	IT11	IT12	IT13	IT14	IT15	IT16	IT17
大于	至	/μm										/mm						
—	3	0.8	1.2	2	3	4	6	10	14	25	40	60	0.1	0.14	0.25	0.4	0.6	1	1.4
3	6	1	1.5	2.5	4	5	8	12	18	30	48	75	0.12	0.18	0.3	0.48	0.75	1.2	1.8
6	10	1	1.5	2.5	4	6	9	15	22	36	58	90	0.15	0.22	0.36	0.58	0.9	1.5	2.2
10	18	1.2	2	3	5	8	11	18	27	43	70	110	0.18	0.27	0.43	0.7	1.1	1.8	2.7
18	30	1.5	2.5	4	6	9	13	21	33	52	84	130	0.21	0.33	0.52	0.84	1.3	2.1	3.3
30	50	1.5	2.5	4	7	11	16	25	39	62	100	160	0.25	0.39	0.62	1	1.6	2.5	3.9
50	80	2	3	5	8	13	19	30	46	74	120	190	0.3	0.46	0.74	1.2	1.9	3	4.6
80	120	2.5	4	6	10	15	22	35	54	87	140	220	0.35	0.54	0.87	1.4	2.2	3.5	5.4
120	180	3.5	5	8	12	18	25	40	63	100	160	250	0.4	0.63	1	1.6	2.5	4	6.3
180	250	4.5	7	10	14	20	29	46	72	115	185	290	0.46	0.72	1.15	1.85	2.9	4.6	7.2
250	315	6	8	12	16	23	32	52	81	130	210	320	0.52	0.81	1.3	2.1	3.2	5.2	8.1
315	400	7	9	13	18	25	36	57	89	140	230	360	0.57	0.89	1.4	2.3	3.6	5.7	8.9
400	500	8	10	15	20	27	40	63	97	155	250	400	0.63	0.97	1.55	2.5	4	6.3	9.7
500	630	9	11	16	22	32	44	70	110	170	280	440	0.7	1.1	1.75	2.8	4.4	7	11
630	800	10	13	18	25	36	50	80	125	200	320	500	0.8	1.25	2	3.2	5	8	12.5
800	1000	11	15	21	28	40	56	90	140	230	360	560	0.9	1.4	2.3	3.6	5.6	9	14
1000	1250	13	18	24	33	47	66	105	165	260	420	660	1.05	1.65	2.6	4.2	6.6	10.5	16.5
1250	1600	15	21	29	39	55	78	125	195	310	500	780	1.25	1.95	3.1	5	7.8	12.5	19.5
1600	2000	18	25	35	46	65	92	150	230	370	600	920	1.5	2.3	3.7	6	9.2	15	23
2000	2500	22	30	41	55	78	110	175	280	440	700	1100	1.75	2.8	4.4	7	11	17.5	28
2500	3150	26	36	50	68	96	135	210	330	540	860	1350	2.1	3.3	5.4	8.6	13.5	21	33

注：基本尺寸大于500mm的IT1～IT5的标准公差数值为试行的基本尺寸小于或等于1mm时，无IT14～IT18

附表1-2　常用及优先用途轴的极限偏差（GB/T 1800.2—2009）

公称尺寸/mm		常用及优先公差带(带圈者为优先公差带)/μm												
		a	b		c			d				e		
大于	至	11	11	12	9	10	⑪	8	⑨	10	11	7	8	9
—	3	-270	-140	-140	-60	-60	-60	-20	-20	-20	-20	-14	-14	-14
		-330	-200	-240	-85	-100	-120	-34	-45	-60	-80	-24	-28	-39
3	6	-270	-140	-140	-70	-70	-70	-30	-30	-30	-30	-20	-20	-20
		-345	-215	-260	-100	-118	-145	-48	-60	-78	-115	-32	-38	-50
6	10	-280	-151	-150	-80	-80	-80	-40	-40	-40	-40	-25	-25	-25
		-370	-240	-300	-116	-138	-170	-62	-76	-98	-130	-40	-47	-61
10	14	-290	-150	-150	-95	-95	-95	-50	-50	-50	-50	-32	-32	-32
14	18	-400	-260	-330	-138	-165	-205	-77	-93	-120	-160	-50	-59	-75
18	24	-300	-160	-160	-110	-110	-110	-65	-65	-65	-65	-40	-40	-40
24	30	-430	-290	-370	-162	-194	-240	-98	-117	-149	-195	-61	-73	-92

续表

公称尺寸/mm		常用及优先公差带(带圈者为优先公差带)/μm												
		a	b		c			d				e		
大于	至	11	11	12	9	10	⑪	8	⑨	10	11	7	8	9
30	40	−310 −470	−170 −330	−170 −420	−120 −182	−120 −220	−120 −280	−80 −119	−80 −142	−80 −180	−80 −240	−50 −75	−50 −89	−50 −112
40	50	−320 −480	−180 −340	−180 −430	−130 −192	−130 −230	−130 −290							
50	65	−340 −530	−190 −380	−190 −490	−140 −214	−140 −260	−140 −330	−100 −146	−100 −174	−100 −220	−100 −290	−60 −90	−60 −106	−60 −134
65	80	−360 −550	−200 −390	−200 −500	−150 −224	−150 −270	−150 −340							
80	100	−380 −600	−220 −440	−220 −570	−170 −257	−170 −310	−170 −390	−120 −174	−120 −207	−120 −260	−120 −340	−72 −107	−72 −126	−72 −159
100	120	−410 −630	−240 −460	−240 −590	−180 −267	−180 −320	−180 −400							
120	140	−460 −710	−260 −510	−260 −660	−200 −300	−200 −360	−200 −450	−145 −208	−145 −245	−145 −305	−145 −390	−85 −125	−85 −148	−85 −185
140	160	−520 −770	−280 −530	−280 −680	−210 −310	−210 −370	−210 −460							
160	180	−850 −830	−310 −560	−310 −710	−230 −330	−230 −390	−230 −480							
180	200	−660 −950	−340 630	−340 −800	−240 −355	−240 −425	−240 −530	−170 −242	−170 −285	−170 −355	−170 −460	−100 −146	−100 −172	−100 −215
200	225	−740 −1030	−380 −670	−380 −840	−260 −375	−260 −445	−260 −550							
225	250	−820 −1110	−420 −710	−420 −880	−280 −395	−280 −465	−280 −570							
250	280	−920 −1240	−480 −800	−480 −1000	−300 −430	−300 −510	−300 −620	−190 −271	−190 −320	−190 −400	−190 −510	−110 −162	−110 −191	−110 −240
280	315	−1050 −1370	−540 −860	−540 1060	−330 −460	−330 −540	−330 −650							
315	355	−1200 −1560	−600 −960	−600 −1170	−360 −500	−360 −590	−360 −720	−210 −299	−210 −350	−210 −440	−210 −570	−125 −182	−125 −214	−125 −265
335	400	−1350 −1710	−680 −1040	−680 −1250	−400 −540	−400 −630	−400 −760							
400	450	−1500 −1900	−760 −1160	−760 −1390	−440 −595	−440 −690	−440 −840	−230 −327	−230 −385	−230 −480	−230 −630	−135 −198	−135 −232	−135 −200
450	500	−1650 −2050	−840 −1240	−840 −1470	−480 −635	−480 −730	−480 −880							

续表

公称尺寸/mm		常用及优先公差带(带圈者为优先公差带)/μm															
		f					g			h							
大于	至	5	6	⑦	8	9	5	⑥	7	5	⑥	⑦	8	⑨	10	11	12
—	3	-6 -10	-6 -12	-6 -16	-6 -20	-6 -31	-2 -6	-2 -8	-2 -12	0 -4	0 -6	0 -10	0 -14	0 -25	0 -40	0 -60	0 -100
3	6	-10 -15	-10 -18	-10 -22	-10 -28	-10 -40	-4 -9	-4 -12	-4 -16	0 -5	0 -8	0 -12	0 -18	0 -30	0 -48	0 -75	0 -120
6	10	-13 -19	-13 -22	-13 -28	-13 -35	-13 -49	-5 -11	-5 -14	-5 -20	0 -6	0 -9	0 -15	0 -22	0 -36	0 -58	0 -90	0 -150
10	14	-16 -24	-16 -27	-16 -34	-16 -43	-16 -59	-6 -14	-6 -17	-6 -24	0 -8	0 -11	0 -18	0 -27	0 -43	0 -70	0 -110	0 -180
14	18																
18	24	-20 -29	-20 -33	-20 -41	-20 -53	-20 -72	-7 -16	-7 -20	-7 -28	0 -9	0 -13	0 -21	0 -33	0 -52	0 -84	0 -130	0 -210
24	30																
30	40	-25 -36	-25 -41	-25 -50	-25 -64	-25 -87	-9 -20	-9 -25	-9 -34	0 -11	0 -16	0 -25	0 -39	0 -62	0 -100	0 -160	0 -300
40	50																
50	65	-30 -43	-30 -49	-30 -60	-30 -76	-30 -104	-10 -23	-10 -29	-10 -40	0 -13	0 -19	0 -30	0 -46	0 -74	0 -120	0 -190	0 -300
65	80																
80	100	-36 -51	-36 -58	-36 -71	-36 -90	-36 -123	-12 -27	-12 -34	-12 -47	0 -15	0 -22	0 -35	0 -54	0 -87	0 -140	0 -220	0 -350
100	120																
120	140	-43 -61	-43 -68	-43 -83	-43 -106	-43 -143	-14 -32	-14 -39	-14 -54	0 -18	0 -25	0 -40	0 -63	0 -100	0 -160	0 -250	0 -400
140	160																
160	180																
180	200	-50 -70	-50 -79	-50 -96	-50 -122	-50 -165	-15 -35	-15 -44	-15 -61	0 -20	0 -29	0 -46	0 -72	0 -115	0 -185	0 -290	0 -460
200	225																
225	250																
250	280	-56 -79	-56 -88	-56 -108	-56 -137	-56 -186	-17 -40	-17 -49	-17 -69	0 -23	0 -32	0 -52	0 -81	0 -130	0 -210	0 -320	0 -520
280	315																
315	355	-62 -87	-62 -98	-62 -119	-62 -151	-62 -202	-18 -43	-18 -54	-18 -75	0 -25	0 -36	0 -57	0 -89	0 -140	0 -230	0 -360	0 -570
355	400																
400	450	-68 -95	-68 -108	-68 -131	-68 -165	-68 -223	-20 -47	-20 -60	-20 -83	0 -27	0 -40	0 -63	0 -97	0 -155	0 -250	0 -400	0 -630
450	500																

续表

公称尺寸/mm		常用及优先公差带(带圈者为优先公差带)/μm														
		js			k			m			n			p		
大于	至	5	6	7	5	⑥	7	5	6	7	5	⑥	7	5	⑥	7
—	3	±2	±3	±5	+4 0	+6 0	+10 0	+6 +2	+8 +2	+12 +2	+8 +4	+10 +4	+14 +4	+10 +6	+12 +6	+16 +6
3	6	±2.5	±4	±6	+6 +1	+9 +1	+13 +1	+9 +4	+12 +4	+16 +4	+13 +8	+16 +8	+20 +8	+17 +12	+20 +12	+24 +12
6	10	±3	±4.5	±7	+7 +1	+10 +1	+16 +1	+12 +6	+15 +6	+21 +6	+16 +10	+19 +10	+25 +10	+21 +15	+24 +15	+30 +15
10	14	±4	±5.5	±9	+9 +1	+12 +1	+19 +1	+15 +7	+18 +7	+25 +7	+20 +12	+23 +12	+30 +12	+26 +18	+29 +18	+36 +18
14	18															
18	24	±4.5	±6.5	±10	+11 +2	+15 +2	+23 +2	+17 +8	+21 +8	+29 +8	+24 +15	+28 +15	+36 +15	+31 +22	+35 +22	+43 +22
24	30															
30	40	±5.5	±8	±12	+13 +2	+18 +2	+27 +2	+20 +9	+25 +9	+34 +9	+28 +17	+33 +17	+42 +17	+37 +26	+42 +26	+51 +26
40	50															
50	65	±6.5	±9.5	±15	+15 +2	+21 +2	+32 +2	+24 +11	+30 +11	+41 +11	+33 +20	+39 +20	+50 +20	+45 +32	+51 +32	+62 +32
65	80															
80	100	±7.5	±11	±17	+18 +3	+25 +3	+38 +3	+28 +13	+35 +13	+48 +13	+38 +23	+45 +23	+58 +23	+52 +37	+59 +37	+72 +37
100	120															
120	140	±9	±12.5	±20	+21 +3	+28 +3	+43 +3	+33 +15	+40 +15	+55 +15	+45 +27	+52 +27	+67 +27	+61 +43	+68 +43	+83 +43
140	160															
160	180															
180	200	±10	±14.5	±23	+24 +4	+33 +4	+50 +4	+37 +17	+46 +17	+63 +17	+51 +31	+60 +31	+77 +31	+70 +50	+79 +50	+96 +50
200	225															
225	250															
250	280	±11.5	±16	±26	+27 +4	+36 +4	+56 +4	+43 +20	+52 +20	+72 +20	+57 +34	+66 +34	+86 +34	+79 +56	+88 +56	+108 +56
280	315															
315	355	±12.5	±18	±28	+29 +4	+40 +4	+61 +4	+46 +21	+57 +21	+78 +21	+62 +37	+73 +37	+94 +37	+87 +62	+98 +62	+119 +62
355	400															
400	450	±13.5	±20	±31	+32 +5	+45 +5	+68 +5	+50 +23	+63 +23	+86 +23	+67 +40	+80 +40	+103 +40	+95 +68	+108 +68	+131 +68
450	500															

续表

公称尺寸/mm		常用及优先公差带(带圈者为优先公差带)/μm														
		r			s			t			u		v	x	y	z
大于	至	5	6	7	5	⑥	7	5	6	7	⑥	7	6	6	6	6
—	3	+14 +10	+16 +10	+20 +10	+18 +14	+20 +14	+24 +14	—	—	—	+24 +18	+28 +18	—	+26 +20	—	+32 +26
3	6	+20 +15	+23 +15	+27 +15	+24 +19	+27 +19	+31 +19	—	—	—	+31 +23	+35 +23	—	+36 +28	—	+43 +35
6	10	+25 +19	+28 +19	+34 +19	+29 +23	+32 +23	+38 +23	—	—	—	+37 +28	+43 +28	—	+43 +34	—	+51 +42
10	14	+31 +23	+34 +23	+41 +23	+36 +28	+39 +28	+46 +28	—	—	—	+44 +33	+51 +33	—	+51 +40	—	+61 +50
14	18							—	—	—			+50 +39	+56 +45	—	+71 +60
18	24	+37 +28	+41 +28	+49 +28	+44 +35	+48 +35	+56 +35	—	—	—	+54 +41	+62 +41	+60 +47	+67 +54	+76 +63	+86 +73
24	30							+50 +41	+54 +41	+62 +41	+61 +48	+69 +48	+68 +55	+77 +64	+88 +75	+101 +88
30	40	+45 +34	+50 +34	+59 +34	+54 +43	+59 +43	+68 +43	+59 +48	+64 +48	+73 +48	+76 +60	+85 +60	+84 +68	+96 +80	+110 +94	+128 +112
40	50							+65 +54	+70 +54	+79 +54	+86 +70	+95 +70	+97 +81	+113 +97	+130 +114	+152 +136
50	65	+54 +41	+60 +41	+71 +41	+66 +53	+72 +53	+83 +53	+79 +66	+85 +66	+96 +66	+106 +87	+117 +87	+121 +102	+141 +122	+163 +144	+191 +172
65	80	+56 +43	+62 +43	+73 +43	+72 +59	+78 +59	+89 +59	+88 +75	+94 +75	+105 +75	+121 +102	+132 +102	+139 +120	+165 +146	+193 +174	+229 +210
80	100	+66 +51	+73 +51	+86 +51	+86 +71	+93 +71	+106 +91	+106 +91	+113 +91	+126 +91	+146 +124	+159 +124	+168 +146	+200 +178	+236 +214	+280 +258
100	120	+69 +54	+76 +54	+89 +54	+94 +79	+101 +79	+114 +79	+110 +104	+126 +104	+136 +104	+166 +144	+179 +144	+194 +172	+232 +210	+276 +254	+332 +310
120	140	+81 +63	+88 +63	+103 +63	+110 +92	+117 +92	+132 +92	+140 +122	+147 +122	+162 +122	+195 +170	+210 +170	+227 +202	+273 +248	+325 +300	+390 +365
140	160	+83 +65	+90 +65	+150 +65	+118 +100	+125 +100	+140 +100	+152 +134	+159 +134	+174 +134	+215 +190	+230 +190	+253 +228	+305 +280	+365 +340	+440 +415
160	180	+86 +68	+93 +68	+108 +68	+126 +108	+133 +108	+148 +108	+164 +146	+171 +146	+186 +146	+235 +210	+250 +210	+277 +252	+335 +310	+405 +380	+490 +465
180	200	+97 +77	+106 +77	+123 +77	+142 +122	+151 +122	+168 +122	+185 +166	+195 +166	+212 +166	+265 +236	+282 +236	+313 +284	+379 +350	+454 +425	+549 +520
200	225	+100 +80	+109 +80	+126 +80	+150 +130	+159 +130	+176 +130	+200 +180	+209 +180	+226 +180	+287 +258	+304 +258	+339 +310	+414 +385	+499 +470	+604 +575
225	250	+104 +84	+113 +84	+130 +84	+160 +140	+169 +140	+186 +140	+216 +196	+225 +196	+242 +196	+313 +284	+330 +284	+369 +340	+454 +425	+549 +520	+669 +640
250	280	+117 +94	+126 +94	+146 +94	+181 +158	+290 +158	+210 +158	+241 +218	+250 +218	+270 +218	+347 +315	+367 +315	+417 +385	+507 +475	+612 +680	+742 +710
280	315	+121 +98	+130 +98	+150 +98	+193 +170	+202 +170	+222 +170	+263 +240	+272 +240	+292 +240	+382 +350	+402 +350	+457 +425	+557 +525	+682 +650	+822 +790
315	355	+133 +108	+144 +108	+165 +108	+215 +190	+226 +190	+247 +190	+293 +268	+304 +268	+325 +268	+426 +390	+447 +390	+511 +475	+626 +590	+766 +730	+936 +900
355	400	+139 +114	+150 +114	+171 +114	+233 +208	+244 +208	+265 +208	+319 +294	+330 +294	+351 +294	+471 +435	+492 +435	+566 +530	+696 +660	+856 +820	+1036 +1000
400	450	+153 +126	+166 +126	+189 +126	+259 +232	+272 +232	+295 +232	+357 +330	+370 +330	+393 +330	+530 +490	+553 +490	+635 +595	+780 +740	+960 +920	+1140 +1100
450	500	+159 +132	+172 +132	+195 +132	+279 +252	+292 +252	+315 +252	+387 +360	+400 +360	+423 +360	+580 +540	+603 +540	+700 +660	+860 +820	+1040 +1000	+1290 +1250

附表 1-3 常用及优先用途孔的极限偏差（GB/T 1800.2—2009）

公称尺寸/mm		常用及优先公差带(带圈者为优先公差带)/μm														
		A	B		C	D				E		F				G
大于	至	11	11	12	11	8	⑨	10	11	8	9	6	7	⑧	9	6
—	3	+330 +270	+200 +140	+240 +140	+120 +60	+34 +20	+45 +20	+60 +20	+80 +20	+28 +14	+39 +14	+12 +6	+16 +6	+20 +6	+31 +6	+8 +2
3	6	+345 +270	+215 +140	+260 +140	+145 +70	+48 +30	+60 +30	+78 +30	+105 +30	+38 +20	+50 +20	+18 +10	+22 +10	+28 +10	+40 +10	+12 +4
6	10	+370 +280	+240 +150	+300 +150	+170 +80	+62 +40	+76 +40	+98 +40	+170 +40	+47 +25	+61 +25	+22 +13	+28 +13	+35 +13	+49 +13	+14 +5
10	14	+400 +290	+260 +150	+330 +150	+205 +95	+77 +50	+93 +50	+120 +50	+160 +50	+59 +32	+75 +32	+27 +46	+34 +16	+43 +16	+59 +16	+17 +6
14	18															
18	24	+430 +300	+290 +160	+370 +160	+240 +110	+98 +65	+117 +65	+149 +65	+195 +65	+73 +40	+92 +40	+33 +20	+41 +20	+53 +20	+72 +20	+20 +7
24	30															
30	40	+470 +310	+330 +170	+420 +170	+280 +170	+119 +80	+142 +80	+180 +80	+240 +80	+89 +50	+112 +50	+41 +25	+50 +25	+64 +25	+87 +25	+25 +9
40	50	+480 +320	+340 +180	+430 +180	+290 +180											
50	65	+530 +340	+389 +190	+490 +190	+330 +140	+146 +100	+170 +100	+220 +100	+290 +100	+106 +60	+134 +80	+49 +30	+60 +30	+76 +30	+104 +30	+29 +10
65	80	+550 +360	+330 +200	+500 +200	+340 +150											
80	100	+600 +380	+440 +220	+570 +220	+390 +170	+174 +120	+207 +120	+260 +120	+340 +120	+126 +72	+159 +72	+58 +36	+71 +36	+90 +36	+123 +36	+34 +12
100	120	+630 +410	+460 +240	+590 +240	+400 +180											
120	140	+710 +460	+510 +260	+660 +260	+450 +200											
140	160	+770 +520	+530 +280	+680 +280	+460 +210	+208 +145	+245 +145	+305 +145	+395 +145	+148 +85	+135 +85	+68 +43	+83 +43	+106 +43	+143 +43	+39 +14
160	180	+830 +580	+560 +310	+710 +310	+480 +230											
180	200	+950 +660	+630 +340	+800 +340	+530 +240											
200	225	+1030 +740	+670 +380	+840 +380	+550 +260	+240 +170	+285 +170	+355 +170	+460 +170	+172 +100	+215 +100	+79 +50	+96 +50	+122 +50	+165 +50	+44 +15
225	250	+1110 +820	+710 +420	+880 +420	+570 +280											
250	280	+1240 +320	+800 +480	+1000 +480	+620 +300	+271 +190	+320 +190	+400 +190	+510 +190	+191 +110	+240 +110	+88 +56	+108 +56	+137 +56	+186 +56	+49 +17
280	315	+1370 +1050	+860 +540	+1060 +540	+650 +330											
315	355	+1560 +1200	+960 +600	+1170 +600	+720 +360	+299 +210	+350 +210	+440 +210	+570 +210	+214 +125	+265 +125	+98 +62	+119 +62	+151 +62	+202 +62	+54 +18
355	400	+1710 +1350	+1040 +680	+1250 +680	+760 +400											
400	450	+1900 +1500	+1160 +760	+1390 +760	+840 +440	+327 +230	+385 +230	+480 +230	+630 +230	+232 +135	+290 +135	+108 +68	+131 +68	+165 +68	+223 +68	+60 +20
450	500	+2050 +1650	+1240 +840	+1470 +840	+880 +480											

续表

公称尺寸/mm		常用及优先公差带(带圈者为优先公差带)/μm																
			H							JS			K			M		
大于	至	⑦	6	⑦	⑧	⑨	10	11	12	6	7	8	6	⑦	8	6	7	8
—	3	+12 +2	+6 +0	+10 0	+14 0	+25 0	+40 0	+60 0	+100 0	±3	±5	±7	0 −6	0 −10	0 −11	−2 −8	−2 −12	−2 −16
3	6	−16 −4	+8 0	+12 0	+18 0	+30 0	+48 0	+75 0	+120 0	±4	±6	±9	+2 −6	+3 −9	+5 −13	−1 −9	0 −12	+2 −16
6	10	+20 +5	+9 0	+15 0	+22 0	+36 0	+58 0	+90 0	+150 0	±4.5	±7	±11	+2 −7	+5 −10	+6 −16	−3 −12	0 −15	+1 −21
10	14	+24 +6	+11 0	+18 0	+27 0	+43 0	+70 0	+110 0	+180 0	±5.5	±9	±13	+2 −9	+6 −12	+8 −19	−4 −15	0 −18	+2 −25
14	18																	
18	24	+28 +7	+13 0	+21 0	+33 0	+52 0	+84 0	+130 0	+210 0	±6.5	±10	±16	+2 −11	+6 −15	+10 −22	−4 −17	0 −21	+4 −29
24	30																	
30	40	+34 +9	+16 0	+25 0	+39 0	+62 0	100 0	+160 0	+250 0	±8	±12	±19	+3 −13	+7 −18	+12 −27	−4 −20	0 −25	+5 −34
40	50																	
50	65	+40 +10	+19 0	+30 0	+46 0	+74 0	+120 0	+190 0	+300 0	±9.5	±15	±23	+4 −15	+9 −21	+14 −32	−5 −24	0 +30	+5 −41
65	80																	
80	100	+47 +12	+22 0	+35 0	+54 0	+87 0	+140 0	+220 0	+350 0	±11	±17	±27	+4 −18	+10 −25	+16 −33	−6 −28	0 −35	+6 −43
100	120																	
120	140	+54 +14	+25 0	+40 0	+63 0	+100 0	+160 0	+250 0	+400 0	±12.5	±20	±31	+4 −21	+12 −28	+20 −43	−8 −33	0 −40	+8 −55
140	160																	
160	180																	
180	200	+61 +15	+29 0	+46 0	+72 0	+115 0	+185 0	+290 0	+460 0	±14.5	±23	±36	+5 −24	+13 −33	+22 −50	−8 −37	0 −46	+9 −63
200	225																	
225	250																	
250	280	+69 +17	+32 0	+52 0	+81 0	+130 0	+210 0	+320 0	+520 0	±16	±26	±40	+5 −27	+16 −36	+25 −56	−9 −41	0 −52	+9 −72
280	315																	
315	355	+75 +18	+36 0	+57 0	+89 0	+140 0	+230 0	+360 0	+570 0	±18	±28	±44	+7 −29	+17 −40	+28 −61	−10 −46	0 −57	+11 −78
355	400																	
400	450	+83 +20	+40 0	+63 0	+97 0	+155 0	+250 0	+400 0	+630 0	±20	±31	±48	+8 −32	+18 −45	+29 −68	−10 −50	0 −63	+11 −86
450	500																	

续表

公称尺寸/mm		常用及优先公差带(带圈者为优先公差带)/μm											
		N			P		R		S		T		U
大于	至	6	⑦	8	6	⑦	6	7	6	⑦	6	7	⑦
—	3	-4 -10	-4 -14	-4 -18	-6 -12	-6 -16	-10 -16	-10 -20	-14 -20	-14 -24	—	—	-18 -28
3	6	-5 -13	-4 -16	-2 -20	-9 -17	-8 -20	-12 -20	-11 -23	-16 -24	-15 -27	—	—	-19 -31
6	10	-7 -16	-4 -19	-3 -25	-12 -21	-9 -24	-16 -25	-13 -28	-20 -29	-17 -32	—	—	-22 -37
10	14	-9 -20	-5 -23	-3 -30	-15 -26	-11 -29	-20 -31	-16 -34	-25 -36	-21 -39	—	—	-26 -44
14	18												
18	24	-11 -24	-7 -28	-3 -36	-18 -31	-14 -35	-24 -37	-20 -41	-31 -44	-27 -48	—	—	-33 -54
24	30										-37 -50	-33 -54	-40 -61
30	40	-12 -28	-8 -33	-3 -42	-21 -37	-17 -42	-29 -45	-25 -50	-38 -54	-34 -59	-43 -59	-39 -64	-51 -76
40	50										-49 -65	-45 -70	-61 -76
50	65	-14 -33	-9 -39	-4 -50	-26 -50	-21 -51	-35 -54	-30 -60	-47 -66	-42 -72	-60 -79	-55 -85	-86 -106
65	80						-37 -56	-32 -62	-53 -72	-48 -78	-69 -88	-64 -94	-91 -121
80	100	-16 -38	-10 -45	-4 -58	-30 -52	-24 -59	-44 -66	-38 -73	-64 -86	-58 -93	-84 -106	-78 -113	-111 -146
100	120						-47 -69	-41 -76	-72 -94	-66 -101	-97 -119	-91 -126	-131 -166
120	140	-20 -45	-12 -52	-4 -67	-36 -61	-28 -68	-56 -81	-48 -88	-85 -110	-77 -117	-115 -140	-107 -147	-155 -195
140	60						-58 -83	-50 -90	-93 -118	-85 -125	-137 -152	-110 -159	-175 -215
160	180						-61 -86	-53 -93	-101 -126	-93 -133	-139 -164	-131 -171	-195 -235
180	200	-22 -51	-14 -60	-5 -77	-41 -70	-33 -79	-68 -97	-60 -106	-113 -142	-101 -155	-157 -186	-149 -195	-219 -265
200	225						-71 -100	-63 -109	-121 -150	-113 -159	-171 -200	-163 -209	-241 -287
225	250						-75 -104	-67 -113	-131 -160	-123 -169	-187 -216	-179 -225	-317 -263
250	280	-25 -57	-14 -66	-5 -86	-47 -79	-36 -88	-85 -117	-74 -126	-149 -181	-138 -190	-209 -241	-198 -250	-295 -347
280	315						-89 -121	-78 -130	-161 -193	-150 -202	-231 -263	-220 -272	-330 -382
315	355	-26 -62	-16 -73	-5 -94	-51 -87	-41 -98	-97 -133	-87 -144	-179 -215	-169 -226	-257 -293	-247 -304	-369 -426
355	400						-103 -139	-93 -150	-197 -233	-187 -244	-283 -319	-273 -330	-414 -471
400	450	-27 -67	-17 -80	-6 -103	-55 -95	-45 -108	-113 -153	-103 -166	-219 -259	-209 -272	-317 -357	-307 -370	-467 -530
400	500						-119 -159	-109 -172	-239 -279	-229 -292	-347 -387	-337 -400	-517 -580

附录 2　常用滚动轴承

附表 2-1　深沟球轴承（GB/T 276—1994）

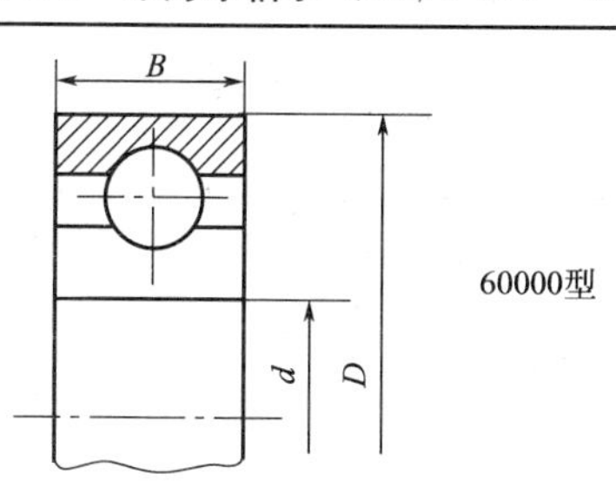

轴承型号	尺寸/mm		
	d	D	B
10 系列			
6000	10	26	8
6001	12	28	8
6002	15	32	9
6003	17	35	10
6004	20	42	12
6005	25	47	12
6006	30	55	13
6007	35	62	14
6008	40	68	15
6009	45	75	16
6010	50	80	16
6011	55	90	18
6012	60	95	18
6013	65	100	18
6014	70	110	20
6015	75	115	20
6016	80	125	22
6017	85	130	22
6018	90	140	24
6019	95	145	24
6020	100	150	24
6021	105	160	26
6022	110	170	28
6024	120	180	28
6026	130	200	33
6028	140	210	33
6030	150	225	35
02 系列			
6200	10	30	9
6201	12	32	10
6202	15	35	11
6203	17	40	12
6204	20	47	14
6205	25	52	15
6206	30	62	16
6207	35	72	17
6208	40	80	18
6209	45	85	19
6210	50	90	20
6211	55	100	21
6212	60	110	22
6213	65	120	23
6214	70	125	24
6215	75	130	25
6216	80	140	26
6217	85	150	28
6218	90	160	30
02 系列			
6219	95	170	32
6220	100	180	34
6221	105	190	36
6222	110	200	38
6224	120	215	40
6226	130	230	40
6228	140	250	42
6230	150	270	45
03 系列			
6300		35	11
6301	10	37	12
6302	12	42	13
6303	15	47	14
6304	17	52	15
6305	20	62	17
6306	25	72	19
6307	30	80	21
6308	35	90	23
6309	40	100	25
6310	45	110	27
6311	50	120	29
6312	55	130	31
6313	60	140	33
6314	65	150	35
6315	70	160	37
6316	75	170	39
6317	80	180	41
6318	85	190	43
6319	90	200	45
6320		215	47
04 系列			
6403	17	62	17
6404	20	72	19
6405	25	80	21
6406	30	90	23
6407	35	100	25
6408	40	110	27
6409	45	120	29
6410	50	130	31
6411	55	140	33
6412	60	150	35
6413	65	160	37
6414	70	180	42
6415	75	190	45
6416	80	200	48
6417	85	210	52
6418	90	225	54

附表 2-2 圆锥滚子轴承（GB/T 297—1994）

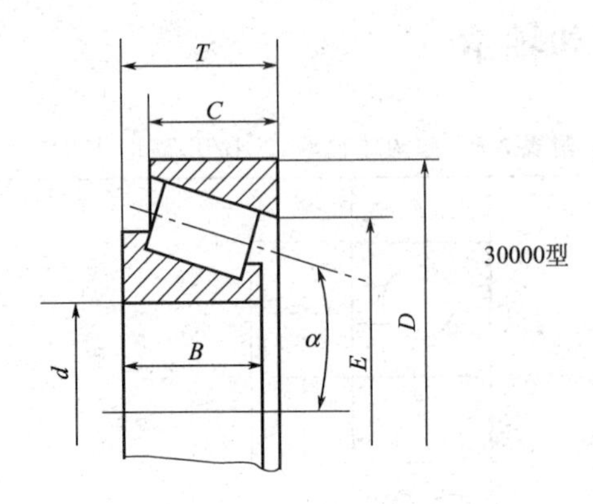

mm

轴承型号	d	D	B	C	T	E	α
20 系列							
32005	25	47	15	11.5	15	37.393	16°
32006	30	55	17	13	17	44.438	16°
32007	35	62	18	14	18	50.510	16°50′
32008	40	68	19	14.5	19	56.897	14°10′
32009	45	75	20	15.5	20	63.248	14°40′
32010	50	80	20	15.5	20	67.84	15°45′
32011	55	90	23	17.5	23	76.505	15°10′
32012	60	95	23	17.5	73	80.634	16°
32013	65	100	23	17.5	23	85.567	17°
32014	70	110	25	19	25	93.633	16°10′
32015	75	115	25	19	25	98.358	17°
02 系列							
30203	17	40	12	11	13.25	31.408	12°57′10″
30204	20	47	14	12	15.25	37.304	12°57′10″
30205	25	52	15	13	16.25	41.135	14°02′10″
30206	30	62	16	14	17.25	49.990	14°02′10″
30207	35	72	17	15	18.25	58.844	14°02′10″
30208	40	80	18	16	19.75	65.730	14°02′10″
30209	45	85	19	16	20.75	70.44	15°06′34″
30210	50	90	20	17	21.75	75.078	15°38′32″
30211	55	100	21	18	22.75	84.197	15°06′34″
30212	60	110	22	19	23.75	91.876	15°06′34″
30213	65	120	23	20	24.75	101.934	15°06′34″
30214	70	125	24	21	26.75	105.748	15°38′32″

轴承型号	d	D	B	C	T	E	α
02 系列							
30215	75	130	25	22	27.25	110.408	16°10′20″
30216	80	140	26	22	28.25	119.169	15°38′32″
30217	85	150	28	24	30.50	12.6685	15°38′32″
30218	90	160	30	26	32.50	134.901	15°38′32″
30219	95	170	32	27	34.50	143.385	15°38′32″
30220	100	180	34	29	37	151.310	15°38′32″
03 系列							
30302	15	42	13	11	14.25	33.272	10°45′29″
30303	17	47	14	12	25.25	37.420	10°45′29″
30304	20	52	15	13	16.25	41.318	11°18′36″
30305	25	62	17	15	18.25	50.637	11°18′36″
30306	30	72	19	16	20.75	58.287	11°51′35″
30307	35	80	21	18	22.75	65.769	11°51′35″
30308	40	90	23	20	25.25	72.703	12°57′10″
30309	45	100	25	22	27.25	81.780	12°57′10″
30310	50	110	27	23	29.25	90.633	12°57′10″
30311	55	120	29	25	31.50	99.146	12°57′10″
30312	60	130	31	26	33.50	107.769	12°57′10″
30313	65	140	33	28	36	116.846	12°57′10″
30314	70	150	35	30	38	125.244	12°57′10″
30315	75	160	37	31	40	134.097	12°57′10″
30316	80	170	39	33	42.50	143.174	12°57′10″
30317	85	180	41	34	44.50	150.433	12°57′10″
30318	90	190	43	36	46.50	159.061	12°57′10″
30319	95	200	45	38	49.50	165.861	12°57′10″
30320	100	215	47	39	51.50	178.578	12°57′10″

附表 2-3　单向推力球轴承（GB/T 301—1995）

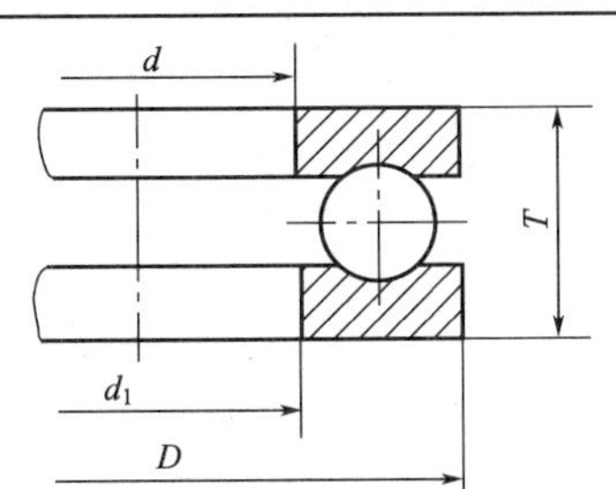

5100型

轴承型号	尺寸/mm		
	d	D	T
11 系列			
51100	10	24	9
51101	12	26	9
51102	15	28	9
51103	17	30	9
51104	20	35	10
51105	25	42	11
51106	30	47	11
51107	35	52	12
51108	40	60	13
51109	45	65	14
51110	50	70	14
51111	55	78	16
51112	60	85	17
51113	65	90	18
51114	70	95	18
51115	75	100	19
51116	80	105	19
51117	85	110	19
51118	90	120	22
51120	100	135	25
51122	110	145	25
51124	120	155	25
51126	130	170	30
51128	140	180	31
51130	150	190	31
12 系列			
51200	10	26	11
51201	12	28	11
51202	15	32	12
51203	17	35	12
51204	20	40	14
51205	25	47	15
51206	30	52	16
51207	35	62	18
51208	40	68	19
51209	45	73	20
51210	50	78	22
51211	55	90	25
51212	60	95	26
51213	65	100	27
51214	70	105	27
51215	75	110	27
51216	80	115	28
51217	85	125	31
51218	90	135	35
51220	100	150	38
51222	110	160	38
51224	120	170	39
51226	130	190	45
51228	140	200	46
51230	150	215	50
13 系列			
51305	25	52	18
51306	30	60	21
51307	35	68	24
51308	40	78	26
51309	45	85	28
51310	50	95	31
51311	55	105	35
51312	60	110	35
51313	65	115	36
51314	70	125	40
51315	75	135	44
51316	80	140	44
51317	85	150	49
51318	90	155	50
51320	100	170	55
51322	110	190	63
51324	120	210	70
51326	130	225	75
51328	140	240	80
51330	150	250	80
14 系列			
51405	25	60	24
51406	30	70	28
51407	35	80	32
51408	40	90	36
51409	45	100	39
51410	50	110	43
51411	55	120	48
51412	60	130	51
51413	65	140	56
51414	70	150	60
51415	75	160	65
51416	80	170	68

注：d_1——座圈公称内径。

附录3 螺纹

附表 3-1 普通螺纹直径、螺距和基本尺寸（GB/T 193—2003，GB/T 196—2003）

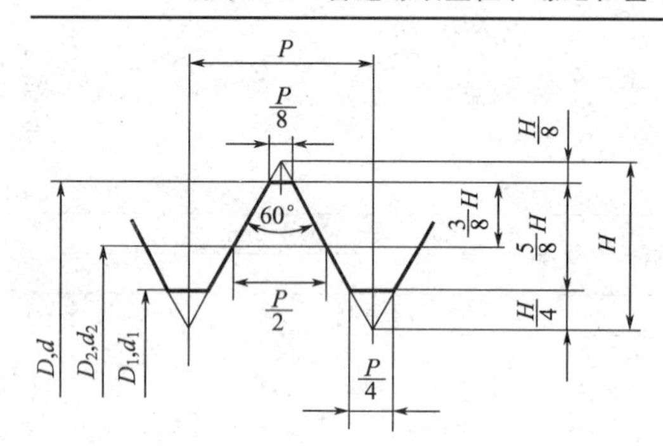

标记示例

粗牙普通螺纹，公称直径 $d=10$，中径公差带代号 5g，顶径公差带代号 6g，标记：

M10-5g6g

细牙普通螺纹，公称直径 $d=10$，螺距 $P=1$，中径，顶径公差带代号 7H，标记：

M10×1-7H

公称直径 D,d		螺距 P		螺纹小径 D_1,d_1
第一系列	第二系列	粗牙	细牙	粗牙
3		0.5	0.35	2.459
	3.5	0.6		2.850
4		0.7	0.5	3.242
	4.5	0.75		3.688
5		0.8		4.134
6		1	0.75	4.917
8		1.25	1,0.75	6.647
10		1.5	1.25,1,0.75	8.376
12		1.75	1.25,1	10.106
	14	2	1.5,1.25,1	11.835
16		2	1.5,1	13.835
	18	2.5	2,1.5,1	15.294
20		2.5		17.294
	22	2.5	2,1.5,1	19.294
24		3	2,1.5,1	20.752
	27	3	2,1.5,1	23.752
30		3.5	(3),2,1.5,1	26.211
	33	3.5	(3),2,1.5	29.211
36		4	3,2,1.5	31.670

注：螺纹公称直径应优先选用第一系列，第三系列未列入；括号内的尺寸尽是不用。

附表 3-2　普通螺纹基本尺寸（GB/T 196—2003）

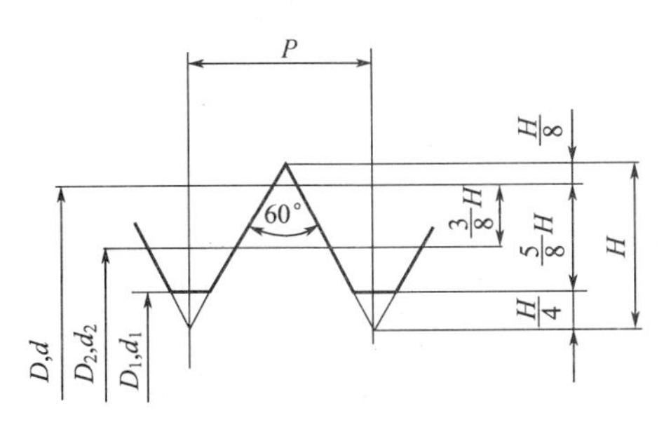

$D_2=D-2\times\frac{3}{8}H=D-0.6495P$；

$d_2=d-2\times\frac{3}{8}H=d-0.6495P$；

$D_1=D-2\times\frac{5}{8}H=D-1.0825P$；

$d_1=d-2\times\frac{5}{8}H=d-1.0825P$；

其中：$H=\frac{\sqrt{3}}{2}P=0.866025404P$。表内的螺纹中径和小径值是按下列公式计算的，计算数值需圆整到小数点后的第三位。

mm

公称直径 D、d	螺距 P	中径 D_2 或 d_2	小径 D_1 或 d_1
10	1.5	9.026	8.376
	1.25	9.188	8.647
	1	9.350	8.917
12	1.75	10.863	10.106
	1.5	11.026	10.376
	1.25	11.188	10.647
	1	11.350	10.917
20	2.5	18.376	17.294
	2	18.701	17.835
	1.5	19.026	18.376
	1	19.350	18.917
24	3	22.051	20.752
	2	22.701	21.835
	1.5	23.026	22.376
	1	23.350	22.917
30	3.5	37.727	26.211
	2	28.701	27.835
	1.5	29.026	28.376
	1	29.350	28.917
36	4	33.402	31.670
	3	34.051	32.752
	2	34.701	33.835
	1.5	35.026	34.376

附表 3-3 非螺纹密封管螺纹（GB/T 7307—2001）

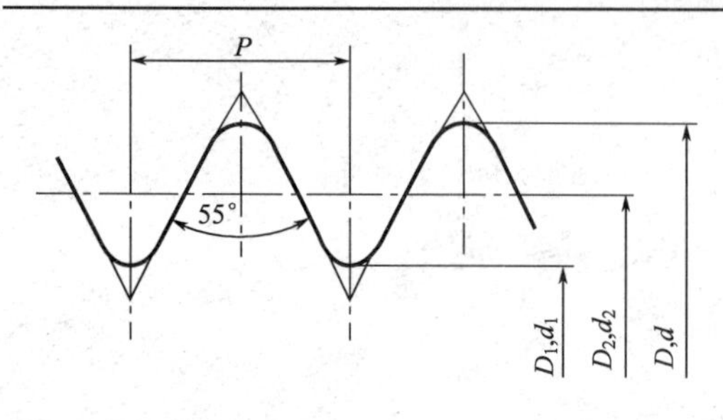

标记示例

G1 $\frac{1}{2}$LH（右旋不标） G1 $\frac{1}{2}$B

1 $\frac{1}{2}$左旋内螺纹 1 $\frac{1}{2}$B 级外螺纹

尺寸代号	每 25.4mm 中的螺纹牙数	螺距 P	螺纹直径	
			大径 D,d	小径 D_1,d_1
$\frac{1}{8}$	28	0.907	9.728	8.566
$\frac{1}{4}$	19	1.337	13.157	11.445
$\frac{3}{8}$	19	1.337	16.662	14.950
$\frac{1}{2}$	14	1.814	20.955	18.631
$\frac{5}{8}$	14	1.814	22.911	20.587
$\frac{3}{4}$	14	1.814	26.411	24.117
$\frac{7}{8}$	14	1.814	30.201	27.887
1	11	2.309	33.249	30.291
$1\frac{1}{8}$	11	2.309	37.897	34.939
$1\frac{1}{4}$	11	2.309	41.910	38.952
$1\frac{1}{2}$	11	2.309	47.803	44.845
$1\frac{1}{4}$	11	2.309	53.746	50.788
2	11	2.309	59.614	56.656
$2\frac{1}{4}$	11	2.309	65.710	62.752
$2\frac{1}{2}$	11	2.309	75.184	72.226
$2\frac{3}{4}$	11	2.309	81.534	78.576
3	11	2.309	87.884	84.926

附表 3-4　用螺纹密封管螺纹（GB/T 7306—2000）

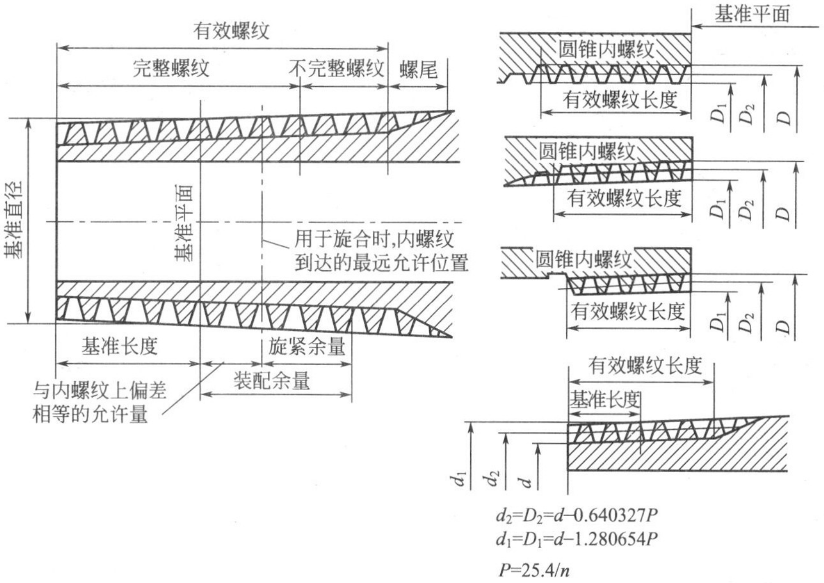

$d_2=D_2=d-0.640327P$

$d_1=D_1=d-1.280654P$

$P=25.4/n$

尺寸代号	每 25.4mm 内的螺纹牙数 n	螺距 P/mm	基面上直径/mm			基准长度/mm	有效螺纹长度/mm	装配余量	
			大径(基面直径)$d=D$	中径 $d_2=D_2$	小径 $d_1=D_1$			余量/mm	圈数
1/16	28	0.907	7.723	7.142	6.561	4	6.5	2.5	2¾
⅛	28	0.907	9.728	9.147	8.566	4	6.5	2.5	2¾
¼	19	1.337	13.157	12.301	11.445	6	9.7	3.7	2¾
⅜	19	1.337	16.662	15.806	14.950	6.4	10.1	3.7	2¾
½	14	1.814	20.955	19.793	18.631	8.2	13.2	5	2¾
¾	14	1.814	26.441	25.279	24.117	9.5	14.5	5	2¾
1	11	2.309	33.249	31.770	30.291	10.4	16.8	6.4	2¾
1¼	11	2.309	41.910	40.431	38.952	12.7	19.1	6.4	2¾
1½	11	2.309	47.803	46.324	44.845	12.7	19.1	6.4	3¼
2	11	2.309	59.614	58.135	56.656	15.9	23.4	7.5	4
2½	11	2.309	75.184	73.705	72.226	17.5	26.7	9.2	4
3	11	2.309	87.884	86.405	84.926	20.6	29.8	9.2	4
3½ *	11	2.309	100.330	98.851	97.372	22.2	31.4	9.2	4
4	11	2.309	113.030	111.551	110.072	25.4	35.8	10.4	4½
5	11	2.309	138.430	136.951	135.472	28.6	40.1	11.5	5
6	11	2.309	163.830	162.351	160.872	28.6	40.1	11.5	5

注：本表适用于管子、管接头、旋塞、阀门和其他螺纹连接的附件；有 * 的代号限用于蒸汽机车。

附表 3-5 平键 键和键槽的剖面尺寸（GB/T 1095—2003）普通平键的型式尺寸（GB/T 1096—2003）

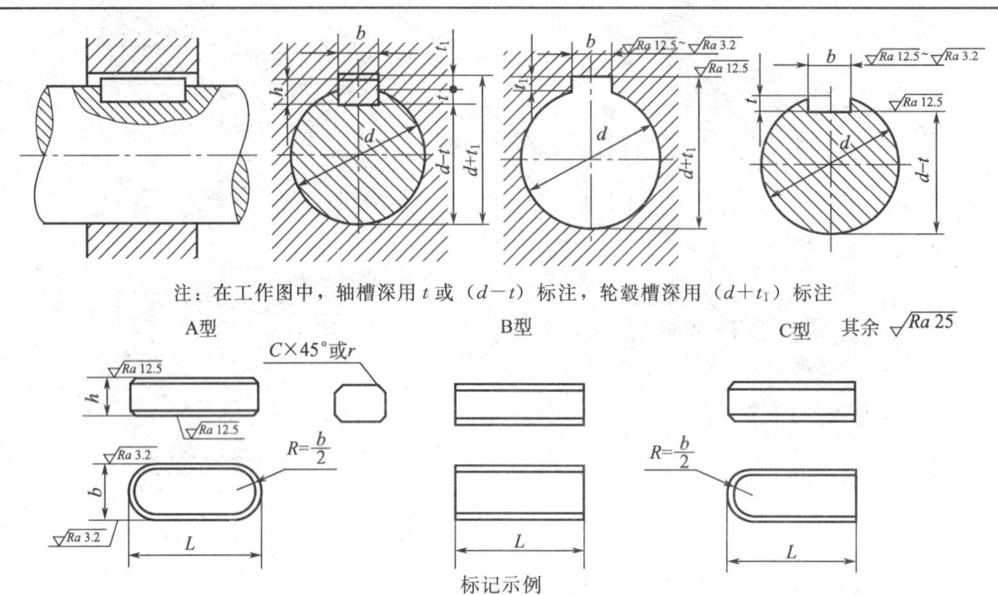

注：在工作图中，轴槽深用 t 或（$d-t$）标注，轮毂槽深用（$d+t_1$）标注

标记示例

圆头普通平键（A 型）b=16mm、h=10mm、L=100mm　键　16×100 GB/T 1096—2003

平头普通平键（B 型）b=16mm、h=10mm、L=100mm　键　B16×100 GB/T 1096—2003

单圆头普通平键（C 型）b=16mm、h=10mm、L=100mm　键　C16×100 GB/T 1096—2003

mm

轴	键		键槽											
公称直径 d	公称尺寸 $b\times h$	长度 L	宽度 b						深度				半径 r	
			公称长度 b	极限偏差					轴 t		毂 t_1			
				较松键连接		一般键连接		较紧键连接						
				轴 H9	毂 D10	轴 N9	毂 Js9	轴和毂 P9	公称尺寸	极限偏差	公称尺寸	极限偏差	最小	最大
自 6~8	2×2	6~20	2	+0.025 0	+0.060 +0.020	−0.004 −0.029	±0.0125	−0.006 −0.031	1.2	+0.1 0	1	+0.1 0	0.08	0.16
>8~10	3×3	6~36	3						1.8		1.4			
>10~12	4×4	8~45	4	+0.030 0	+0.078 +0.030	0 −0.030	±0.015	−0.012 −0.042	2.5		1.8			
>12~17	5×5	10~56	5						3.0		2.3			
>17~22	6×6	14~70	6						3.5		2.8			
>22~30	8×7	18~90	8	+0.036 0	+0.098 +0.040	0 −0.036	±0.018	−0.018 −0.061	4.0	+0.2 0	3.3	+0.2 0	0.16	0.25
>30~38	10×8	22~110	10						5.0		3.3			
>38~44	12×8	28~140	12	+0.043 0	+0.120 +0.050	0 −0.043	+0.0215	−0.018 −0.061	5.0		3.3			
>44~50	14×9	36~160	14						5.5		3.8		0.25	0.40
>50~58	16×10	45~180	16						6.0		4.3			
>58~65	18×11	50~200	18						7.0		4.4			
>65~75	20×12	56~220	20	+0.052 0	+0.149 +0.065	0 −0.052	±0.026	−0.022 −0.074	7.5	+0.2 0	4.9	+0.2 0	0.25	0.40
>75~85	22×14	63~250	22						9.0		5.4		0.40	0.60
>85~95	25×14	70~280	25						9.0		5.4			
>95~110	28×16	80~320	28						10.0		6.4			
>110~130	32×18	80~360	32	+0.062 0	+0.180 +0.080	0 −0.062	±0.031	−0.026 −0.088	11.0		7.4			
>130~150	36×20	100~400	36						12.0	+0.3 0	8.4	+0.3 0	0.70	1.0
>150~170	40×22	100~400	40						13.0		9.4			
>170~200	45×25	110~450	45						15.0		10.4			

注：1. （$d-t$）和（$d+t_1$）两组组合尺寸的极限偏差按相应的 t 和 t_1 的极限偏差选取，但（$d-t$）极限偏差应取负号（−）。

2. L 系列：6，8，10，12，14，16，18，20，22，25，28，32，36，40，45，50，56，63，70，80，90，100，110，125，140，160，180，200，220，250，280，320，330，400，450。

附表 3-6　半圆键　键和键槽的剖面尺寸（GB/T 1098—2003）、**半圆键的型式尺寸**（GB/T 1099—2003）

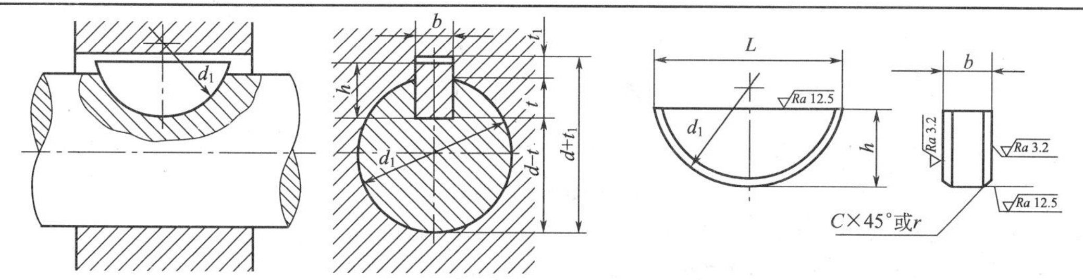

注：在工作图中，轴槽深用 t 或 $(d-t)$ 标注，轮毂槽深用 $(d+t_1)$ 标注

标记示例

半圆键 $b=6$mm、$h=10$mm、$d_1=25$mm

键 6×25 GB/T 1099—2003

mm

轴径 d		键	键槽										
键传递扭矩	键定位用	公称尺寸 $b\times h\times d_1$	长度 $L\approx$	宽度 b				深度				半径 r	
				公称长度	极限偏差			轴 t		毂 t_1			
					一般键连接		较紧键连接						
					轴 N9	毂 Js9	轴和毂 P9	公称尺寸	极限偏差	公称尺寸	极限偏差	最小	最大
自 3～4	自 3～4	1.0×1.4×4	3.9	1.0	−0.004 −0.029	±0.012	−0.006 −0.031	1.0	+0.1 0	0.6	+0.1 0	0.08	0.16
>4～5	>4～6	1.5×2.6×7	6.8	1.5				2.0		0.8			
>5～6	>6～8	2.0×2.6×7	6.8	2.0				1.8		1.0			
>6～7	>8～10	2.0×3.7×10	9.7	2.0				2.9		1.0			
>7～8	>10～12	2.5×3.7×10	9.7	2.5				2.7		1.2			
>8～10	>12～15	3.0×5.0×13	12.7	3.0				3.8	+0.2 0	1.4			
>10～12	>15～18	3.0×6.5×15	15.7	3.0				5.3		1.4		0.16	0.25
>12～14	>18～20	4.0×6.5×16	15.7	4.0	0 −0.030	±0.015	−0.012 −0.042	5.0		1.8			
>14～16	>20～22	4.0×7.5×19	18.6	4.0				6.0		1.8			
>16～18	>22～25	5.0×6.5×16	15.7	5.0				4.5		2.3			
>18～20	>25～28	5.0×7.5×19	18.6	5.0				5.5		2.3			
>20～22	>28～32	5.0×9.0×22	21.6	5.0				7.0		2.3			
>22～25	>32～36	6.0×9.0×22	21.6	6.0				6.5	+0.3 0	2.8			
>25～28	>36～40	6.0×10.0×25	24.5	6.0				7.5		2.8	+0.2 0	0.25	0.40
>28～32	40	8.0×11.0×28	27.4	8.0	0 −0.036	±0.018	−0.015 −0.051	8.0		3.3			
>32～28	—	10.0×13.0×32	31.4	10.0				10.0		3.3			

注：$(d-t)$ 和 $(d+t_1)$ 两个组合尺寸的极限偏差按相应的 t 和 t_1 的极限偏差选取，但 $(d-t)$ 极限偏差值应取负号（−）。

参 考 文 献

[1] 廖念钊等主编．互换性与技术测量．第5版．北京：中国计量出版社，2007.
[2] 王伯平主编．互换性与测量技术基础．北京：机械工业出版社，2000.
[3] 朱超主编．公差配合与技术测量．北京：机械工业出版社，2008.
[4] 王宇平主编．公差配合与几何精度检测．北京：人民邮电出版社，2007.
[5] 毛平淮主编．互换性与测量技术基础．北京：机械工业出版社，2008.
[6] 顾元国主编．公差配合与测量技术．北京：北京理工大学出版社，2008.
[7] 于慧主编．公差配合与技术测量．北京：化学工业出版社，2011.
[8] 胡照海主编．公差配合与测量技术．北京：人民邮电出版社，2007.
[9] 甘永立主编．几何量公差与检测．上海：上海科学技术出版社，2002.
[10] 沈学勤等主编．极限配合与技术测量．北京：高等教育出版社，2002.
[11] 张林主编．极限配合与测量技术．北京：人民邮电出版社，2006.
[12] 任晓莉等主编．公差配合与量测实训．北京：北京理工大学出版社，2007.